高等学校测绘工程系列教材

摄影测量学

（测绘工程专业）

（第三版）

王佩军　徐亚明　编著

WUHAN UNIVERSITY PRESS
武汉大学出版社

图书在版编目(CIP)数据

摄影测量学/王佩军,徐亚明编著.—3版.—武汉:武汉大学出版社,2016.5(2024.7重印)
高等学校测绘工程系列教材.测绘工程专业
ISBN 978-7-307-17773-4

Ⅰ.摄…　Ⅱ.①王…　②徐…　Ⅲ.摄影测量—高等学校—教材　Ⅳ.P23

中国版本图书馆CIP数据核字(2016)第079079号

责任编辑:王金龙　　责任校对:汪欣怡　　版式设计:马　佳

出版发行:**武汉大学出版社**　(430072　武昌　珞珈山)
(电子邮箱:cbs22@whu.edu.cn 网址:www.wdp.com.cn)
印刷:武汉图物印刷有限公司
开本:787×1092　1/16　印张:16.5　字数:407千字
版次:2005年9月第1版　2010年5月第2版
2016年5月第3版　2024年7月第3版第12次印刷
ISBN 978-7-307-17773-4　定价:34.00元

第三版前言

为适应摄影测量新技术的发展，满足测绘工程专业《摄影测量学》新的教学大纲要求，通过对现有教材的分析与总结，并听取了有关授课老师的意见，对现有教材《摄影测量学》(测绘工程专业)进行第三版修订。

本次修订，剔除了第四章两节较陈旧的内容，但为了承前启后，对这两节的内容加以精炼，一并融入到立体测图的基本原理中讲解，让读者从直观上理解摄影测量的基本原理。对第六章和第八章的内容做了较大的修订，以体现新技术的时代特征。同时，对附录Ⅱ中的内容也做了相应调整。对于新增内容的理论部分，力求原理与概念的论述严谨准确、深入浅出，以有利于老师的授课以及学生与有关读者的学习与研究。

尽管摄影测量新技术在不断的发展变化中，但仍有规律可循，其摄影测量的基本原理没有改变，改变的只是引入了数字图像处理技术、模式识别理论等对数字影像进行加工处理的技术手段、方法的更新，致使其集成的摄影测量系统功能更为强大，应用领域也更为广泛。读者把握了这一规律，就会以平稳的心态去学习新技术。

新增内容中，部分图片及图表来自测绘学院航空航天研究所詹总谦副教授的授课课件，在此表示感谢；感谢那些为修订录入书稿的测绘学院研究生；感谢那些参考文献的作者。

承蒙读者多年来对本教材的厚爱，教材修订的初衷希望尽量完善，但疏忽纰漏之处在所难免，恳请读者雅正。

作　者

2016 年 4 月于武汉大学

再版前言

本书自2005年出版以来，作为测绘工程专业《摄影测量学》教材，历经多届学生和有关读者参考、使用，根据综合反馈的意见，在不改变原书基本结构的前提下，对部分内容进行了修订：

(1)在对摄影测量原理及方法的论述上力求通俗易懂，便于初学者理解与掌握；

(2)新增了部分内容，主要有：介绍面阵与线阵航空数字摄影仪、常用遥感卫星以及有关数字影像匹配方法；简要介绍了国外几种典型数字摄影测量系统的有关内容等。

(3)为方便掌握VirtuoZo NT数字摄影测量系统的操作使用，特在附录中增加了该系统的操作实践指导。

本次修订新增的主要内容由教学一线的邓非副教授编写，另外，詹总谦副教授、朱惠萍讲师对本书的修订也提出了宝贵意见，在此一并表示真诚感谢。

由于作者水平所限，书中还难免存在不妥与不足之处，敬请读者进一步指正。

作　者

2010年4月于武汉大学

前　言

按照测绘工程专业教学大纲的要求，我们编写了《摄影测量学(测绘工程专业)》作为测绘工程专业的专业基础课教材使用。

全书内容是按54个学时安排的，根据实际教学时数可有所侧重或删减。

该教材主要内容包括：影像信息科学的组成及影像信息的获取方法；摄影测量的基本原理和方法；摄影测量的外业工作。

随着科学技术的不断进步，摄影测量技术的发展也经历了模拟—解析—数字等不同阶段，为了剔除以往有关教材中陈旧过时的内容，又考虑到有利于内容的承前启后，在介绍摄影测量的基本原理、方法与内涵时，对于模拟摄影测量部分仅做了适当的扼要介绍，进而过渡到解析与数字摄影测量，并介绍当代数字摄影测量的最新成果。这样既使初学者容易理解掌握所学内容，又有利于加速摄影测量学科的发展，这是本教材的特点之一。其二，教材中增加了摄影测量的外业工作内容，使学习者从影像信息的获取、外业控制到影像信息的加工处理有了整体的认识，有利于学习者与所学其他专业知识的有机融合。其三，根据测绘工程专业教学计划的调整，在附录中增加了地图制图的基本概念、地图制图的方法，以便使学习者对地图制图的基本理论与方法有所了解。

全书共分十章，第一、二、七章由徐亚明编写，第三、四、五、六、八、九、十章由王佩军编写。编者曾编写了《影像与制图》讲义，供测绘工程专业本科生使用，在使用过程中，根据专业的发展以及老师、学生的意见又对讲义的内容进行了修改和完善，并将书名定为《摄影测量学(测绘工程专业)》。

由于作者水平有限，加之时间仓促，书中难免存在诸多不足与不妥之处，敬请读者指正。

作　者

2005年9月

目　　录

第一章　绪　　论

1-1　摄影测量学的定义、任务和发展

传统的摄影测量学是利用光学摄影机摄取像片，通过像片来研究和确定被摄物体的形状、大小、位置和相互关系的一门科学技术，通俗地讲，摄影测量学是信息的获取及对信息加工、处理的一门科学，它包含的内容有：获取被摄物体的影像，研究单张和多张像片影像的处理方法，包括理论、设备和技术，以及将所测得的结果以图解形式或数字形式输出的方法和设备。其主要任务是测制各种比例尺的地形图，建立地形数据库，为地理信息系统、各种工程应用提供基础测绘数据。随着数字摄影测量的发展及生产各种形式的数字化与可视化产品，又极大拓展了摄影测量的应用领域。

摄影测量的主要特点是在像片上进行量测和解译，无需接触被摄物体本身，因而很少受自然和地理条件的限制，而且可摄得瞬间的动态物体影像。像片及其他各种类型影像均是客观物体或目标的真实反映，信息丰富逼真，人们可以从中获得所研究物体的大量几何信息和物理信息。

摄影测量的分类方法有多种，根据摄影机平台位置的不同可分为：航天摄影测量、航空摄影测量、地面摄影测量和水下摄影测量；按摄影机平台与被摄目标距离的远近可分为：航天摄影测量、航空摄影测量、地面摄影测量、近景摄影测量和显微摄影测量；按用途可分为：地形摄影测量和非地形摄影测量，地形摄影测量的目的是测制各种比例尺的地形图，这也是摄影测量的主要任务之一，而非地形摄影测量的应用面非常广，服务的领域和研究对象千差万别，如工业、建筑、考古、军事、生物、医学等。

从摄影测量学的发展来看，可划分为三个阶段：模拟摄影测量、解析摄影测量和数字摄影测量。

模拟摄影测量是在室内利用光学的或机械的方法模拟摄影过程，恢复摄影时像片的空间方位、姿态和相互关系，建立实地的缩小模型，即摄影过程的几何反转，再在该模型的表面进行测量。该方法主要依赖于摄影测量内业测量设备，研究的重点主要放在仪器的研制上。由于摄影测量内业测量设备十分昂贵，一般的测量单位无法开展摄影测量的生产任务。在我国该方法一直沿用到20世纪70年代。

随着计算机的问世，摄影测量工作者开始研究利用计算机这种快速计算工具来完成摄影测量中复杂的计算问题，这便出现了始于20世纪50年代末的解析空中三角测量、解析测图仪和数控正射投影仪。由于当时受计算机发展水平的限制，直到20世纪70年代中期，解析测图仪才进入商用阶段，其价格与一级精度的模拟测图仪价格相近，在全世界得

到了广泛的推广和应用，但解析测图仪价格仍然很昂贵。

解析空中三角测量是用摄影测量方法在大面积范围内测定点位的一种精确方法。通常采用的平差模型有航带法、独立模型法及光束法。在解析空中三角测量的长期研究中，人们解决了像片系统误差的补偿及观测误差的自动检测，从而保证了成果的高精度与可靠性。

由于解析摄影测量的发展，非地形摄影测量不再受模拟测图仪器的限制而有了新的活力，特别是近景摄影测量，可采用普通的CCD数码相机对被测目标以任意方式进行摄影，研究和监测被测物体的外形和几何位置等，应用领域极其广泛。

解析摄影测量的进一步发展是数字摄影测量。数字摄影测量就是利用所采集的数字/数字化影像，在计算机上进行各种数值、图形和影像处理，研究目标的几何和物理特性，从而获得各种形式的数字产品和可视化产品。这里的数字产品包括数字地图、数字高程模型(DEM)、数字正射影像、测量数据库等。可视化产品包括地形图、专题图、纵横断面图、透视图、正射影像图、电子地图、动画地图等。表1-1列出了摄影测量发展的三个阶段的特点。

表1-1

发展阶段	原始资料	投影方式	仪器	操作方式	产品
模拟摄影测量	像片	物理投影	模拟测图仪	作业员手工	模拟产品
解析摄影测量	像片	数字投影	解析测图仪	机助作业员操作	模拟产品 数字产品
数字摄影测量	像片 数字化影像 数字影像	数字投影	数字摄影测量系统	自动化操作 +作业员的干预	数字产品 模拟产品

自20世纪60年代以来，航天技术迅速发展起来，70年代美国的陆地资源卫星(Landsat)上天后，“遥感”技术得到了极为广泛的应用，打破了摄影测量学长期以来过分局限于测绘物体形状与大小等数据的几何处理，尤其是航空摄影测量长期以来只偏重于测制地形图的局面。在资源勘查和环境监测中，多采用“探测物体而又不接触物体”的遥感技术，并且由于其工作效率高，很快在全世界得到重视并为多种学科所采用。

当前遥感常用的传感器有：航空摄影机(航摄仪)、全景摄影机、多光谱摄影机、多光谱扫描仪(Multi Spectral Scanner，MSS)、专题制图仪(Thematic Mapper，TM)、反束光导摄像管(RBV)、HRV(High Resolution Visible range instruments)扫描仪、合成孔径侧视雷达(Side-Looking Airborne Radar，SLAR)等。

1-2 摄影测量发展阶段与数字摄影测量的现状与发展

一、摄影测量发展的三个阶段与特点

摄影测量虽然经过三个阶段的发展成为当今的数字摄影测量，但无论哪个阶段其本质都是相同的，都是利用获取的影像重建目标的空间几何模型并对其识别与量测。尽管在1-1节中对摄影测量发展的三个阶段概括作了比较，但纵观摄影测量的发展，仍有必要对摄影测量发展的三个阶段加以论述，因在摄影测量的不同阶段，它的研究内容、特点及用于生产的仪器设备都有很大的不同。

1. 模拟摄影测量

在模拟摄影测量阶段，所有仪器和设备均采用精密的光学投影器或光学与精密的机械投影器模拟摄影过程，用这些仪器交会出被摄物体的空间位置，所以称为“模拟摄影测量仪器”，它是用光学机械模拟装置实现或完成复杂的摄影测量计算，也俗称“相当于解求”。为此，在20世纪30年代德国的一位摄影测量大师Gruber的一句名言是“摄影测量是能够避免繁琐计算的一种技术”。处在模拟阶段的摄影测量工作者对此是深有体会的。

在模拟阶段，研究的主要内容是摄影测量的基本原理、各种仪器的结构及操作方法，4-4节中，图4-15所示是模拟型立体测图仪A10的外貌图，图4-16所示是B8s的结构示意图。

由于模拟型立体测图仪价格昂贵，因此也制约了摄影测量的应用范围与发展。

2. 解析摄影测量

解析摄影测量是随着计算机的使用开始的。由于计算机技术的进步推动了摄影测量的发展，使用解析方法处理摄影测量问题成为可能。为此，摄影测量也出现了一些新概念，如“数字投影代替物理投影”。所谓“物理投影”，就是模拟时期“光学的、机械的或光学-机械的”模拟投影，“数字投影”就是用计算机实时解析计算数学模型表达的摄影测量几何关系。这样，由计算机、立体坐标量测仪、相应的接口设备及伺服系统、摄影测量软件组成的仪器称为解析测图仪。4-4节中图4-19及图4-20是解析测图仪C-100及BC-2的外貌图。

解析测图仪与模拟测图仪的主要区别在于，后者使用的是模拟投影方式，前者使用的是数字投影方式，由此导致仪器结构的不同：后者是纯光学机械的模拟法测图，而前者是计算机控制的坐标量测系统；在操作方面，后者是完全的手工操作，而前者是计算机辅助的人工操作。由于解析测图仪是根据数学模型用解析方式工作的，因此，便于在解析过程中引入各项系统误差的改正和利用多余观测按最小二乘法进行数据处理，能保证获得高精度的成果，作业时无论用何种摄影机，采用什么方式取得的像片对，几乎都能在解析测图仪上作业而不受限制。

由于正射影像(第9章讲解)比传统的线划图形象直观而受到广泛的欢迎，因此，这一时期在仪器方面的另一个重要成就是形成了微分纠正系统及产生了正射投影纠正仪，9-1节中图9-5所示是正射投影纠正仪的结构示意图及沿断面扫描图。

以计算机为基础的解析空中三角测量是解析摄影测量阶段重要成果。在此后的若干年中，为了提高解析的精度与可靠性，很多的测量机构都进行开发和实现用于空中三角测量的实用平差算法，其中包括粗差检测与剔除。

3. 数字摄影测量

数字摄影测量的发展起源于20世纪80年代后期。数字摄影测量是利用数字影像信息、基于摄影测量原理与计算机视觉相结合，从数字影像中自动(或半自动)提取有用的影像信息并用数字方式表达几何信息。数字摄影测量的主要特点是使用数字影像、计算机及实现摄影测量功能的软件系统。因此，数字摄影测量的发展历史与数字传感器、计算机、摄影测量的功能软件的发展密切相关。

在解析摄影测量时期，虽然使用的是专用计算机的解析测图仪，但仍使用硬拷贝的模拟像片，这是制约解析摄影测量发展的主要因素。因此，在20世纪末期人们致力于研究将模拟像片转化为计算机可处理的数字影像。1983年，人们将面阵CCD (charge coupled device)相机同解析测图仪结合用于局部的像片数字化，因光学部件、传感器和其他电子部件须集成到已有的系统中，而导致这种复杂的集成系统代价昂贵、精度降低，致使解析测图仪的影像数字化仪没有得到广泛的应用。为了影像匹配实现自动点的量测，一些学者在后续的研究中，研制出单独的扫描数字化设备——数字扫描仪。

在将模拟影像转化为数字影像的数字化仪(或扫描仪)的研制和发展的同时，直接获取影像的数字相机也在研制和发展过程中，这为数字摄影测量所必需的数字影像提供了保障。到目前为止，已有相当数量并可用于数字摄影测量商业化生产的航空、航天相机。

随着计算机技术的进步与发展，为数字摄影测量的海量数据提供了大容量的存储能力和快速处理平台，也为实现摄影测量部分或全部功能的软件模块和系统提供了保障，再引入图像处理、模式识别等学科中的理论，因此，在解析摄影测量中由人工完成的操作可由计算机相应的软件程序来实现。

数字摄影测量并没有改变摄影测量的基本原理，只是淘汰那些与模拟或解析仪器有关的理论和方法，也就是说，当今的数字摄影测量仍然依据摄影测量原理，使用先进的传感器获取影像信息，利用计算机视觉、数字图像处理、模式识别及人工智能等理论，对获取的数字影像信息进行加工、处理，为人们孜孜以求的摄影测量的自动化或半自动化开辟了广阔前景。

二、数字摄影测量的现状与发展

1. 数字摄影测量现状

数字摄影测量使用数字图像和实现摄影测量功能的软件系统，并基于计算机与其他辅助设备所形成的集成平台即摄影测量工作站，以自动化或半自动化方式获取被摄对象的几何信息。

(1)目前数字摄影测量工作站的主要产品

数字摄影测量工作站的产品从内容到形式都很丰富，就目前来说，除我们常说的4D产品，数字摄影测量工作站的产品可归为三大类：

- 影像产品：主要包括原始影像镶嵌图、纠正影像及其镶嵌图、数字正射影像及镶嵌图正射影像立体匹配片、真正射影像及其镶嵌图。

- 矢量产品：主要包括影像定向参数及其加密点坐标(主要为空三加密成果)、数字高程模型(包括断面图、立体透视图)、数字表面模型、数字线划图(包括平面图、等高线图、地形图、各种专题图)、三维目标模型(矢量形式)
- 影像和矢量相结合的产品：主要包括影像地形图(即等高线套合到正射影像图上)、立体景观图、带纹理贴面的三维目标模型。

除了上述主要产品外，还有各种可视化的立体模型等。

4D 产品的主要内容：

- 数字高程模型 DEM (digital elevation model)：是用一组有序数值阵列形式表示地面高程的一种实体地面模型，是数字地面模型 DTM(digital terrain model) 的一个分支，其他各种地形特征均可由此派生。
- 数字正射影像图 DOM (digital orthophoto map) 是对航空(或航天)像片进行数字微分纠正，按一定图幅范围剪裁生成的数字正射影像集，它同时具有地图几何精度和影像特征的图像。
- 数字线划图 DLG (digital line graphic) 是与现有基本一致的各地图要素的矢量数据，且保存各要素间空间关系和相关的属性信息。
- 数字栅格地图 DRG (digital raster graphic) 是根据现有纸质、胶片等地形图经扫描和几何纠正及色彩校正后形成在内容、几何精度和色彩上与地形图保持一致的栅格数据集。

随着摄影测量工作站处理功能的不断增强，其应用领域的不断扩大，以及各应用领域对产品内容和表达形式特殊要求的变化，其产品会越来越丰富。

(2)当前数字摄影测量研究的主要内容

数字摄影测量的主要研究内容包括以下几个方面：

- 数字影像的获取与处理
- 定向理论
- 影像匹配技术数字空中三角测量
- 数字高程模型的建立及应用
- 数字微分纠正(数字正射影像的建立及应用)
- 影像解译与特征提取
- 数字摄影测量新技术

2. 数字摄影测量新技术的发展

近年来随着数字成像技术、主动式遥感技术、传感器自主定位技术和智能化数据处理技术的快速发展，数字摄影测量进入了一个崭新的时代。其主要表现为：

- 航空数码成像系统

随着数字摄影机的发展，通过 CCD 航摄仪(包括面阵、线阵)可获取高质量、空间高分辨率、高辐射分辨率和高影像重叠率的影像信息，大大减轻了天气及地形对影像获取的限制，开创了大比例尺全数字测图及进行数字地籍测绘的新时代。另外，无人机航摄系统也被成功地应用到大比例尺地籍测绘、数字城市三维建模，特别是在应急救灾中发挥了巨大作用。

- 高分辨率卫星成像系统

目前，卫星影像的分辨率可达到米级、亚米级，形成了覆盖全球的各种空间分辨率的卫星影像序列；可获取高质量的影像数据，随卫星一起发布的 RPC 参数又极大地提高了几何定位精度，只要少量的外业控制点，就能迅速生产 1∶5000 至 1∶1 万比例尺的正射影像图。另外，高分辨率的卫星遥感影像在城市和土地规划中得到广泛应用。

- 高分辨率激光扫描技术

利用机载激光扫描技术可以直接获得数字表面模型(DSM)，激光扫描技术可以快速获取作业区内详细、高精度的三维地形或景观模型，彻底解决了城市区域的三维测图问题。

- 合成孔径雷达

合成孔径雷达是主动式遥感技术，可以全天候、全天时地获取作业区域的影像信息，其影像的空间分辨率也大大提高，可达亚米级，开创了全天候实时大比例尺测绘的新时代。特别是雷达干涉测量技术的出现与发展，也为获取高精度的全球数字高程模型提供了一种全新的技术手段。

- 传感器自主定位技术

由 GPS 和惯性导航系统 IMU 组成的 POS 系统，能够在航空摄影过程中直接测定影像的外方位元素，使得摄影测量可以在少或无地面控制点的情况下进行作业。可以根据航空影像，基于 POS 系统获取的外方位元素直接进行地物目标三维坐标的解算。

- 智能化、高性能数据处理技术

当前，将摄影测量处理技术与计算机网络技术、并行处理技术、海量存储与网络通信技术及先进的影像匹配技术相结合，产生了高性能的新一代航空、航天数字摄影测量处理平台。如法国 Infoterra 公司研制的像素工厂 PF(pixel factory)，武汉大学研发的数字摄影测量网格 DPGrid(digital photogrammetry grid)等都是具有高性能硬件和并行软件密切结合的先进摄影测量系统。

新技术的应用特别是航空数字影像及高分辨率的卫星影像的出现，使传统的航空摄影测量与遥感(航天摄影测量)之间的界限逐渐模糊，同时也打破了传统分工序的摄影测量作业流程，形成了内外业一体化的快速测绘成图的新模式，使传统的摄影测量作业进入了一体化的测图新时代。

当今的数字摄影测量虽然取得了很大的发展，但仍有一些值得继续研究的问题，诸如影像的匹配与自动化、目标自动识别与影像解译、数据处理的新方法等。

1-3 影像信息学的形成与发展

摄影测量与遥感已成为地理信息系统技术中数据采集的重要手段，而地理信息系统是摄影测量与遥感数据存储、管理、表达和应用的重要平台。三者有机的结合，导致了信息科学分支——影像信息学的形成。

按照王之卓先生的定义，影像信息学是一门记录、存储、传输、量测、处理、解译、分析和显示由非接触传感器影像获得的目标及其环境信息的科学、技术和经济实体。

可以用图 1-1 形象地概括影像信息学的组成和相互关系。可以看出，影像信息获取、处理、加工和结果表达的整个过程互相有机联系，它既包含影像的获取，又包含模拟法、解析法和数字摄影测量，同时还包含地图制图的相关内容等。

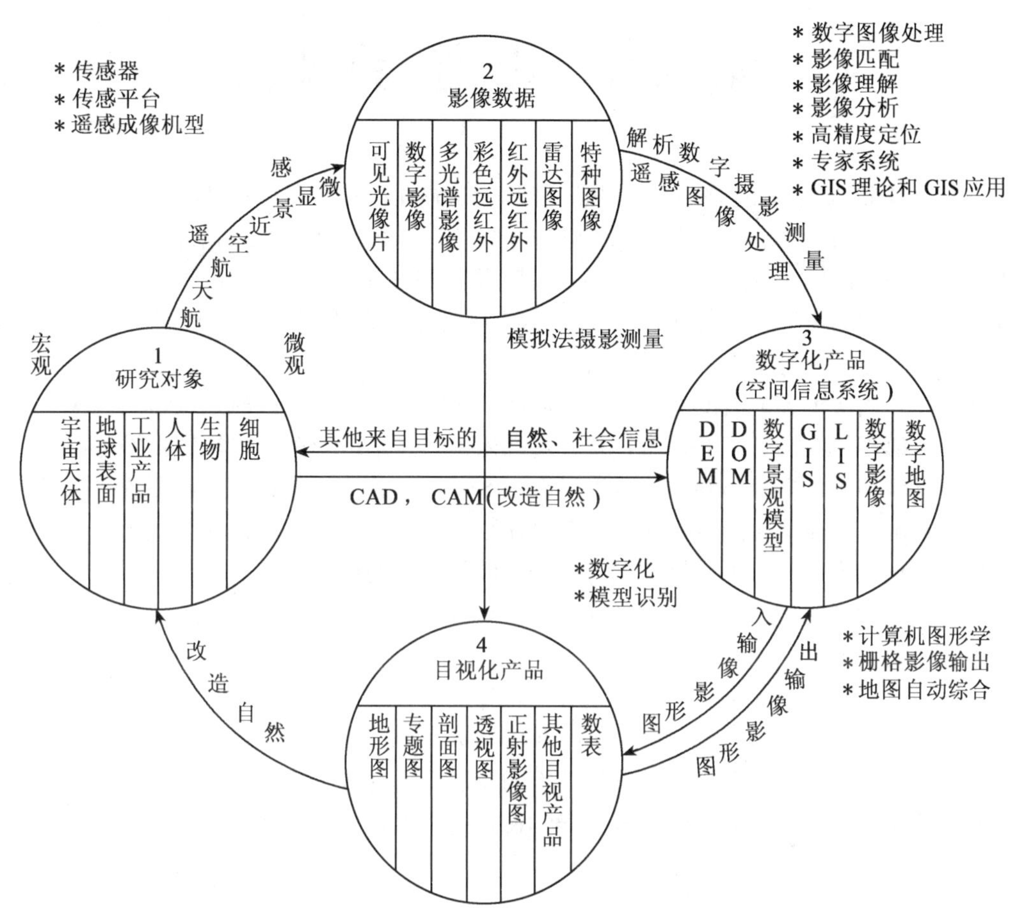

图 1-1　影像信息学的组成和相互关系

第二章 影像获取

1839年法国人达格雷(Daguerre)和尼普斯(Niepce)发表了第一张摄影照片，标志着摄影术的诞生。1858年法国人图纳利恩(Tournachon)用系留气球上的照相机在空中拍摄了巴黎附近一个小村庄的照片。此后各国都开始探索空中拍摄，有的利用鸽子，更多的人利用气球或风筝。1903年莱特兄弟发明了飞机，为航空摄影的发展提供了稳定可靠的飞行平台。1909年威尔伯·顿特驾机拍摄了第一张航空像片，很快利用航片进行地形测绘和军事侦察，并在两次世界大战的刺激下，发展成一门成熟的学科——航空摄影测量学。在此期间，彩色摄影技术、近红外摄影技术、彩红外摄影技术以及多波段摄影技术等都得到了发展，并且应用于航空摄影测量。可以说在1957年10月4日苏联第一颗人造地球卫星发射之前，基本上是航空摄影测量阶段。军事侦察和地形测绘是航空摄影测量两个最大的应用领域，其他的应用还有地质勘测以及一些资源及环境的调查。

航天技术的发展使遥感的高度延伸到了太空，从万米的高度延伸到了三万五千多公里的高度，使人类能在一个前所未有的高度，以各种时间、空间分辨率观测地球。光电技术、电子技术的发展使人类开始利用紫外、红外及微波波段，拓展和丰富了人类的感知能力。遥感从单纯的摄影方式发展到了可探测感知近、中、热红外波段的光电探测方式和微波辐射、雷达等各种方式共存。计算机技术的发展使遥感数据的分析处理技术进入了半自动化和智能化，改变了过去仅依靠人和光学设备进行目视解译的状况。

2-1 航空影像获取

航空摄影测量，由于其具有成图速度快、精度高、不受气候及季节的限制等优点，一直是我国基本地图成图的主要方式，因此航空摄影测量仍然作为测制地形图获取影像的主要手段。航空摄影测量主要使用的是专用的量测航空摄影机，随着数字摄影测量的发展，有时也使用普通数字摄影机。

一、航空摄影机

航空摄影机是一种专门设计的大像幅的摄影机，也称航摄仪。到目前为止，航空摄影机多数还是基于胶片的光学摄影机，随着数字技术与数字摄影测量的发展，大像幅的数字航空摄影机已经问世并开始使用。

1. 框幅式光学航空摄影机

这是基于胶片的光学模拟摄影机，所谓框幅式是指每次摄影只能取得一帧影像，像幅尺寸多为23cm×23cm，主要工作平台为飞机。其一般结构除了与普通摄影机有相同的物镜(镜箱)、光圈、快门、暗箱及检影器等主要部件外，还有座架及其控制系统的各种设备、压平装置，有的还有像移补偿器，以减少像片的压平误差与摄影过程的像移误差。

航空摄影机除了有较高的光学性能、摄影过程的高度自动化外，还有框标装置，即在固定不变的承片框上，四个边的中点各安置一个标志——框标。其目的是建立像片的直角框标坐标。两两相对的框标连线成正交，其交点成为像片平面坐标系的原点，从而使摄影的像片上构成直角框标坐标系。新型的摄影机一般在四个角设定四个光学框标来建立像平面坐标系。由于该航空摄影机具有框标装置，因此被称为量测摄影机，其内方位元素是已知的(内方位元素的概念将在2-3节至2-5节中介绍)。

框幅式光学航空摄影机的结构略图见图2-1(a)，框标及框标坐标系见图2-1(b)及2-1(c)。

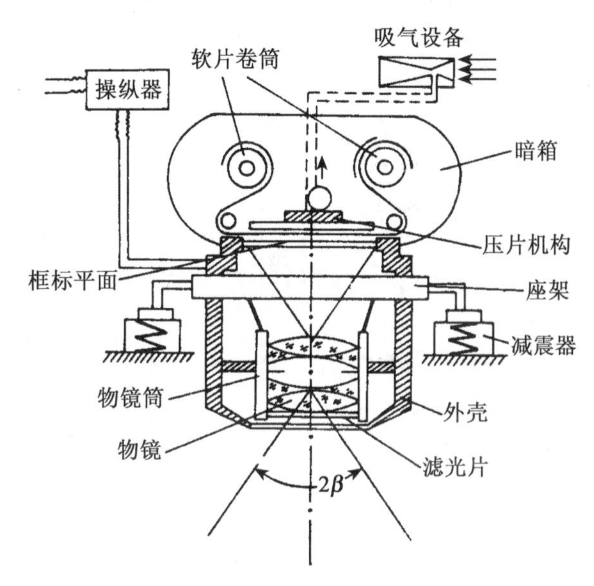

图2-1(a) 框幅式光学航空摄影机结构略图

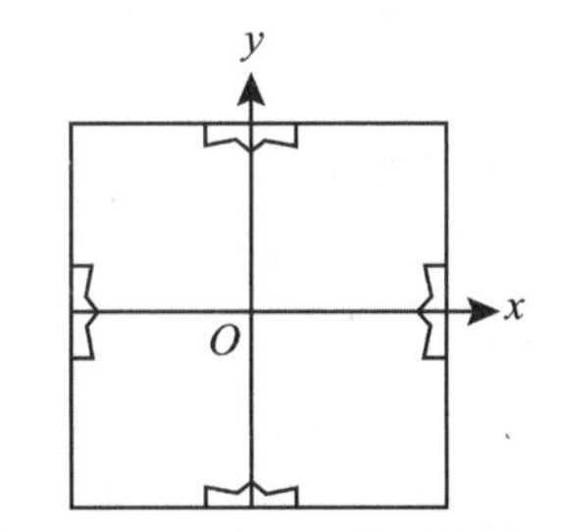

图2-1(b) 边框标及框标坐标系

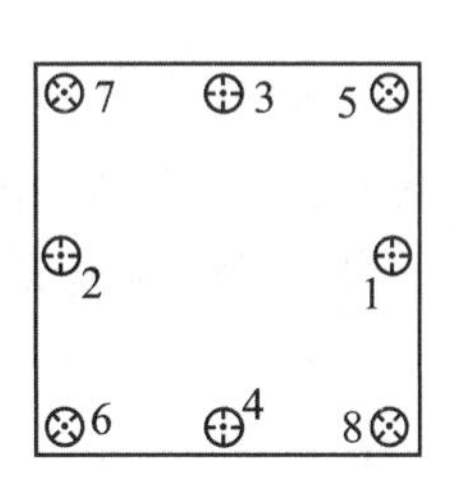

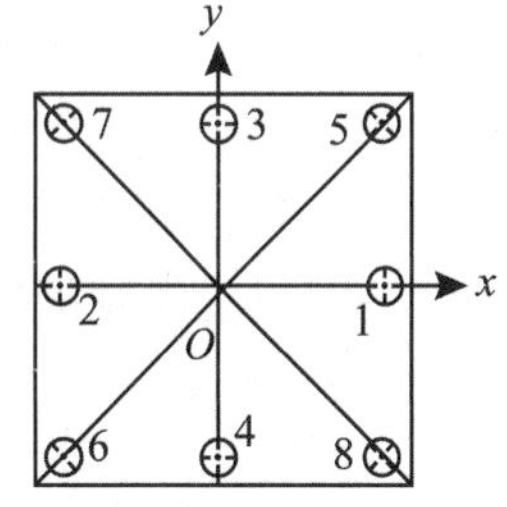

图2-1(c) 光学框标和框标坐标

该摄影机物镜品质优良，其物镜是由若干个不同曲率半径的透镜组合成的对称式物镜，借以消除或减小像差。

摄影机按小孔成像原理，在小孔处安装一个摄影物镜，在成像处放置感光材料，物体经摄影物镜成像于胶片上，胶片受摄影光线的光化作用后，经摄影处理可取得景物的光学影像。

组成物镜的各个透镜的光学中心位于同一直线上，这条直线LL称为主光轴(图2-2)。物体的投射光线经透镜界面逐次折射后取得折射光线。若以平面H_1、H_2来等价物镜组，则平面H_1、H_2将空间分为两个部分，物体所处的空间称物方空间，构像所处的空间称像方空间，因此平面 H_1、H_2 相应地称为物方主平面和像方主平面。平面 H_1、H_2 与光轴的交点 s_1、s_2 相应地称为物方主点和像方主点。

平行于光轴的投射光线通过物镜折射后与光轴交于 F_2，称 F_2 为像方焦点；若斜交于光轴 F_1 的投射光线经物镜折射后与光轴平行，称 F_1 为物方焦点。过焦点垂直于光轴的平面称为焦平面。在所有的投射光线与折射光线中，总能找到一对共轭光线，即其折射光线与投射光线方向一致，该共轭光线与光轴的交点分别称为前方（物方）节点与后方（像方）节点。若物方空间与像方空间同介质，一对节点恰与一对主点重合，则 s_1、s_2 既是一对主点，又是一对节点。节点至焦点的距离称为焦距，用 F 表示，$F=s_1F_1=s_2F_2$。因两节点的距离很小，通常把两个节点看做一点，称为物镜中心 s。

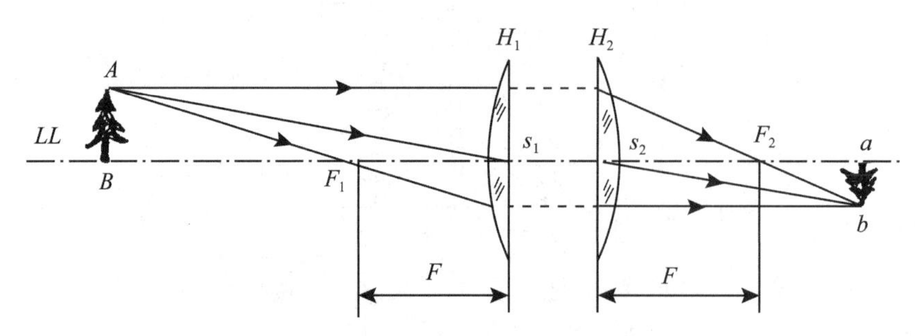

图 2-2　摄影物镜成像及物镜光轴主点、节点、焦点表示图

航空摄影机物镜中心至底片面的距离是固定值，称为摄影机的主距，通常用 f 表示，它与物镜焦距基本一致，因物镜畸变等原因而仅有少许差异。

通过透镜的光线照射到焦面上的照度是不均匀的，由中心到边缘逐渐降低。光线通过物镜后，焦面上照度不均匀的光亮圆称为镜头的视场。摄影时，影像相当清晰的一部分视场内的光亮圆称为像场。由物镜后节点向视场边缘射出的光线所张开的角称为视场角，用 2α 表示，由镜头后节点向像场边缘射出的光线所张开的角称为像角，用 2β 表示，如图 2-3 所示。像场内，圆内接正方形或矩形称为最大像幅，航摄像片的像幅均为圆内接正方形。为了充分利用像幅，也常用像场外切正方形作为像幅，虽然像幅的四个角落在像场以外，但是四角仅为航摄仪的标志，并不影响影像的质量。

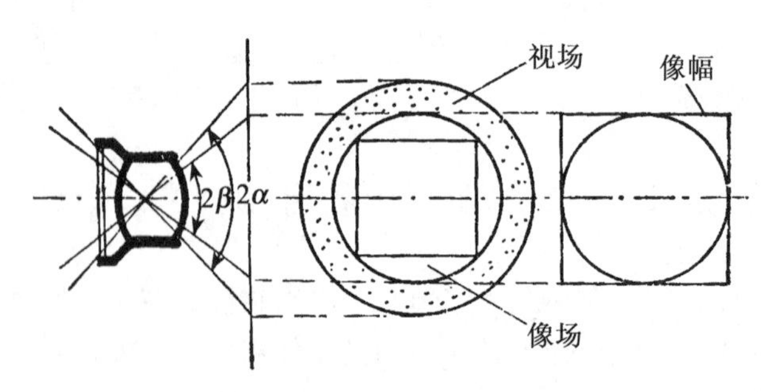

图 2-3　物镜的像角及像幅尺寸

在焦距相同的条件下，像角越大，摄影范围也越大；同样，在像幅尺寸相同条件下，上述结论也成立。按焦距或像场角分类的摄影机如表 2-1 所示。

表 2-1　　传统航摄机分类

摄影机分类	焦距(mm)	像场角(2β)
短焦距摄影机	<150	>100°(特宽)
中焦距摄影机	150~300	70°~100°(宽角)
长焦距摄影机	>300	≤70°(常角)

另外，镜头的分辨率表示镜头对被摄物体微小细节的分辨能力，分辨率的大小是用焦面上 1mm 宽度内能清晰识别相互平行的线条数目来表示，即 R=条数/毫米。

2. 数字航空摄影机

随着计算机和 CCD 技术的发展，国际上出现了直接获取数字影像的测量型数字航摄仪(如 DMC、UltraCAM、ADS40 等)，可同时获取黑白、天然彩色及彩红外数字影像，具有无需胶片、免冲洗、免扫描等特点，减少了传统光学航摄获取影像的多个环节。采用数字航摄仪获取航空影像信息已经迅速成为一种重要的信息获取手段。

CCD 是英文 Charge Coupled Device 的缩写，意为电荷耦合器件。在数字航摄相机中，CCD 传感器的作用相当于航空胶片，它能记录光线的变化，即负责感受镜头捕捉的光线以形成数字图像。

CCD 是固态电子感光成像的部件，它是由很多的微小光电二极管以及译码寻址电路构成的。光电二极管的排列方式有两种，分别是平面阵列和线状阵列。其中平面阵列是将众多的光电二极管排列成一个平面，用来同时感受光电信号(色彩，强度等)如图 2-4(a)所示。它的成像方式和传统的胶片方式很相似。线状阵列的工作原理则与扫描仪颇为相似，它是由多个光电二极管排列成一条直线，逐行进行感光成像，如图 2-4(b)所示。其成像过程是 CCD 将光线转换为电荷，再由数模转换器(ADC)芯片转化成数字信号，将信号传递到处理器(DSP)来处理，最后储存到储存卡上。

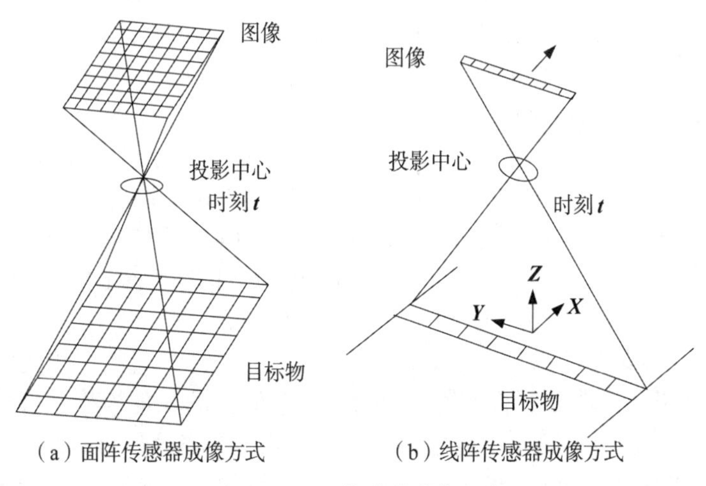

(a) 面阵传感器成像方式　　(b) 线阵传感器成像方式

图 2-4　CCD 传感器成像方式

与传统胶片相比，CCD 更接近于人眼视觉的工作方式。其感光的过程就是光子冲击感光元件产生信号电荷，并通过 CCD 上 MOS 电容进行电荷存储、传输的过程。因为数字影像像素的亮度值是由单个感光元件接收到的光照曝光量决定的，曝光量越大，亮度值也就越大。CCD 传感器对曝光量的响应是线性的，即 CCD 产生的数字图像的亮度值和曝光量在任意区间都是成正比的。而胶片的宽容度没有 CCD 传感器大，由胶片结构决定的灰雾是去除不掉的。在同样的曝光量区间里，胶片的感光特性曲线则是非线性的。因此 CCD 传感器获得的数字影像可以更真实、准确地反映出图像的亮度信息。图 2-5(a)是以 12.5μm 扫描的胶片影像，(b)为直接用数字航摄仪摄取的数字影像，图中的放大部分为一段铁路，由于环节的增多，造成了图 2-5(a)影像信息的损失也多。

(a) (b)

图 2-5　扫描影像与直接摄取的数字影像比较

(1)DMC 数字航空摄影机

DMC 数字航摄仪(见图 2-6)是德国 Z/I IMAGING 公司研制开发的，基于面阵 CCD 技术，将最新的传感器技术与最新的摄影测量与遥感影像处理技术相融合，由多个光学机械部分组装成的高精度、高性能的测量型数字航摄仪器。

由于受到目前大面阵 CCD 尺寸的限制，数字航摄仪不可能采用一块足够大的(相当于传统胶片大小)的面阵 CCD 放在镜头的焦平面上。考虑到飞行效率，又需要一次飞行获取的地面范围与传统航摄相当，这样大范围地面覆盖需求与面阵 CCD 尺寸的限制形成矛盾。DMC 相机通过多镜头并行操作的办法解决了这个矛盾。

DMC 镜头系统是由 Carl Zeiss 公司特别设计和生产的，由 8 个镜头组合而成(见图 2-7)。其中 4 个全色镜头，4 个多光谱镜头(红、绿、蓝以及近红外)。每个单独镜头配有大面阵的 CCD 传感器，这些 CCD 传感器是由前身为 Philips 的 DALSA 公司制作的。4 个全色镜头的 CCD 传感器为 7K×4K，4 个多光谱镜头的 CCD 传感器为 3K×2K。

在航摄飞行中，DMC 数字航空摄影机的 8 个镜头同步曝光(间隔小于 10^{-9}秒)，4 个全色镜头分别获得 7K×4K 的数字影像，4 个多光谱镜头分别获得 3K×2K 的数字影像。

在镜头的设计和安装过程中，将 4 个 7K×4K 的全色镜头固定在相机的内侧，并实现 4 个全色镜头航飞获得的数字影像有部分重叠。通过镜头的几何检校、影像匹配以及相机自检校和光束法空三技术等将 4 个全色镜头获得的 4 个中心投影的影像拼合成 1 幅具有虚拟投影中心、固定虚拟焦距(120mm)的虚拟中心投影“合成”影像，分辨率为 7680×13824。

图 2-6　DMC 数字航摄仪

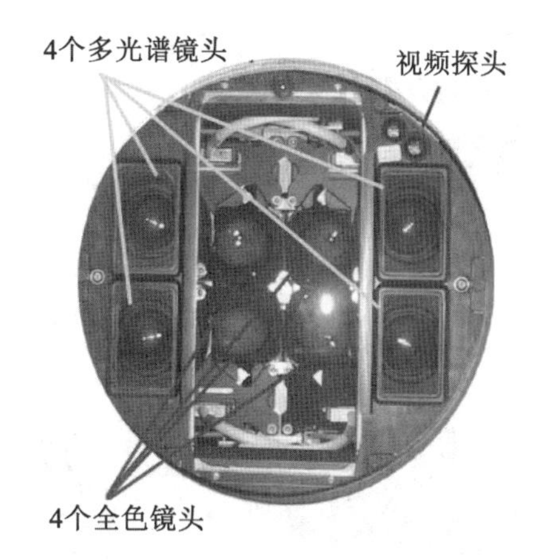

图 2-7　DMC 数字航摄仪镜头组

同样，4 个多光谱镜头能获得覆盖 4 个全色镜头所获得影像范围的影像，通过影像匹配和融合技术，可将 4 个多光谱镜头获得的影像与全色的“合成”影像进行融合，进而获得高分辨率的天然彩色影像数据或彩红外影像数据(分辨率为 7680×13824)。

DMC 数字航摄仪通过全色影像的“镶嵌”，全色与多光谱影像的融合来实现多波段对地的大面积覆盖(参见图 2-8)。因此，DMC 数字航摄仪一次飞行可同步获取黑白、真彩色和彩红外像片数据。

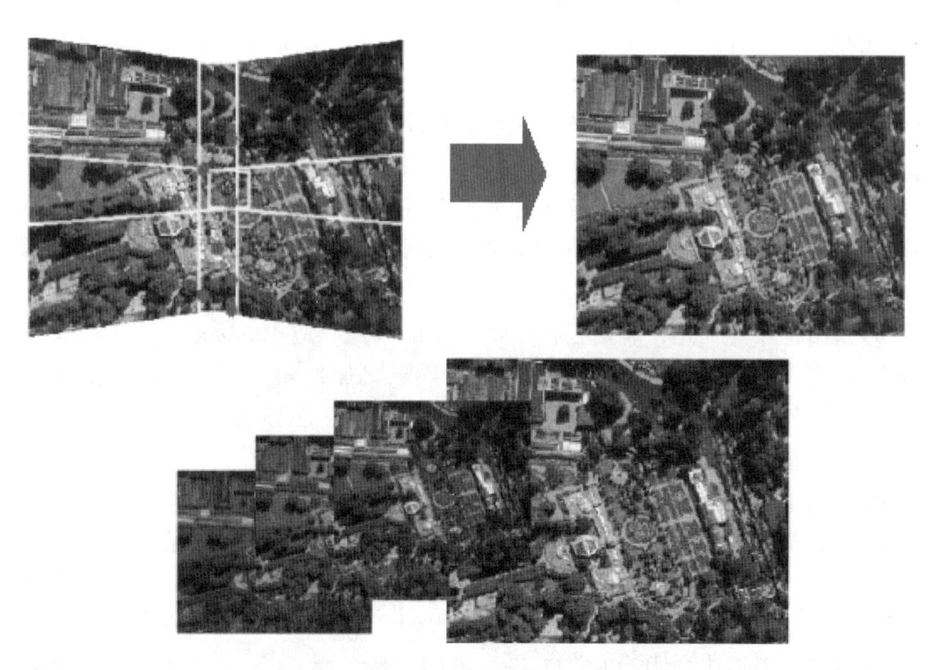

图 2-8　DMC 数字航摄仪成像原理图

图 2-9 所示为 DMC 航摄仪的系统构成。

根据国外测试的统计，DMC 数字航摄能达到典型的量测精度在 2μm 左右，*Z* 方向的

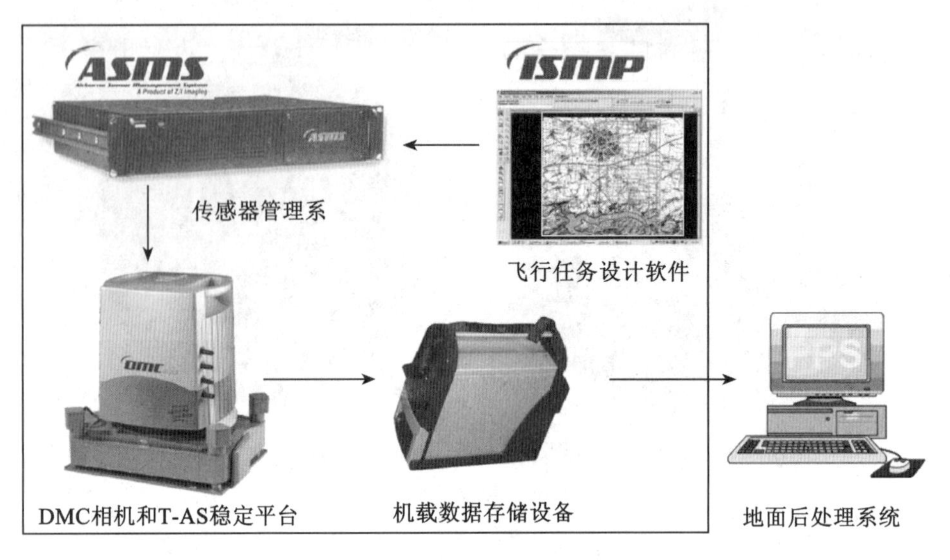

图 2-9　DMC 航摄仪系统构成

测量精度约为 0.08‰×航高，即飞行高度为 1500m 时，精度为 0.12m。*XY* 方向的测量精度为4~5μm,即如果地面分辨率为 0.15m 时，平面测量精度为 6~8cm。

(2) ADS40 数字航空摄影机

ADS40 数字航摄仪由瑞士徕卡公司出品，一次摄影即可同时获取多个通道的黑白、彩色和彩红外影像，可三线阵立体成像进行立体测图，是非常典型的三线阵航空数码相机。该航摄仪必须与 IMU/DGPS 系统集成来对每行扫描数据进行校正。

ADS40 的成像方式类似于法国 SPOT 卫星的推扫式成像，其设计理念是搭载航天平台的传感器而飞行在更低的高度来获取地表信息。目前，在地面分辨率为 1cm 到 10cm 的最高分辨率等级的应用上，依旧是传统胶片航摄为主。DMC 等其他幅面式 CCD 传感器航摄数字相机的出现，满足了在中低空高度替代传统胶片的需求；而市场对于 10cm 以上 1m 以下分辨率的高质量全色和多光谱影像也有着相当旺盛的需求，在很长时间内，这两种分辨率等级的数据将互为补充，满足各种比例尺制图和遥感应用的需求。

ADS40 的出现使得遥感和摄影测量之间的界限更加模糊，它采用航天平台的传感器技术，飞行在比其他航摄仪工作高度更高的大气层空间，能够同时采集地面大范围的全色和多光谱影像，是一种适合中小比例制图需求的数字航摄系统。

ADS40 相机采用单个镜头成像，相比 DMC 数字航摄仪采用的多镜头感光拼合成像方式：ADS40 的镜头口径更大，采用大口径镜头的优点在于相同工艺条件下，镜头口径越大，镜头的畸变差就越小，成像的质量也就越高；单镜头成像比多镜头成像在原理上更为简单，更易于实现，故障率更低，检校也更加方便。

ADS40 的高性能镜头焦距为 62.77mm，横向视场角为 64°，可以在 *f*/4 的最大光圈下提供 130lp/mm 的解像能力。ADS40 使用焦阑镜头的优势在于能够使入射光线以合适的角度到达焦平面，确保透过干涉透镜各个部分的光线不发生色散，使得光线经过滤光镜后的影像更为纯正，色调一致，提高了影像的光谱表现能力(见图 2-10)，图 2-11 所示是普通设计的滤光效果。

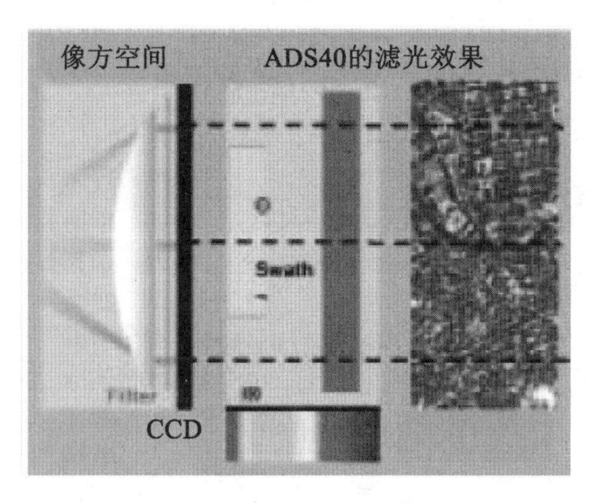

图 2-10　ADS40 滤光效果图

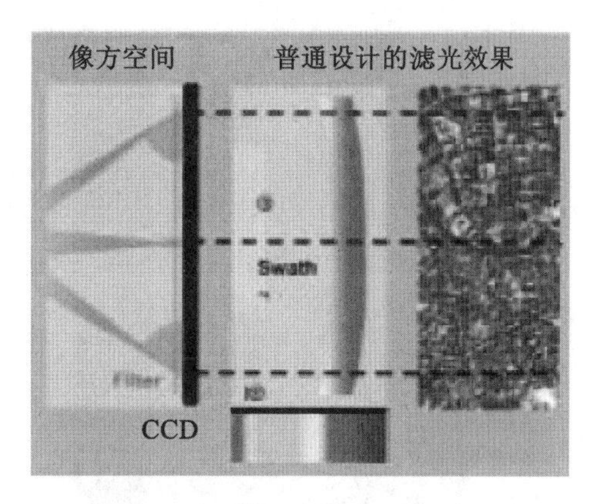

图 2-11　普通设计滤光效果图

ADS40 光学系统中另外一个独特的设计是它的分光镜组件(见图 2-12)。它能够尽可能地减少入射光能量损失，可见光通过 ADS40 的分光镜组件时被按照 RGB 三种色光分出，落在焦平面上各自对应的不同区域。这种分光组件的设计使得负责 RGB 三色感光的 CCD 线阵能够同时对地面相同的区域获取影像。

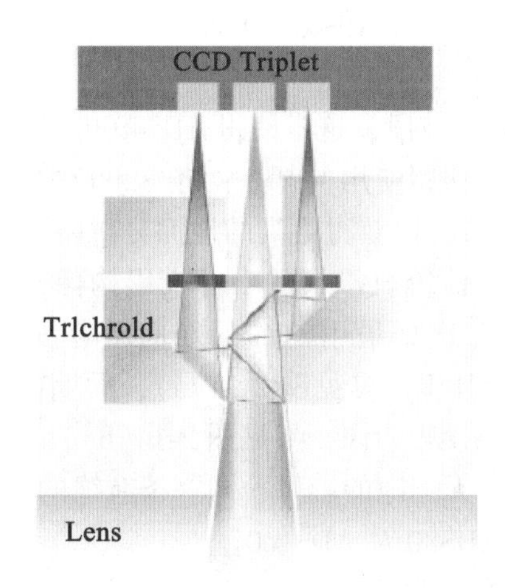

图 2-12　ADS40 分光镜组件

ADS40 特别的镜头和光路设计，能够实现对波长范围的选择。控制 CCD 传感器接收到的多光谱 RGB 和近红外波长范围不出现重叠，从而使图像具有更理想的解译性能。其波长范围分布如图 2-13 所示。

与 DMC 面阵航摄仪相比，ADS40 数字航摄仪采用的 CCD 传感器成像器件是线阵式的排列，即每次摄影能得到一行影像。ADS40 的焦平面可以容纳 15 条 CCD 线阵，每 3 条 CCD 线阵为一组，最多可以同时容纳 5 组。

典型的 ADS40 使用了 10 条 CCD 线阵：其中 4 条 12K 的线阵用于 RGB 和 NIR 的多光谱感光；全色波段使用了前视、下视和后视 3 个方向感光，参见图 2-14(b)，用于获取立体影像。其中，前视方向与下视方向的夹角为 28.4°，后视方向与下视方向的夹角为

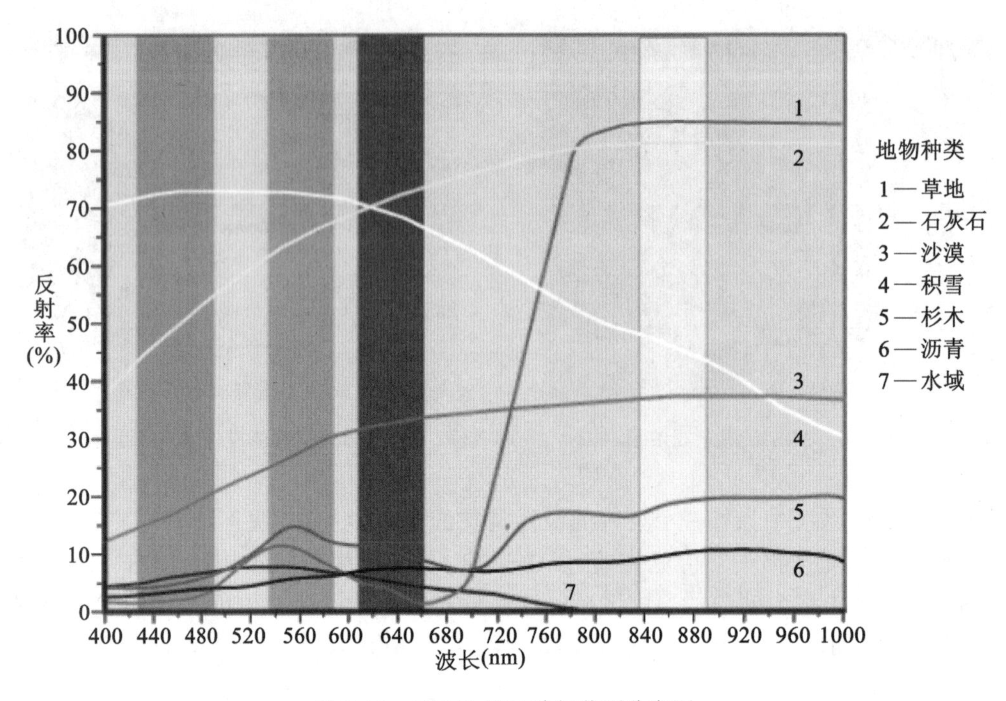

图 2-13 ADS40 CCD 波长范围分布图

14.2°，加上 RGB 和近红外 4 个波段，这样使得 ADS40 可以利用一次飞行获得丰富的影像信息，并且，每个方向感光传感器使用的都是两条 12000 个元件的 CCD 线阵，并以半个像素的大小交错排列(3.25μm)，以获得更高的地面分辨率。

ADS40 的成像方式不同于传统航摄仪的中心投影构像，传统航摄是在航线上按照设计的重叠度拍摄若干张像片，比如采用 60%的航向重叠度飞行，所拍摄地面就可以有 60%的面积同时出现在 3 张像片上，参见图 2-14(a)，后期的制图处理还需要对影像进行拼合。ADS40 得到的是多中心投影影像，参见图 2-14(b)，每条扫描线对应其单独的投影中心，拍摄到的是一整条带状无缝隙的影像，同一条航线的影像不存在拼接的问题。

目前该公司又相继推出 ADS80 及 ADS100。

(3)UCD/UCX 数字航空摄影机

UCX 超大幅面数字航空摄影机是美国 Vexcel 公司继 UCD 之后推出的新一代数字航空摄影系统，该系统是基于大面阵 CCD 设计和 FMC 电子像移补偿，具有大幅面、航向重叠大于或等于 90%、6.0μm 的高分辨率及集成 POS 等优势。其系统主要由五大部分组成，如图 2-15 所示，这五大部分分别是传感器单元(SV)、存储计算单元(SCV)、移动存储单元(MSV)、空中操作平台及地面后处理软件包。

①传感器单元。UCD/UCX 的传感器单元由 8 个高质量、高分辨率的光学镜头组成，其中 4 个全色波段的镜头是沿着飞行方向等距顺序排列的，其间距为 80mm。另外 4 个多光谱镜头对称排列在全色镜头的两侧，如图 2-16 所示。UCX 系统通过 13 个面阵 CCD 采集影像数据，其中 9 个 CCD 用于全色波段生成全色影像，有 4 个 CCD 多光谱波段，同时采集彩色 RGB 影像和近红外 NIR 影像。在这 8 个镜头中，主镜头是第二个镜头，由它来控制影像的四个角，以保证影像严密的中心投影。UCX 带有陀螺平台的镜头座驾，配有

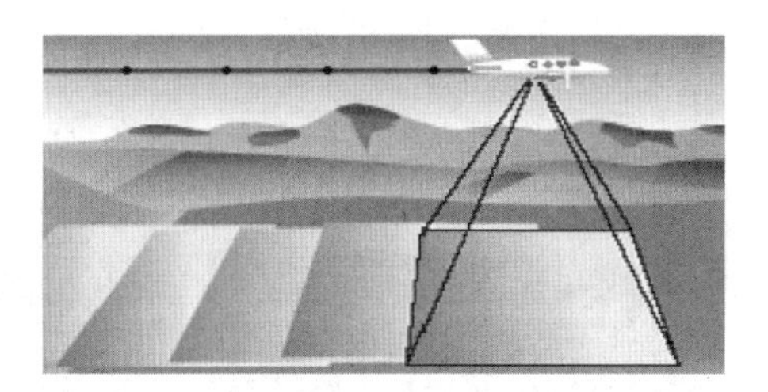

(a) 一般航摄仪获取影像方式

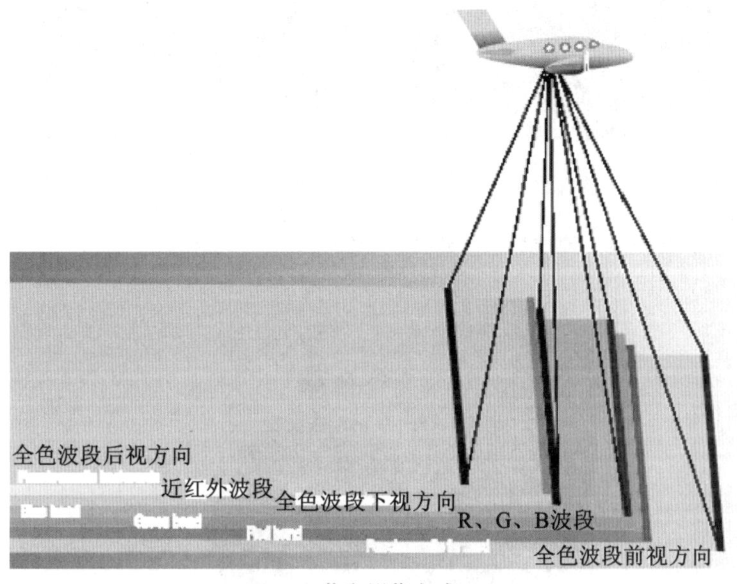

(b) ADS40 获取影像方式

图 2-14　ADS40 获取影像方式与一般航摄仪获取影像方式的比较

飞行管理系统，以便控制飞行的质量。

②存储计算单元。UCD/UCX 存储计算单元是一个拥有 15 套高性能、高可靠性、特殊设计、能在高空中工作的计算机和先进网络设备组成的高速并行存储及计算系统。其中 13 套计算机对应 13 个 CCD 面阵相机。这样在空中获取影像并进行处理的方式最大限度地提高了系统的拍摄速度。还有其他两套计算机，一套用于系统的整体控制，另一套备用，以提高系统的可靠性。

③移动存储单元。系统能够在 45 分钟之内将存储计算单元存储的数据导出并存储在移动存储单元中。航摄的操作员可以直接在飞行期间进行预处理生成最终影像成果，或者回到地面后进行后处理操作，然后方便地将存储计算单元中原始数据带回地面处理中心来进行后期的处理。

为了能够获得大幅面的中心投影像，UCX 数字摄影系统在每个镜头录像面上都精确地安置了不用数量的 CCD 面阵。全色波段的 4 个镜头对应呈 3×3 矩阵排列 9 个 CCD 面阵。其中，主镜头对应的是四个角的 CCD，第一从镜头对应的前后两个 CCD，第二从镜头对应的左右两边的两个 CCD，第三从镜头对应的中间的一个 CCD。多光谱波段的 4 个镜头分别对应着另外 4 个 CCD。这 13 个 CCD 面阵尺寸均为 4008×2067 像素。其中，9 个

图 2-15　UCD/ UCX 数字航空摄影系统

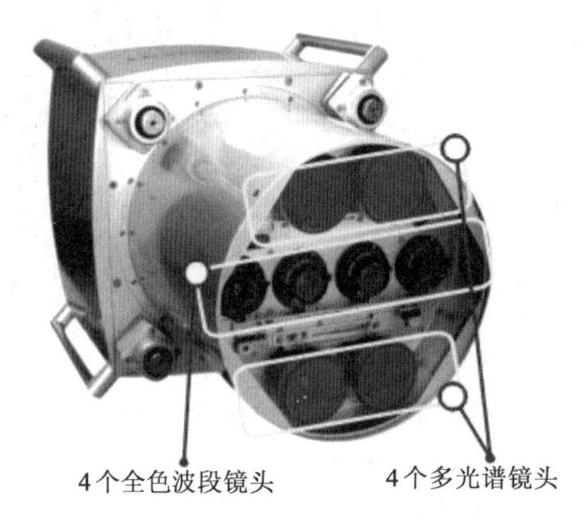

图 2-16　UCX/UCX 的传感器单元

形成全色影像的 CCD 面阵之间存在一定的重叠度(航向为 258 像素，旁向为 262 像素)，CCD 面阵获取的影像数据通过重叠部分的影像进行精确配准，消除了曝光时间误差所造成的影响，从而生成了一个完整的中心投影影像，确保了输出的影像都具有强健刚性几何特性的中心投影影像。全色影像与同步获得的 RGB 和彩红外影像进行融合之后，经配准后处理，从而形成高分辨率的彩红外影像产品和真彩影像产品。

UCX 数字航摄系统的 4 个全色镜头是沿着飞行方向排列的。在航摄的过程中，当第一个镜头到达拍摄目标上空，这时候正中心的 1 个 CCD 曝光，随着飞机的不断飞行，第二个镜头(即主镜头)到达同一个位置，此时，四个角的 4 个 CCD 曝光。当第三个镜头到达相同位置，上下 2 个 CCD 曝光，第四个镜头到达同一位置，左右 2 个 CCD 及红、绿、近红外这 6 个 CCD 曝光。至此，整个像幅由内的 13 个 CCD 曝光操作全部完成，如图 2-17 所示。

由于每个相机镜头间的距离只有 80mm，距离很短，所以相邻镜头之间的曝光时间也

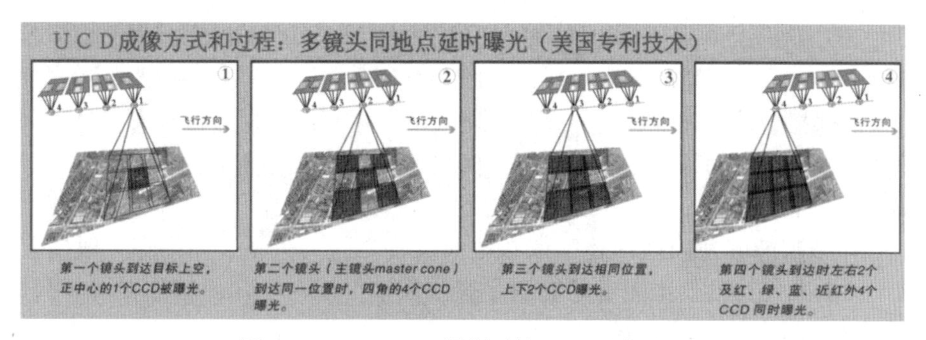

图 2-17　UCD/UCX 摄影系统 CCD 曝光过程

很短，所有镜头几乎都是在同一个位置、相同的姿态下曝光，这样就能将 9 个 CCD 面阵拼接而得到一个完整中心投影大幅面的全色影像，如图 2-18 所示。

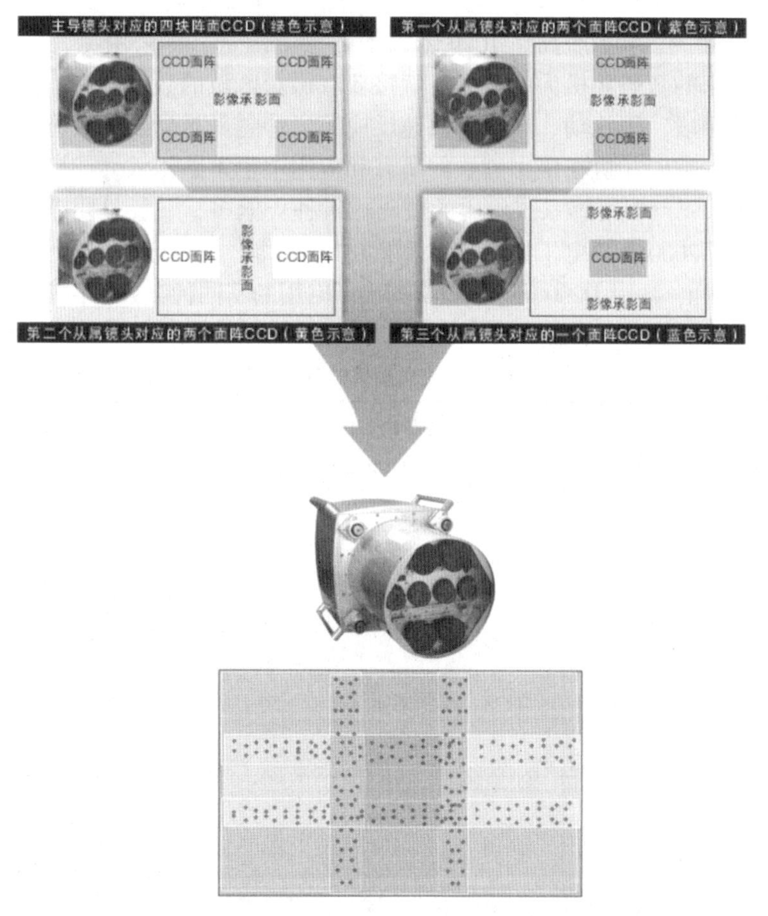

图 2-18　各镜头对应的 CCD 面阵示意图及合成图

UCX 摄影系统每个单独镜头都配有大面阵 CCD 传感器，因采用新的 CCD 面阵技术，其分辨率大小达到了 7.2μm，并且能够得到 11430×9420 像素的超大影像幅面。

(4)数码航摄影像分类

数码航摄影像分为0级、1级、2级和3级产品，与卫星遥感影像的处理等级相同。

一般来说，0级数据指的是直接从传感器上面获取的没有经过任何改正的影像和定位信息。1级数据指的是经过了数据分离和辐射改正剔除冗余数据后但没有经过任何几何校正的信息。2级数据指的是经过系列系统几何校正并且将数据重新排序后的信息。3级数据则经过了几何精确校正，即在几何校正过程中利用地面控制点对系统几何校正模型进行了修正，使该数据能够精确地描述影像和地面位置之间的关系。如果在一般的应用中使用，2级产品的几何精度校正能够足够满足客户需求，但对于几何精度要求较高的生成，就必须使用3级精度的几何校正产品。

进行了以上的精度校正后，还可以做多波段影像与单色影像的精确匹配与合成，从而形成全色彩或红外的影像。但是彩色波段传感器的分辨率一般只有单色波段的二分之一，多波段影像与单色影像的精确匹配与合成必须在多种系统误差的改正之后再进行。

二、无人飞行器UAV(unmanned afrial vechicles)采用的相机

低空摄影测量，一般指航高在1000米以下的摄影测量，多采用无人飞行器为飞行平台，搭载高分辨率的数码相机为传感器，直接获取摄影区域的数字影像。低空摄影技术作为一种新的测绘手段，因机动、灵活、快速反应等优势越来越受到广泛应用与重视，而高分辨率、小像幅的数码相机在摄影测量的研究和应用中也不断深入。

目前国内无人飞行器遥感系统使用的数码相机种类繁多，一般只要满足体积小、重量轻、有效像素大于2000万，电子快门速度大于1/1000s等，经标定后，均可用于低空摄影测量，如佳能5DMakⅡ，尼康D200等。表2-2列出低空用的不同种类数码相机的主要参数。

表2-2 低空飞行使用相机的有关参数

相机类型	短边像元数	长远像元素	像元大小/μm	焦距/mm	成图比例尺	相对航高/m
Rollei DB45	4080	5440	9	50	1：500	278
					1：1000	556
					1：2000	1111
Rollei DB57	5428	7228	6.8	50	1：500	368
					1：1000	735
					1：2000	1471
Canon EOS 5D Mark Ⅱ-24mm	3774	5616	6.4	24	1：500	188
					1：1000	375
					1：2000	150
Canon EOS 5D Mark Ⅱ-35mm	3774	5616	6.4	35	1：500	273
					1：1000	547
					1：2000	1094

续表

相机类型	短边像元数	长远像元素	像元大小/μm	焦距/mm	成图比例尺	相对航高/m
Canon EOS 450D	2848	4272	5.2	19	1∶500	231
					1∶1000	462
					1∶2000	923

注：本表中1∶500、1∶1000、1∶2000成图比例尺时的航摄地面分辨率分别按0.05m、0.1m、0.2m计算。

无人飞行器采用的非量测数码相机，因像幅较小，但要拍摄的影像数量却很大。另外，小像幅立体像对的基高比变小，解算精度受到影响。为了获取较大的像幅影像，目前多采用组合宽角相机拼接技术。图2-19表示由双组合到五组合的方式，图2-20是QuickEye Ⅲ 无人机的外貌图。

(a)双组合相机

(b)三组合相机

(c)四组合相机

(d)五组合相机

图2-19　相机组合方式

图2-20　QuickEye Ⅲ 无人机

2-2 遥感影像

遥感通常是指通过某种传感器装置，在不与被研究对象直接接触的情况下，获取其特征信息(一般是电磁波的反射辐射和发射辐射)，并对这些信息进行提取、加工、表达和应用的一门科学和技术。遥感技术包括传感器技术，信息传输技术，信息处理、提取和应用技术，目标信息特征的分析与测量技术等。

遥感技术依其遥感仪器所选用的波谱性质，可分为电磁波遥感技术、声呐遥感技术、物理场(如重力场和磁力场)遥感技术。电磁波遥感技术是利用各种物体/物质反射或发射出不同特性的电磁波进行遥感的，可分为可见光、红外、微波等遥感技术。按照感测目标的能源作用，可分为主动式遥感技术和被动式遥感技术。按照记录信息的表现形式可分为图像方式和非图像方式。按照遥感器使用的平台，可分为航天遥感技术、航空遥感技术、地面遥感技术。按照遥感的应用领域可分为地球资源遥感技术、环境遥感技术、气象遥感技术、海洋遥感技术等。常用的传感器有：航空摄影机(航摄仪)、全景摄影机、多光谱摄影机、多光谱扫描仪(Multi Spectral Scanner，MSS)、专题制图仪(Thematic Mapper，TM)、反束光导摄像管(RBV)、HRV(High Resolution Visible range instruments)扫描仪、合成孔径侧视雷达(Side-Looking Airborne Radar，SLAR)等。

常用的遥感数据有：美国陆地卫星(Landsat)TM和MSS遥感数据，法国SPOT卫星遥感数据。遥感技术系统包括：空间信息采集系统(包括遥感平台和传感器)，地面接收和预处理系统(包括辐射校正和几何校正)，地面实况调查系统(如收集环境和气象数据)，信息分析应用系统。遥感技术主要应用于以下领域：陆地水资源调查、土地资源调查、植被资源调查、地质调查、城市遥感调查、海洋资源调查、测绘、考古调查、环境监测和规划管理等。目前，主要的遥感应用软件是ilwis、PCI、ERMapper和ERDAS。

20世纪60~80年代，国际遥感技术高速发展，逐步从科学研究阶段进入实用阶段，美国、前苏联在这个领域是一家独秀。进入80年代末，法国、日本、欧空局、中国和印度均发射了自己的遥感卫星，而且许多国家都制订了遥感卫星计划。

一、目前遥感技术发展特点

1. 追求更高的空间分辨率

目前的空间分辨率，多波段为20m，全色波段为10m，但已有好几颗卫星装载空间分辨率优于10m的遥感器。

2. 追求更精细的光谱分辨率

目前星载遥感器的光谱率大约为可见近红外波段，略优于100nm，在热红外波段约为200nm，而机载的成像光谱仪已达到可见光、近红外波段，约10nm，热红外波段约30nm，整个波段数已达到256个。美国制订的EOS计划(地球观测计划)就包括有中分辨率和高分辨率的成像光谱仪。

3. 综合多种遥感器的遥感卫星平台

一颗卫星装备多种遥感器，既有高空间光谱分辨率、窄成像带的遥感器，适合于小范围详细研究，又有中低空间光谱分辨率、宽成像带的遥感器，适合宏观快速监测，两者综合，服务于不同的需求。

4. 多波段、多极化、多模式合成孔径雷达卫星

合成孔径雷达具有全天候和高空间分辨率等特点。目前已有几颗卫星装备有单波段、单极化的合成孔径雷达。1995 年 11 月 4 日加拿大发射的 Radarsat(雷达卫星)就具有多模式的工作能力，能够改变空间分辨率、入射角、成像宽度和侧视方向等工作参数。1995 年美国航天飞机两次飞行试验了多波段、多极化合成孔径雷达。

5. 斜视、立体观测、干涉测量技术的发展

可见光斜视、立体观测可以用于卫星地形测绘，干涉测量技术是利用相邻两次的合成孔径雷达影像进行地形测量和微位移形变测量的技术。目前法国的 SPOT 卫星已具备斜视立体观测能力，进行地形测绘的技术取得重大进展，但仍未完全实用化。干涉测量技术在欧空局的 ERS-1 卫星 C 波段 SAR 计划中进行过实验。

遥感的应用领域不断拓展，从传统的军事侦察和测绘发展到林业、地质、农业和土地利用、气象、环境和工程选址等各种行业。

图 2-21 以对地球观测和对空间观测系统应用为例，给出了信息获取与处理技术的基本构成和信息流程。这张图是针对典型应用的实例，它代表了信息获取技术的基本原理。尽管遥感技术应用五花八门，组成部分及其元部件种类繁多，得到的信息的形式多种多样，但基本过程和基本功能都是相同的。

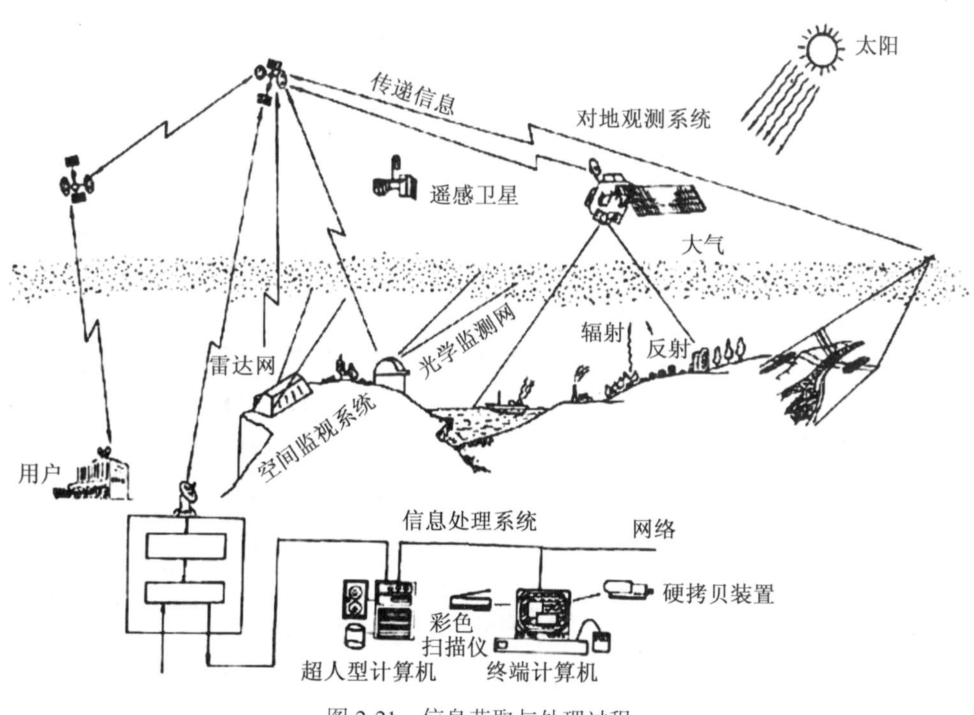

图 2-21　信息获取与处理过程

二、常用的遥感影像卫星

1. 陆地卫星(Landsat)

第一颗陆地卫星是美国于 1972 年 7 月 23 日发射的，是世界上第一次发射的真正的地

球观测卫星，原名叫做地球资源技术卫星(Earth Reasource Technology Satellite，ERTS)，1975年更名为陆地卫星。由于它出色的观测能力推动了卫星遥感的飞跃发展，迄今Landsat已经发射了6颗卫星，但第6颗卫星发射失败，现在运行的是第5号卫星。

前三颗卫星的轨道是近圆形太阳同步轨道，高度约为915km，运行周期103min，每天绕地球14圈，每18天覆盖全球1次。星载的遥感器有：①3台独立的返束光导摄像机(RBV)，分三个波段同步成像，地面分辨率为80m；②多波段扫描仪MSS(Multi Spectral Scanner System)在绿、蓝、红和近红外的四个波段工作，地面分辨率也为80m。

Landsat-4和Landsat-5进入高约705km的近圆形太阳同步轨道，每一圈运行的时间约为99min，每16天覆盖全球1次，第17天返回到同一地点的上空。卫星上除了带有与前3颗基本相同的多波段扫描仪MSS外，还带有一台专题成像仪TM(Thematic Mapper)，它可在包括可见光、近红外和热红外在内的7个波段工作，MSS的分辨率为80m，TM的分辨率除6波段为120m以外，其他都为30m。

MSS、TM的数据是以景为单元构成的，每景约相当于地面上185×170km^{2}的面积。各景的位置根据卫星轨道所确定的轨道号和由中心纬度所确定的行号进行确定。Landsat的数据通常用计算机兼容磁带(CCT)提供给用户。Landsat的数据现在被世界上十几个地面站所接收，主要应用于陆地的资源探测、环境监测，是目前世界上利用最为广泛的地球观测数据。

表2-3所示的是Landsat-5成像装置的分辨率和视场等参数。

表2-3

遥感器名称	视场(km^2)	图像类型	波段(μm)	地面分辨率(m)
TM	185×170	多光谱影像	0.45~0.52	30
			0.52~0.60	30
			0.63~0.69	30
			0.76~0.90	30
			1.55~1.75	30
			10.40~12.5	120
			2.08~2.35	30
MSS	185×170	多光谱影像	0.5~0.6	80
			0.6~0.7	80
			0.7~0.8	80
			0.9~1.1	80

2. 法国"斯波特"卫星(SPOT)

SPOT卫星是法国研制发射的地球观测卫星，第一颗SPOT卫星于1986年2月发射成功。1990年2月发射了第2号卫星，第3号卫星于1994年发射。

SPOT采用高度为830km、轨道倾角为98.7°的太阳同步准回归轨道，通过赤道时刻为地方时上午10：30。回归天数为26天。但由于它采用倾斜观测，所以实际上4~5天就可对同一地区进行重复观测。

SPOT 携带两台相同的高分辨率遥感器 HRV。它的观测方法是采用 CCD 的电子式扫描，它具有多光谱和全色波段两种模式。由于 HRV 装有可变指向反射镜，能在偏离星下点±27°(最大可达 30°)范围内观测任何区域，通过斜视观测平均 2.5 天就可以对同一地区进行高频率的观测，缩短了重复观测的时间。此外，通过用不同的观测角观测同一地区，可以得到立体视觉效果，能进行高精度的高程测量与立体制图。图 2-22 所示的是 SPOT 卫星的图片。

图 2-22　法国 SPOT 商用卫星

SPOT 5 卫星与 SPOT 1~4 卫星的主要区别在于，卫星上主载作了重大改进：包括两个高分辨率几何装置(HRG)和一个高分辨率立体成像装置(HRS)。表 2-4 所示的是 SPOT 5 成像装置的分辨率和视场等参数。

表 2-4

<table>
<tr><th>遥感器名称</th><th>视场(km^2)</th><th colspan="2">图像类型</th><th>波段(μm)</th><th>地面分辨率(m)</th></tr>
<tr><td rowspan="6">HRG</td><td rowspan="6">60×60</td><td rowspan="2">全色影像</td><td>超模式全色影像(Super mode PAN)</td><td>0.48~0.71</td><td>2.5</td></tr>
<tr><td>全色影像(PAN)</td><td>0.48~0.71</td><td>5</td></tr>
<tr><td rowspan="4">多光谱影像</td><td>B1</td><td>0.50~0.59</td><td>10</td></tr>
<tr><td>B2</td><td>0.61~0.68</td><td>10</td></tr>
<tr><td>B3</td><td>0.78~0.89</td><td>10</td></tr>
<tr><td>B4</td><td>1.58~1.75</td><td>10</td></tr>
<tr><td>HRS</td><td>120×120</td><td colspan="2">全色影像</td><td>0.49~0.69</td><td>10</td></tr>
</table>

- 两个高分辨率几何装置 HRG 能获取 60km×60km 范围内的四种高分辨率影像。
- 高分辨率立体成像装置 HRS 能获取 120km×120km 范围内的全色影像。它使用两个相机沿轨道方向(一个向前，一个向后)实时获取立体图像，较之 SPOT 1~4 的旁向立体成像模式(轨道间立体成像)而言，SPOT 5 几乎能在同一时间和同一辐射条件下获取立

体像对。

3. 美国 IKONOS 卫星

目前在轨运行的第一颗高分辨率商业遥感卫星是空间成像公司的伊克诺斯(IKONOS)2。伊克诺斯的名字来自希腊文“图像”。卫星由洛马公司制造。1999 年 9 月 24 日，该卫星由洛马公司用雅典娜 2 型运载火箭从范登堡空军基地发射升空。在此之前，雅典娜 2 型火箭曾在同年 4 月 27 日发射了伊克诺斯 1 号卫星，但因火箭整流罩分离问题，卫星未能入轨。

卫星运行在高度为 680km、倾角 98. 2°的极轨道上(图 2-23)。伊克诺斯卫星设计成 140 天内绕地球飞行 2049 圈，即约每天绕地球飞行 15 圈，第一圈的星下点与 2049 圈的星下点完全相同。每 3 天就可以 0. 8m 的分辨率对地面上的任何一个区域进行一次拍摄。若降低分辨率，它每天都可以重访一次同一区域。伊克诺斯卫星入轨后拍摄的图像，因为其优良的清晰度，已得到了广泛的赞誉。它可拍摄到地面上直径不足 1m 的物体的全色(黑白)图像和直径仅 3. 28m 的物体的多光谱图像。图 2-24 是 IKONOS 卫星 2001 年拍摄的上海浦东新区金茂大厦附近地区 1m 分辨率的彩色照片。

图 2-23　美国 IKONOS 商用影像卫星

4. 美国快鸟(Quick bird)卫星

2001 年 10 月 18 日，美国数字全球公司成功发射了商用高分辨率卫星快鸟（Quick bird)，空间分辨率首次突破米级单位，达到 61 cm。这意味着卫星遥感进入了一个新的阶段，遥感应用范围将大为扩展，应用深度和精度也将随之大大提高。

快鸟卫星由 Ball 航天技术公司、柯达公司和 Fokker 空间公司联合研制，是目前世界上空间分辨率最高的商用卫星，有突出的优越性：全色分辨率为 61 cm，多光谱分辨率为 2. 44 m,是同类卫星 IKONOS 的 1. 63 倍；多光谱有蓝(450~520nm)、绿(520~600nm)、红(630~690nm)、近红外(760~900nm)四个波段，与 IKONOS 相同；图像幅宽 16. 5km，是 IKONOS 的 1. 5 倍；在没有地面控制点的情况下，地面定位圆误差精度可达 23 m；采用 11 bit/s 数据格式，增加了灰度级数，减少了阴影部分信息的损失。

5. GeoEye 卫星

GeoEye 系列卫星是 IKONOS 和 OrbView-3 的下一代卫星。2005 年秋，轨道成像公司(OrbView)成功收购了太空成像公司(SpaceImaging)的资产，包括 1999 年发射的世界上首颗 1m 分辨率商业成像卫星 IKONOS，以及由该卫星拍摄的总面积逾 2. 5×106km^{2}的地图精

图 2-24　2001 年 IKONOS 卫星拍摄的上海浦东新区
金茂大厦附近地区 1m 分辨率的彩色照片

度级地球图像组成的整个图像档案库。随后两家公司合并组成了世界上最大的商业成像卫星数据提供商——地球之眼公司(GeoEye)。OrbView 公司计划中的卫星 OrbView-5 继承了 IKONOS 和 OrbView-3 两颗卫星的设计优点，并在最新计划里名称被改为 GeoEye-1。OrbImage 公司原计划于 2007 年发射该卫星，但直到 2008 年 9 月份才成功发射，并由于软件故障直到 12 月份才开始提供商业影像产品。

如图 2-25 所示，GeoEye-1 卫星是目前世界上成像能力最强、成像分辨率和精确度最高的商业卫星。卫星的全色影像具有 0.41m 的空间分辨率，四个波段的多光谱影像具有 1.64m的空间分辨率，影像的幅宽也达到 15.2km。GeoEye-1 卫星以全色模式工作时每天能够拍摄总面积达 $7\times105km^2$ 的图像(数据量达数十亿字节)，以多谱段模式工作时每天将能够拍摄总面积达 $3.5\times105km^2$ 的图像，重访周期小于 1.5 天。该卫星的影像采集速度也有明显提高，较之 IKONOS，GeoEye-1 的全色影像采集速度提高了 40%，多光谱影像采集速度提高了 25%。在没有地面控制点的情况下，GeoEye-1 单张影像能够提供 3m(CE90)的平面定位精度，立体影像能够提供 4m(CE90)的平面定位精度和 6m(LE90)的高程定位精度。GeoEye-1 卫星获取的第一张影像如图 2-26 所示。

GeoEye 公司的图像产品应用范围十分广泛，如国防和情报界大面积制图、国家和地方政府城市规划与制图以及保险和风险管理、环境监测和灾害救助等。用户可以选择订购基本图像、地理(GEO)图像、正射图像和立体图像，以及由图像派生的产品，包括数字高程模型(DEM)、数字地面模型(DTM)、大面积镶嵌图和特征地图等。

GeoEye 公司已经与 Google 公司签订合同，向 Google Earth 提供 0.5m(美国政府政策限定商业卫星影像分辨率不能超过 0.5m)的卫星影像，使 Google Earth 上的影像清晰度和分辨能力有明显的提高。GeoEye 公司于 2007 年已经开始评审 GeoEye-2 卫星的设计，并计划于 2011 年或 2012 年发射这颗卫星。GeoEye-2 卫星采用与 GeoEye-1 相同的技术设计，但各方面技术指标均有明显提高。GeoEye-2 卫星将是第三代高分辨率遥感卫星，其全色影像的分辨率可达 0.25m，这将是高分辨率卫星发展史上的另一次飞跃。

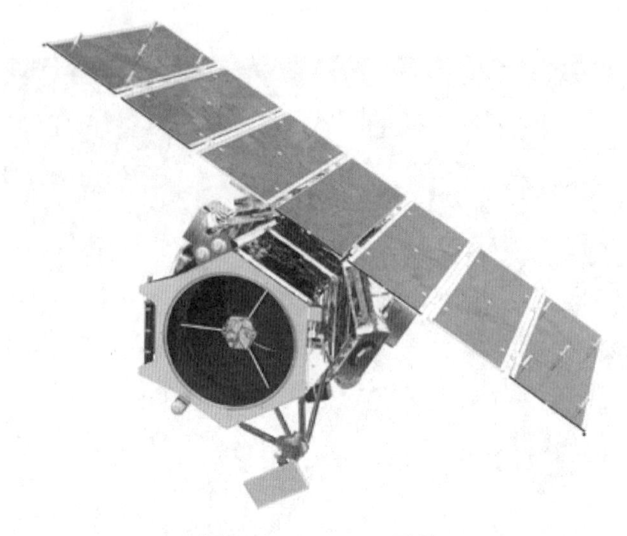

图 2-25　GeoEye-1 卫星

图 2-26　GeoEye-1 卫星获取的第一张影像(库茨敦大学)

6. WorldView 卫星

WorldView 是数字地球公司(Digital Globe)继 Quickbird 卫星之后推出的新一代商业成像卫星系统，由两颗(WorldView-I 和 WorldView-II)卫星组成，其中 WorldView-I 于 2007 年 9 月 18 日发射，WorldView-II 于 2009 年 10 月 9 日发射。

WorldView-I 是目前全球分辨率最高、响应最敏捷的商业成像卫星之一。该卫星全色影像分辨率达到星下点 0.45m，在倾斜 20°成像时为 0.52m。WorldView-I 进一步提高了机动覆盖能力，在 1m 分辨率情况下，平均重访周期为 1.7 天，在 0.51m 分辨率下，平均重访周期为 5.9 天，星载大容量全色成像系统每天能够拍摄多达 50 万平方公里的 0.5m 分辨率的图像。WorldView-I 继承了 Quickbird 大幅宽的优点，标称最大侧摆角为±40°，垂直摄影时，幅宽为 18.7km。卫星还将具备现代化的地理定位精度能力和极佳的响应能力，能够快速瞄准要拍摄的目标和有效地进行同轨立体成像。

WorldView-I 卫星具备更高的地理定位精度，在无控制点时，平面定位精度为 5.8~7.6m(CE90)，在存在地面控制点的情况下，平面定位精度可达到 2m(CE90)。该卫星还具有极佳的响应能力，能够快速瞄准要拍摄的目标和有效地进行同轨立体成像。

WorldView-II 卫星能够提供 0.5m 全色图像和 1.8m 分辨率的多光谱图像。该卫星的星载多光谱遥感器不仅将具有 4 个业内标准谱段(红、绿、蓝、近红外)，还将包括四个新增谱段(海岸、黄、红边和近红外 2)。多样性的谱段将为用户提供进行精确变化检测和制图的能力，由于 WorldView 卫星对指令的响应速度更快，因此图像的周转时间(从下达成像指令到接收到图像所需的时间)从几天提高到了几个小时。WorldView 系列卫星外形如图 2-27 所示。

(a) WorldView-Ⅰ

(b) WorldView-Ⅱ

图 2-27　WorldView 系列卫星

7. 中巴资源卫星 CBERS-1

CBERS-1 中巴资源卫星的国内名称为资源-1，是以中国为主、巴西为辅研制的中国第一代传输型地球资源卫星。它于 1999 年 10 月 14 日顺利升空，是我国的第一颗数字传输型资源卫星。它运行于太阳同步轨道，轨道高度：778km，倾角：98.5°，重复周期：26 天，相邻轨道间隔时间为 4 天，扫描带宽度：185km，星上搭载了 CCD 传感器、IRMSS 红外扫描仪、广角成像仪，由于提供了从 20~256m 分辨率的 11 个波段不同幅宽的遥感数据，它成为资源卫星系列中有特色的一员。

红外多光谱扫描仪。波段数：4 波谱范围，包括：B6：0.50~1.10μm，B7：1.55~1.75μm，B8：2.08~2.35μm，B9：10.4~12.5μm；覆盖宽度：119.50km；空间分辨率：B6~ B8：77.8m，B9：156m。

CCD 相机。波段数：5 波谱范围：B1：0.45~ 0.52μm，B2：0.52~0.59μm，B3：0.63~0.69μm，B4：0.77~0.89μm，B5：0.51~0.73μm；覆盖宽度：113km；空间分辨率：19.5m(天底点)；侧视能力：-32±32。

广角成像仪。波段数：2 波谱范围：B10：0.63~0.69μm，B11：0.77~0.89μm；覆盖宽度：890km；空间分辨率：256m。

第三章 摄影测量基础知识

3-1 航空摄影

进行航空摄影时，按不同的摄影要求选用航摄仪。

一、摄影比例尺与摄影航高

摄影比例尺又称为像片比例尺，其严格定义为：航摄像片上一线段为 l 的影像与地面上相应线段的水平距离 L 之比，即 $\frac{1}{m}=\frac{l}{L}$。由于航空摄影时航摄像片不能严格保持水平，再加上地形起伏，所以航摄像片上的影像比例尺处处均不相等。我们所说的摄影比例尺，是指平均的比例尺，当取摄区内的平均高程面作为摄影基准面时，摄影机的物镜中心至该面的距离称为摄影航高，一般用 H 表示，摄影比例尺表示为 $\frac{1}{m}=\frac{f}{H}$，f 为摄影机主距。摄影瞬间摄影机物镜中心相对于平均海水面的航高称为绝对航高，所以，相对于其他某一基准面或某一点的高度均为相对航高。

摄影比例尺越大，像片地面的分辨率越高，越有利于影像的解译与提高成图精度，但摄影比例尺过大，会增加工作量及费用，所以，摄影比例尺要根据测绘地形图的精度要求与获取地面信息的需要来确定。表 3-1 给出了摄影比例尺与成图比例尺的关系，具体要求按测图规范执行。

表 3-1 **摄影比例尺与成图比例尺的关系**

<table>
<tr><th>比例尺类型</th><th>航摄比例尺</th><th>成图比例尺</th></tr>
<tr><td rowspan="4">大比例尺</td><td>1∶2000～1∶3000</td><td>1∶500</td></tr>
<tr><td>1∶4000～1∶6000</td><td>1∶1000</td></tr>
<tr><td rowspan="2">1∶8000～1∶12000</td><td>1∶2000</td></tr>
<tr><td rowspan="2">1∶5000</td></tr>
<tr><td rowspan="3">中比例尺</td><td>1∶15000～1∶20000(23×23)</td></tr>
<tr><td>1∶10000～1∶25000</td><td rowspan="2">1∶10000</td></tr>
<tr><td>1∶25000～1∶35000(23×23)</td></tr>
<tr><td rowspan="2">小比例尺</td><td>1∶20000～1∶30000</td><td>1∶25000</td></tr>
<tr><td>1∶35000～1∶55000</td><td>1∶50000</td></tr>
</table>

当选定了摄影机和摄影比例尺后，即 f 和 m 为已知，航空摄影时就要求按计算的航高 H 飞行摄影，以获得符合生产要求的摄影像片。当然，飞机在飞行中很难精确确定航高，

但是差异一般不得大于5%。同一航线内，各摄影站的高差不得大于50m。

二、空中摄影过程

空中摄影过程，实质上是将地球表面上的地物、地貌等信息，穿过大气层，进入摄影机物镜，到达航摄胶片上形成影像的传输过程。航摄负片不仅详细地记录了地物、地貌特征以及地物之间的相互关系，而且记录摄影机装载各种仪表在摄影瞬间的各种信息。这些信息及起始数据都能从负片提取，是航空摄影成图或建立影像数据库最重要的原始资料之一。

航空摄影前要做出计划，航摄计划中的技术部分包括的内容主要有：确定测区范围；根据测区的地形条件、成图比例尺等因素选用摄影机；确定摄影比例尺及航高；需用像片的数量、日期及航摄成果的验收等。

在做好地面准备工作之后，选择晴朗无云的天气，利用带有航摄仪的飞机或其他空载工具对地面进行摄影。飞机进入航摄区域后，按设计的航高、航向呈直线飞行并保持各航线间的相互平行，一片接一片、一条航线接一条航线顺次进行摄影，如图3-1所示。摄影的曝光过程是飞机在飞行中瞬间完成的，在这一曝光时刻，摄影机物镜所在的空间位置称为摄站点，航线方向相邻两摄站点间的空间距离称为摄影基线，通常用 B 表示。飞机边飞行边摄影，直至摄完整个测区。如果测区面积较大或测区地形复杂，可将测区分为若干分区，按分区进行摄影。

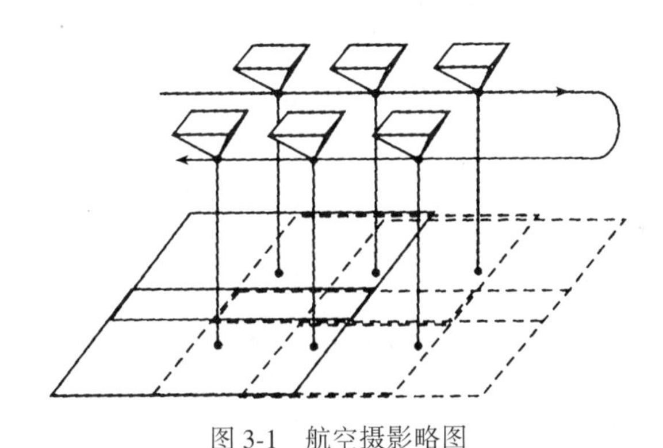

图3-1　航空摄影略图

飞行完毕后，若使用框幅式胶片摄影机，将感光的底片进行摄影处理，得到航摄底片，称为负片。利用负片在相纸上接触晒印，得到正片。最后，对像片的色调、重叠度、航线弯曲等项进行检查验收与评定，不合要求时要重摄或补摄。

三、摄影测量生产对摄影资料的基本要求

航摄像片的好坏，直接影响测图精度，摄影测量生产对摄影资料的基本要求主要包括：

1. 影像的色调

要求影像清晰、色调一致、反差适中，像片上不应有妨碍测图的阴影。

2. 像片重叠

为了满足测图的需要，在同一条航线上，相邻两像片应有一定范围的影像重叠，称为

航向重叠，相邻航线也应有足够的重叠，称为旁向重叠。重叠反映在航摄片上的同名影像是以像幅尺寸的百分数表示，航向重叠一般要求为 $p\%=60\%\sim65\%$，最小不得小于 53%；旁向重叠要求为 $q\%=30\%\sim40\%$，最小不得小于 15%。

航向、旁向重叠小于最低要求时，称航摄漏洞，需要在航测外业做补救。

图 3-2 所示的是相邻两像片在航向重叠时的情形。

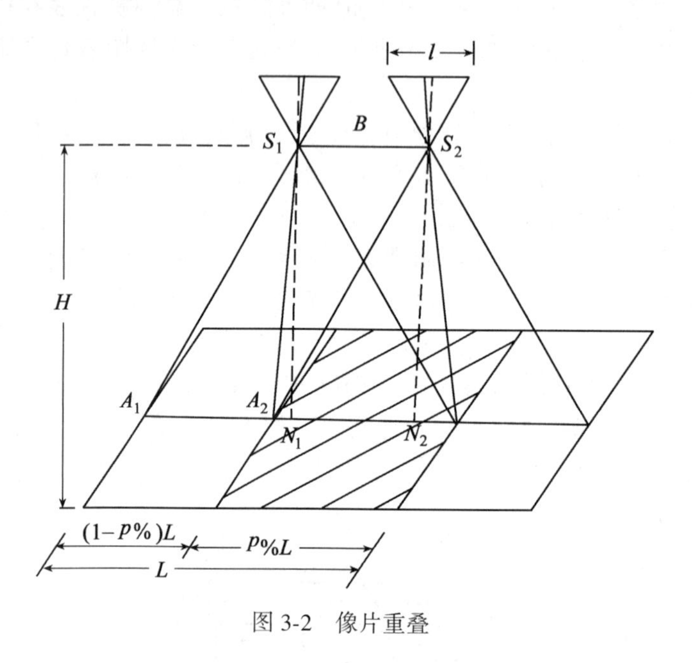

图 3-2　像片重叠

由图 3-2 可知：

$$\left.\begin{aligned}L&=l\frac{H}{f}=ml\\B&=ml(1-p\%)\end{aligned}\right\}\tag{3-1}$$

式中：l 为像片的像幅尺寸；

m 为摄影比例尺分母；

$p\%$为设计的航向重叠度；

B 为摄影基线。

当地面起伏较大时，还要增大重叠度，才能保证像片立体量测与拼接。

应当指出，随着航空数码相机的应用，已有航向重叠>80%、旁向重叠>40%~60%的大重叠航空摄影测量；利用三线阵传感器摄影，还具有 100%的重叠度。

3. 像片倾角

在摄影瞬间摄影机轴发生了倾斜，摄影机轴与铅直方向的夹角 α 称为像片的倾角，如图 3-3 所示。当 $\alpha=0$ 时为垂直摄影，是最理想的情形。但飞机受气流的影响，航摄机不可能完全置平，一般要求倾角不大于 2°，最大不超过 3°。

4. 航线弯曲

受技术和自然条件限制，飞机往往不能按预定航线飞行而产生航线弯曲，造成漏摄或旁向重叠过小从而影响内业成图。一般要求航摄最大偏距 ΔL（见图 3-4）与全航线长 L 之比不大于3%。

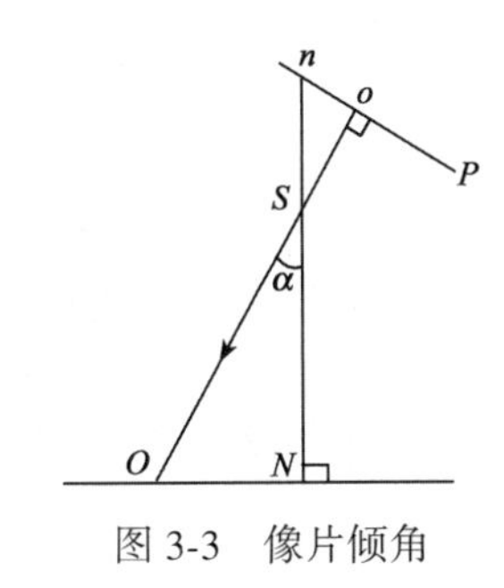

图 3-3　像片倾角

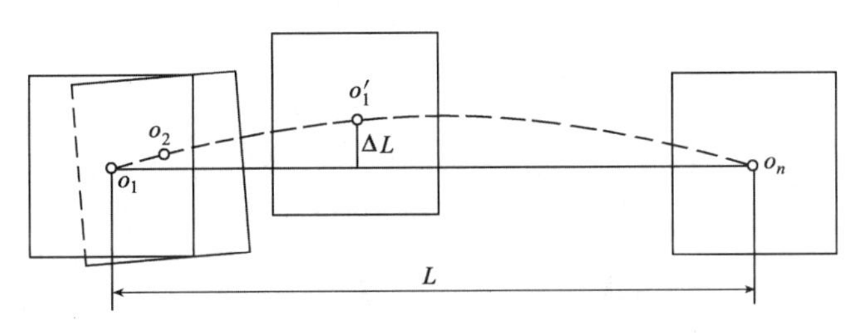

图 3-4　航线弯曲度

5. 像片旋角

相邻像片的主点连线与像幅沿航线方向两框标连线间的夹角称像片旋角，以 κ 表示，如图 3-5(a)所示。像片旋角是由于空中摄影时，摄影机定向不准产生的，若摄影机定向准确，所摄的像片镶嵌以后排列整齐，如图 3-5(b)所示，从图中可以看出，有像片旋角会使重叠度受到影响，一般要求 κ 角不超过 6°，最大不超过 8°。

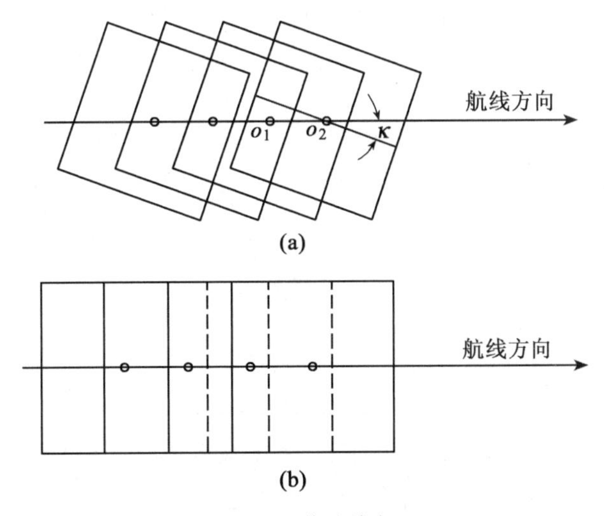

图 3-5　像片旋角

3-2 中心投影的基本知识

一、中心投影与正射投影

设空间诸物点 A，B，C，…按照某一规律建立投影射线，取一平面 P 截割投影射线，在平面内得到相应的投影点 a，b，c，…，则该平面称为投影面，在平面内得到的图形称为投影图。若投影光线相互平行且垂直于投影面，则称为正射投影，如图 3-6(a) 所示。若投影光线会聚于一点，则称为中心投影，如图 3-6(b) 中三种情况均属中心投影。投影光线会聚的点 S 称为投影中心，由中心投影得到的图称为透视图。

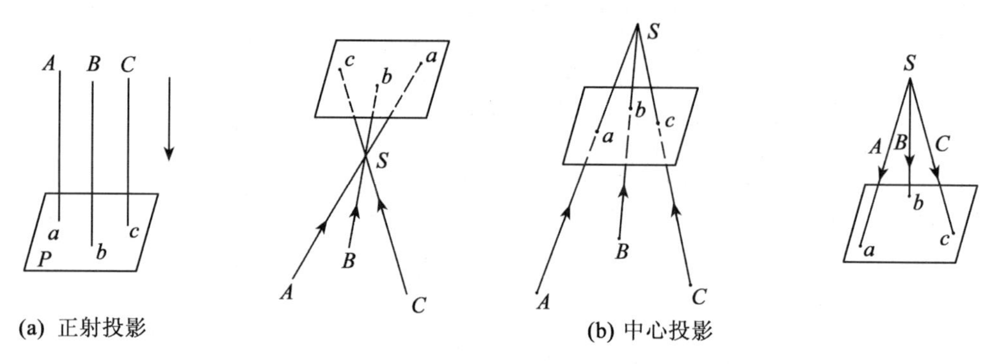

图 3-6 正射投影和中心投影

当航空摄影机向地面摄影时，地面点光线通过物镜后，在底片上成像，即可获得航摄像片。此时，负片为投影面 P，物镜中心为投影中心 S，地面点 A、B、C、D 至 S 的光线为投影光线，如图 3-7 所示。所以，航摄像片是所摄地面的中心投影，称负片 P 是地面的透视图，而地图是地面在水平面上正射投影的缩小，两者是不相同的，从这个意义上说，摄影测量可以被认为是研究并实现将中心投影的航摄像片转换为正射投影(地图)的科学与技术。

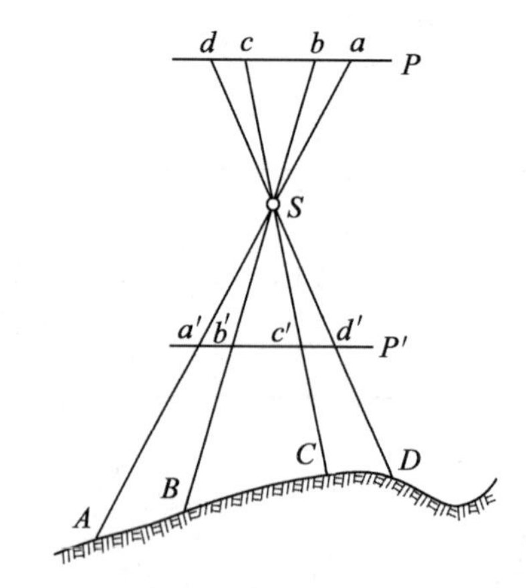

图 3-7 航摄像片为地面的中心投影

从图 3-7 中还可看出，负片影像和地面的实际方位恰恰相反，所以，通常把负片称为阴位。如将负片 P 绕投影中心 S 翻转至 P' 的位置，影像方位就与地面一致，称这种位置为阳位。阳位相当于负片晒印成的正片，与阴位的几何性质完全一致，所以，在讨论航摄像片的数学关系时，也常采用正片位置。

二、空间点、直线、线段、平行线组的中心投影

空间点的中心投影是一个确定的点。过一个物点只能建立一条投射光线，在投影平面内也只有一个交点，如图 3-8 所示，A 点的中心投影是 a 点。

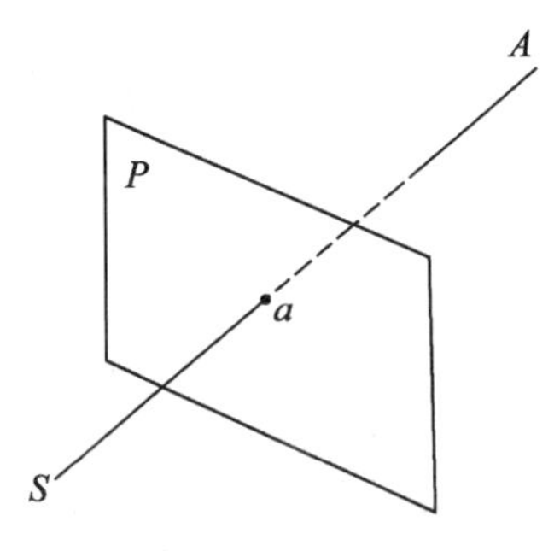

图 3-8　点的中心投影

设 L 是与投影面相交的一条空间直线，如图 3-9 所示，那么，如何求得该直线在平面上的投影？可以认为，该空间直线是由无数空间点构成的，点 A、B、C 在 P 面上的构像为 a、b、c，过 S 作直线 L 的平行线，与 P 面的交点为 i，称 i 是该直线上无穷远点的像，且称 i 点为合点。直线 L 与投影面 P 的交点为 t，称 t 为迹点或二重点，则 it 为直线 L 的中心投影或称为直线 L 的像。因而，空间直线与投影面相交时，其中心投影为一线段。

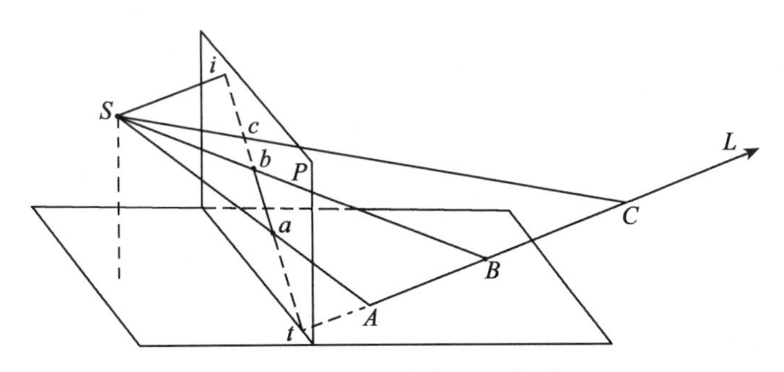

图 3-9　空间直线的中心投影

若直线 L 上有线段 AB，那么，AB 的中心投影也必定在 it 上，根据中心投影三点共线的原则，由投影中心作直线 SA、SB，交线段 it 得点 a、b，那么线段 ab 为线段 AB 的中心投影。

若有一组平行于 L 的空间直线 L_1，L_2，…，显然这组平行线的无穷远点的构像仍然是投影面上的合点 i，因此，平行线组 L_1，L_2，…在投影面 P 上的中心投影，乃是以点 i 与各平行线相应迹点的连线所组成的辐射直线束 it_1，it_2，…，it，如图 3-10 所示。

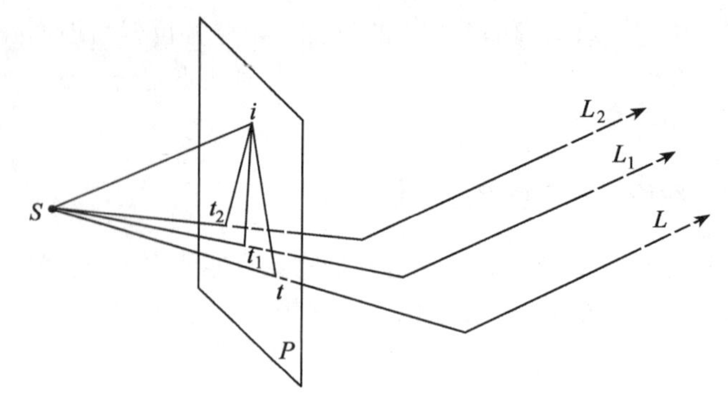

图 3-10　平行线组的中心投影

3-3　航摄像片上特殊的点、线、面

研究航摄像片的摄影中心与地面之间的投影关系以及确定航摄像片的空间位置时，首先要研究航摄像片上的一些特殊的点、线、面。如图 3-11 所示，*P* 为倾斜的像片，即投影面，*E* 为水平的地面(物面)，也称为基准面，*S* 为摄影中心，*E* 面与 *P* 面的交线 *TT* 又称为透视轴，透视轴上的点称为二重点。

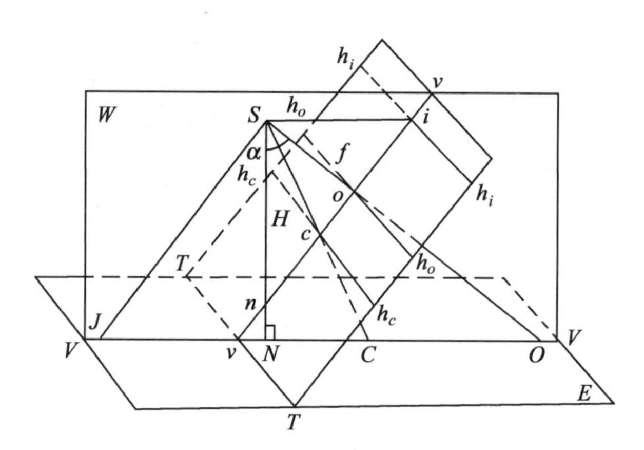

图 3-11　航摄像片上特殊的点、线、面

一、航摄像片上特殊的点、线、面

过 *S* 向 *P* 面作的垂线与像片面相交于 *o*，与地面交于 *O*，*So* 称为摄影机轴，*o* 称为像主点，*So*=*f* 称为摄影机主距。摄影机轴与地面的交点称为地面主点 *O*。

过 *S* 作垂直 *E* 面的铅垂线称主垂线，主垂线与像片面 *P* 的交点 *n* 称为像底点，与地面 *E* 的交点 *N* 称为地底点，*SN* 称为航高，用 *H* 表示。

摄影机轴 *So* 与主垂线 *Sn* 的夹角 α 称为像片倾角。作角 α 的平分线与像平面交于点 *c* 称为等角点，相应地，与地面 *E* 的交点称为地面等角点 *C*。

过主垂线 *Sn* 及摄影机轴 *So* 的垂面 *W* 称为主垂面。主垂面垂直于像片平面 *P*，又垂直

于地面 E。主垂面 W 与像平面 P 的交线称主纵线 vv，与地面的交线称为基本方向线 VV，显然，o、n、c 在主纵线上，O、N、C 在基本方向线上。过 S 作 vv 的平行线交 VV 于 J，称为循点。

过 S 作平行于 E 面的水平面 Es 称为合面(图中未画出)，合面与像片面的交线 h_ih_i 称为合线，合线与主纵线的交点 i 称为主合点。过 c、o 分别作平行于 h_ih_i 的直线得 h_ch_c、h_oh_o，分别称为等比线及主横线。

根据中心投影特点可知，i 点是 E 面上一组平行于基本方向线 VV 的平行线束在 P 面上构像的合点，而 n 是一组垂直于 E 面的平行线束在 P 面上构像的合点。

综上所述，航摄像片上主要的点、线及与透视相关的点、线、面有：像主点 o、像底点 n、等角点 c、主合点 i、主纵线 vv、合线 h_ih_i、等比线 h_ch_c、基本方向线 VV 及主垂面 W 等。

二、几何关系

由图 3-11 可以看出特殊的点、线间的简单的三角关系，在像面上有：

$$\left.\begin{aligned} on &= f\cdot\tan\alpha \\ oc &= f\cdot\tan\frac{\alpha}{2} \\ oi &= f\cdot\cot\alpha \\ Si = ci &= \frac{f}{\sin\alpha} \end{aligned}\right\} \tag{3-2}$$

同样，在物面上有：

$$\left.\begin{aligned} ON &= F\cdot\tan\alpha \\ CN &= H\cdot\tan\frac{\alpha}{2} \\ SJ = iv &= \frac{H}{\sin\alpha} \end{aligned}\right\} \tag{3-3}$$

上述各点、线在像片上尽管是客观存在的，但除了像主点在像片上容易找到外，其他的点、线均不能直接找到，需经过求解才能得到。这些点、线对于定性和定量地分析航摄像片上像点的几何特性有着重要意义，将在后面的章节中讨论。

3-4 摄影测量常用的坐标系统

摄影测量几何处理的任务是根据像片上像点的位置确定相应地面点的空间位置，为此，首先必须选择适当的坐标系来定量描述像点和地面点，然后才能实现坐标系的变换，从像方测量值求出相应点在物方的坐标。摄影测量中常用坐标系有两大类：一类是用于描述像点的位置，称为像方坐标系；另一类是描述地面点的位置，称为物方坐标系。

一、像方坐标系

像方坐标系用来表示像点的平面坐标和空间坐标。

1. 像平面坐标系

像平面坐标系是以主点为原点的右手平面坐标系，用 $o\text{-}xy$ 表示，如图 3-12(a)所示，用来表示像点在像片上的位置，但在实际应用中，常采用框标连线交点为原点的右手平面坐标系 $P\text{-}xy$，称其为框标平面坐标系，如图 3-12(b)所示。x、y 轴的方向按需要而定，可选与航线方向相近的连线为 x 轴，若框标位于像片的四个角上，则以对角框标连线交角的平分线确定 x、y 轴。

在摄影测量解析计算中，像点的坐标应采用以像主点为原点的像平面坐标系中的坐标。为此，当像主点与框标连线交点不重合时，须将像框标坐标系原点平移至像主点，见图3-12(c)。若像主点在像框标坐标系中的坐标为 x_0、y_0 时，测量出的像点坐标 x、y 化算到以像主点为原点的像平面坐标系中的坐标为 $x-x_0$、$y-y_0$。

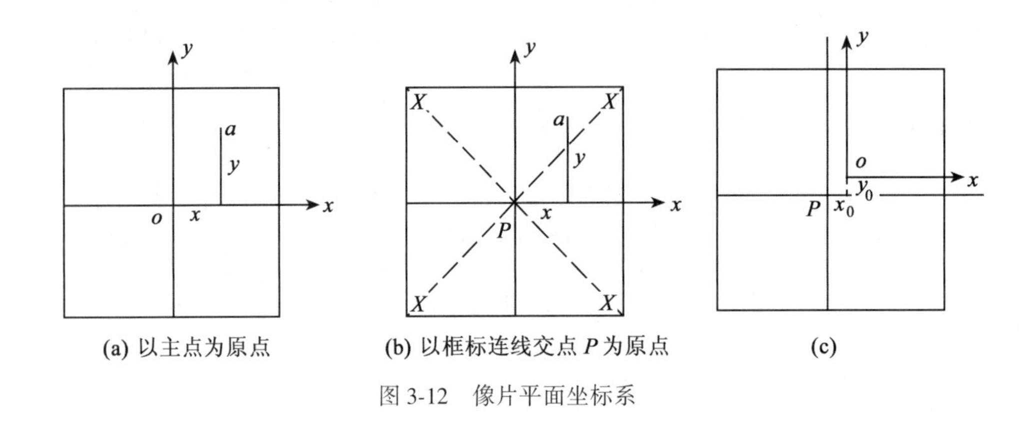

图 3-12　像片平面坐标系

2. 像空间坐标系

为了进行像点的空间坐标变换，需要建立起描述像点在像空间位置的坐标系，即像空间坐标系。以摄影中心 S 为坐标原点，x、y 轴与像平面坐标系的 x、y 轴平行，z 轴与光轴重合，形成像空间右手直角坐标系 $S\text{-}xyz$，如图 3-13 所示。在这个坐标系中，每一个像点的 z 坐标都等于$-f$，而 x、y 坐标就是像点的像平面坐标 x、y，因此像点的像空间坐标表示为 x、y、$-f$。像空间坐标系随着像片的空间位置而定，所以每张像片的像空间坐标系是各自独立的。

3. 像空间辅助坐标系

像点的像空间坐标可以直接从像片平面坐标得到，但由于各片的像空间坐标系不统一，给计算带来了困难，为此，需建立一种相对统一的坐标系，称为像空间辅助坐标系，用$S\text{-}uvw$表示，其坐标原点仍取摄影中心 S，坐标轴可依情况而定，通常有三种选取方法：

(1)取 u、v、w 轴系分别平行于地面摄影测量坐标系 $D\text{-}XYZ$，这样同一像点 a 在像空间坐标系中的坐标为 x，y，$z=(-f)$，而在像空间辅助坐标系中的坐标为 u，v，w，如图 3-14(a)所示；

(2)是以每条航线第一张像片的像空间坐标系作为像空间辅助坐标系；

(3)是以每个像片对的左片摄影中心为坐标原点，摄影基线方向为 u 轴，以摄影基线及左片光轴构成的平面作为 uw 平面，过原点且垂直于 uw 平面(左核面)的轴为 v 构成右手直角坐标系，如图 3-14(b)所示。

二、物方坐标系

物方坐标系用于描述地面点在物方空间的位置，有地面测量坐标系及地面摄影测量坐

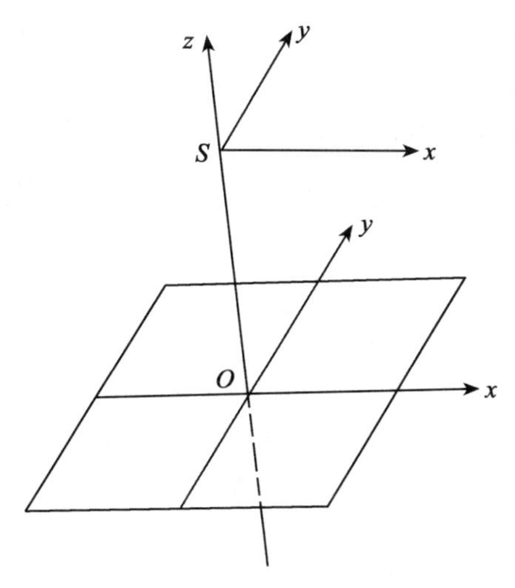

图 3-13　像空间坐标系

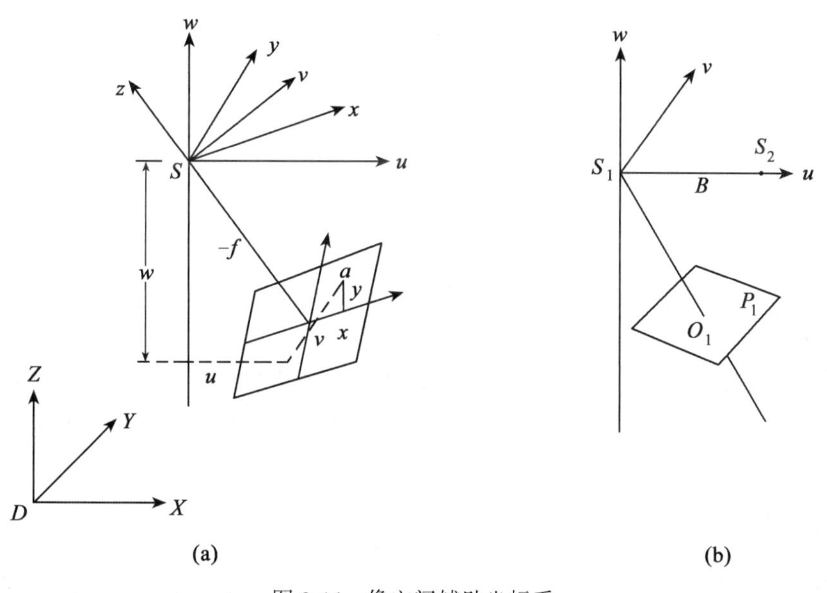

图 3-14　像空间辅助坐标系

标系两种。

1. 地面测量坐标系

地面测量坐标系通常是指空间大地坐标基准下的高斯-克吕格 6°带或 3°带(或任意带)投影的平面直角坐标(例如 1954 年北京坐标系或 1980 西安大地坐标系)与定义的从某一基准面量起的高程(例如 1956 年黄海高程或 1985 年国家基准高程)，两者组合而成的空间左手直角坐标系，用 $T\text{-}X_tY_tZ_t$ 表示。摄影测量方法求得的地面点坐标最后要以此坐标形式提供给用户。

2. 地面摄影测量坐标系

因像空间辅助坐标系是右手系，地面测量坐标系是左手系，给地面点由像空间辅助坐标系转换到地面测量坐标系带来了困难，为此，需要在上述两种坐标系之间建立一个过渡性坐标系，称为地面摄影测量坐标系，用 *D-XYZ* 表示，其坐标原点在测区内某一地面点上，*X* 轴大致与航向一致的水平方向，*Y* 轴与 *X* 轴正交，*Z* 轴沿铅垂方向，构成右手直角坐标系。摄影测量中，首先将地面点在像空间辅助坐标系的坐标转换成地面摄影测量坐标，再转换为地面测量坐标系。地面测量坐标系与地面摄影测量坐标系如图 3-15 所示。

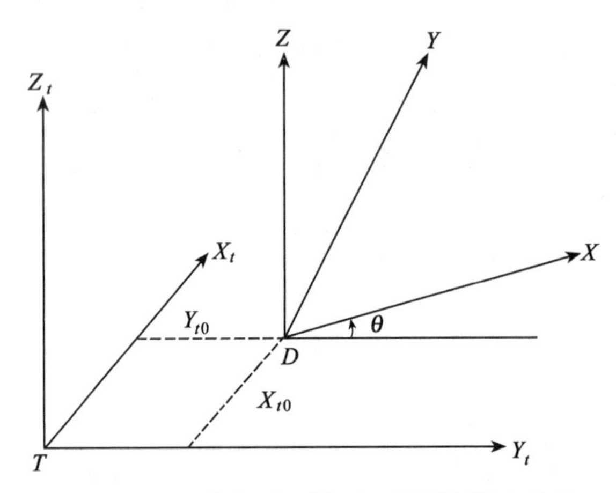

图 3-15　地面测量坐标系与地面摄影测量坐标系

3-5　航摄像片的内、外方位元素

用摄影测量方法研究被摄物体的几何信息和物理信息时，必须建立该物体与像片之间的数学关系，为此，首先要确定航空摄影瞬间摄影中心与像片在地面设定的空间坐标系中的位置与姿态。描述这些位置和姿态的参数称为像片的方位元素。其中，表示摄影中心与像片之间相关位置的参数称为内方位元素；表示摄影中心和像片在地面坐标系中的位置和姿态的参数称为外方位元素。

一、内方位元素

内方位元素是描述摄影中心与像片之间相关位置的参数，包括三个参数，即摄影中心 S 到像片的垂距(主距)f 及像主点 o 在框标坐标系中的坐标 x_0、y_0，如图 3-16 所示。

在摄影测量作业中，将像片装入投影镜箱后，若保持摄影时的三个内方位元素，并用灯光照明，即可以得到与摄影时完全相似的投影光束，它是建立测图所需要的立体模型的基础。

内方位元素一般视为已知，它由制造厂家通过摄影机鉴定设备检测得到，检测的数据写在航摄仪说明书上。制造摄影机时，一般应将像主点置于框标连线交点上，但安装中有误差，通常内方位元素中的 x_0、y_0 是一个微小值。内方位元素正确与否，将直接影响测图精度，因此须对航摄机作定期的检定。

二、外方位元素

在恢复内方位元素(即恢复了摄影光束)的基础上，确定摄影光束在摄影瞬间的空

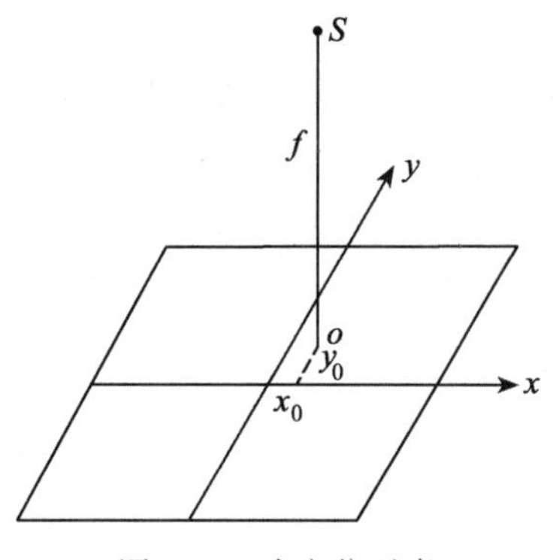

图 3-16　内方位元素

间位置和姿态的参数，称为外方位元素。一张像片的外方位元素包括六个参数，其中三个是直线元素，用于描述摄影中心的空间坐标值；另外三个是角元素，用于描述像片的空间姿态。

1. 三个直线元素

三个直线元素是反映摄影瞬间摄影中心在选定的地面空间坐标系中的坐标值，通常选用地面摄影测量坐标系，则 S 在该坐标系的坐标为 X_S，Y_S，Z_S，如图 3-17 所示。

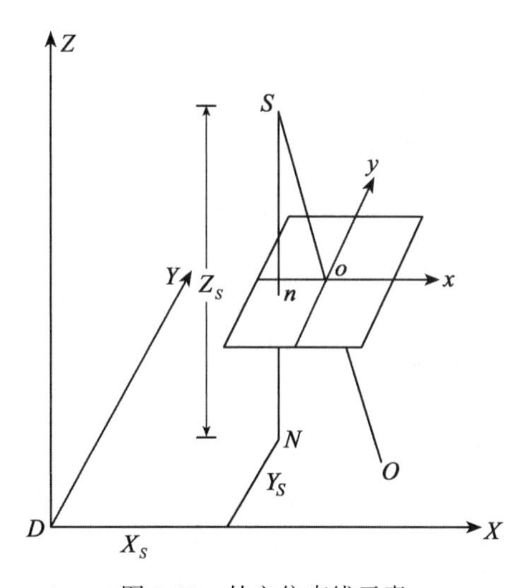

图 3-17　外方位直线元素

2. 外方位角元素

在某一瞬间摄取的一张航摄像片 P，如何寻找一些角元素来确定光轴的方向及像片的空间方位？首先选取像空间辅助坐标系，如图 3-18 所示，若选取的像空间辅助坐标系三轴与地面摄影测量坐标系三轴分别平行。则将光轴 So 投影在 S-uw 平面内，得到投影 So_x，此时 Sw、Su、So_x 均在一个平面内，So_x 与 w 轴的夹角用 φ 表示，称为航向倾角，So_x 与 So 的夹角用 ω 表示，称为旁向倾角。一旦 φ、ω 确定，光轴 So 的方向就可以确定。再将

Sv 轴投影在像片平面内，其投影与像片平面坐标系 y 轴的夹角用 κ 表示，称为像片旋角，若 κ 已知，那么像片 P 的空间方位亦可确定。按上述方法定义的角元素 φ、ω，κ 为该像片的外方位角元素。按这种方法定义的外方位角元素，光轴及像片空间方位恰好等价于下列情况：假设在 S 摄站点摄取一张水平像片，若将该片及其像空间辅助坐标系 $S\text{-}uvw$ 首先绕着 v 轴(称为主轴)在航向倾斜 φ 角，在此基础上，再绕着次主轴(绕着 v 轴旋转了 φ 角的 u 轴)在旁向倾斜 ω 角；像片再绕第三轴(经 φ、ω 旋转后的 w 轴，即当前的光轴 So)旋转 κ 角。因此，亦称 φ、ω、κ 是以 v 为主轴的转角系统。

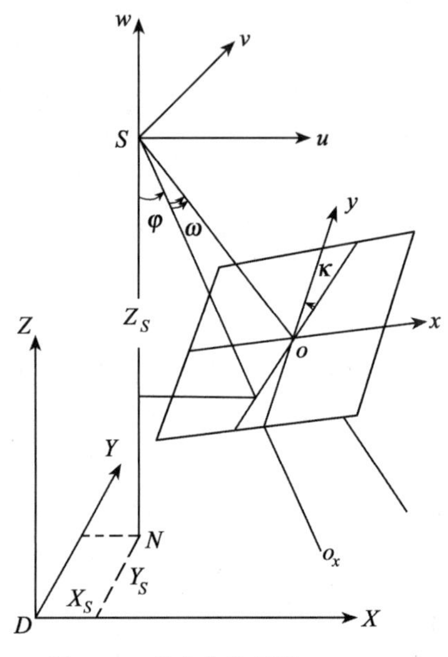

图 3-18　外方位角元素 φ、ω、κ

转角的正负号，国际上规定绕轴逆时针旋转(从旋转轴的正向的一端面对着坐标原点看)为正，反之为负。我国习惯规定 φ 角顺时针方向旋转为正，ω、κ 角逆时针方向旋转为正，图 3-18 中箭头方向表示正方向。

确定光轴方向及像片空间姿态的外方位角元素并不唯一，也可以按下列方法定义角元素：如图 3-19 所示，若先将 So 轴投影在 $S\text{-}vw$ 平面内，得投影光线 So_y，So_y 与 w 轴的夹角 ω' 称为旁向倾角；So_y 与 So 的夹角 φ' 称为航向倾角；Su 在像片内的投影与像平面坐标系 x 的夹角 κ' 称像片旋角。用 φ'、ω'、κ' 亦可以确定光轴及像片的空间方位，称之以 u 为主轴的转角系统。

外方位角元素的第三种定义方法如图 3-20 所示，像片倾角为 α，像片主垂面与 Y 轴的夹角 A 称为主垂面的方向角，主纵线与像平面坐标系 y 轴的夹角 κ_α 称为像片的旋角，因此，A、α、κ_α 也是定义外方位元素方法之一，是以 w 为主轴的转角系统。

上述定义的三种角元素，用模拟摄影测量仪器单张像片测图时，多采用 A、α、κ_α 系统；立体测图时采用 φ、ω、κ 系统或 φ'、ω'、κ' 系统；在解析摄影测量及数字摄影测量中都采用 φ、ω、κ 系统。

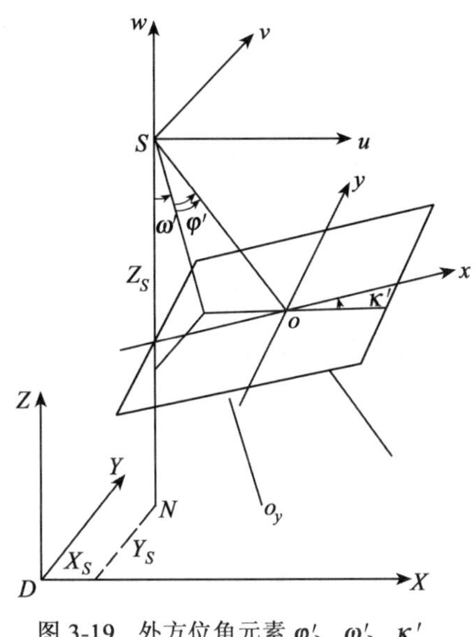

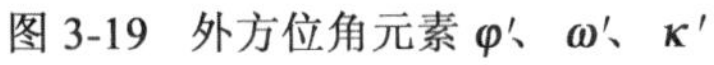

图 3-19　外方位角元素 φ'、ω'、κ'

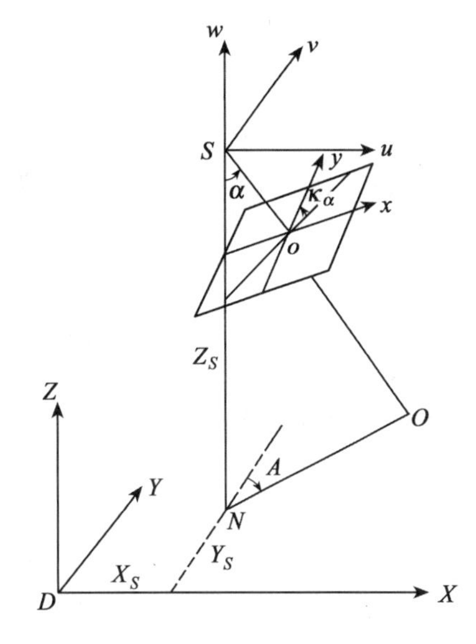

图 3-20　外方位角元素 A、α、$κ_α$

3-6　像点的空间直角坐标变换与中心投影构像方程

在解析摄影测量中，为了利用像点坐标计算相应的地面点坐标，首先应建立像点在不同的空间直角坐标系之间的坐标变换关系。本节要介绍的是像点在像空间坐标系与像空间辅助坐标系之间的坐标变换。

一、像点的空间坐标变换式

如图 3-14(a)所示，像点在像空间坐标系 $S\text{-}xyz$ 中的坐标为 x，y，$z=(-f)$，在像空间辅助坐标系 $S\text{-}uvw$ 中，其坐标为 u、v、w，由解析几何可知，像点 a 在这两种坐标系中的坐标关系式为：

$$\begin{bmatrix} u \\ v \\ w \end{bmatrix} = \begin{bmatrix} a_1 & a_2 & a_3 \\ b_1 & b_2 & b_3 \\ c_1 & c_2 & c_3 \end{bmatrix} \begin{bmatrix} x \\ y \\ -f \end{bmatrix} = R \begin{bmatrix} x \\ y \\ -f \end{bmatrix} \tag{3-4}$$

式中，R 为旋转矩阵；a_i、b_i、$c_i(i=1, 2, 3)$是方向余弦，即两坐标轴系间夹角的余弦值。其中 $a_1=\cos(ux)$，…，$c_3=\cos(wz)$，这一关系式可由表 3-2 给出。

表 3-2

(cos)	x	y	$z=-f$
u	a_1	a_2	a_3
v	b_1	b_2	b_3
w	c_1	c_2	c_3

若将式(3-4)展开，得

$$\left.\begin{aligned}u&=a_1x+a_2y-a_3f\\v&=b_1x+b_2y-b_3f\\w&=c_1x+c_2y-c_3f\end{aligned}\right\}\tag{3-5}$$

显然，这一坐标关系的反算式为：

$$\begin{bmatrix}x\\y\\-f\end{bmatrix}=R^{-1}\begin{bmatrix}u\\v\\w\end{bmatrix}\tag{3-6}$$

可以证明，上述坐标变换属正交变换，其旋转矩阵 R 称为正交矩阵。由于 $R^{\mathrm{T}}=R^{-1}$，式(3-6)也可表示为：

$$\begin{bmatrix}x\\y\\-f\end{bmatrix}=R^{\mathrm{T}}\begin{bmatrix}u\\v\\w\end{bmatrix}=\begin{bmatrix}a_1&b_1&c_1\\a_2&b_2&c_2\\a_3&b_3&c_3\end{bmatrix}\begin{bmatrix}u\\v\\w\end{bmatrix}\tag{3-7}$$

式(3-4)及式(3-7)是像点在像空间坐标系和像空间辅助坐标系之间变换的基本关系式。

二、确定方向余弦

方向余弦是像空间坐标系与像空间辅助坐标系相应两坐标轴系间夹角的余弦值，但按3-4所定义的上述两种坐标系，相应两坐标轴系间的夹角是未知的，所以无法直接通过两轴系间夹角求得余弦。

由前面的讨论可以知道，像空间坐标系可以看成是像空间辅助坐标系经过三个角度的旋转得到的，即像空间辅助坐标系经过三个外方位角元素的旋转后，恰好与像空间坐标系重合。因此，确定方向余弦的方法不涉及两坐标轴系间的夹角，而由三个外方位角元素来计算两坐标轴系间夹角的余弦值。由于外方位角元素有三种不同的选取方法，所以用角元素来计算方向余弦也有三种表达式。下面仅以 φ、ω、κ 转角系统为例推导方向余弦的表达式，其他转角系统直接给出。

1. 用 φ、ω、κ 表示方向余弦

分析像点在像空间坐标系与像空间辅助坐标系中的关系式时，首先假设像空间坐标系与像空间辅助坐标系相应三轴分别重合，称为起始位置。从起始位置出发，像空间辅助坐标系先绕 v 轴旋转 φ 角，使 $S\text{-}uvw$ 坐标系变成 $S\text{-}X_\varphi Y_\varphi Z_\varphi$ 坐标系；然后绕 X_φ 轴旋转 ω 角，使 $S\text{-}X_\varphi Y_\varphi Z_\varphi$ 变到 $S\text{-}X_{\varphi\omega}Y_{\varphi\omega}Z_{\varphi\omega}$ 坐标系，达到 $Z_{\varphi\omega}$ 与光轴 So 重合；最后像片再绕 $Z_{\varphi\omega}$(So 轴)旋转 κ 角。经上述三个角度的旋转后，像空间辅助坐标系与像空间坐标系完全重合，如图3-21所示。按上述的旋转次序，下面分别进行推演。

(1)坐标系 $S\text{-}uvw$ 绕 v 轴旋转 φ 角后得坐标系 $S\text{-}X_\varphi Y_\varphi Z_\varphi$，因 v 轴与 Y_φ 重合，其像点 a 在 v 轴上的坐标分量不变，其实质是一个二维的旋转变换，如图3-22所示，两坐标系的关系式为：

$$\begin{aligned}u&=X_\varphi\cos\varphi-Z_\varphi\sin\varphi\\v&=Y_\varphi\\w&=X_\varphi\sin\varphi+Z_\varphi\cos\varphi\end{aligned}$$

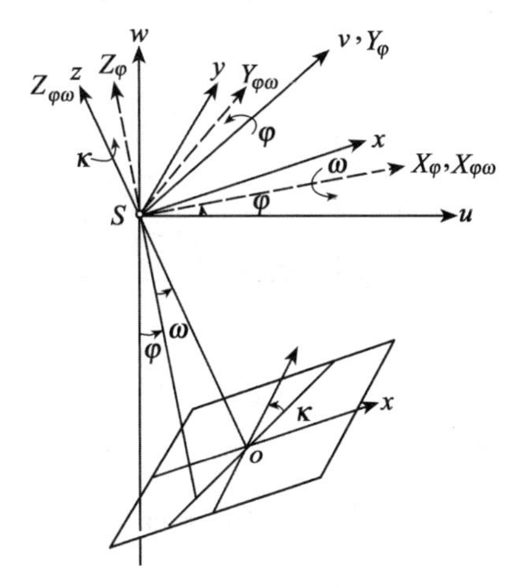

图 3-21　坐标旋转

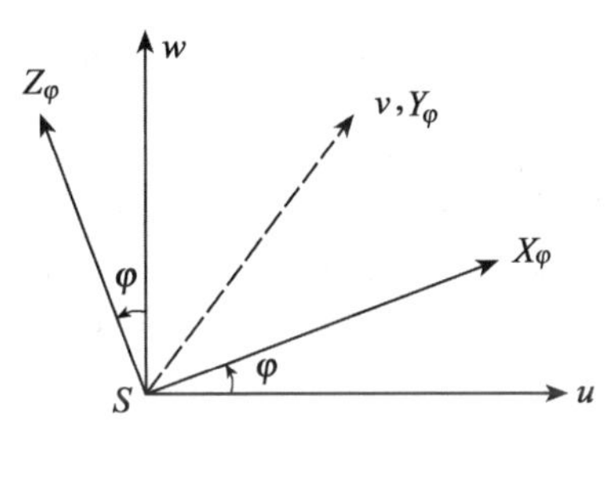

图 3-22　旋转 φ 角

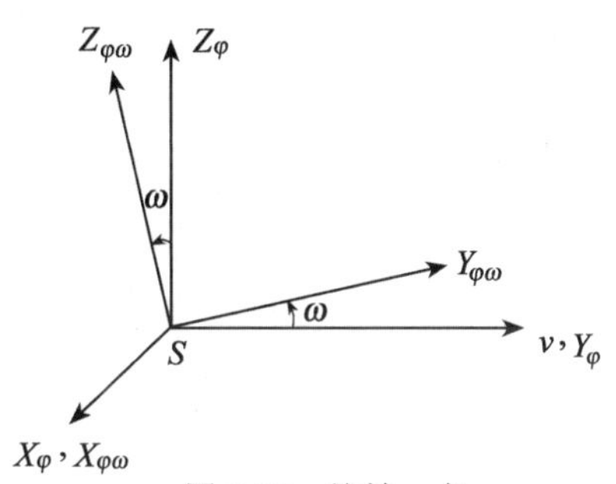

图 3-23　旋转 ω 角

上式写成矩阵的形式为:

$$\begin{bmatrix} u \\ v \\ w \end{bmatrix} = \begin{bmatrix} \cos\varphi & 0 & -\sin\varphi \\ 0 & 1 & 0 \\ \sin\varphi & 0 & \cos\varphi \end{bmatrix} \begin{bmatrix} X_\varphi \\ Y_\varphi \\ Z_\varphi \end{bmatrix} = R_\varphi \begin{bmatrix} X_\varphi \\ Y_\varphi \\ Z_\varphi \end{bmatrix} \tag{a}$$

(2)坐标系 $S\text{-}X_\varphi Y_\varphi Z_\varphi$ 绕 X_φ 轴旋转 ω 后，得到坐标系 $S\text{-}X_{\varphi\omega} Y_{\varphi\omega} Z_{\varphi\omega}$，此时像点在两种坐标系中的关系如图 3-23 所示，其中 X_φ 坐标不变，变换关系式可写为:

$$X_\varphi = X_{\varphi\omega}$$
$$Y_\varphi = Y_{\varphi\omega}\cos\omega - Z_{\varphi\omega}\sin\omega$$
$$Z_\varphi = Y_{\varphi\omega}\sin\omega + Z_{\varphi\omega}\cos\omega$$

写成矩阵形式有:

$$\begin{bmatrix} X_\varphi \\ Y_\varphi \\ Z_\varphi \end{bmatrix} = \begin{bmatrix} 1 & 0 & 0 \\ 0 & \cos\omega & -\sin\omega \\ 0 & \sin\omega & \cos\omega \end{bmatrix} \begin{bmatrix} X_{\varphi\omega} \\ Y_{\varphi\omega} \\ Z_{\varphi\omega} \end{bmatrix} = R_\omega \begin{bmatrix} X_{\varphi\omega} \\ Y_{\varphi\omega} \\ Z_{\varphi\omega} \end{bmatrix} \tag{b}$$

值得注意的是，此时的 $Z_{\varphi\omega}$ 轴已与光轴 So 重合，即与像空间坐标系的 z 轴重合。

(3)坐标系 $S\text{-}X_{\varphi\omega} Y_{\varphi\omega} Z_{\varphi\omega}$($S\text{-}X_{\varphi\omega} Y_{\varphi\omega} z$)绕 z 轴旋转 κ 角后，得到 $S\text{-}X_{\varphi\omega\kappa} Y_{\varphi\omega\kappa} Z_{\varphi\omega\kappa}$(就是 $S\text{-}xyz$ 坐标系)，此时，z 轴上的坐标分量不变，像点 a 在两种坐标系中的关系如图 3-24 所示。变换关系式可写为:

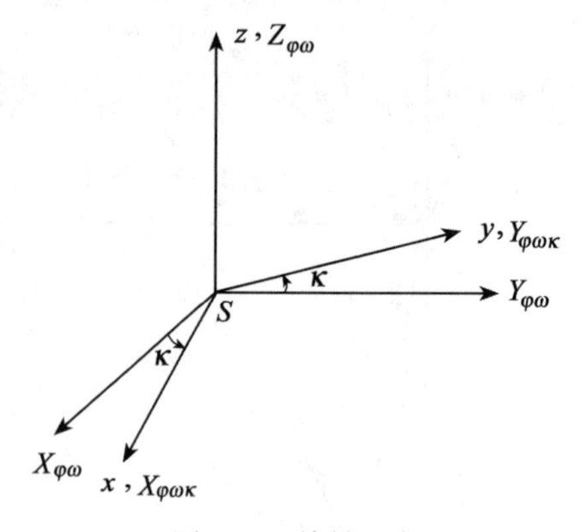

图 3-24 旋转 κ 角

$$X_{\varphi\omega}=x\cos\kappa-y\sin\kappa$$
$$Y_{\varphi\omega}=x\sin\kappa+y\cos\kappa$$
$$Z_{\varphi\omega}=z=-f$$

写成矩阵形式有：

$$\begin{bmatrix} X_{\varphi\omega} \\ Y_{\varphi\omega} \\ Z_{\varphi\omega} \end{bmatrix}=\begin{bmatrix} \cos\kappa & -\sin\kappa & 0 \\ \sin\kappa & \cos\kappa & 0 \\ 0 & 0 & 1 \end{bmatrix}\begin{bmatrix} x \\ y \\ -f \end{bmatrix}=R_{\kappa}\begin{bmatrix} x \\ y \\ -f \end{bmatrix} \tag{c}$$

经回代，即将(c)式代入(b)式后再代入(a)式，最后得：

$$\begin{aligned}\begin{bmatrix} u \\ v \\ w \end{bmatrix}&=\begin{bmatrix} \cos\varphi & 0 & -\sin\varphi \\ 0 & 1 & 0 \\ \sin\varphi & 0 & \cos\varphi \end{bmatrix}\begin{bmatrix} 1 & 0 & 0 \\ 0 & \cos\omega & -\sin\omega \\ 0 & \sin\omega & \cos\omega \end{bmatrix}\begin{bmatrix} \cos\kappa & -\sin\kappa & 0 \\ \sin\kappa & \cos\kappa & 0 \\ 0 & 0 & 1 \end{bmatrix}\begin{bmatrix} x \\ y \\ -f \end{bmatrix}\\ &=R_{\varphi}R_{\omega}R_{\kappa}\begin{bmatrix} x \\ y \\ -f \end{bmatrix}=R\begin{bmatrix} x \\ y \\ -f \end{bmatrix}=\begin{bmatrix} a_1 & a_2 & a_3 \\ b_1 & b_2 & b_3 \\ c_1 & c_2 & c_3 \end{bmatrix}\begin{bmatrix} x \\ y \\ -f \end{bmatrix}\end{aligned} \tag{3-8}$$

式中：

$$\left.\begin{aligned} a_1&=\cos\varphi\cos\kappa-\sin\varphi\sin\omega\sin\kappa \\ a_2&=-\cos\varphi\sin\kappa-\sin\varphi\sin\omega\cos\kappa \\ a_3&=-\sin\varphi\cos\omega \\ b_1&=\cos\omega\sin\kappa \\ b_2&=\cos\omega\cos\kappa \\ b_3&=-\sin\omega \\ c_1&=\sin\varphi\cos\kappa+\cos\varphi\sin\omega\sin\kappa \\ c_2&=-\sin\varphi\sin\kappa+\cos\varphi\sin\omega\cos\kappa \\ c_3&=\cos\varphi\cos\omega \end{aligned}\right\} \tag{3-9}$$

2. 用 φ'、ω'、κ'表示方向余弦

用上述类似的方法，首先将坐标系绕主轴 u 旋转 ω'，在此基础上，再分别绕次主轴及第三轴旋转 φ'角及 κ'角，则 $S\text{-}uvw$ 与 $S\text{-}xyz$ 两坐标系重合。关系式为：

$$
\begin{bmatrix} u \\ v \\ w \end{bmatrix} = \begin{bmatrix} 1 & 0 & 0 \\ 0 & \cos\omega' & -\sin\omega' \\ 0 & \sin\omega' & \cos\omega' \end{bmatrix} \begin{bmatrix} \cos\varphi' & 0 & -\sin\varphi' \\ 0 & 1 & 0 \\ \sin\varphi' & 0 & \cos\varphi' \end{bmatrix} \begin{bmatrix} \cos\kappa' & -\sin\kappa' & 0 \\ \sin\kappa' & \cos\kappa' & 0 \\ 0 & 0 & 1 \end{bmatrix} \begin{bmatrix} x \\ y \\ -f \end{bmatrix}
$$

$$
= R_{\omega'} R_{\varphi'} R_{\kappa'} \begin{bmatrix} x \\ y \\ -f \end{bmatrix} = R \begin{bmatrix} x \\ y \\ -f \end{bmatrix}
$$

$$
= \begin{bmatrix} a_1 & a_2 & a_3 \\ b_1 & b_2 & b_3 \\ c_1 & c_2 & c_3 \end{bmatrix} \begin{bmatrix} x \\ y \\ -f \end{bmatrix} \tag{3-10}
$$

式中：

$$
\left.\begin{aligned}
a_1 &= \cos\varphi' \cos\kappa' \\
a_2 &= -\cos\varphi' \sin\kappa' \\
a_3 &= -\sin\varphi' \\
b_1 &= \cos\omega' \sin\kappa' - \sin\omega' \sin\varphi' \cos\kappa' \\
b_2 &= \cos\omega' \cos\kappa' + \sin\omega' \sin\varphi' \sin\kappa' \\
b_3 &= -\sin\omega' \cos\varphi' \\
c_1 &= \sin\omega' \sin\kappa' + \cos\omega' \sin\varphi' \cos\kappa' \\
c_2 &= \sin\omega' \cos\kappa' - \cos\omega' \sin\varphi' \cos\kappa' \\
c_3 &= \cos\omega' \cos\varphi'
\end{aligned}\right\} \tag{3-11}
$$

3. 用 A、α、κ_α 表示方向余弦

类似上述方法，但应注意 A 的值以顺时针方向为正，与(3-8)式类似的关系式为：

$$
\begin{bmatrix} u \\ v \\ w \end{bmatrix} = \begin{bmatrix} \cos A & \sin A & 0 \\ -\sin A & \cos A & 0 \\ 0 & 0 & 1 \end{bmatrix} \begin{bmatrix} 1 & 0 & 0 \\ 0 & \cos\alpha & -\sin\alpha \\ 0 & \sin\alpha & \cos\alpha \end{bmatrix} \begin{bmatrix} \cos\kappa_\alpha & -\sin\kappa_\alpha & 0 \\ \sin\kappa_\alpha & \cos\kappa_\alpha & 0 \\ 0 & 0 & 1 \end{bmatrix} \begin{bmatrix} x \\ y \\ -f \end{bmatrix}
$$

$$
= R_A R_\alpha R_{\kappa_\alpha} \begin{bmatrix} x \\ y \\ -f \end{bmatrix} = R \begin{bmatrix} x \\ y \\ -f \end{bmatrix} = \begin{bmatrix} a_1 & a_2 & a_3 \\ b_1 & b_2 & b_3 \\ c_1 & c_2 & c_3 \end{bmatrix} \begin{bmatrix} x \\ y \\ -f \end{bmatrix} \tag{3-12}
$$

式中：

$$
\left.\begin{aligned}
a_1 &= \cos A \cos\kappa_\alpha + \sin A \cos\alpha \sin\kappa_\alpha \\
a_2 &= -\cos A \sin\kappa_\alpha + \sin A \cos\alpha \cos\kappa_\alpha \\
a_3 &= -\sin A \sin\alpha \\
b_1 &= -\sin A \cos\kappa_\alpha + \cos A \cos\alpha \sin\kappa_\alpha \\
b_2 &= \sin A \sin\kappa_\alpha + \cos A \cos\alpha \cos\kappa_\alpha \\
b_3 &= -\cos A \sin\alpha \\
c_1 &= \sin\alpha \sin\kappa_\alpha \\
c_2 &= \sin\alpha \cos\kappa_\alpha \\
c_3 &= \cos\alpha
\end{aligned}\right\} \tag{3-13}
$$

顺便指出，对于同一张像片在同一坐标系中，当取不同旋角系统的三个角度计算方向

余弦时，其表达式不同，但是相应的方向余弦值是彼此相等的，即由不同旋角系统的角度计算的旋转矩阵是唯一的，且九个方向余弦中只有三个独立参数。

若已经求出旋转矩阵中的九个元素值，根据(3-9)式、(3-11)式及(3-13)式就可求出相应的角元素，即

$$\left.\begin{aligned}\tan\varphi&=-\frac{a_3}{c_3}\\ \sin\omega&=-b_3\\ \tan\kappa&=\frac{b_1}{b_2}\end{aligned}\right\}\qquad \left.\begin{aligned}\tan\omega'&=-\frac{b_3}{c_3}\\ \sin\varphi'&=-a_3\\ \tan\kappa'&=-\frac{a_2}{a_1}\end{aligned}\right\}\qquad \left.\begin{aligned}\tan A&=\frac{a_3}{b_3}\\ \cos\alpha&=c_3\\ \tan\kappa_\alpha&=\frac{c_1}{c_2}\end{aligned}\right\}\tag{3-14}$$

三、中心投影构像方程式

航摄像片与地图是两种不同性质的投影，摄影影像信息的处理，就是要把中心投影的影像变为正射投影的地图信息，为此，要讨论像点与相应物点的构像方程式。

选取地面摄影测量坐标系 $D\text{-}XYZ$ 及像空间辅助坐标系 $S\text{-}uvw$，并使两种坐标系的坐标轴彼此平行，如图 3-25 所示。

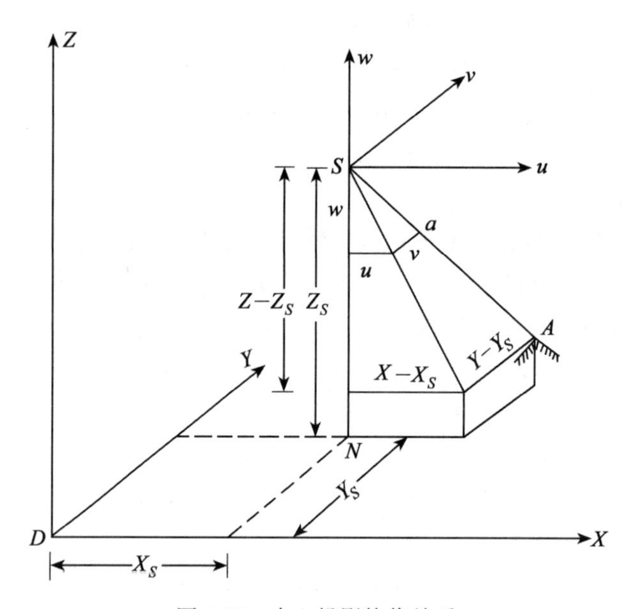

图 3-25　中心投影构像关系

设摄影中心与地面点 A 在地面摄影测量坐标系中的坐标分别为 X_S、Y_S、Z_S(即像片三个直线外方位元素)和 X、Y、Z，地面点在像空间辅助坐标系中的坐标为 $X-X_S$、$Y-Y_S$、$Z-Z_S$，像点 a 在像空间辅助坐标系中的坐标为 u、v、w，由于 S、a、A 三点共线，因此，由相似三角形得：

$$\frac{u}{X-X_S}=\frac{v}{Y-Y_S}=\frac{w}{Z-Z_S}=\frac{1}{\lambda}$$

式中，λ 为比例因子，写成矩阵形式为：

$$\begin{bmatrix} u \\ v \\ w \end{bmatrix} = \frac{1}{\lambda}\begin{bmatrix} X-X_S \\ Y-Y_S \\ Z-Z_S \end{bmatrix} \tag{a}$$

由式(3-7)，得像点在像空间坐标系与像空间辅助坐标系的关系式为：

$$\begin{bmatrix} x \\ y \\ -f \end{bmatrix} = \begin{bmatrix} a_1 & b_1 & c_1 \\ a_2 & b_2 & c_2 \\ a_3 & b_3 & c_3 \end{bmatrix}\begin{bmatrix} u \\ v \\ w \end{bmatrix} \tag{b}$$

将(a)式代入(b)式，并用第三式去除第一、第二式，得：

$$\left.\begin{aligned} x &= -f\frac{a_1(X-X_S)+b_1(Y-Y_S)+c_1(Z-Z_S)}{a_3(X-X_S)+b_3(Y-Y_S)+c_3(Z-Z_S)} \\ y &= -f\frac{a_2(X-X_S)+b_2(Y-Y_S)+c_2(Z-Z_S)}{a_3(X-X_S)+b_3(Y-Y_S)+c_3(Z-Z_S)} \end{aligned}\right\} \tag{3-15}$$

式(3-15)是中心投影的构像方程式，它描述了像点 a、摄影中心 S 与地面点 A 位于一条直线上，所以又称为共线方程式。其中 a_i、b_i、c_i($i=1$, 2, 3)是由三个外方位角元素 φ、ω、κ 所生成的 3×3 正交旋转矩阵 R 的一个元素。

共线方程式中包括有 12 个数据：以像主点为原点的像点坐标 x、y，相应地面点坐标 X、Y、Z，像片主距 f 及外方位元素 X_S、Y_S、Z_S、φ、ω、κ。

式(3-15)的逆算式为：

$$\left.\begin{aligned} X-X_S &= (Z-Z_S)\frac{a_1x+a_2y-a_3f}{c_1x+c_2y-c_3f} \\ Y-Y_S &= (Z-Z_S)\frac{b_1x+b_2y-b_3f}{c_1x+c_2y-c_3f} \end{aligned}\right\} \tag{3-16}$$

共线方程式是摄影测量中最重要的公式，在解析摄影测量与数字摄影测量中是极其有用的。在后面的有关章节中介绍的单像空间后交、双像摄影测量光束法、解析测图仪原理及数字影像纠正等都要用到该式。

3-7　航摄像片上的像点位移

因航摄像片是地面的中心投影，所以当像片倾斜或地面有起伏时，所摄取的影像均与理想情况(像片水平、地面水平)有所差异。也就是地面点在像片上构像的点位偏离了应有的正确位置，产生了像点位移。若一个图形的像点有位移，其结果影像发生几何变形，反映为影像比例尺有不同的变化。

一、地面水平时，像片倾斜引起的像点位移

若地面水平，在同一摄影中心 S 对地面摄取两张像片，一张为倾斜像片 p，另一张为水平像片 p^0，如图 3-26 所示。为了建立两者之间的联系，像点坐标用以公共的等角点 c 为坐标原点，以等比线 h_ch_c 为 x 轴，主纵线为 y 轴的像平面坐标系，同一地面点 A 在水平像片上构像为 a^0，其像点坐标为 x_c^0、y_c^0；在倾斜像片构像为 a，其像点坐标为 x_c、y_c。若 $ca=r_c$；$ca^0=r_c^0$，r_c、r_c^0 分别称为向径，且 ca、ca^0 与等比线正向夹角分别为 φ、φ^0，称 φ、

φ^0 为方向角，有$\tan\varphi=\frac{y_c}{x_c}$、$\tan\varphi^0=\frac{y_c^0}{x_c^0}$，可以证明 $\varphi=\varphi^0$。由此可知，在倾斜像片上从等角点出发，引向任意像点的方向线，其方向角与水平像片上相应方向线的方向角恒等，这就是等角点命名的由来。

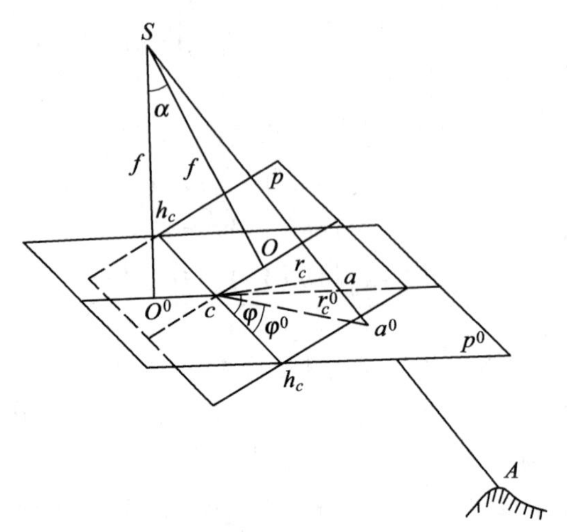

图 3-26　倾斜像片与水平像片关系

若将倾斜的像片 p 绕等比线旋转与水平像片叠合，a 与 a^0 必定位于一条过等角点的直线上，则 $\delta_\alpha=aa^0=r_c-r_c^0$，称 δ_α 为因像片倾斜引起的像点位移，其近似表达式为：

$$\delta_\alpha=-\frac{r_c^2}{f}\sin\varphi\sin\alpha \tag{3-17}$$

式中，f 为摄影机主距，α 为像片倾角。

因向径 r_c 与像片倾角 α 恒为正值，所以由(3-17)式可知：

(1)当 $\varphi=0$、180°时，$\delta_\alpha=0$ ，$r_c=r_c^0$，等比线上的点没有位移，所以当地面水平时，倾斜像片上等比线上的像点具有水平像片的性质；

(2)当 $\varphi<180°$时，$\delta_\alpha<0$，则 $r_c^0>r_c$，像点朝向等角点位移；

(3)当 $\varphi>180°$时，$\delta_\alpha>0$，则 $r_c^0<r_c$，像点背向等角点位移；

(4)当 $\varphi=90°$、270°时，$\sin\varphi=\pm1$，即在向径相等的情况下，主纵线上 $|\delta_\alpha|$ 为最大值。

以上讨论的是因像片倾斜引起的像点位移的规律，这种位移反映为水平地面上任意一正方形在倾斜像片上构像为任意四边形。图 3-27 所示为水平地面上一个正方形，在水平像片上构像仍是正方形，而在倾斜像片上构像为梯形。摄影测量中，对这种形变的改正称为像片纠正。

二、地形起伏在水平像片上引起的像点位移

当地形有起伏时，无论是水平像片还是倾斜像片，都会因地形起伏而产生像点位移，这是中心投影与正射投影两种投影方法在地形起伏的情况下产生的差别，所以，因地形起伏引起的像点位移也称投影差。

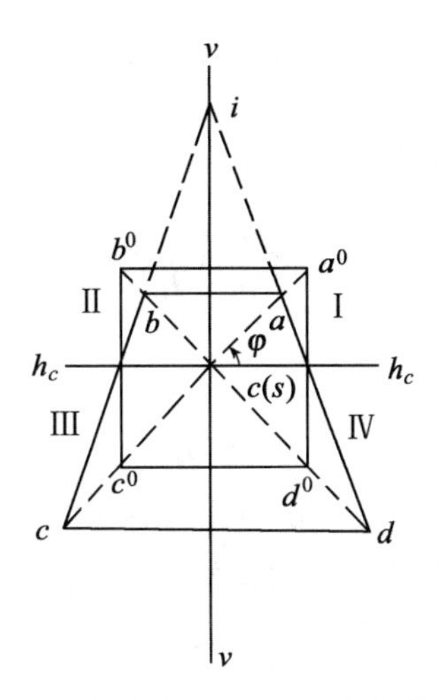

图 3-27　像片倾斜引起的像点位移

为便于讨论，仅推导像片水平时地形起伏引起的像点位移。

如图 3-28 所示，p^0 为水平像片，E 为摄影时的基准面，H 是相对于基准面的航高，地面点 A 距基准面的高差为 h，它在像片上的构像为 a；地面点 A 在基准面上的投影为 A_0，A_0 在像片上的构像为 a_0，a_0a 即为因地形起伏引起的像点位移，用 δ_h 表示，令 $na=r_n$（r_n 为 a 点以像底点 n 为中心的向径），$NA_0=R$（R 为地面点到地底点水平距离），具有位移的像点 a 投影在基准面上为 A'，A_0A' 则称为图面上的投影差，用 Δh 表示，根据相似三角形原理可得：

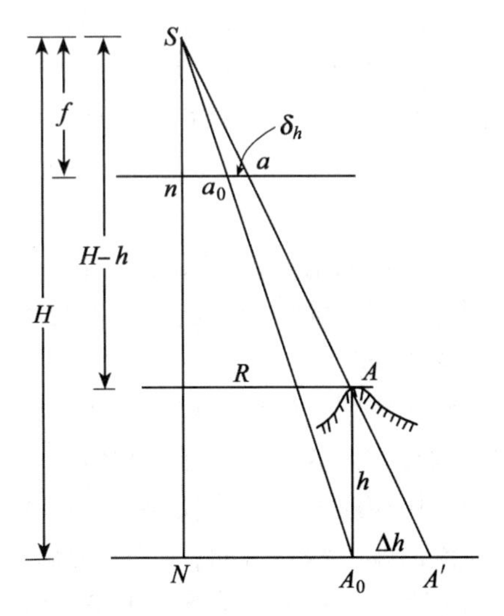

图 3-28　地形起伏引起的像点位移

$$\frac{\Delta h}{R}=\frac{h}{H-h} \tag{a}$$

$$\frac{R}{H-h}=\frac{r_n}{f} \tag{b}$$

由于

$$\delta_h=\frac{\Delta h}{m}=\frac{f}{H}\Delta h \tag{c}$$

利用(a)、(b)、(c)三式可得：

$$\delta_h=\frac{r_n h}{H} \tag{3-18}$$

该式就是因地形起伏引起像片上像点位移的计算公式。

由式(3-18)可知，地形起伏引起的像点位移 δ_h 在以像底点为中心的辐射线上，当 h 为正时，δ_h 为正，即像点背离像底点方向位移；当 h 为负时，δ_h 为负，即像点朝向像底点方向位移；$r_n=0$ 时，$\delta_h=0$，说明位于像底点处的像点不存在地形起伏引起像点位移。

根据(a)式可以得到图面上投影差的计算公式：

$$\Delta h=\frac{Rh}{H-h} \tag{3-19}$$

可见，因地形起伏引起的像点位移也同样会引起像片比例尺及图形的变化，而且由于像底点不在等比线上，因此，综合考虑像片倾斜和地形起伏的影响，像片上任何一点都存在像点位移，且位移的大小随点位的不同而不同，由此导致一张像片上不同点位的比例尺不相等。

除了上述两种几何因素引起像点位移外，物镜畸变、大气折光、地球曲率及底片形变等一些物理因素也会导致像点位移，它们在每张像片上的影响都有相同的规律，属于一种系统误差，可用相应的数学模型来表示，所以，在模拟摄影测量中很难消除它，但在解析空中三角测量加密控制点时，可对原始数据中的像点坐标按一定的数学模型改正。此外，在解析测图仪和数字摄影测图系统中，一般也具有对这种系统误差改正的功能。

三、航摄像片与地形图的区别

航摄像片能真实而详尽地反映地面信息，从像片上可以了解到所摄地区的地物、地貌的全部内容，但航摄像片不能直接用做地形图，航摄像片与地形图是有差别的。

1. 像片与地形图表示方法和内容不同

在表示方法上，地形图上是按成图比例尺所规定的各种符号、注记和等高线来表示地物、地貌的，而航摄像片则表示为影像的大小、形状和色调。

在表示内容上，在地形图上用相应的符号和文字、数字注记表示，如居民地的名称，房屋的类型，道路的等级，河流的宽、深和流向，地面的高程等，这些在像片上是表示不出来的。另一方面，在地形图上必须经过综合取舍，只表示那些经选择的有意义的地物，而在像片上有所摄地物的全部影像。

2. 像片与地形图的投影方法不同

地形图是正射投影，比例尺处处一致，常以 $1/M$ 表示。地形图上所有的图形不仅与实际形状完全相似，而且其相关方位也保持不变。

航摄像片是中心投影。由于存在像片倾斜和地形起伏两种误差的影响，致使航摄像片上的影像有变形，各处比例尺也不一致，相关方位也发生变化。若利用航摄像片制作正射影像图时，必须消除倾斜误差和投影误差，统一像片上各处比例尺，使中心投影的航摄像片转化为正射投影的影像。

习题与思考题

1. 摄影测量对航摄资料有哪些基本要求？
2. 什么是像片重叠？为什么要求相邻像片之间以及航线之间的像片对要有一定的重叠？
3. 什么是中心投影？什么是正射投影？
4. 画图说明航摄像片上特殊的点、线、面。
5. 摄影测量常用哪些坐标系统？各坐标系又是如何定义的？
6. 摄影测量中为什么常把像空间坐标系变为像空间辅助坐标系？
7. 什么是航摄像片的内、外方位元素？
8. 为什么外方位角元素有三种不同的选择？
9. 在像点的空间坐标变换中，为什么用外方位角元素表示方向余弦？
10. 什么是共线方程？它在摄影测量中有何应用？
11. 什么是像点位移？像点位移有什么规律？
12. 航摄像片与地形图有什么不同？

13. 设某测区成图比例尺为1：2000，测区范围为$6\times6\text{km}^2$，在无人飞机上搭载某款焦距为35mm的数码相机，像幅尺寸为3840×5760，像元的物理尺寸为6.4μm，为满足测图的精度要求，设计的摄影比例尺为1：32000，摄影时，要求航向重叠为60%，旁向重叠为30%。求：

①相对航高；

②需要拍摄的航线数及每片像片的航线数。

第四章　双像立体测图原理与立体测图

双像立体测图，是指利用一个立体像对(即在两摄站点对同一地面景物摄取有一定影像重叠的两张像片)重建地面立体几何模型，并对该几何模型进行量测，直接给出符合规定比例尺的地形图或建立数字地面模型等。使用一个立体像对构建地面立体模型的方法也称为立体摄影测量。

4-1　人眼的立体视觉原理与立体量测

一、人眼的天然立体视觉

人的眼睛就像一架完善的自动调焦摄影机，当人们观察远近不同的物体时，眼球中的水晶体(如同摄影机的物镜)自动变焦，在网膜窝(如同底片)上得到清晰的像，眼睛瞳孔的作用似光圈。图 4-1 所示是人眼睛的结构示意图。

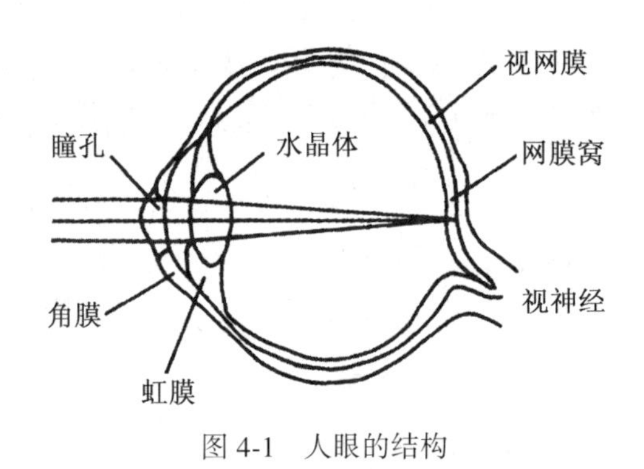

图 4-1　人眼的结构

当人们用单眼观察景物时，感觉到的仅仅是景物的透视图，好像一张像片一样，不能正确判断景物的远近，而只能凭经验去间接地判断。只有用双眼同时观察景物，才能分辨出物体的远近，得到景物的立体效应，这种现象称为人眼的天然立体视觉。

那么，人的双眼观察为什么会产生天然立体视觉而能分辨出远近不同的景物呢？如图 4-2 所示，有一物点 A，距双眼的距离为 L，当双眼注视 A 点时，两眼的视准轴本能地交会于该点，此时两视轴相交的角度 γ，称为交会角。在两眼交会的同时，水晶体自动调节焦距，得到最清晰的影像。交会与调节焦距这两项动作是本能地进行的。人眼的这种本能称为凝视。当双眼凝视 A 点时，在两眼的网膜窝中央就得到构像 a 和 a'；若 A 点附近有一点 B，较 A 点为近，距双眼的距离为 $L-\mathrm{d}L$，同样得到构像 b，b'。由于 A、B 两点距眼睛的距离不等，致使网膜窝上$\widehat{ab}$与$\widehat{a'b'}$弧长不相等，称 $\sigma=\widehat{ab}-\widehat{a'b'}$为生理视差，生理视差

也反映为观察 A、B 两点交会角的差别，双眼交会 A 点时的交会角为 γ，双眼交会 B 点时的交会角为 $\gamma+d\gamma$，$\gamma+d\gamma>\gamma$，因此，人的双眼观察就能区别物体的远与近。生理视差是产生天然立体感觉的根本原因，正是从这一原理出发而获取人造立体视觉。

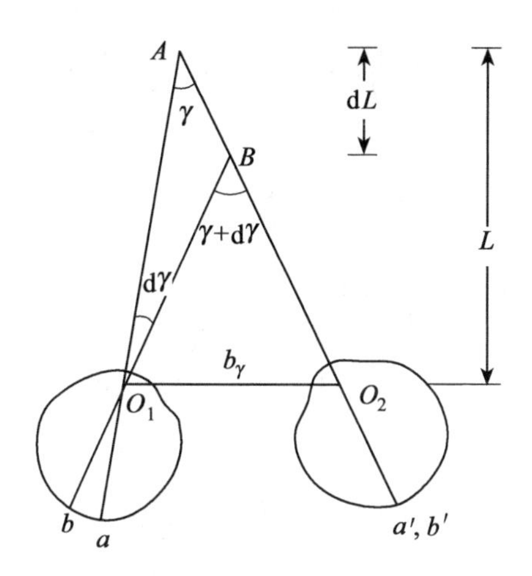

图 4-2　人眼的立体视觉

由图 4-2 中可以看出交会角与距离有如下关系：

$$\tan\frac{\gamma}{2}=\frac{b_\gamma}{2L},\qquad L=\frac{b_\gamma}{\gamma} \tag{4-1}$$

式中，b_γ 为眼基线，随人而异，其平均长度为 65mm。将上式微分，可得交会角变化与距离的关系以及生理视差的关系式：

$$dL=-\frac{b_\gamma d\gamma}{\gamma^2}=-\frac{L^2}{b_\gamma}\cdot d\gamma=-\frac{L^2}{b_\gamma}\cdot\frac{\sigma}{f_\gamma} \tag{4-2}$$

式中，f_γ 为眼焦距，约为 17mm。

单眼观察两点的分辨率为 45″，两线间的分辨率为 20″，而双眼观察比单眼观察提高 $\sqrt{2}$ 倍。当人站在 50m 处时，立体观察两点，分辨率为 $45''/\sqrt{2}=30''$，代入上式得 $dL=5.6$m，即能分辨远近的最小距离为 5. 6m。

由式(4-2)可得：

$$\frac{dL}{L}=-\frac{L}{b_\gamma}\cdot\frac{\sigma}{f_\gamma} \tag{4-3}$$

式(4-3)可用于分析人眼判断景物远近的能力。

二、人造立体视觉

由图 4-3 所示，当我们用双眼观察空间远近不同的景物 A、B 时，两眼产生生理视差，获得立体视觉，可以判断景物的远近。如果此时我们在双眼前各放一块玻璃片，如图 4-3 中的 P 和 P'，则 A 和 B 两点分别得到影像 a、b 和 a'、b'。若玻璃上有感光材料，影像就分别记录在 P 和 P'片上。当移开实物后，两眼分别观看各自玻璃片上的构像，仍能看到与实物一样的空间景物 A 和 B，这就是空间景物在人眼网膜窝上产生生理视差的人眼立体视觉效应。其过程为：空间景物在感光材料上构像，再用人眼观察构像的像片而产生生理视差，重建空间景物立体视觉。这样的立体感觉称为人造立体视觉，所看到的立体模型称为视模型。

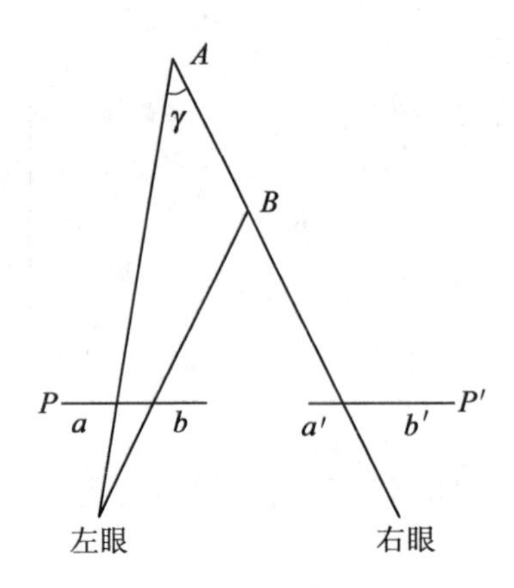

图 4-3　人造立体视觉

根据人造立体视觉原理，在摄影测量中规定摄影时保持像片的重叠度在 60%以上，是为了获得同一地面景物在相邻两张像片上都有影像，它完全类同于上述两玻璃片上记录的景物影像。利用相邻像片组成的像对，进行双眼观察(左眼看左片，右眼看右片)，同样可获得所摄地面的立体模型，这样就奠定了立体摄影测量的基础。

如上所述，人造立体视觉必须符合自然界立体观察的四个条件：

(1)两张像片必须是在两个不同位置对同一景物摄取的立体像对；

(2)每只眼睛必须只能观察像对的一张像片；

(3)两像片上相同景物(同名像点)的连线与眼睛基线应大致平行；

(4)两像片的比例尺相近(差别<15%)，否则需用 ZOOM 系统等进行调节。

用上述方法观察到的立体与实物相似，称为正立体效应。如果把像对的左右像片对调，左眼看右像片，右眼看左像片，或者把像对绕原点各自旋转 180°，双眼观察产生的生理视差就改变了符号，导致观察到的立体模型正好与实际景物相反，称为反立体效应。如图 4-4 所示。

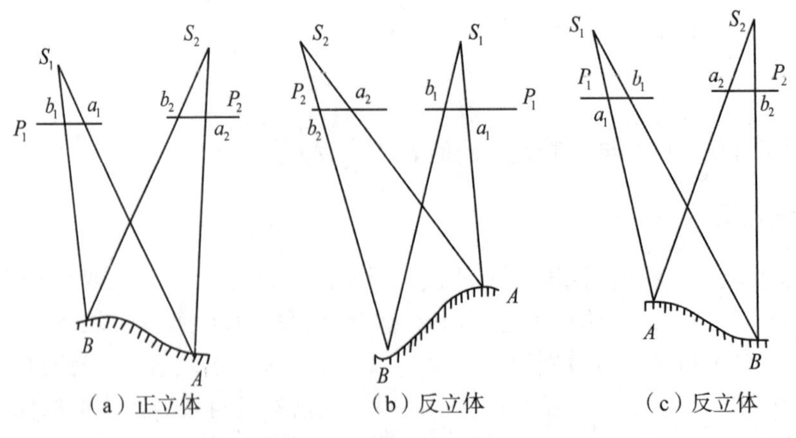

图 4-4　三种不同的立体效应

三、立体观察与立体量测

1. 立体观察方法

在人造立体视觉必须满足的第二个条件中，立体观察要求两眼各看一张像片，通常称为分像，这与我们平时观看物体双眼交会与凝视的本能相违背，因此需要采取必要的措施达到分像的目的。借助于立体观察的不同仪器进行立体观察，就有着不同的立体观察方法。

(1)立体镜观察法

最简单的立体镜就是小型的桥式立体镜，如图 4-5 所示，在一个桥架上安置两个相同的简单透镜，两透镜光轴平行，其间距约为人的眼基线，桥架的高度等于透镜的焦距，像片对放在透镜的焦面上，物点影像经过透镜后射出来的光线是平行光，因此，观察者感觉到像是观察远处的自然景物一样。这种小型立体镜只适合观察小像幅的像片对，若要观察大像幅的航摄像片，要用长焦距的反光立体镜。

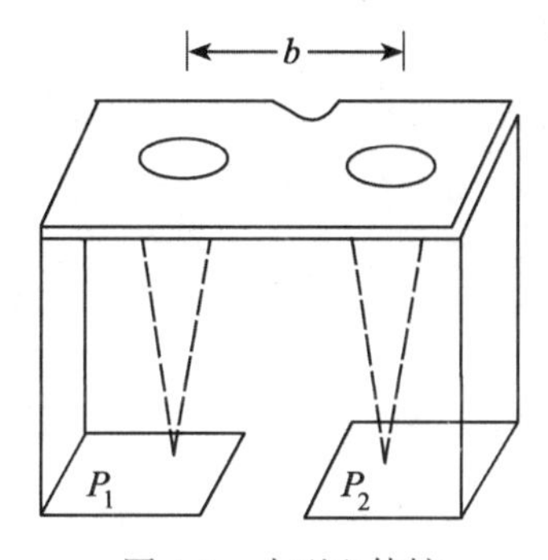

图 4-5　小型立体镜

(2)双目镜观测光路的立体观察

双目镜观测光路的立体观察是用两条分开的观测光路将来自左右像片的光线分别传送到观察者的左右眼睛中，每条观测光路由物镜、目镜和其他光学装置组成，大多数的模拟、解析测图仪及坐标量测仪均采用这种方式实现立体观测。图 4-6 示意的是立体坐标量测仪的观测光路。左右像点光线分别经棱镜折射、透镜放大、再一次折射后传入目镜，观测者左眼看左像，右眼看右像得到立体效应。

(3)互补色法立体观察

互补色法是利用互补色的特性达到分像目的的立体观察。一般采用红、绿两种互补色。如图 4-7 所示，如果在左、右投影器前分别放置品红、绿色滤光片，那么，左投影器投射的是红色影像，右投影器投射的为绿色影像。在承影面上得到红色、绿色叠合在一起的一对混杂影像。投影在承影面上的同名像点 a_1(左红)、a_2(右绿)的连线已经满足平行于眼基线的条件，当观察者左、右眼戴上一个由红、绿滤光片组成的眼镜，去观察承影面上的彩色投影影像，就能看出立体效果，这是由于红色影像(左影像)只能通过红色滤光片到达左眼，绿色影像(右影像)只能通过绿色滤光片到达右眼，从而达到“分像”进行立体观察的目的。在眼基线平行于同名影像连线时，两条视线相交获得视模型 A'。显然，如果观察者两眼位置变动，视模型 A'的位置也随之改变，但图中 S_1a_1 与 S_2a_2 两条投影射线空中相交的 A 点，形成稳定不变的几何模型点。

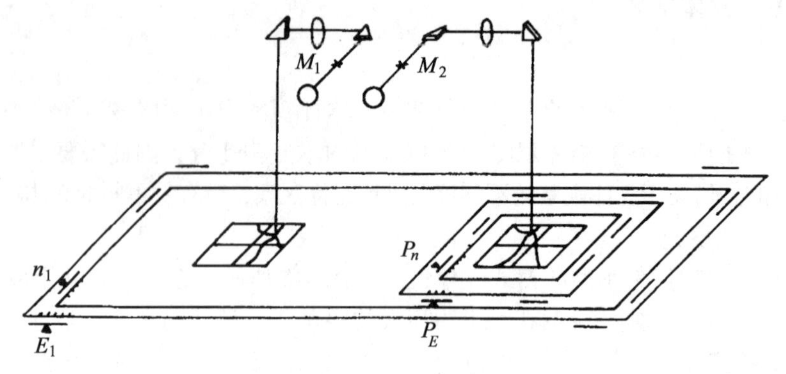

图 4-6 立体坐标量测仪观测系统

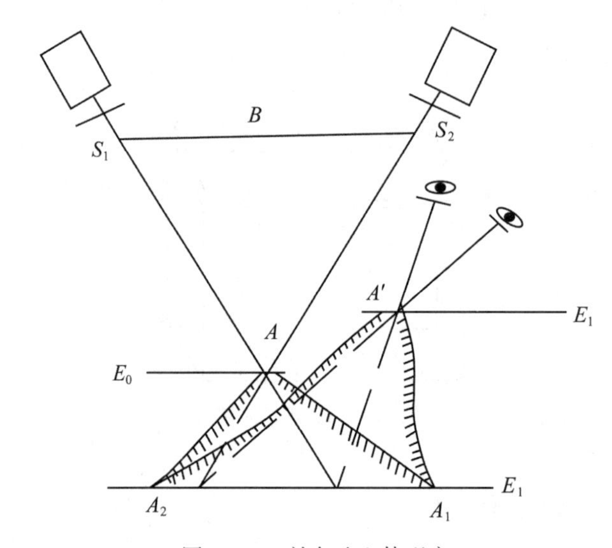

图 4-7 互补色法立体观察

(4)同步闪闭法立体观察

影像在计算机显示屏幕上以一定频率(高于 100 帧/秒)交替显示左、右影像，同时通过红外发射器将信号发射给具有液晶开关的眼镜，液晶开关与计算机显示屏上的影像同步开关。液晶开关依据接收到的红外控制信号，调制镜片上液晶的通断状态，即调制左、右镜片的透明(通状态)或不透明(断状态)，实现“分像”的目的。

(5)偏振光法立体观察

光线通过偏振器分解出偏振光。偏振光的横向光波波动只在偏振平面内进行。在偏振光的光路中，如有另一个偏振器，偏振光通过第二个偏振器后，光的强度将随两偏振器的偏振平面相对旋角而改变，当两偏振平面相互平行时，将可获得最大光强的偏振光；当两偏振平面相垂直时，偏振光不能通过第二个偏振器，在偏振器的另一边就看不见光线。利用这种特性，在一对像片的投影光路中，放置一个偏振平面相互垂直的偏振器，以两组横向光波波动成相互垂直的偏振光，将影像投影在特制的承影面上，观测者戴上偏振光眼镜，两镜片的偏振平面也相互垂直，且分别与投射光路中偏振器偏振平面相平行或垂直，这样双眼观察叠映在同一承影面的两像片影像时，就能达到“分像”的目的。

在数字摄影测量工作站中，需要在计算机屏幕前安装偏振光屏，当计算机屏幕上分别交替显示左、右影像时，屏幕前的偏振光屏就会产生不同的偏振方向，观测者只要戴一副偏振光眼镜，就能获得立体影像。

目前，在数字摄影测量工作站中，常用的是同步闪闭法及偏振光法。

以上所述的不同的立体观察方法均是要达到每只眼睛只看一张像片的分像目的。

2. 立体量测

在摄影测量中，不仅需要用像对进行立体观察，建立立体模型，而且还需要对立体模型进行量测。一般用一个可以在立体表面游动的测标来进行量测，用测标切准立体模型表面，这样的测标称为浮游测标，它的作用如同经纬仪目镜中的十字丝，其形状各异，大多为点状或线状。由式(4-3)可看出，要提高判断能力，除了通过使用仪器间接地增大眼基线外，还可以增大眼的生理视差 σ 的分辨率，达到提高判断能力的目的。当物点是点状时，相应的$\sigma_{min}=0.002$mm；当物体为平行线时，$\sigma_{min}=0.001$mm，所以测标的形状多采用点状或线状，使用点状或线状的测标可以更准确地判断测标是否切准立体模型表面。

在进行立体量测时，大多采用双测标法。双测标法是利用放入光路中的两个单独的实测标分别切准立体像对上的同名像点进行立体量测，如图 4-8 所示，P_1、P_2 为一个立体像对，当进行立体观察时，使左右测标分别切准左右同名像点 m_1、m_2，这时同名像点视线成对相交，构成立体模型。两个单测标相当于一对同名像点，在空间相交，构成立体测标(T)，与立体模型表面的 M 点重合。

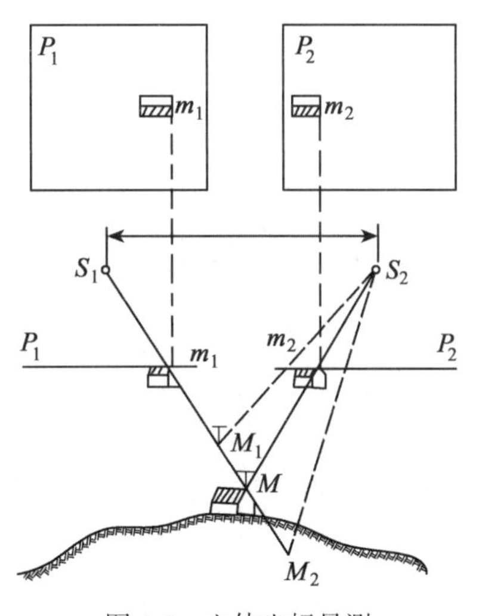

图 4-8　立体坐标量测

如果两个单测标在左右像片上，尚未同时切准左右像点 m_1、m_2，测标的视线就不重合，此时，立体测标(T)将高于或低于立体模型上的点 M，如图 4-8 中的 M_1 或 M_2。所以在立体量测时，一定要使两测标分别切准左右像片上的同名像点，因此，两个测标必须能作平行于或垂直于眼基线方向上的相对移动，使测标与像对上任意一对像点重合。这样，利用测标在影像平面上的二维移动，就可使感觉到的空间虚测标在空间三轴上移动，从而进行立体模型的量测。

4-2 立体像对与立体测图原理

一、立体像对的点、线、面

立体摄影测量也称双像测图，是由两个相邻摄站所摄取的具有一定重叠度的一对像片对为量测单元。在第三章中，我们曾叙述了单张像片上的主要点、线、面，对于立体像对来说，也有立体像对的一些特殊的点、线、面。

图 4-9 表示一个像对的相关位置。S_1、S_2 分别为左像片 P_1 和右像片 P_2 的摄影中心。两摄影中心的连线 B 称为摄影基线，o_1、o_2 分别为左右像片的像主点。a_1、a_2 为地面上任一点 A 在左右像片上的构像，称为同名像点。射线 AS_1a_1 和 AS_2a_2 称为同名射线。通过摄影基线 S_1S_2 与任一地面点 A 所做的平面 W_A 称为 A 点的核面。若同名射线都在核面内，则同名射线必然对对相交。核面与像片面的交线称为核线。对于同一核面的左右像片的核线，如 k_1a_1、k_2a_2 称为同名核线。显然，k_1、k_2 亦是基线的延长线与左右像片面的交点，称为核点。在倾斜像片上诸核线都会聚于核点。通过像主点的核面称为主核面。一般情况下，通过左右像片主点的两个主核面不重合，分别称为左主核面和右主核面。通过像底点的核面称为垂核面。因为左右像片的底点与摄影基线 B 位于同一垂核面内，所以一个像对只有一个垂核面。

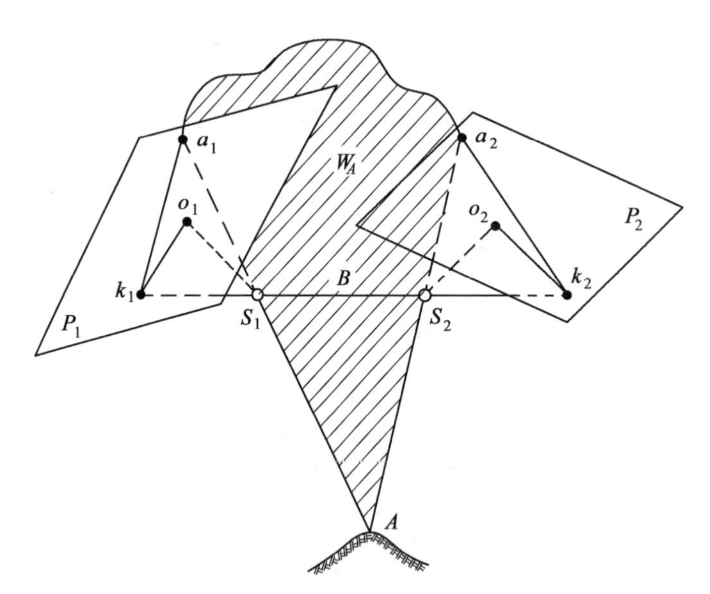

图 4-9 立体像对的点、线和面

核面与核线是立体摄影测量中的基本概念，但在传统的摄影测量中几乎没有得到应用，仅仅在完成相对定向时说明同名光线对对相交就是三线共面，恢复了核面。而在当代的数字摄影测量自动化系统中核面与核线得到了广泛的重视与应用，具体应用将在数字摄影测量中加以论述。

二、立体摄影测量的基本原理

获取物点的空间位置，一般需要两幅相互重叠的影像构成立体像对。立体摄影测量(或称双像立体测图)，是利用一个立体像片对，在恢复它们的内、外方位元素后，重建与地面相似的几何模型，并对该模型进行量测的一种摄影测量方法。

图4-10(a)表示从空中对地面的摄影过程，S_1 和 S_2 是两个摄站点(摄影机物镜中心)，摄得两张像片 p_1 和 p_2，S_1 和 S_2 的空间距离称摄影基线 B，地面点 A、M、C、D 等发出的光线，通过 S_1 和 S_2，分别构像在 p_1、p_2 像片上影像重叠范围内，成为两个摄影光束。光线 AS_1 和 AS_2，CS_1 和 CS_2，…都是相应的同名光线，这时同名光线与基线总是在一个平面内，即三个矢量 S_1S_2、S_1A 及 S_2A 共面，又称为同名光线对对相交。根据摄影过程的可逆性，人们设计两个与摄影机一样的投影器，将像片 p_1 与 p_2 分别装到两投影器内并保持两投影器的方位与摄影时摄影机的方位相同，但物镜间的距离缩小，即投影器从 S_2 搬到 S'_2 处，此时两投影器间的距离为 $S_1S'_2=b$，称 b 为投影基线。在投影器上，用聚光灯照明，则两投影器光束中所有同名光线仍对对相交构成空间的交点 A'、M'、C'、D' 等。所有这些交点的集合，构成与地面相似的几何模型，模型的比例尺为 $1:m=b:B$，这个过程称为摄影过程的几何反转，是立体摄影测量的基本原理。

在构建的立体模型中，用有标志的测绘台，在承影面上利用测绘台的升降使测标与地面相切，再加上测绘台的平面移动，测绘台下的绘图笔就可测绘出地形图。图4-10(b)表示的是摄影过程的几何反转与测图过程。

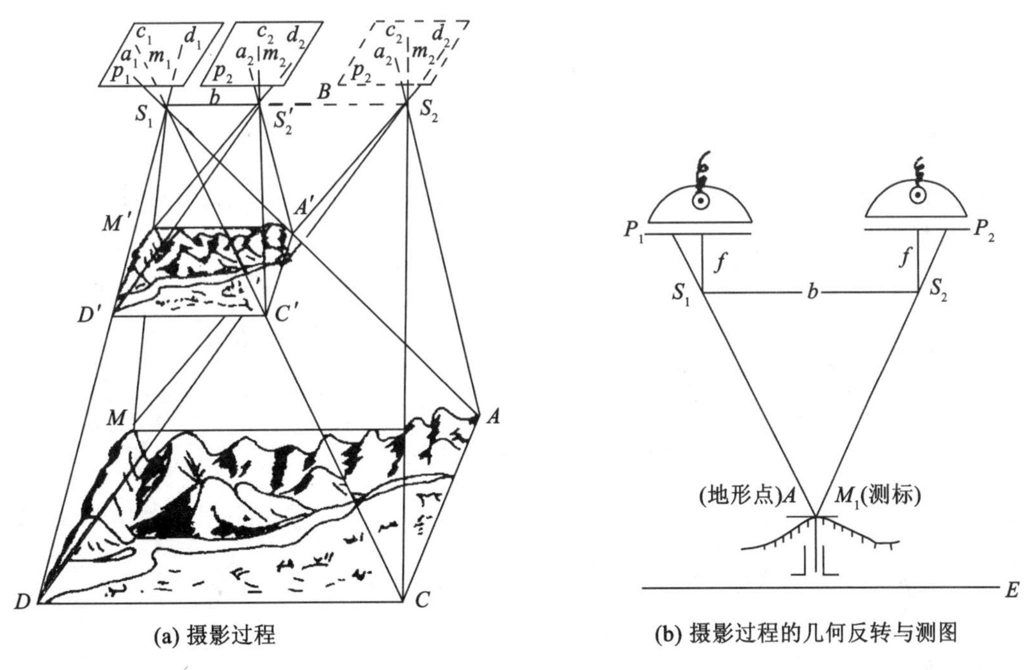

图4-10　立体摄影测量的基本原理

三、立体像对恢复固有几何关系的过程

一个立体像对，两像片影像重叠范围内的任意地面点在两张像片上都分别有它们的同

名像点，并与相应的摄影中心组成同名射线，同名摄影射线是对对相交的。因此，摄影时摄影基线、同名射线、同名像点与地面点之间有着固定的几何关系。

利用像对进行立体测图，必须重建与实地相似且符合比例尺及空间方位的几何模型，若能恢复像片对的内、外方位元素，就能恢复上述固有的几何关系，因此，重建立体模型的过程是：

①恢复像片对的内方位元素，也称内定向。

内定向目的是恢复摄影时的光束，确定像片主点在像平面坐标中的坐标。(在模拟测图中，内定向是人工在测图仪上安置摄影机主距，像片安放在测图仪像片盘时，像片主点与像片盘主点重合；在解析法测图中，内定向是根据四个框标点确定像片的主点位置及像片坐标与坐标仪坐标之间的转换参数；在数字摄影测量中，若使用的是经扫描的数字化影像，内定向是根据四个框标点建立像点的扫描坐标与像片坐标间的转换参数。)

②恢复像片对的外方位元素。因外方位元素通常是未知的，所以要恢复像片的外方位元素，通常分为两个步骤：首先找出两张像片相对位置的数据，称这些数据为像片对的相对定向元素，若恢复了像对的相对定向元素(相对定向)，同名射线(投影光线)就能对对相交并形成与实地相似的几何模型，即恢复了核面。但仅完成相对定向，并没有完全恢复两像片的外方位元素，因相对定向后建立起来的几何模型，它的大小和空间方位都是任意的，还必须找出恢复该模型的大小与空间方位的数据，称这些数据为模型的绝对定向元素。若恢复了该模型的绝对定向元素(绝对定向)，就恢复了该模型的大小与空间方位，把相对定向后重建的立体几何模型纳入地面摄影测量坐标系中并符合所要求的比例尺，对该模型进行量测，可获得模型点的三维坐标。因此，通过相对定向与绝对定向两个步骤来恢复两张像片的外方位元素，也称之为间接地实现摄影过程的几何反转。

四、上下视差 Q

由上面的论述可知，只要恢复了像对的相对位置关系，同名射线就能对对相交，即同名射线与基线共面，如图 4-11(a)所示，虽然同名射线在 X 方向上有分离，但只要升(或降)承影面，左右同名射线相交于 A 点，是模型上的点。若两像片没有恢复相对位置关

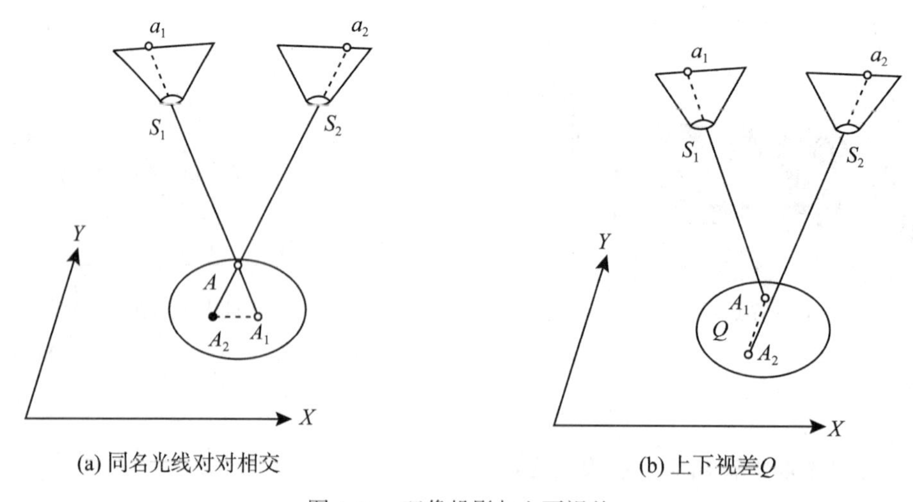

(a) 同名光线对对相交　　(b) 上下视差Q

图 4-11　双像投影与上下视差

系，如图 4-11(b)，无论如何升降承影面，同名射线都不能相交于一点，若升降承影面使两投影光线在 X 方向上无偏离而只在 Y 方向上偏离，左投射光线投影在 A_1 点，右投射光线投影在 A_2 点，$A_1A_2 = Q$，称 Q 为上下视差，所以 Q 是检核两像片是否恢复相对位置关系的标志，若两像片恢复了相对位置关系，$Q = 0$。

4-3 立体像对的相对定向元素与模型的绝对定向元素

一、相对定向与绝对定向概述

由 4-2 节的内容可知，恢复像片对的外方位元素要经过两个步骤：相对定向与绝对定向。因此，要讨论相对定向与绝对定向，首先要找出像片对的相对定向元素与模型的绝对定向元素。

二、立体像对的相对定向与相对定向元素

确定一个立体像对两像片的相对位置称为相对定向。它用于建立立体模型。完成相对定向的唯一标准是两像片上同名像点的投影光线对对相交。所有同名像点的投影光线交点的集合构成了地面几何模型。确定两像片相对位置关系的元素称为相对定向元素。

确定两像片的相对位置，并不顾及它们的绝对位置。如图 4-12 所示，图(a)与图(b)虽然基线摆放位置不同，但它们都正确恢复了两像片的相对位置，摄影基线、同名光线三线共面，同名射线对对相交特性不变。一般确定两像片的相对位置有两种方法：其一是将摄影基线固定水平，称为独立像对相对定向系统；其二是将左像片置平或将其位置固定不变，称为连续像对相对定向系统。这两种系统选取了不同的像空间辅助坐标系，因此有不同的相对定向元素。

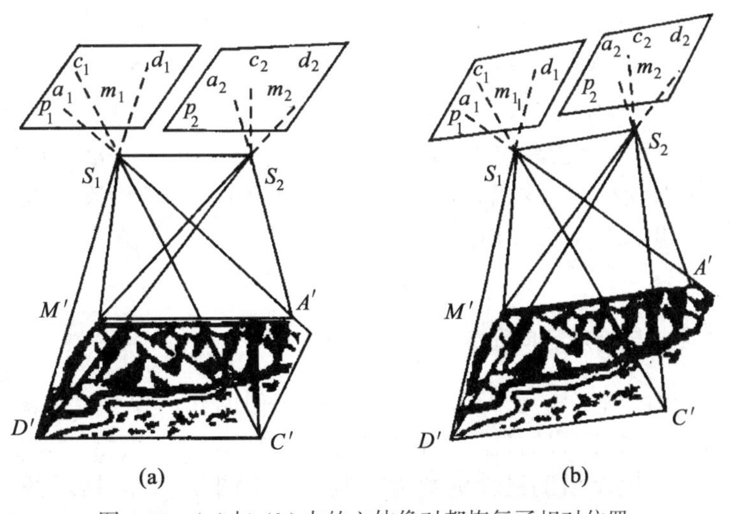

图 4-12 (a)与(b)中的立体像对都恢复了相对位置

1. 连续像对的相对定向元素

若将左片置平，以左片的像空间坐标系作为本像对的像空间辅助坐标系(或称以左方

像片为基准或左像片的外方位元素已知)，这样的像对为连续像对。如图 4-13(a)所示，$S_1\text{-}U_1V_1W_1$ 为本像对的像空间辅助坐标系，此时，S_1 在该坐标系的坐标为：$U_{S_1}=V_{S_1}=W_{S_1}=0$，像片的三个角元素亦为零，即：$\varphi_1=\omega_1=\kappa_1=0$。而右像片中，$S_2$ 在 $S_1\text{-}U_1V_1W_1$ 中的坐标为：$U_{S_2}=b_u, V_{S_2}=b_v$，$W_{S_2}=b_w$，三个角元素为：φ_2，ω_2，κ_2。其中，b_u、b_v、b_w 也称基线分量(模型上的)。在上述的六个元素 b_u、b_v、b_w 及 φ_2、ω_2、κ_2 中，因由图 4-10(a)可以看出 b_u 只影响相对定向后建立模型的大小而并不影响模型的建立，因此，称 b_v、b_w、φ_2、ω_2、κ_2 为连续相对定向的五个相对定向元素，只要恢复了立体像对这五个元素，就确立了像片对的相对位置，完成了相对定向，可建立与地面相似的几何模型。

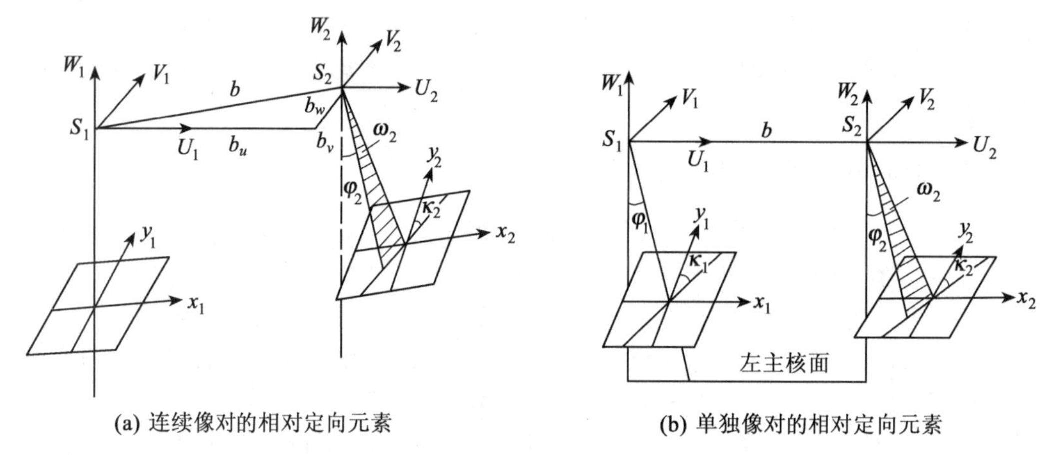

(a) 连续像对的相对定向元素　　　　(b) 单独像对的相对定向元素

图 4-13　立体像对的相对定向元素

2. 单独像对相对定向元素

若将摄影基线置水平，像空间辅助坐标系选取 S_1 为坐标原点，基线 B 作为 U 轴，垂直于左核面的轴为 V 轴构成右手平面直角坐标系 $S_1\text{-}U_1V_1W_1$，这样的像对为单独像对，如图4-13(b)所示。此时，对于左像片，三个线元素为：$U_{S_1}=V_{S_1}=W_{S_1}=0$，因左光轴在 $S_1\text{-}U_1W_1$ 平面内，三个角元素为：$\omega_1=0$，φ_1，κ_1；对于右像片，三个线元素为：$U_{S_2}=b_u=b$，$V_{S_2}=b_v=0$，$W_{S_2}=b_w=0$，三个角元素为：φ_2、ω_2、κ_2。上述的六个元素 b、φ_1、κ_1、φ_2、ω_2、κ_2 中，b 只涉及模型的比例尺，即影响模型的大小而不影响重建模型，因此，称 φ_1、κ_1、φ_2、ω_2、κ_2 为单独像对的相对定向五个元素。同样，一旦恢复了这五个元素，就完成了像对的相对定向。

三、模型的绝对定向与绝对定向元素

立体像对经相对定向后，已经形成了与实地相似的几何模型，如图 4-14(a)所示。但该模型是在选定的像片对的像空间辅助坐标系 $S\text{-}UVW$ 中，模型的大小与空间方位都是任意的，绝对定向就是借助已知的地面控制点，对图 4-14(a)所示的模型进行平移、旋转与缩放使其变为如图 4-14(b)所示的地面模型，纳入到地面摄影测量坐标系 $D\text{-}XYZ$ 中。

这两种坐标系间的变换在数学上是一个不同原点的三维空间相似变换，其公式为：

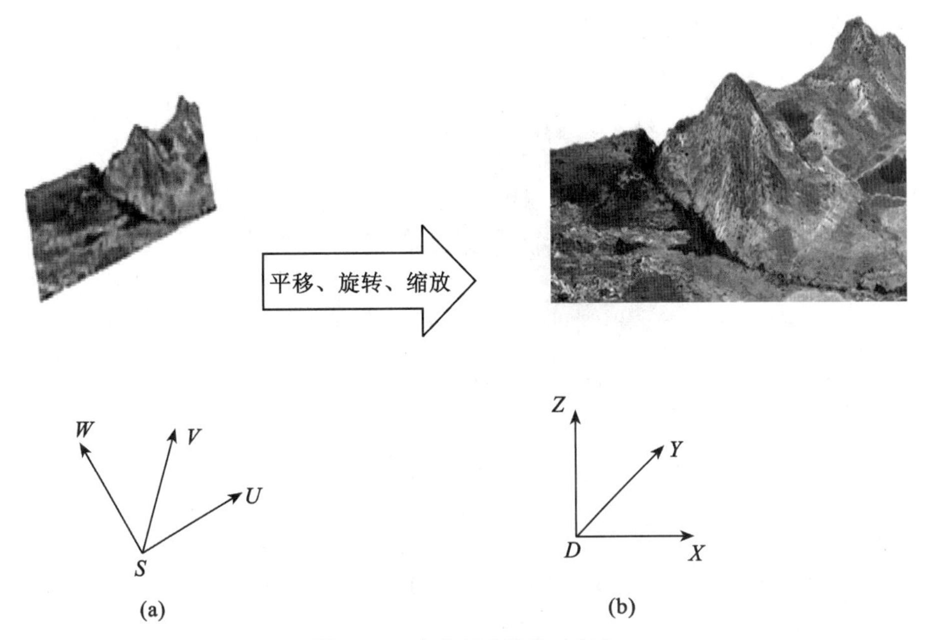

图 4-14　对模型进行绝对定向

$$\begin{bmatrix} X \\ Y \\ Z \end{bmatrix} = \lambda \begin{bmatrix} a_1 & a_2 & a_3 \\ b_1 & b_2 & b_3 \\ c_1 & c_2 & c_3 \end{bmatrix} \begin{bmatrix} U \\ V \\ W \end{bmatrix} + \begin{bmatrix} X_S \\ Y_S \\ Z_S \end{bmatrix} \tag{4-4}$$

式中，(X, Y, Z)为模型点的地面摄影测量坐标，(U, V, W)为同一模型点在像空间辅助坐标系的坐标，λ 为模型缩放比例因子，$(a_1, a_2, \cdots, c_3)$为两个坐标轴系三个转角 Φ、Ω、K 按(3-9)式计算出的方向余弦，(X_S, Y_S, Z_S)为坐标原点的平移量，称七个参数 X_S、Y_S、Z_S、λ、Φ、Ω、K 为模型的绝对定向元素，即确定相对定向所建立的模型空间方位的元素。绝对定向的任务就是借助地面控制点，恢复或计算这七个元素。由获得的七个绝对定向元素，再利用上式，将模型坐标全部纳入地面摄测坐标系中，最后再进行地面摄测坐标系与地面坐标系的转换。(见 5-5 节)

4-4　立体测图概述

立体测图必须要恢复立体像对固有的几何关系，即进行内定向、相对定向及绝对定向三个步骤。在绪论中已经提到，摄影测量经历了模拟、解析及数字三个阶段。本节将三个阶段的立体测图方法做以简单概述。

一、模拟法立体测图

模拟法立体测图需要在特定的模拟型立体测图仪上进行，该类仪器用光学或机械投影来模拟摄影过程。大多数投影仪为机械投影，用两根精密的机械导杆代替同名光线，仪器主要由机械导杆、像片盘、复杂的光路系统、X、Y 手轮及高程 Z 脚盘、绘图桌等组成。像片盘可作 φ，ω，κ 三个角度旋转及 b_x，b_y，b_z 的线运动，有的仪器两像片盘还同时具

有 Φ、Ω 公共转角系统。图 4-15 所示为 A10 测图仪外貌，图 4-16 所示为 B8S 结构示意图。(B8S 用量测台代替手轮和脚盘)。

图 4-15　立体测图仪 A10 外貌

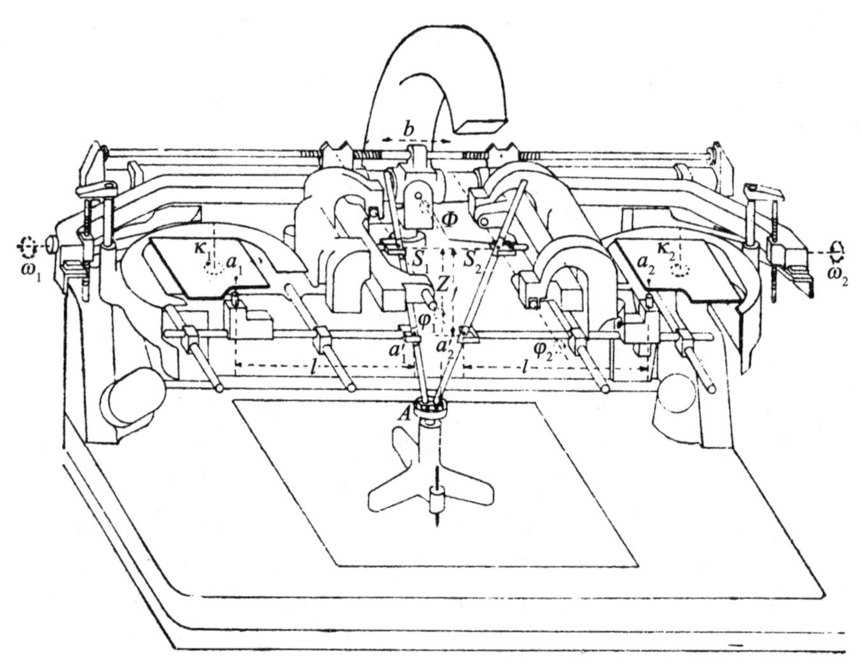

图 4-16　B8S 型立体测图仪结构示意图

1. 内定向

在模拟测图仪上进行内定向，是人工在仪器上安置有关数据，如摄影机主距、像片安放在像片盘上使像片主点与像片盘主点重合等。

2. 相对定向

在 4-3 节中，提出上下视差 Q 的概念。若没有恢复两像片的相对位置，即同名光线与基线没有共面，同名像点在承影面上的投影点在仪器的 Y 方向上有上下视差 Q。模拟法相对定向是利用左右投影器上的小螺旋 φ，ω，κ，b_y，b_z 的微小变化 $d\varphi$，$d\omega$，$d\kappa$，db_y，db_z 消除 Q。因此，根据投影器的微小移动引起承影面上投影点的变化规律可分别导出连续像对与单独像对 5 个相对定向元素与 Q 的数学式，只要在像对重叠的范围内，选择 5 个同名像点量出 Q 值，则可解求出 5 个相对定向元素，但模拟法相对定向的特点是不需要用数学式解算相对定向元素的数值，而在像对重叠的范围内选择 5 个同名像点，用投影器某个小螺旋的微小变化消除 Q，使同名光线对对相交，也就“相当”解求出 5 个相对定向元素。为了有检核一般取 6 个定向点。

为了顺利完成相对定向，一般按图 4-17 所示的标准点位分布。在 1 至 5 点消除了 Q 后，用第 6 点作检核，若第 6 点存在视差但在允许的范围内，就完成了本像对的相对定向。

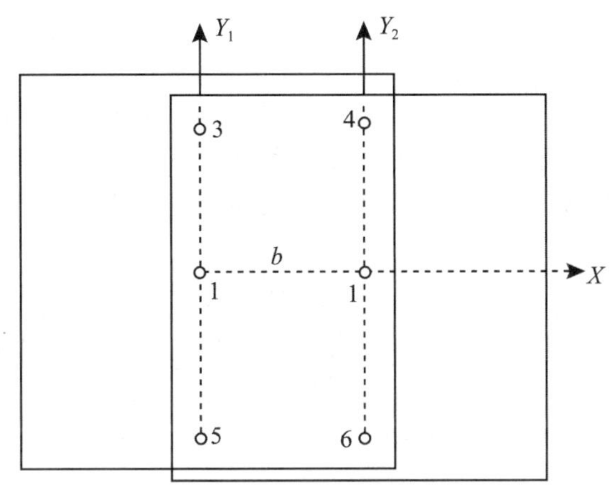

图 4-17 相对定向选取的标准点位

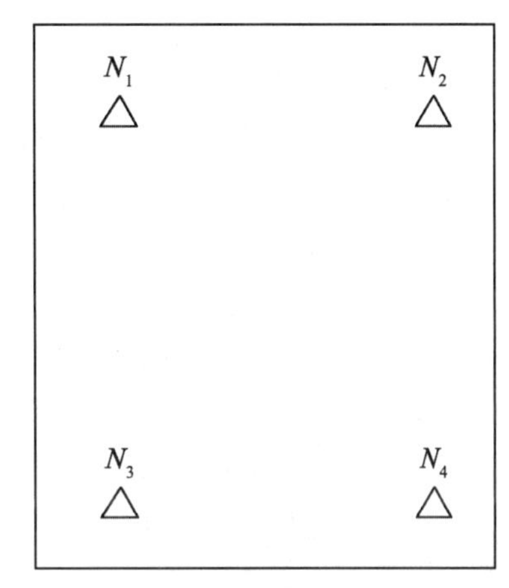

图 4-18 绝对定向图底

3. 绝对定向

由 4-3 节可知，一个立体模型有 λ，X_s，Y_s，Z_s，Φ，Ω，K 七个绝对定向元素。并由式(4-4)可知，如果给出足够数量的地面控制点，可反求出这 7 个元素。但模拟法绝对定向不是通过式(4-4)计算解求七个绝对定向元素值的大小，而是模拟恢复这些绝对定向元素，俗称为“相当于解求”绝对定向元素。

把已知的地面控制点标注在图底上，如图 4-18 所示，N_1，…，N_4 为已知地面控制点。为了把模型纳入地面坐标系，人工将底图做 X，Y 方向上平移以及 X，Y 平面内的旋转，这三个动作相当于恢复了 X_s，Y_s，K，另外，立体切准某已知地面控制点，并在立体测图仪上安置该点的起始高程，这相当于恢复了 Z_s，因此，模拟法绝对定向的任务仅是规划模型比例尺 λ 及航向、旁向倾角 Φ，Ω，恢复 Φ，Ω 也称模型航向、旁向置平。

具体做法是利用底图两点间的距离与模型上的相应点间的距离对比，并改变基线长度，使模型的投影点与图底相符，这项工作，相当于恢复了 λ。旋转模拟测图仪上 Φ，Ω 螺旋，使模型在航向及旁向的两个高程点的高程与实地相符，这项工作相当恢复了 Φ，Ω，也就是进行了航向及旁向置平。

经过上述三个步骤，恢复了像对固有的几何关系，建立了与实地相似且符合图比例尺并纳入地面坐标系的立体模型，就可对该模型进行立体量测，进行立体测图，从模型上获取被摄目标的几何信息。如果保持某一高度不变，立体观察时测标沿立体模型移动，所得到的就是该高程的等高线线划图。

这类仪器使用光学像片，用人工双眼寻找同名像点，测绘的地形图都是线划产品。因此，目前这类仪器大多被淘汰。此段的简单叙述，主要为摄影测量初学者体会立体测图的原理及作业步骤。

二、解析法立体测图

由摄影测量基础知识可知，物点、像点和摄影中心之间存在着严格的数学关系，用共线方程表示。如果利用计算机，通过严格的数学解算方法保证像点坐标和模型点坐标之间满足共线关系，建立被摄目标的数字立体模型，同样也可以完成对被摄目标的立体量测，由计算方法取代模拟测图仪上复杂的光学或机械投影，称为数字投影，这样的仪器便是解析测图仪。

1. 解析测图仪的硬件设备

解析测图仪是由一台精密立体坐标测量仪、一台计算机、数控绘图桌、相应的接口设备和伺服系统，以联机方式组成的测图系统。接口设备的功能主要是在立体坐标仪、绘图桌、计算机及操作台之间沟通信息，除了电路和电子元件外，主要是编码器和伺服系统。编码器的作用是把仪器的机械位移量转换成计算机所能接收的数字量，即模/数转换作用，解析测图仪上的手轮和脚盘、像片盘车架、绘图桌及需要自动控制的棱镜、透镜等部位，都需要安置编码器；伺服系统的功能是把计算机给出的数字信息转变为仪器部件的机械位移，把部件(如像片架、绘图笔等)驱动到应有的位置；计算机是解析测图仪的核心，它担负着全部数据的计算与管理任务。图 4-19 是解析测图仪 C-100 的全貌图，图 4-20 是解析测图仪 BC-2 的全貌图。

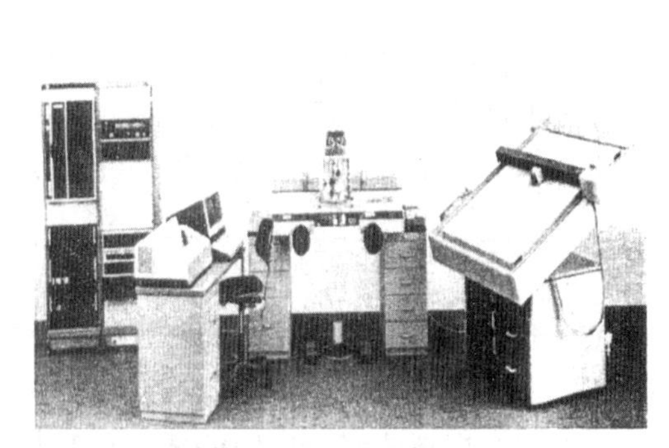

图 4-19　解析测图仪 C-100

图 4-20　解析测图仪 BC-2

2. 解析测图仪的软件

解析测图仪的软件通常分为计算机操作系统与摄影测量软件两部分。操作系统是厂家提供的软件，它在计算机运行过程中担负着一系列的任务，如指令收集与执行、内存管理、文件编辑、程序编译与运行控制、外围设备触发等。

摄影测量软件包括实时控制程序及应用程序，因解析测图仪有一系列运算，所有这些运算到像片架的伺服系统驱动像片盘的动作都要在 1/30 秒完成，这样才能保证操作员在立体观察中不会觉察到模型闪跳。

应用程序有内定向、相对定向、绝对定向、模型存储与点恢复、点观察、面积，体积与矢量计算及空中三角测量等部分。

3. 解析测图仪的作业原理

解析测图仪利用共线条件方程进行实时运算，两张像片同名像点按共线方程可列出四个方程式，除内、外方位元素，共有七个参数，x_1、y_1、x_2、y_2、X、Y、Z，现以输入 X、Y、Z 控制方案为例说明解析测图仪的作业原理。

作业员把像片分别安放在解析测图仪左右像片盘上，将摄影参数如摄影机主距、要改正的各种系统误差及测图必要的数据输入到计算机中，首先按相应的程序进行内定向：用测标逐次对准每个框标，计算机用数字方式建立正确的内定向，确定出每张像片的主点位置及像片坐标系与仪器坐标系之间的转换参数；量测出像对的相对定向和绝对定向的像点坐标之后，计算机按设计好的相对定向和绝对定向运算程序解求出定向元素存储备用。此时像片的外方位元素均以求出。

通过观察系统，作业员操纵手轮和脚盘将模型点的坐标 X、Y、Z 输入到计算机中，经模/数的转变，将模拟坐标变成一个数字量输入给计算机，由计算机按共线条件方程解求出理论的像点坐标 x_1、y_1、x_2、y_2。在顾及像点的各种改正量后，转换为实际的像点坐标，经数/模的转换，像点坐标变成模拟量后，再由伺服马达驱动左、右像片盘移动。与此同时，还要进行模型坐标与地面坐标间的换算，其中还要顾及地球曲率和大气折光差的改正。联机绘图作业时，还要实时地进行模型坐标与图面坐标的换算，并由伺服系统驱动画笔绘图。

当把脚轮 Z 安置在某一条等高线高程的相应数值时，转动手轮 X 和 Y，两像片盘就由伺服系统实时地控制移动。只要保持测标在模型表面上运动，在绘图桌面上就可绘出相应的等高线。

解析法测图精度高，且不受模拟法的某些限制，适用于各种摄影资料，各种测图任务，免除了相对定向与绝对定向的繁琐过程及测图过程中的许多手工作业方式，但仍使用光学影像及人眼双眼寻找同名像点和人工操作测图，虽然其产品首先以数字形式存储在计算机中，但输出的产品仍是模拟产品。

三、影像数字化立体测图

影像数字化测图使用数字摄影测量工作站，由像片数字化仪、计算机、立体观测装置、量测控制装置、输出设备及摄影测量软件系统等组成，使用数字影像(直接利用各种类型的数字摄影机获取的影像)或数字化影像(利用各种数字化扫描仪对光学影像进行扫描所获取的数字影像)，利用数字相关技术，代替人眼观察，自动寻找同名像点并量测坐标。

摄影测量所建立的是像点的像平面坐标与对应物点坐标的关系式，采用数字影像测图。如果使用数字化影像，需要将像点的扫描坐标转换成像平面坐标。因此数字测图的内定向是扫描坐标与像平面坐标间的坐标变换，利用四个框标点以仿射变换公式平差解求变换参数，在此基础上计算相对定向与绝对定向元素，建立数字立体模型。最后的数字产品除了数字线划图 DLG(Digitai Line Graphic)，还有数字高程模型 DEM(Digital Elevation Model)，数字正射影像图 DOM(Digital Orthophoto Map)及数字栅格地图等。

影像数字化测图使用的原始资料是数字影像或数字化影像，所使用的仪器只是计算机及相应的外部设备，主要特点是用机器视觉代替人眼观察，自动量测，自动寻找同名像点，速度快、精度高，子像素级为 2μm。内定向、相对定向、绝对定向及 DEM、DOM 等全部自动化作业。图中的地物属性如道路、房屋等需人工交互完成，属半自动化作业。因此，影像数字化测图是目前摄影测量的主流作业方法。

数字摄影测量系统实质就是一个计算机数字影像数据处理系统。随着计算机技术、数字图像处理、模式识别、人工智能、专家系统及计算机视觉等多学科的相互渗透和不断发展，数字摄影测量内涵已超出了摄影测量的范围。

数字摄影测量系统将在第八章作详细论述。

习题与思考题

1. 说明人眼的天然立体视觉。

2. 什么是人造立体效能？人造立体视觉必须符合自然立体观察的哪些条件？

3. 立体观察有哪些方法？

4. 立体像对有哪些特殊的点、线及面？

5. 连续像对与单独像对各选取怎样的像空间辅助坐标系？各有哪些相对定向元素？

6. 什么是绝对定向？一个立体模型有哪些绝对定向元素？

7. 简述立体测图原理。

8. 摄影测量经历模拟、解析及数字三个阶段，你如何理解这三个阶段的立体测图过程？

9. 立体测图都要经过三个步骤：内定向、相对定向、绝对定向(除数字影像测图用数字相关直接获取的数字影像不需要内定向外)，说明这三个步骤的作用。

第五章　摄影测量解析基础

5-1　概述

一、关于摄影测量解析基础

在摄影测量学中，为了从所获得的影像中确定被研究物体的位置、形状和大小及其相互关系等信息，除了第四章介绍的双像立体测图外，还可以利用物方和像方之间的解析关系式通过计算来获取。在第三章中，我们已经定义了摄影测量常用的坐标系统，单张像片的内、外方位元素，并推导出像点坐标与相应地面点坐标之间的关系式——共线条件方程式。如何从该式出发，解求单张像片的外方位元素；对于一个立体像对而言，如何根据已知一对同名像点的像点坐标及各片的外方位元素，求出相应模型点的模型坐标等，这些问题都是摄影测量的解析基础。本章主要介绍的内容包括：单张像片空间后方交会；模型的前方交会；像片对的解析法相对定向、模型的解析法绝对定向及立体像对的光束法解法。解析摄影测量的主要目的，是解求待定点的地面坐标。通过本章学习可为第六章"解析空中三角测量"奠定基础。

二、像点坐标量测

用解析方法处理摄影测量像片时，首先要测出像点坐标 x、y，这些专用的仪器称为立体坐标测量仪。传统的量测像点坐标的仪器有：立体坐标量测仪，单像坐标量测仪及解析测图仪。图 5-1 所示是传统的 HCT-1 型立体坐标测量仪的全貌图，量测时将像片分别放在左右像片盘上，对像片进行归心定向，使用如图 4-6 所示的双目镜双观测光路的立体观察法。

随着数字摄影测量的发展和计算机技术的进步，对像点坐标的量测已逐步转向数字的自动化(或半自动化)的形式，直接在计算机上进行。对于左右影像的同名像点通过影像匹配的方法实现像点坐标的自动量测。(见第八章)

在摄影测量中，一个立体像对的同名像点在各自的像平面坐标系的 x、y 坐标之差分别称为左右视差 p 及上下视差 q，即 $p=x_1-x_2$，$q=y_1-y_2$。上下视差是一个非常重要的概念，对于像点而言，若是理想像对，物方任意一点在左右像片上构像 $q=y_1-y_2=0$；若是非理想像对，由于像片受外方位元素的影响，物方任意一点在左右像片上的构像其 y 坐标不相等：$q=y_1-y_2\neq 0$。而在第四章介绍的上下视差 Q，是指同名像点投影在承影面上，双像没有恢复相对关系致使同名点在空间投影时不能相交，表明该像对没有完成相对定向。

图 5-1　HCT-1 型立体坐标量测仪

5-2　单像空间后方交会

一、单像空间后方交会的概念

如果已知每张像片的 6 个外方位元素，就能确定被摄物体与航摄像片的关系，因此，如何获取像片的外方位元素，一直是摄影测量工作者所探讨的问题。目前，采用的测定方法有：利用雷达、全球定位系统(GPS)、惯性导航系统(WS)以及星相摄影机来获取像片的外方位元素；也可利用摄影测量空间后方交会，如图 5-2 所示，该方法的基本思想是利用至少三个已知地面控制点的坐标 $A(X_A, Y_A, Z_A)$、$B(X_B, Y_B, Z_B)$、$C(X_C, Y_C, Z_C)$，与其影像上对应的三个像点的影像坐标 $a(x_a, y_a)$、$b(x_b, y_b)$、$c(x_c, y_c)$，根据共线方程，反求该像片的外方位元素 X_S、Y_S、Z_S、φ、ω、κ。这种解算方法是以单张像片为基础，亦称单像空间后方交会。

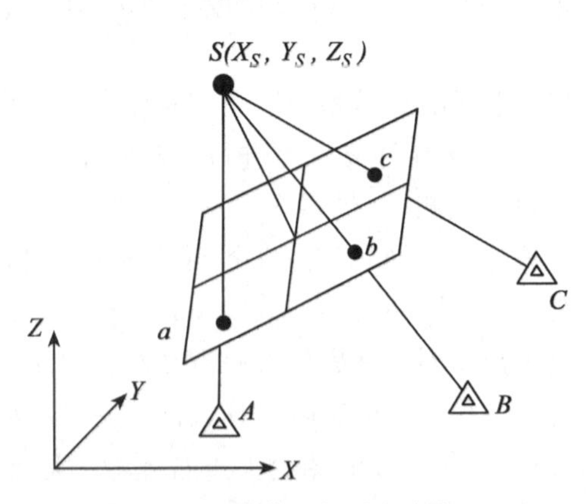

图 5-2　单像空间后方交会

二、空间后方交会基本关系式

空间后方交会采用的基本关系式为由3-6节推导出的共线条件方程式：

$$\left.\begin{aligned} x&=-f\frac{a_1(X-X_S)+b_1(Y-Y_S)+c_1(Z-Z_S)}{a_3(X-X_S)+b_3(Y-Y_S)+c_3(Z-Z_S)}\\ y&=-f\frac{a_2(X-X_S)+b_2(Y-Y_S)+c_2(Z-Z_S)}{a_3(X-X_S)+b_3(Y-Y_S)+c_3(Z-Z_S)}\end{aligned}\right\}\tag{5-1a}$$

由于共线条件方程是非线性函数模型，为了便于计算，需把非线性函数表达式用泰勒公式展开成线性形式，人们常把这一数学处理过程称为“线性化”。线性化处理在解析摄影测量中经常用到。

将共线式线性化并取一次小值项得：

$$\left.\begin{aligned} x&=(x)+\frac{\partial x}{\partial X_S}\mathrm{d}X_S+\frac{\partial x}{\partial Y_S}\mathrm{d}Y_S+\frac{\partial x}{\partial Z_S}\mathrm{d}Z_S+\frac{\partial x}{\partial \varphi}\mathrm{d}\varphi+\frac{\partial x}{\partial \omega}\mathrm{d}\omega+\frac{\partial x}{\partial \kappa}\mathrm{d}\kappa\\ y&=(y)+\frac{\partial y}{\partial X_S}\mathrm{d}X_S+\frac{\partial y}{\partial Y_S}\mathrm{d}Y_S+\frac{\partial y}{\partial Z_S}\mathrm{d}Z_S+\frac{\partial y}{\partial \varphi}\mathrm{d}\varphi+\frac{\partial y}{\partial \omega}\mathrm{d}\omega+\frac{\partial y}{\partial \kappa}\mathrm{d}\kappa\end{aligned}\right\}\tag{5-1b}$$

式中，(x)、(y)为函数的近似值，是将外方位元素的初始值 X_{S_0}、Y_{S_0}、Z_{S_0}、φ_0、ω_0、κ_0 代入共线条件式中所取得的数值；$\mathrm{d}X_S$、$\mathrm{d}Y_S$、$\mathrm{d}Z_S$、$\mathrm{d}\varphi$、$\mathrm{d}\omega$、$\mathrm{d}\kappa$ 为外方位元素近似值的改正数；$\frac{\partial x}{\partial X_S}$，…，$\frac{\partial y}{\partial \kappa}$为偏导数，是外方位元素改正数的系数。对于每一个控制点，把像点坐标 x、y 和相应地面点地面摄测坐标 X、Y、Z 代入式(5-1b)，就能列出两个方程式。若像片内有三个已知地面控制点，就能列出六个方程式，求出六个外方位元素的改正值。由于式(5-1b)中系数仅取泰勒级数展开式的一次项，未知数的近似值改正是粗略的，所以计算必须采用逐渐趋近法，解求过程需要反复趋近，直至改正值小于某一限值为止。

三、空间后方交会的误差方程式与法方程式

为了提高解算外方位元素的精度，常有多余观测方程。在空间后方交会中，通常是在像片的四个角上选取四个或更多的地面控制点，因此要用最小二乘法平差计算。计算中，通常将控制点的地面坐标视为真值，而把相应的像点坐标视为观测值，加入相应的改正数 v_x、v_y，按“观测值+观测值改正数=近似值+近似值”的改正数原则，得：

$$\left.\begin{aligned} x+v_x&=(x)+\mathrm{d}x\\ y+v_y&=(y)+\mathrm{d}y\end{aligned}\right\}\tag{5-2}$$

这样，可列出每个点的误差方程式，其一般形式为：

$$\left.\begin{aligned} v_x&=\frac{\partial x}{\partial X_S}\mathrm{d}X_S+\frac{\partial x}{\partial Y_S}\mathrm{d}Y_S+\frac{\partial x}{\partial Z_S}\mathrm{d}Z_S+\frac{\partial x}{\partial \varphi}\mathrm{d}\varphi+\frac{\partial x}{\partial \omega}\mathrm{d}\omega+\frac{\partial x}{\partial \kappa}\mathrm{d}\kappa+(x)-x\\ v_y&=\frac{\partial y}{\partial X_S}\mathrm{d}X_S+\frac{\partial y}{\partial Y_S}\mathrm{d}Y_S+\frac{\partial y}{\partial Z_S}\mathrm{d}Z_S+\frac{\partial y}{\partial \varphi}\mathrm{d}\varphi+\frac{\partial y}{\partial \omega}\mathrm{d}\omega+\frac{\partial y}{\partial \kappa}\mathrm{d}\kappa+(y)-y\end{aligned}\right\}$$

若上式各外方位元素近似值改正数的系数用 a_{11}，a_{12}，…，a_{26}表示，则上式写成：

$$\left.\begin{aligned} v_x&=a_{11}\mathrm{d}X_S+a_{12}\mathrm{d}Y_S+a_{13}\mathrm{d}Z_S+a_{14}\mathrm{d}\varphi+a_{15}\mathrm{d}\omega+a_{16}\mathrm{d}\kappa-l_x\\ v_y&=a_{21}\mathrm{d}X_S+a_{22}\mathrm{d}Y_S+a_{23}\mathrm{d}Z_S+a_{24}\mathrm{d}\varphi+a_{25}\mathrm{d}\omega+a_{26}\mathrm{d}\kappa-l_y\end{aligned}\right\}\tag{5-3}$$

其中，

$$\left.\begin{aligned}l_x&=x-(x)\\l_y&=y-(y)\end{aligned}\right\}\tag{5-4}$$

用矩阵形式表示为：

式中，

$$V=AX-l$$
$$V=[v_x,\ v_y]^{\mathrm{T}}$$
$$A=\begin{bmatrix}a_{11}&a_{12}&a_{13}&a_{14}&a_{15}&a_{16}\\a_{21}&a_{22}&a_{23}&a_{24}&a_{25}&a_{26}\end{bmatrix}$$
$$X=[\mathrm{d}X_S\quad \mathrm{d}Y_S\quad \mathrm{d}Z_S\quad \mathrm{d}\varphi\quad \mathrm{d}\omega\quad \mathrm{d}\kappa]^{\mathrm{T}}$$
$$l=[l_x\quad l_y]^{\mathrm{T}}$$

若有 n 个控制点，则可按(5-3)式列出 n 组误差方程式 $[V_1\quad V_2\quad \cdots\quad V_n]^{\mathrm{T}}$，构成总误差方程式为：

$$V=AX-L\tag{5-5}$$

式中，

$$V=[V_1\quad V_2\quad \cdots\quad V_n]^{\mathrm{T}}$$
$$A=[A_1\quad A_2\quad \cdots\quad A_n]^{\mathrm{T}}$$
$$L=[l_1\quad l_2\quad \cdots\quad l_n]^{\mathrm{T}}$$

根据最小二乘法间接平差原理，可列出法方程

$$A^{\mathrm{T}}PAX=A^{\mathrm{T}}PL$$

式中，P 为像点观测值的权矩阵，表示观测值量测的相对精度。对所有像点的量测，一般认为是等精度量测，则 P 为单位矩阵，因此，未知数的向量解为：

$$X=(A^{\mathrm{T}}A)^{-1}A^{\mathrm{T}}L\tag{5-6}$$

从而求得外方位元素近似值的改正数 $\mathrm{d}X_S$、$\mathrm{d}Y_S$、$\mathrm{d}Z_S$、$\mathrm{d}\varphi$、$\mathrm{d}\omega$、$\mathrm{d}\kappa$。

计算仍需采用逐步趋近的方法，最后得出六个外方位元素的解为：

$$\left.\begin{aligned}X_S&=X_{S_0}+\mathrm{d}X_{S_1}+\mathrm{d}X_{S_2}+\cdots\\Y_S&=Y_{S_0}+\mathrm{d}Y_{S_1}+\mathrm{d}Y_{S_2}+\cdots\\Z_S&=Z_{S_0}+\mathrm{d}Z_{S_1}+\mathrm{d}Z_{S_2}+\cdots\\\varphi&=\varphi_0+\mathrm{d}\varphi_1+\mathrm{d}\varphi_2+\cdots\\\omega&=\omega_0+\mathrm{d}\omega_1+\mathrm{d}\omega_2+\cdots\\\kappa&=\kappa_0+\mathrm{d}\kappa_1+\mathrm{d}\kappa_2+\cdots\end{aligned}\right\}\tag{5-7}$$

在单像空间后方交会的基本关系式及误差方程式中，均含有外方位元素近似改正数的系数，即偏导数$\frac{\partial x}{\partial X_S}$，…，$\frac{\partial y}{\partial \kappa}$。对各系数的求法推演如下，为书写方便，令共线方程中的分母、分子用下式表达：

$$\overline{X}=a_1(X-X_S)+b_1(Y-Y_S)+c_1(Z-Z_S)$$
$$\overline{Y}=a_2(X-X_S)+b_2(Y-Y_S)+c_2(Z-Z_S)$$
$$\overline{Z}=a_3(X-X_S)+b_3(Y-Y_S)+c_3(Z-Z_S)$$

则

$$a_{11}=\frac{\partial x}{\partial X_S}=\frac{\partial\left(-f\frac{\overline{X}}{\overline{Z}}\right)}{\partial X_S}=\frac{1}{\overline{Z}}(a_1 f+a_3 x)$$

按相仿的步骤得出：

$$\left.\begin{aligned}
a_{11}&=\frac{\partial x}{\partial X_S}=\frac{1}{\overline{Z}}(a_1 f+a_3 x)\\
a_{12}&=\frac{\partial x}{\partial Y_S}=\frac{1}{\overline{Z}}(b_1 f+b_3 x)\\
a_{13}&=\frac{\partial x}{\partial Z_S}=\frac{1}{\overline{Z}}(c_1 f+c_3 x)\\
a_{21}&=\frac{\partial y}{\partial X_S}=\frac{1}{\overline{Z}}(a_2 f+a_3 y)\\
a_{22}&=\frac{\partial y}{\partial Y_S}=\frac{1}{\overline{Z}}(b_2 f+b_3 y)\\
a_{23}&=\frac{\partial y}{\partial Z_S}=\frac{1}{\overline{Z}}(c_2 f+c_3 y)
\end{aligned}\right\}\tag{5-8}$$

另有

$$\left.\begin{aligned}
a_{14}&=\frac{\partial x}{\partial \varphi}=-\frac{f}{(\overline{Z})^2}\left(\frac{\partial \overline{X}}{\partial \varphi}\overline{Z}-\frac{\partial \overline{Z}}{\partial \varphi}\overline{X}\right)\\
a_{15}&=\frac{\partial x}{\partial \omega}=-\frac{f}{(\overline{Z})^2}\left(\frac{\partial \overline{X}}{\partial \omega}\overline{Z}-\frac{\partial \overline{Z}}{\partial \omega}\overline{X}\right)\\
a_{16}&=\frac{\partial x}{\partial \kappa}=-\frac{f}{(\overline{Z})^2}\left(\frac{\partial \overline{X}}{\partial \kappa}\overline{Z}-\frac{\partial \overline{Z}}{\partial \kappa}\overline{X}\right)\\
a_{24}&=\frac{\partial y}{\partial \varphi}=-\frac{f}{(\overline{Z})^2}\left(\frac{\partial \overline{Y}}{\partial \varphi}\overline{Z}-\frac{\partial \overline{Z}}{\partial \varphi}\overline{Y}\right)\\
a_{25}&=\frac{\partial y}{\partial \omega}=-\frac{f}{(\overline{Z})^2}\left(\frac{\partial \overline{Y}}{\partial \omega}\overline{Z}-\frac{\partial \overline{Z}}{\partial \omega}\overline{Y}\right)\\
a_{26}&=\frac{\partial y}{\partial \kappa}=-\frac{f}{(\overline{Z})^2}\left(\frac{\partial \overline{Y}}{\partial \kappa}Z-\frac{\partial \overline{Z}}{\partial \kappa}\overline{Y}\right)
\end{aligned}\right\}\tag{5-9a}$$

由于

$$\begin{bmatrix}\overline{X}\\ \overline{Y}\\ \overline{Z}\end{bmatrix}=\begin{bmatrix}a_1 & b_1 & c_1\\ a_2 & b_2 & c_2\\ a_3 & b_3 & c_3\end{bmatrix}\begin{bmatrix}X-X_S\\ Y-Y_S\\ Z-Z_S\end{bmatrix}=R^{\mathrm{T}}\begin{bmatrix}X-X_S\\ Y-Y_S\\ Z-Z_S\end{bmatrix}$$

$$=R_\kappa^{T}R_\omega^{T}R_\varphi^{T}\begin{bmatrix}X-X_S\\Y-Y_S\\Z-Z_S\end{bmatrix}=R_\kappa^{-1}R_\omega^{-1}R_\varphi^{-1}\begin{bmatrix}X-X_S\\Y-Y_S\\Z-Z_S\end{bmatrix}$$

所以

$$\frac{\partial}{\partial\varphi}\begin{bmatrix}\overline{X}\\\overline{Y}\\\overline{Z}\end{bmatrix}=R_\kappa^{-1}R_\omega^{-1}\frac{\partial R_\varphi^{-1}}{\partial\varphi}\begin{bmatrix}X-X_S\\Y-Y_S\\Z-Z_S\end{bmatrix}=R_\kappa^{-1}R_\omega^{-1}R_\varphi^{-1}R_\varphi\frac{\partial R_\varphi^{-1}}{\partial\varphi}\begin{bmatrix}X-X_S\\Y-Y_S\\Z-Z_S\end{bmatrix}$$

$$=R^{-1}R_\varphi\frac{\partial R_\varphi^{-1}}{\partial\varphi}\begin{bmatrix}X-X_S\\Y-Y_S\\Z-Z_S\end{bmatrix}$$

而

$$R_\varphi^{-1}=R_\varphi^{T}=\begin{bmatrix}\cos\varphi & 0 & \sin\varphi\\0 & 1 & 0\\-\sin\varphi & 0 & \cos\varphi\end{bmatrix}$$

则

$$R_\varphi\frac{\partial R_\varphi^{-1}}{\partial\varphi}=\begin{bmatrix}\cos\varphi & 0 & -\sin\varphi\\0 & 1 & 0\\\sin\varphi & 0 & \cos\varphi\end{bmatrix}\begin{bmatrix}-\sin\varphi & 0 & \cos\varphi\\0 & 0 & 0\\-\cos\varphi & 0 & -\sin\varphi\end{bmatrix}=\begin{bmatrix}0 & 0 & 1\\0 & 0 & 0\\-1 & 0 & 0\end{bmatrix}$$

代入上式，得：

$$\frac{\partial}{\partial\varphi}\begin{bmatrix}\overline{X}\\\overline{Y}\\\overline{Z}\end{bmatrix}=\begin{bmatrix}a_1 & b_1 & c_1\\a_2 & b_2 & c_2\\a_3 & b_3 & c_3\end{bmatrix}\begin{bmatrix}0 & 0 & 1\\0 & 0 & 0\\-1 & 0 & 0\end{bmatrix}\begin{bmatrix}X-X_S\\Y-Y_S\\Z-Z_S\end{bmatrix}$$

$$=\begin{bmatrix}a_1 & b_1 & c_1\\a_2 & b_2 & c_2\\a_3 & b_3 & c_3\end{bmatrix}\begin{bmatrix}0 & 0 & 1\\0 & 0 & 0\\-1 & 0 & 0\end{bmatrix}\begin{bmatrix}a_1 & a_2 & a_3\\b_1 & b_2 & b_3\\c_1 & c_2 & c_3\end{bmatrix}\begin{bmatrix}\overline{X}\\\overline{Y}\\\overline{Z}\end{bmatrix}$$

$$=\begin{bmatrix}0 & -b_3 & b_2\\b_3 & 0 & -b_1\\-b_2 & b_1 & 0\end{bmatrix}\begin{bmatrix}\overline{X}\\\overline{Y}\\\overline{Z}\end{bmatrix}$$

按相仿的方法，得：

$$\frac{\partial}{\partial\omega}\begin{bmatrix}\overline{X}\\\overline{Y}\\\overline{Z}\end{bmatrix}=R_\kappa^{-1}\frac{\partial R_\omega^{-1}}{\partial\omega}R_\varphi^{-1}\begin{bmatrix}X-X_S\\Y-Y_S\\Z-Z_S\end{bmatrix}$$

$$=R_\kappa^{-1}\frac{\partial R_\omega^{-1}}{\partial\omega}R_\omega R_\kappa R_\kappa^{-1}R_\omega^{-1}R_\varphi^{-1}\begin{bmatrix}X-X_S\\Y-Y_S\\Z-Z_S\end{bmatrix}$$

$$
=R_\kappa^{-1}\begin{bmatrix}0&0&0\\0&0&1\\0&-1&0\end{bmatrix}R_\kappa R^{-1}\begin{bmatrix}X-X_S\\Y-Y_S\\Z-Z_S\end{bmatrix}
$$

$$
=\begin{bmatrix}\overline{Z}\sin\kappa\\\overline{Z}\cos\kappa\\-\overline{X}\sin\kappa-Y\mathrm{co}\kappa\end{bmatrix}
$$

$$
\frac{\partial}{\partial\kappa}\begin{bmatrix}\overline{X}\\\overline{Y}\\\overline{Z}\end{bmatrix}=\frac{\partial R_\kappa^{-1}}{\partial\kappa}R_\kappa R_\kappa^{-1}R_\omega^{-1}R_\varphi^{-1}\begin{bmatrix}X-X_S\\Y-Y_S\\Z-Z_S\end{bmatrix}
$$

$$
=\begin{bmatrix}0&1&0\\-1&0&0\\0&0&0\end{bmatrix}\begin{bmatrix}a_1&b_1&c_1\\a_2&b_2&c_2\\a_3&b_3&c_3\end{bmatrix}\begin{bmatrix}X-X_S\\Y-Y_S\\Z-Z_S\end{bmatrix}
$$

$$
=\begin{bmatrix}\overline{Y}\\-\overline{X}\\0\end{bmatrix}
$$

将上述偏导数代入式(5-9a)，并利用有关表达式，经整理得：

$$
\left.\begin{aligned}
a_{14}&=y\sin\omega-\left[\frac{x}{f}(x\cos\kappa-y\sin\kappa)+f\cos\kappa\right]\cos\omega\\
a_{15}&=-f\sin\kappa-\frac{x}{f}(x\sin\kappa+y\cos\kappa)\\
a_{16}&=y\\
a_{24}&=-x\sin\omega-\left[\frac{y}{f}(x\cos\kappa-y\sin\kappa)-f\sin\kappa\right]\cos\omega\\
a_{25}&=-f\cos\kappa-\frac{y}{f}(x\sin\kappa+y\cos\kappa)\\
a_{26}&=-x
\end{aligned}\right\}\qquad(5\text{-}9\text{b})
$$

上述系数，当地面点的地面坐标及相应的像点坐标和摄影机主距已知时，给定外方位元素的近似值后，均可计算得出。

在竖直摄影情况下，角元素都是小角(<3°)，可用 $\varphi=\omega=\kappa=0$ 及 $Z-Z_S=-H$ 代替，得到各系数的近似值：

$$
\left.\begin{aligned}
&a_{11}=-\frac{f}{H} && a_{12}=0 && a_{13}=-\frac{x}{H}\\
&a_{14}=-f\left(1+\frac{x^2}{f^2}\right) && a_{15}=-\frac{xy}{f} && a_{16}=y\\
&a_{21}=0 && a_{22}=-\frac{f}{H} && a_{23}=-\frac{y}{H}\\
&a_{24}=-\frac{xy}{f} && a_{25}=-f\left(1+\frac{y^2}{f^2}\right) && a_{26}=-x
\end{aligned}\right\}\qquad(5\text{-}10)
$$

四、空间后方交会的解算过程

综上所述，空间后方交会的求解过程如下：

(1)获取已知数据：从摄影资料中查取像片比例尺 $1/m$，平均航高，内方元素 x_0、y_0、f；从外业测量成果中，获取控制点的地面测量坐标 X_t、Y_t、Z_t，并转化成地面摄影测量坐标 X、Y、Z。

(2)量测控制点的像点坐标：将控制点标刺在像片上，利用立体坐标量测仪量测控制点的像框标坐标，并经像点坐标改正，得到像点坐标 x、y。

(3)确定未知数的初始值：在竖直摄影情况下，角元素的初始值为 0，即 $\varphi_0=\omega_0=\kappa_0=0$；线元素中，$Z_{S0}=H=mf$，$X_{S0}$、$Y_{S0}$ 的取值可用四个角上控制点坐标的平均值，即：$X_{S0}=\frac{1}{4}\sum_{i=1}^{4}X_i$，$Y_{S0}=\frac{1}{4}\sum_{i=1}^{4}Y_i$。

(4)计算旋转矩阵 R：利用角元素的近似值计算方向余弦值，组成 R 阵。

(5)逐点计算像点坐标的近似值：利用未知数的近似值按共线方程式计算控制点像点坐标的近似值 (x)、(y)。

(6)组成误差方程式：按式(5-8)、式(5-9b)、式(5-4)逐点计算误差方程式的系数和常数项。

(7)组成法方程式：计算法方程的系数矩阵 $A^{\mathrm{T}}A$ 与常数项 $A^{\mathrm{T}}L$。

(8)解求外方位元素：根据法方程，按式(5-6)解求外方位元素改正数，并与相应的近似值求和，得到外方位元素新的近似值。

(9)检查计算是否收敛：将求得的外方位元素的改正数与规定的限差比较，小于限差则计算终止，否则用新的近似值重复第 4 至第 8 步骤的计算，直到满足要求为止。

五、空间后方交会的精度

由平差理论可知，法方程系数的逆矩阵 $(A^{\mathrm{T}}A)^{-1}$ 等于未知数的协因数阵 Q_x，因此可按下式计算未知数的中误差：

$$m_i=m_0\cdot\sqrt{Q_{ii}} \tag{5-11}$$

式中，i 表示相应的未知数，Q_{ii} 为 Q_x 阵中的主对角线元素，m_0 称为单位权中误差，计算公式为：

$$m_0=\pm\sqrt{\frac{[VV]}{2n-6}} \tag{5-12}$$

这里，n 表示控制点的总数。

除了单像空间后方交会解法外，本章将要介绍的双像解析法相对定向与绝对定向、双像解析的光束法以及第六章的空中三角测量与区域网平差等都可以恢复或获取外方位元素。

5-3 立体像对的前方交会

一、立体像对前方交会的概念

用单像空间后方交会可以求得像片的外方位元素，但要想根据单张像片的像点坐标反求相应地面点的空间坐标是不可能的。外方位元素与一个已知像点，只能确定该像片的空间方位及摄影中心 S 至像点的射线空间方向，只有利用立体像对上的同名像点，才能得到两条同名射线在空间相交的点，即该地面点的空间位置。

立体像对与所摄影地面存在着一定的几何关系，这种关系可以用数学表达式来描述，如图 5-3 所示，若在 S_1、S_2 两个摄影站点对地面摄影，获取一个立体像对，任一地面点 A 在该像对的左右像片上的构像为 a_1 和 a_2。现已知这两张像片的内外方位元素，设想将该像片按内、外方位元素值置于摄影时的位置，显然同名射线 S_1a_1 与 S_2a_2 必然交于地面点 A。这种由立体像对中两张像片的内、外方位元素和像点坐标来确定相应地面点的地面坐标的方法，称为空间前方交会。

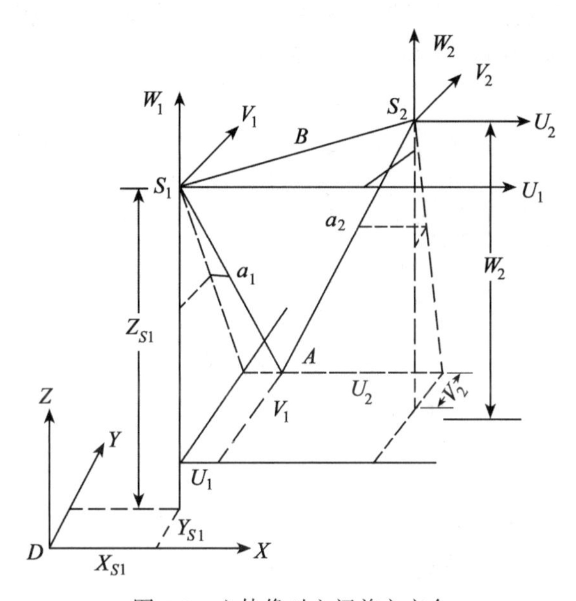

图 5-3　立体像对空间前方交会

二、空间前方交会基本关系式

要确定像点与其对应的地面点的数学表达式，按图 5-3 所示，$D\text{-}XYZ$ 为地面摄影测量坐标系，$S_1\text{-}U_1V_1W_1$ 及 $S_2\text{-}U_2V_2W_2$ 分别为左右像片的像空间辅助坐标系，且两个像空间辅助坐标系的三个轴系分别与 $D\text{-}XYZ$ 三轴平行。

设地面点 A 在 $D\text{-}XYZ$ 坐标系中的坐标为(X, Y, Z)，地面点 A 在 $S_1\text{-}U_1V_1W_1$ 及 $S_2\text{-}U_2V_2W_2$ 中的坐标分别为(U_1, V_1, W_1)及(U_2, V_2, W_2)，A 点相应的像点 a_1、a_2 的像空间坐标为$(x_1, y_1, -f)$、$(x_2, y_2, -f)$，像点的像空间辅助坐标为(u_1, v_1, w_1)、(u_2, v_2, w_2)，则有：

$$\begin{bmatrix} u_1 \\ v_1 \\ w_1 \end{bmatrix} = R_1 \begin{bmatrix} x_1 \\ y_1 \\ -f \end{bmatrix}, \quad \begin{bmatrix} u_2 \\ v_2 \\ w_2 \end{bmatrix} = R_2 \begin{bmatrix} x_2 \\ y_2 \\ -f \end{bmatrix} \tag{a}$$

式中，R_1、R_2为由已知的外方位角元素计算的左右像片的旋转矩阵。右摄影站点 S_2 在 $S_1\text{-}U_1V_1W_1$ 中的坐标，即摄影基线 B 的三个分量 B_u、B_v、B_w，可由外方位线元素计算：

$$\left.\begin{aligned}B_u &= X_{S_2}-X_{S_1}\\ B_v &= Y_{S_2}-Y_{S_1}\\ B_w &= Z_{S_2}-Z_{S_1}\end{aligned}\right\}\tag{b}$$

因左、右像空间辅助坐标系及 $D\text{-}XYZ$ 相互平行，且摄影站点、像点、地面三点共线，由此可得出：

$$\left.\begin{aligned}\frac{S_1A}{S_1a_1}=\frac{U_1}{u_1}=\frac{V_1}{v_1}=\frac{W_1}{w_1}=N_1\\ \frac{S_2A}{S_2a_2}=\frac{U_2}{u_2}=\frac{V_2}{v_2}=\frac{W_2}{w_2}=N_2\end{aligned}\right\}\tag{c}$$

式中，N_1、N_2 分别称为左、右像点的投影系数；U_1、V_1、W_1 为地面点 A 在 $S_1\text{-}U_1V_1W_1$ 中的坐标；U_2、V_2、W_2 为地面点 A 在 $S_2\text{-}U_2V_2W_2$ 中的坐标，且

$$\begin{bmatrix}U_1\\V_1\\W_1\end{bmatrix}=N_1\begin{bmatrix}u_1\\v_1\\w_1\end{bmatrix},\quad \begin{bmatrix}U_2\\V_2\\W_2\end{bmatrix}=N_2\begin{bmatrix}u_2\\v_2\\w_2\end{bmatrix}\tag{d}$$

最后得出计算地面点坐标的公式为：

$$\left.\begin{aligned}X=X_{S_1}+U_1=X_{S_2}+U_2\\ Y=Y_{S_1}+V_1=Y_{S_2}+V_2\\ Z=Z_{S_1}+W_1=Z_{S_2}+W_2\end{aligned}\right\}\tag{5-13}$$

一般地，在计算地面点 Y 坐标时，应取均值，即

$$Y=\frac{1}{2}[(Y_{S1}+N_1v_1)+(Y_{S2}+N_2v_2)]$$

考虑到(b)式，式(5-13)又可变为

$$\left.\begin{aligned}X_{S_2}-X_{S_1}=N_1u_1-N_2u_2=B_u\\ Y_{S_2}-Y_{S_1}=N_1v_1-N_2v_2=B_v\\ Z_{S_2}-Z_{S_1}=N_1w_1-N_2w_2=B_w\end{aligned}\right\}\tag{e}$$

由(e)式中的一、三两式联立求解，得投影系数的计算式为：

$$\left.\begin{aligned}N_1=\frac{B_uw_2-B_wu_2}{u_1w_2-u_2w_1}\\ N_2=\frac{B_uw_1-B_wu_1}{u_1w_2-u_2w_1}\end{aligned}\right\}\tag{5-14}$$

式(5-13)及式(5-14)是立体像对空间前方交会的基本公式。

三、立体像对前方交会解算流程

综上所述，立体像对前方交会的解算流程为：

①获取已知数据：内方位元素 x_0、y_0、f 及两像片的外方位元素 φ_1，…，Z_{s_1}，，φ_2，…，Z_{s_2}；

② 量测像点坐标 x_1、y_1，x_2、y_2；

③ 由像片的角元素计算各像片的旋转矩阵 R_1、R_2；

④ 计算摄影基线分量 b_u、b_v 及 b_w；

⑤ 计算像点在左右像片上的像空间辅助坐 u、v 及 w；

⑥ 计算点的投影系数 N_1、N_2；

⑦ 计算待定点的地面摄影测量坐标。

四、双像解析的空间后交-前交方法

双像解析摄影测量，就是利用解析计算的方法处理一个立体像对的影像信息，从而获得地面点的空间信息。采用双像解析计算的空间后交-前交方法计算地面点的空间坐标，其步骤为：

1. 野外像片控制测量

一个立体像对如图 5-4 所示，在重叠部分的四个角，找出四个明显地物点，作为四个控制点。在野外判读出四个明显地物点的地面位置，做出地面标志，并在像片上准确刺出点位，背面加注说明。然后在野外用普通测量的方法计算出四个控制点的地面测量坐标并转化为地面摄影测量坐标 X、Y、Z。

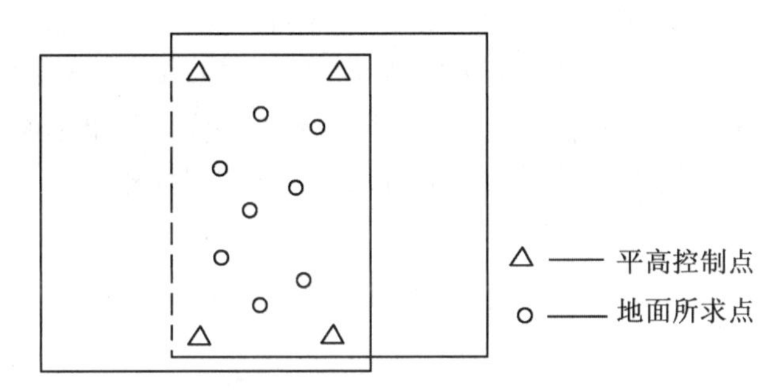

图 5-4　立体像对的控制点与待求点

2. 量测像点坐标

将立体像对放在立体坐标量测仪上分别进行定向归心后，测出四个控制点及所有待求点的像点坐标(x_1, y_1)与(x_2, y_2)。

3. 空间后方交会计算两像片的外方位元素

根据计算机中事先编制好的程序，按要求输入控制点的地面坐标及相应的像点坐标，对两张像片各自进行空间后方交会，计算各自的 6 个外方位元素 X_{S_1}、Y_{S_1}、Z_{S_1}、φ_1、ω_1、κ_1 和 X_{S_2}、Y_{S_2}、Z_{S_2}、φ_2、ω_2、κ_2。

4. 空间前方交会计算待定点地面坐标

用各片的外方位角元素计算左、右片的方向余弦值，组成旋转矩阵 R_1 与 R_2；逐点计算像点的像空间辅助坐标(u_1, v_1, w_1)及(u_2, v_2, w_2)；根据外方位元素计算基线分量(B_u, B_v, B_w)；计算投影系数(N_1, N_2)；计算待定点在各自的像空间辅助坐标系中的坐标(U_1, V_1, W_1)及(U_2, V_2, W_2)；最后计算待定点的地面摄影测量坐标(X, Y, Z)。

5-4　立体像对的解析法相对定向

一、解析法相对定向的概念

在 4-4 中叙述了模拟测图仪上像对的模拟法相对定向，是利用投影器的运动使同名射

线对对相交，建立地面立体模型。而解析法像对的相对定向是通过计算相对定向元素建立地面立体模型。

无论是模拟法相对定向还是解析法相对定向，同名射线对对相交是相对定向的理论基础。所谓同名射线对对相交，其实质是恢复了核面，即同名射线与基线共面。因此，模拟法相对定向时，利用投影器的运动使同名射线对对相交来恢复核面，投影器上的各小螺旋的微小改变，相当于恢复了五个相对定向元素。而解析法相对定向恢复核面，需要从共面条件式出发解求五个相对定向元素，才能建立地面立体模型。

二、解析法相对定向的共面条件

如图 5-5 所示，S_1a_1 和 S_2a_2 为一对同名射线，其矢量用$\overrightarrow{S_1a_1}$和$\overrightarrow{S_2a_2}$表示，摄影基线矢量用 $\vec{B}$ 表示。同名射线对对相交，表明射线 S_1a_1、S_2a_2，及摄影基线 B 位于同一平面内，亦即三矢量$\overrightarrow{S_1a_1}$、$\overrightarrow{S_2a_2}$、$\vec{B}$ 共面。根据矢量代数，三矢量共面，它们的混合积等于零，即

$$\vec{B}\cdot(\overrightarrow{S_1a_1}\times\overrightarrow{S_2a_2})=0 \tag{5-15}$$

式(5-15)为共面条件方程，其值为零的条件是完成相对定向的标准。

由于立体像对选取的像空间辅助坐标系不同，有连续像对与单独像对，下面将分别推导解析法相对定向时，上述两种像对相对定向元素解求的关系式。

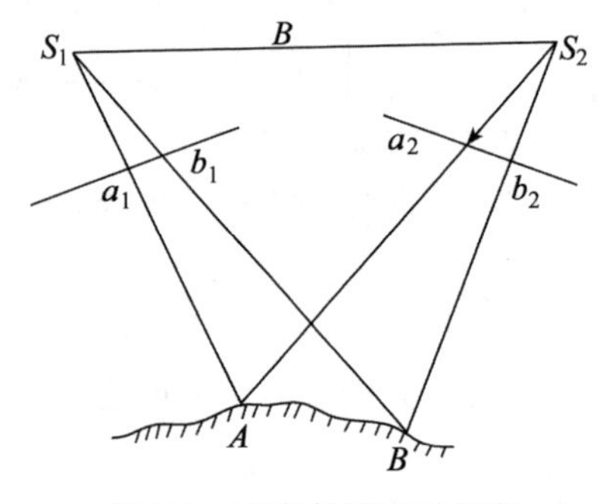

图 5-5　同名射线对对相交

三、解求相对定向元素的关系式

1. 连续像对相对定向元素解求式

连续像对相对定向是以左像片为基础，求出右像片相对于左像片的五个相对定向元素 b_v、b_w、φ_2、ω_2、κ_2。

如图 5-6 所示，将左片置平，以左片的像空间坐标系为本像对的像空间辅助坐标系 S_1-$u_1v_1w_1$，以 S_2 为原点的右片像空间辅助坐标系为 S_2-$u_2v_2w_2$，两者相应坐标轴系平行，且 a_1、a_2 在各自的像空间辅助坐标系的坐标分别为：(u_1, v_1, w_1)和(u_2, v_2, w_2)，S_2 在 S_1-$u_1v_1w_1$ 中的坐标为 b_u、b_v、b_w，则共面条件式(5-15)的坐标表达式为：

$$F=\begin{vmatrix} b_u & b_v & b_w \\ u_1 & v_1 & w_1 \\ u_2 & v_2 & w_2 \end{vmatrix}=0 \tag{5-16}$$

式中，

$$\begin{bmatrix} u_1 \\ v_1 \\ w_1 \end{bmatrix} = \begin{bmatrix} x_1 \\ y_1 \\ -f \end{bmatrix}, \quad \begin{bmatrix} u_2 \\ v_2 \\ w_2 \end{bmatrix} = R_2 \begin{bmatrix} x_2 \\ y_2 \\ -f \end{bmatrix}$$

其中，R_2 是右像片相对于像空间辅助坐标系的三个角元素 φ_2、ω_2、κ_2 的函数。由于 b_u 只涉及模型比例尺，因此式(5-16)含有五个相对定向元素 b_v、b_w、φ_2、ω_2、κ_2。为了与角元素统一，常将 b_v、b_w 化为角度来表示，如图 5-6 所示。

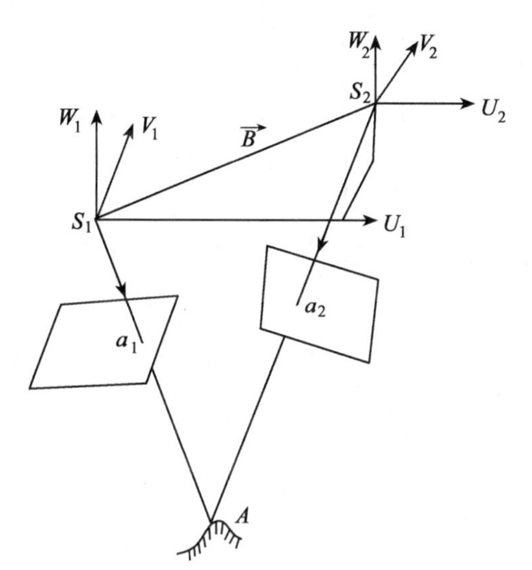

图 5-6　连续像对相对定向共面条件

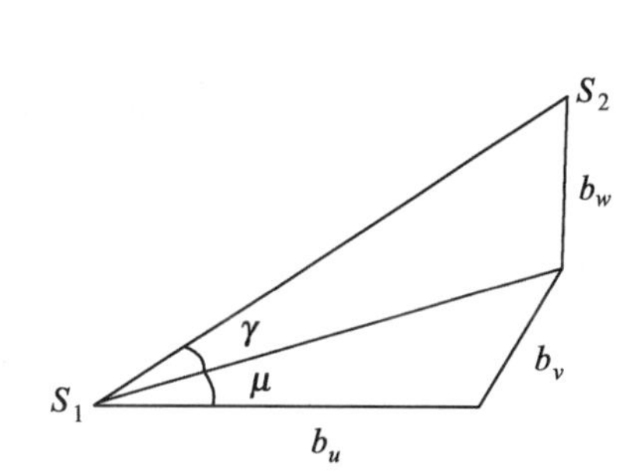

图 5-7　基线分量的角度表示

由图 5-7 可以看出：

$$\left.\begin{aligned} b_v &= b_u \tan\mu \approx b_u \mu \\ b_w &= \tan\gamma \frac{b_u}{\cos\mu} \approx b_u \gamma \end{aligned}\right\} \tag{5-17}$$

上式为取一次小值的近似值。将式(5-17)代入式(5-16)，得：

$$F = b_u \begin{vmatrix} 1 & \mu & \gamma \\ u_1 & v_1 & w_1 \\ u_2 & v_2 & w_2 \end{vmatrix} = 0 \tag{5-18}$$

式(5-18)是非线性函数，使之线性化需按泰勒级数展开，取一次小值项：

$$F = F_0 + \frac{\partial F}{\partial \mu}\mathrm{d}\mu + \frac{\partial F}{\partial \gamma}\mathrm{d}\gamma + \frac{\partial F}{\partial \varphi_2}\mathrm{d}\varphi_2 + \frac{\partial F}{\partial \omega_2}\mathrm{d}\omega_2 + \frac{\partial F}{\partial \kappa_2}\mathrm{d}\kappa_2 = 0 \tag{5-19}$$

式中，F_0 为用未知数(相对定向元素)的近似值及给定的 b_u 代入式(5-18)计算出函数的近似值。$\mathrm{d}\mu$、$\mathrm{d}\gamma$、$\mathrm{d}\varphi_2$、$\mathrm{d}\omega_2$、$\mathrm{d}\kappa_2$ 是相对定向元素近似值的改正数，是待定值。由于在线性化的过程中仅考虑一次小值项，所以坐标变换关系式中的旋转矩阵可用一次项来表示，以便推演式(5-19)中的各偏导数，即

$$\begin{bmatrix} u_2 \\ v_2 \\ w_2 \end{bmatrix} = \begin{bmatrix} 1 & -\kappa_2 & -\varphi_2 \\ \kappa_2 & 1 & -\omega_2 \\ \varphi_2 & \omega_2 & 1 \end{bmatrix} \begin{bmatrix} x_2 \\ y_2 \\ -f \end{bmatrix}$$

上式分别对 φ_2、ω_2、κ_2 求偏导数得：

$$\frac{\partial}{\partial \varphi_2}\begin{bmatrix} u_2 \\ v_2 \\ w_2 \end{bmatrix} = \begin{bmatrix} 0 & 0 & -1 \\ 0 & 0 & 0 \\ 1 & 0 & 0 \end{bmatrix} \begin{bmatrix} x_2 \\ y_2 \\ -f \end{bmatrix} = \begin{bmatrix} f \\ 0 \\ x_2 \end{bmatrix}$$

$$\frac{\partial}{\partial \omega_2}\begin{bmatrix} u_2 \\ v_2 \\ w_2 \end{bmatrix} = \begin{bmatrix} 0 & 0 & 0 \\ 0 & 0 & -1 \\ 0 & 1 & 0 \end{bmatrix} \begin{bmatrix} x_2 \\ y_2 \\ -f \end{bmatrix} = \begin{bmatrix} 0 \\ f \\ y_2 \end{bmatrix}$$

$$\frac{\partial}{\partial \kappa_2}\begin{bmatrix} u_2 \\ v_2 \\ w_2 \end{bmatrix} = \begin{bmatrix} 0 & -1 & 0 \\ 1 & 0 & 0 \\ 0 & 0 & 0 \end{bmatrix} \begin{bmatrix} x_2 \\ y_2 \\ -f \end{bmatrix} = \begin{bmatrix} -y_2 \\ x_2 \\ 0 \end{bmatrix}$$

由上式可得出式(5-19)中五个未知数的系数为：

$$\frac{\partial F}{\partial \varphi_2} = b_u \begin{vmatrix} 1 & \mu & \gamma \\ u_1 & v_1 & w_1 \\ \dfrac{\partial u_2}{\partial \varphi_2} & \dfrac{\partial v_2}{\partial \varphi_2} & \dfrac{\partial w_2}{\partial \varphi_2} \end{vmatrix} = b_u \begin{vmatrix} 1 & \mu & \gamma \\ u_1 & v_1 & w_1 \\ f & 0 & x_2 \end{vmatrix}$$

$$\frac{\partial F}{\partial \omega_2} = b_u \begin{vmatrix} 1 & \mu & \gamma \\ u_1 & v_1 & w_1 \\ \dfrac{\partial u_2}{\partial \omega_2} & \dfrac{\partial v_2}{\partial \omega_2} & \dfrac{\partial w_2}{\partial \omega_2} \end{vmatrix} = b_u \begin{vmatrix} 1 & \mu & \gamma \\ u_1 & v_1 & w_1 \\ 0 & f & y_2 \end{vmatrix}$$

$$\frac{\partial F}{\partial \kappa_2} = b_u \begin{vmatrix} 1 & \mu & \gamma \\ u_1 & v_1 & w_1 \\ \dfrac{\partial u_2}{\partial \kappa_2} & \dfrac{\partial v_2}{\partial \kappa_2} & \dfrac{\partial w_2}{\partial \kappa_2} \end{vmatrix} = b_u \begin{vmatrix} 1 & \mu & \gamma \\ u_1 & v_1 & w_1 \\ -y_2 & x_2 & 0 \end{vmatrix}$$

$$\frac{\partial F}{\partial \mu} = b_u \begin{vmatrix} w_1 & u_1 \\ w_2 & u_2 \end{vmatrix}$$

$$\frac{\partial F}{\partial \gamma} = b_u \begin{vmatrix} u_1 & v_1 \\ u_2 & v_2 \end{vmatrix}$$

将上述五个偏导数代入式(5-19)得：

$$b_u \begin{vmatrix} 1 & \mu & \gamma \\ u_1 & v_1 & w_1 \\ f & 0 & x_2 \end{vmatrix} \mathrm{d}\varphi_2 + b_u \begin{vmatrix} 1 & \mu & \gamma \\ u_1 & v_1 & w_1 \\ 0 & f & y_2 \end{vmatrix} \mathrm{d}\omega_2 + b_u \begin{vmatrix} 1 & \mu & \gamma \\ u_1 & v_1 & w_1 \\ -y_2 & x_2 & 0 \end{vmatrix} \mathrm{d}\kappa_2$$

$$+ b_u \begin{vmatrix} w_1 & u_1 \\ w_2 & u_2 \end{vmatrix} d\mu + b_u \begin{vmatrix} u_1 & v_1 \\ u_2 & v_2 \end{vmatrix} d\gamma + F_0 = 0$$

展开并在等式两边分别除以 b_u，略去二次以上小项，整理后，得：

$$v_1 x_2 d\varphi_2 + (v_1 y_2 - w_1 f) d\omega_2 - x_2 w_1 d\kappa_2 + (w_1 u_2 - u_1 w_2) d\mu + (u_1 v_2 - u_2 v_1) d\gamma + \frac{F_0}{b_u} = 0 \quad (5\text{-}20)$$

在仅考虑到一次小值项的情况下，上式中的 x_2、y_2 可用像空间辅助坐标系 u_2、v_2 取代，并近似地认为

$$\left.\begin{aligned} v_1 &= v_2 \\ w_1 &= w_2 \\ w_1 u_2 - u_1 w_2 &= -\frac{b_u}{N_2} w_1 \\ u_1 v_2 - u_2 v_1 &= \frac{b_u}{N_2} v_1 \end{aligned}\right\} \quad (5\text{-}21)$$

上式，N_2 是右像片像点 a_2 变为模型点 A 时的投影系数。

将式(5-21)代入式(5-20)中，并用$\frac{N_2}{w_1}$乘以全式，且令 $Q=\frac{F_0 N_2}{b_u w_1}$，得：

$$Q = -\frac{u_2 v_2}{w_2} N_2 d\varphi_2 - \left(w_2 + \frac{v_2^2}{w_2}\right) N_2 d\omega_2 + u_2 N_2 d\kappa_2 + b_u d\mu - \frac{v_2}{w_2} b_u d\gamma \quad (5\text{-}22)$$

式中，

$$\begin{aligned} Q &= \frac{F_0 N_2}{b_u w_1} = \frac{\begin{vmatrix} b_u & b_v & b_w \\ u_1 & v_1 & w_1 \\ u_2 & v_2 & w_2 \end{vmatrix}}{u_1 w_2 - u_2 w_1} = \frac{b_u w_2 - b_w u_2}{u_1 w_2 - u_2 w_1} v_1 - \frac{b_u w_1 - b_w u_1}{u_1 w_2 - u_2 w_1} v_2 - b_v \\ &= N_1 v_1 - N_2 v_2 - b_v \end{aligned} \quad (5\text{-}23)$$

其中，N_1 为左像点 a_1 变为模型点 A 时的投影系数。

由式(5-23)可以看出，Q 的几何意义仍表明同名光线没有与基线共面，致使模型点在 V 方向产生上下视差 Q。

若 $Q=0$，则表明立体像对已经完成了相对定向同名光线相交于点 A，如图 5-8 所示。

式(5-22)及式(5-23)是连续像对相对定向的作业公式。在立体像对中每量测一对同名像点的像点坐标(x_1, y_1)及(x_2, y_2)，就可以列出一个关于 Q 的方程式。由于(5-22)式有五个未知数，因此至少量测五对同名像点。当有多余观测时，将 Q 视为观测值，由(5-22)式得误差方程式：

$$v_Q = -\frac{u_2 v_2}{w_2} N_2 d\varphi_2 - \left(w_2 + \frac{v_2^2}{w_2}\right) N_2 d\omega_2 + u_2 N_2 d\kappa_2 + b_u d\mu - \frac{v_2}{w_2} b_u d\gamma - Q \quad (5\text{-}24a)$$

若误差方程式系数及常数项用符号表示为：

$$a = -\frac{u_2 v_2}{w_2} N_2, \quad b = -\left(w_2 + \frac{v_2^2}{w_2}\right) N_2, \quad c = u_2 N_2, \quad d = b_u, \quad e = -\frac{v_2}{w_2} b_u, \quad Q = l$$

则误差方程式用矩阵表示为：

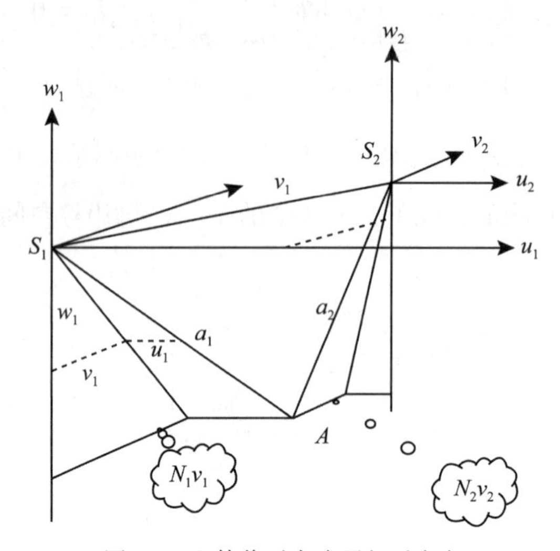

图 5-8　立体像对完成了相对定向

$$v_Q=\begin{bmatrix} a & b & c & d & e \end{bmatrix}\begin{bmatrix} d\varphi_2 \\ d\omega_2 \\ d\kappa_2 \\ d\mu \\ d\gamma \end{bmatrix}-l \tag{5-24b}$$

其总误差方程式用矩阵表示为：

$$V=AX-L \tag{5-25}$$

其中，

$$V=\begin{bmatrix} v_{Q_1} & v_{Q_2} & \cdots & v_{Q_n} \end{bmatrix}^{\mathrm{T}}$$

$$A=\begin{bmatrix} a_1 & b_1 & c_1 & d_1 & e_1 \\ \vdots & \vdots & \vdots & \vdots & \vdots \\ a_n & b_n & c_n & d_n & e_n \end{bmatrix}$$

$$X=\begin{bmatrix} d\varphi_2 & d\omega_2 & d\kappa_2 & d\mu & d\gamma \end{bmatrix}^{\mathrm{T}}$$

$$L=\begin{bmatrix} l_1 & l_2 & \cdots & l_n \end{bmatrix}^{\mathrm{T}}$$

相应法方程为：

$$A^{\mathrm{T}}AX=A^{\mathrm{T}}L \tag{5-26}$$

未知数的向量解为：

$$X=(A^{\mathrm{T}}A)^{-1}A^{\mathrm{T}}L \tag{5-27}$$

由于误差方程式是共面条件的严密式经线性化后的结果，所以相对定向元素的解也需逐步趋近的迭代过程。实际计算中，通常认为当所有改正数小于限制 0.3×10^{-4} 弧度时迭代计算终止。

2. 单独像对相对定向元素解求式

单独像对是以基线作为 u 轴，左主核面为 uw 平面，建立像空间辅助坐标系 S_1-

$U_1V_1W_1$ 及 S_2-$U_2V_2W_2$。像点 a_1、a_2 在各自的像空间辅助坐标系的坐标分别为(u_1, v_1, w_1)及(u_2, v_2, w_2)，则共面条件的坐标表达为：

$$F=\begin{vmatrix} b & 0 & 0 \\ u_1 & v_1 & w_1 \\ u_2 & v_2 & w_2 \end{vmatrix}=b\begin{vmatrix} v_1 & w_1 \\ v_2 & w_2 \end{vmatrix}=0 \tag{f}$$

由于单独像对的相对定向元素为 φ_1、κ_1、φ_2、ω_2、κ_2，所以(f)式中 v_1、w_1 是 φ_1、κ_1 的函数，v_2、w_2 是 φ_2、ω_2、κ_2 的函数。按与连续像对相同的推演方法：

对式(f)线性化，按泰勒级数展开，取一次小值项得：

$$F=F_0+\frac{\partial F}{\partial \varphi_1}\mathrm{d}\varphi_1+\frac{\partial F}{\partial \kappa_1}\mathrm{d}\kappa_1+\frac{\partial F}{\partial \varphi_2}\mathrm{d}\varphi_2+\frac{\partial F}{\partial \omega_2}\mathrm{d}\omega_2+\frac{\partial F}{\partial \kappa_2}d\kappa_2=0 \tag{h}$$

按连续像对相同方法求出各偏导数且近似认为：

$$\left.\begin{aligned} x_1 &= u_1 \\ x_2 &= u_2 \\ w_1 &= w_2=-f \\ y_2 &= v_2 \end{aligned}\right\} \tag{g}$$

将求出的各偏导数及(g)式代入(h)式得：

$$-u_1v_2b\mathrm{d}\varphi_1+u_1w_2b\mathrm{d}\kappa_1+u_2v_1b\mathrm{d}\varphi_2+(v_1v_2+w_1w_2)b\mathrm{d}\omega_2-u_2w_1b\mathrm{d}\kappa_2+F_0=0 \tag{j}$$

将(j)式两端同乘以 $\dfrac{f}{bw_1w_2}$ 且令 $q=-\dfrac{fF_0}{bw_1w_2}$ 得单独像对相对定向元素误差方程式为：

$$v_q=\frac{u_1v_2}{w_1}\mathrm{d}\varphi_1-\frac{u_2v_1}{w_1}\mathrm{d}\varphi_2-\left(w_1+\frac{v_1v_2}{w_1}\right)\mathrm{d}\omega_2-u_1\mathrm{d}\kappa_1+u_2\mathrm{d}\kappa_2-q \tag{5-28}$$

式(5-28)包含有5个相对定向元素的改正数。对每对同名像点，根据定向元素的近似值及像点坐标，按式(5-28)可列出一个误差方程。当有多余观测值时，按最小二乘原理解求。当然解求过程仍然是逐步趋近的迭代过程，直到满足解精度为止。

因：

$$q=-\frac{fF_0}{bw_1w_2}=-f\frac{b\begin{vmatrix} v_1 & w_1 \\ v_2 & w_2 \end{vmatrix}}{bw_1w_2}=-f\frac{v_1}{w_1}+f\frac{v_2}{w_2}=y_{t1}-y_{t2} \tag{5-29}$$

从式(5-29)可以看出，计算 q 值采用的是像点在像空间辅助坐标系中的坐标，因此 q 相当于在像空间辅助坐标系中一对理想像片上同名像点的上下视差，当一个立体像对完成相对定向后 $q=0$，如图5-9所示。

四、相对定向元素解算过程

摄影测量中，相对定向常采用如图4-17所示的六个标准点位来解求。利用六对定向点的像点坐标$(x_1, y_1)_i$及$(x_2, y_2)_i$$(i=1, 2, \cdots, 6)$，若是连续法相对定向，按式(5-23)、式(5-24)列出误差方程式，按式(5-26)组成法方程式，由式(5-27)解求相对定向元素近似值的改正数。整个计算应在预先编制好的程序控制下完成，计算过程迭代趋近，直到满足改正数限差。图5-10为连续像对相对定向元素计算流程图。

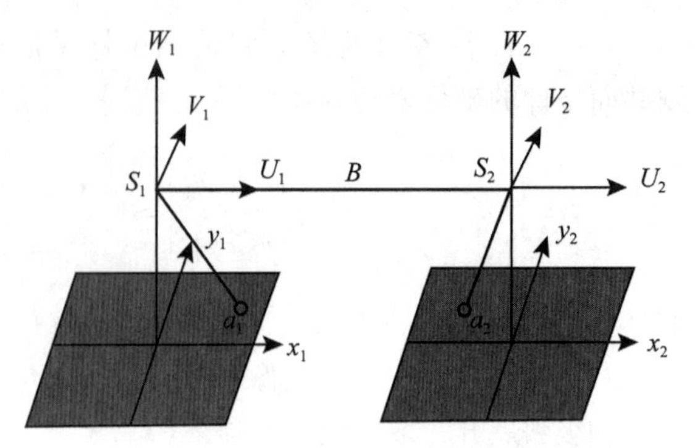

图 5-9　一个理想像片对完成了相对定向

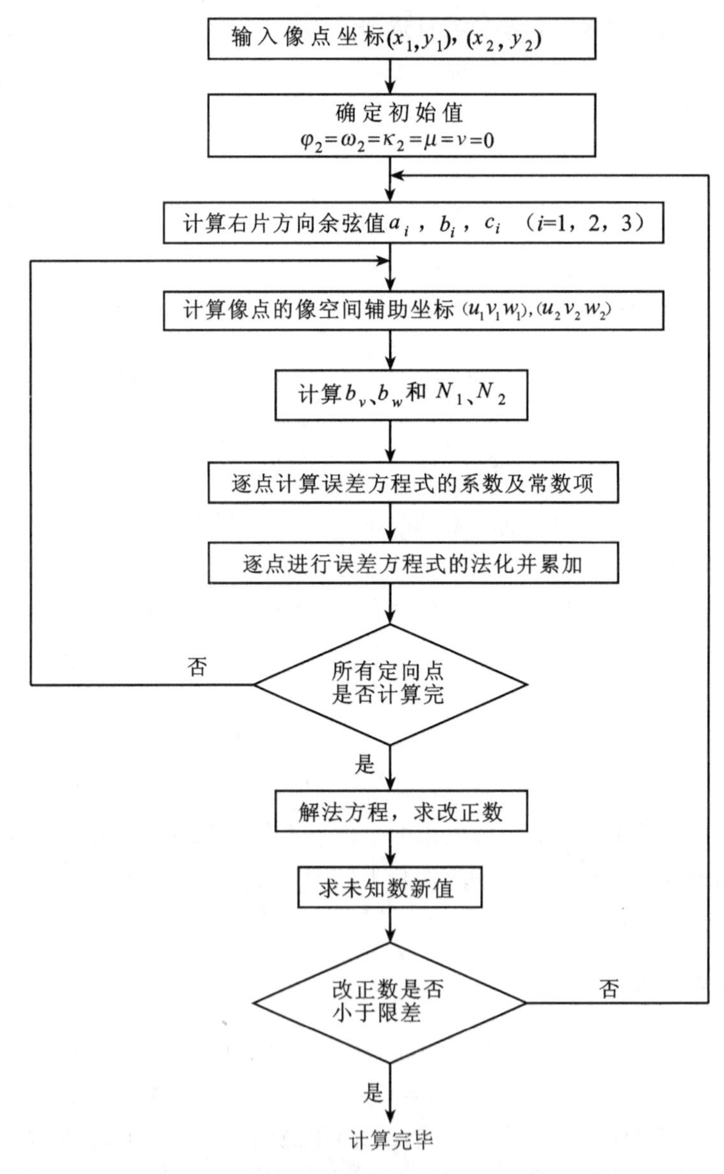

图 5-10　连续像对相对定向元素计算流程图

顺便指出，利用数字摄影测量工作站测图，用影像匹配代替人眼识别同名像点，以VirtuoZo数字摄影测量工作站为例，采用先进快速匹配算法确定同名像点，匹配速度高达500~1000点/秒，相对定向时，在像对重叠的范围内，进行均匀分布选点，相对定向点可达100~200个点，使用该工作站，不但提高了相对定向速度，相对定向所用的定向点也远远超过6个。

五、模型坐标的解求

计算出相对定向元素以后，可按5-3节中所述的前方交会法，计算模型点在像空间辅助坐标系中的坐标。若模型点在像空间辅助坐标系 $S_1\text{-}U_1V_1W_1$ 中的坐标为 $(U,\ V,\ W)$，其计算过程为：

(1)根据相对定向元素计算像点的像空间辅助坐标 $(u_1,\ v_1,\ w_1)$ 及 $(u_2,\ v_2,\ w_2)$；

(2)计算左右像点的投影系数 N_1、N_2；

(3)求模型点在像空间辅助坐标系的坐标为：

$$\left.\begin{aligned} U&=N_1u_1=b_u+N_2u_2\\ V&=N_1v_1=b_v+N_2v_2\\ W&=N_1w_1=b_w+N_2w_2 \end{aligned}\right\} \tag{5-30}$$

用于单独像对时，则

$$\left.\begin{aligned} U&=N_1u_1=b+N_2u_2\\ V&=N_1v_1=N_2v_2\\ W&=N_1w_1=N_2w_2 \end{aligned}\right\} \tag{5-31}$$

实际计算中，将获得的模型点在像空间辅助坐标系的坐标再乘以摄影比例尺的分母，其模型放大成约为实地后，再进行绝对定向。

5-5 立体模型的解析法绝对定向

一、解析法绝对定向的概念

相对定向仅仅是恢复了摄影时像片之间的相对位置，所建立的立体模型是一个以相对定向中选定的像空间辅助坐标系为基准的模型。还要把模型点在像空间辅助坐标系中的坐标转化为地面摄影测量坐标 $(X,\ Y,\ Z)$。应按式(4-4)求模型点的地面摄影测量坐标，即

$$\begin{bmatrix} X\\ Y\\ Z \end{bmatrix}=\lambda\begin{bmatrix} a_1 & a_2 & a_3\\ b_1 & b_2 & b_3\\ c_1 & c_2 & c_3 \end{bmatrix}\begin{bmatrix} U\\ V\\ W \end{bmatrix}+\begin{bmatrix} X_S\\ Y_S\\ Z_S \end{bmatrix}$$

该式为绝对定向的基本关系式。由于这种变换前后图形的几何形状相似，所以又称为空间相似变换。由4-3节中的讨论可知，上式包含有七个绝对定向元素，即：模型比例尺的缩放系数 λ；两坐标轴系的三个旋转角 $\varPhi$、$\varOmega$、K；坐标原点的平移量 X_S、Y_S、Z_S。

解析法绝对定向，就是利用已知的地面控制点，从绝对定向的关系式出发，解求上述七个绝对定向元素。

二、绝对定向公式的线性化及绝对定向元素的解算

利用地面控制点解求绝对定向元素时，控制点的地面摄影测量坐标(X, Y, Z)均为已知值，模型的像空间辅助坐标(U, V, W)为计算值，式中只有七个绝对定向元素是未知数。

因绝对定向公式是一个多元非线性函数，使其线性化，引入七个绝对定向元素的初始值及改正数：

$$\left.\begin{aligned}X_S&=X_{S_0}+\mathrm{d}X_S\\Y_S&=Y_{S_0}+\mathrm{d}Y_S\\Z_S&=Z_{S_0}+\mathrm{d}Z_S\\\Phi&=\Phi_0+\mathrm{d}\Phi\\\Omega&=\Omega_0+\mathrm{d}\Omega\\K&=K_0+\mathrm{d}K\\\lambda&=\lambda_0+\mathrm{d}\lambda\end{aligned}\right\}\tag{5-32}$$

将式(5-32)代入式(4-4)，按泰勒级数展开，取一次项得：

$$F=F_0+\frac{\partial F}{\partial\lambda}\mathrm{d}\lambda+\frac{\partial F}{\partial\Phi}\mathrm{d}\Phi+\frac{\partial F}{\partial\Omega}\mathrm{d}\Omega+\frac{\partial F}{\partial K}\mathrm{d}K+\frac{\partial F}{\partial X_S}\mathrm{d}X_S+\frac{\partial F}{\partial Y_S}\mathrm{d}Y_S+\frac{\partial F}{\partial Z_S}\mathrm{d}Z_S\tag{5-33}$$

式中，F_0 是用绝对定向元素的近似值代入(4-4)式求得的近似值。

在考虑小角的情况下，(4-4)式的近似式可表示为：

$$\begin{bmatrix}X\\Y\\Z\end{bmatrix}=\lambda\begin{bmatrix}1&K&-\Phi\\-K&1&-\Omega\\\Phi&\Omega&1\end{bmatrix}\begin{bmatrix}U\\V\\W\end{bmatrix}+\begin{bmatrix}X_S\\Y_S\\Z_S\end{bmatrix}$$

对上式微分后代入式(5-33)，取小值一次项得：

$$\begin{bmatrix}X\\Y\\Z\end{bmatrix}=\lambda_0R_0\begin{bmatrix}U\\V\\W\end{bmatrix}+\begin{bmatrix}X_{S_0}\\Y_{S_0}\\Z_{S_0}\end{bmatrix}+\lambda_0\begin{bmatrix}\mathrm{d}\lambda&-\mathrm{d}K&-\mathrm{d}\Phi\\\mathrm{d}K&\mathrm{d}\lambda&-\mathrm{d}\Omega\\\mathrm{d}\Phi&\mathrm{d}\Omega&\mathrm{d}\lambda\end{bmatrix}\begin{bmatrix}U\\V\\W\end{bmatrix}+\begin{bmatrix}\mathrm{d}X_S\\\mathrm{d}Y_S\\\mathrm{d}Z_S\end{bmatrix}\tag{5-34}$$

式(5-34)含有七个未知数，至少需列七个方程，因此，至少需要两个平高控制点和一个高程点，而且三个控制点不能在一条直线上。生产中，一般是在模型四个角布设四个控制点。当有多余观测时，应按最小二乘法平差解求，将式(5-34)中模型的像空间辅助坐标(U, V, W)视为观测值，其改正数为v_u、v_v、v_w，写成误差方程式形式，得：

$$-\begin{bmatrix}v_u\\v_v\\v_w\end{bmatrix}=\begin{bmatrix}1&0&0&U&-W&0&-V\\0&1&0&V&0&-W&U\\0&0&1&W&U&V&0\end{bmatrix}\begin{bmatrix}\mathrm{d}X_S\\\mathrm{d}Y_S\\\mathrm{d}Z_S\\\mathrm{d}\lambda\\\mathrm{d}\Phi\\\mathrm{d}\Omega\\\mathrm{d}K\end{bmatrix}-\begin{bmatrix}l_u\\l_v\\l_w\end{bmatrix}\tag{5-35}$$

式中，

$$\begin{bmatrix} l_u \\ l_v \\ l_w \end{bmatrix} = \begin{bmatrix} X \\ Y \\ Z \end{bmatrix} - \lambda_0 R_0 \begin{bmatrix} U \\ V \\ W \end{bmatrix} - \begin{bmatrix} X_{S_0} \\ Y_{S_0} \\ Z_{S_0} \end{bmatrix} \tag{5-36}$$

三、坐标重心化

实际计算绝对定向元素时，常选模型的重心为坐标原点将坐标重心化，这种数据处理方法的好处是：可以减少模型点坐标在计算过程中的有效位数，以保证计算精度；可以使法方程系数简化，个别项的数值变为零，部分未知数可以分开求解，从而提高了计算速度。

单元模型中全部控制点的空间辅助坐标和地面摄影坐标的重心坐标为：

$$\left.\begin{aligned} X_g = \frac{\sum X}{n},\ Y_g = \frac{\sum Y}{n},\ Z_g = \frac{\sum Z}{n} \\ U_g = \frac{\sum U}{n},\ V_g = \frac{\sum V}{n},\ W_g = \frac{\sum W}{n} \end{aligned}\right\} \tag{5-37}$$

相应的重心化坐标为：

$$\left.\begin{aligned} \overline{X} &= X - X_g \\ \overline{Y} &= Y - Y_g \\ \overline{Z} &= Z - Z_g \\ \overline{U} &= U - U_g \\ \overline{V} &= V - V_g \\ \overline{W} &= W - W_g \end{aligned}\right\} \tag{5-38}$$

将重心化坐标代入绝对定向的基本公式，得：

$$\begin{bmatrix} \overline{X} \\ \overline{Y} \\ \overline{Z} \end{bmatrix} = \lambda R \begin{bmatrix} \overline{U} \\ \overline{V} \\ \overline{W} \end{bmatrix} + \begin{bmatrix} \Delta X \\ \Delta Y \\ \Delta Z \end{bmatrix} \tag{5-39}$$

由此得到用重心化坐标表示的误差方程式为：

$$-\begin{bmatrix} v_u \\ v_v \\ v_w \end{bmatrix} = \begin{bmatrix} 1 & 0 & 0 & \overline{U} & -\overline{W} & 0 & -\overline{V} \\ 0 & 1 & 0 & \overline{V} & 0 & -\overline{W} & \overline{U} \\ 0 & 0 & 1 & \overline{W} & \overline{U} & \overline{V} & 0 \end{bmatrix} \begin{bmatrix} \mathrm{d}\Delta X \\ \mathrm{d}\Delta Y \\ \mathrm{d}\Delta Z \\ \mathrm{d}\lambda \\ \mathrm{d}\Phi \\ \mathrm{d}\Omega \\ \mathrm{d}K \end{bmatrix} - \begin{bmatrix} l_u \\ l_v \\ l_w \end{bmatrix} \tag{5-40}$$

式中，

$$
\begin{bmatrix} l_u \\ l_v \\ l_w \end{bmatrix} = \begin{bmatrix} \overline{X} \\ \overline{Y} \\ \overline{Z} \end{bmatrix} - \lambda_0 R_0 \begin{bmatrix} \overline{U} \\ \overline{V} \\ \overline{W} \end{bmatrix} - \begin{bmatrix} \Delta X_0 \\ \Delta Y_0 \\ \Delta Z_0 \end{bmatrix} \tag{5-41}
$$

对每一个平高点，可按式(5-40)、式(5-41)列出一组误差方程式，若有 n 个平高控制点，可列出 n 组误差方程式，再由误差方程组成法方程式，经解算后得到初始值的改正数 $\mathrm{d}\Delta X$、$\mathrm{d}\Delta Y$、$\mathrm{d}\Delta Z$、$\mathrm{d}\lambda$、$\mathrm{d}\Phi$、$\mathrm{d}\Omega$、$\mathrm{d}K$，加到初始值上得到新的近似值。将此新的近似值再次作为初始值，重复上述求解过程，如此循环趋近，直到改正数小于规定的限差为止，最终求出绝对定向元素。

绝对定向的具体解算过程归纳为：

(1)确定待定参数的初始值，$\Phi^\circ=\Omega^\circ=K^\circ=0$，$\lambda^\circ=1$，$\Delta X=\Delta Y=\Delta Z=0$；

(2)计算控制点的地面摄测坐标系重心的坐标和重心化坐标；

(3)计算控制点的空间辅助坐标系重心的坐标和重心化坐标；

(4)计算常数项；

(5)按式(5-40)计算误差方程式系数；

(6)逐点法化及法方程求解；

(7)计算待定参数的新值：

$$
\lambda=\lambda_0(1+\mathrm{d}\lambda),\quad \Phi=\Phi^\circ+\mathrm{d}\Phi
$$

$$
\Omega=\Omega^\circ+\mathrm{d}\Omega,\quad K=K^\circ+\mathrm{d}K
$$

(8)判断 $\mathrm{d}\Phi$，$\mathrm{d}\Omega$，$\mathrm{d}K$ 是否小于给定的限值 ε。若大于限值，将求得的所有未知参数的改正数加到近似值作为新的近似值，重复上述计算过程，逐步趋近，直到满足要求。

求出绝对定向元素后，可根据待求点的重心化坐标($\overline{U}$，$\overline{V}$，$\overline{W}$)按式(5-39)求出待求点的重心化地面摄影测量坐标($\overline{X}$，$\overline{Y}$，$\overline{Z}$)，再加上重心坐标(X_g，Y_g，Z_g)后得待求点的地面摄影测量坐标(X，Y，Z)。最后将地面摄影测量坐标再转回到地面测量坐标，提交成果。

应当指出，绝对定向是像空间辅助坐标(U，V，W)和地面摄影测量坐标(X，Y，Z)间的变换。因地面摄影测量坐标系的原点在测区内某点，其三轴系的选取几乎与像空间辅助坐标系平行，所以两坐标系轴系旋转时，K 是个小角值，这便于计算。但提供绝对定向用的地面控制点为地面坐标(X_t，Y_t，Z_t)，所以，在进行绝对定向前，还要将地面测量坐标(X_t，Y_t，Z_t)转换为地面摄影测量坐标(X，Y，Z)。

由地面测量坐标转换到地面摄影测量坐标采用的公式为：

$$
\begin{bmatrix} X \\ Y \\ Z \end{bmatrix} = \begin{bmatrix} a & b & 0 \\ b & -a & 0 \\ 0 & 0 & \lambda \end{bmatrix} \begin{bmatrix} X_t - X_{t_0} \\ Y_t - Y_{t_0} \\ Z_t \end{bmatrix} \tag{5-42}
$$

而由地面摄影测量坐标转回到地面测量坐标采用的公式为：

$$
\begin{bmatrix} X_t \\ Y_t \\ Z_t \end{bmatrix} = \frac{1}{\lambda^2} \begin{bmatrix} a & b & 0 \\ b & -a & 0 \\ 0 & 0 & \lambda \end{bmatrix} \begin{bmatrix} X \\ Y \\ Z \end{bmatrix} + \begin{bmatrix} X_{t_0} \\ Y_{t_0} \\ 0 \end{bmatrix} \tag{5-43}
$$

其中，

$$
\left.\begin{aligned}
a &= \frac{\Delta U \cdot \Delta X_t - \Delta V \cdot \Delta Y_t}{\Delta X_t^2 + \Delta Y_t^2} \\
b &= \frac{\Delta U \cdot \Delta Y_t + \Delta V \cdot \Delta X_t}{\Delta X_t^2 + \Delta Y_t^2} \\
\lambda &= \sqrt{a^2 + b^2} = \sqrt{\frac{\Delta U^2 + \Delta V^2}{\Delta X_t^2 + \Delta Y_t^2}}
\end{aligned}\right\} \tag{5-44}
$$

式(5-42)及式(5-43)中，X_{t_0}、Y_{t_0}为地面摄影测量坐标系的原点在地面测量坐标系中的坐标，式(5-44)中，ΔX_t、ΔY_t 为两个地面控制点在地面测量坐标系中的坐标差，ΔU，ΔV 为两个地面控制点相应的模型点在像空间辅助坐标系中的坐标差。为了使模型在绝对定向中的旋角 κ 接近于零，也就是使地面摄影测量坐标系中的 X 轴与像空间辅助坐标系中的 U 轴相一致，以及两坐标系单位长度相同，即使地面的两个点在地面摄影测量坐标系中的坐标值等于相应模型点在像空间辅助坐标系中的坐标值，取

$$
\left.\begin{aligned}
\Delta U = \Delta X = a\Delta X_t + b\Delta Y_t \\
\Delta V = \Delta Y = b\Delta X_t - a\Delta Y_t
\end{aligned}\right\} \tag{5-45}
$$

四、双像解析的相对定向-绝对定向法

立体像对相对定向-绝对定向法解求模型点的地面坐标，其过程为：

①用连续像对或单独像对的相对定向元素的误差方程式解求像对的相对定向元素；

②由相对定向元素组成左、右像片的旋转矩阵 R_1、R_2，并利用前方交会式求出模型点在像空间辅助坐标系中的坐标；

③根据已知地面控制点的坐标，按绝对定向元素的误差方程式解求该立体模型的绝对定向元素；

④按绝对定向公式，将所有待定点的坐标纳入地面摄影测量坐标中。

5-6　双像解析的光束法严密解

一个立体像对的解析摄影测量，是以求待定点的地面坐标为主要目的的。例如，空间后方交会-前方交会解法，是利用已知的地面控制点，由单像空间后方交会分别解算左、右像片的外方位元素，再用前方交会解求待定点的地面坐标；也可用相对定向-绝对定向法计算步骤来解求。当然，解求待定点的地面坐标还可以通过另一种途径来完成，即立体像对的光束法。这种方法的实质是把上述两种解法的分步步骤变为一个整体，即每张像片内所有的控制点、未知点都按共线条件式同时列误差方程式，在像对内联合进行解算，同时解求两像片的外方位元素及待定点的坐标。这种方法理论较为严密，精度较高，是一种比较好的解法。

一、立体像对的光束法严密解

这种方法仍以共线方程为基础。已知共线方程为：

$$
\begin{cases}
x=-f\dfrac{a_1(X-X_S)+b_1(Y-Y_S)+c_1(Z-Z_S)}{a_3(X-X_S)+b_3(Y-Y_S)+c_3(Z-Z_S)} \\
y=-f\dfrac{a_2(X-X_S)+b_2(Y-Y_S)+c_2(Z-Z_S)}{a_3(X-X_S)+b_3(Y-Y_S)+c_3(Z-Z_S)}
\end{cases}
$$

上式展开后，除有六个外方位元素为未知数外，对待定点的地面摄影测量坐标 X、Y、Z 也是未知数，当同时解求所有未知数的改正数，这时误差方程的一般式为：

$$
\left.\begin{aligned}
v_x&=a_{11}\mathrm{d}X_S+a_{12}\mathrm{d}Y_S+a_{13}\mathrm{d}Z_S+a_{14}\mathrm{d}\varphi+a_{15}\mathrm{d}\omega+a_{16}\mathrm{d}\kappa-a_{11}\mathrm{d}X-a_{12}\mathrm{d}Y-a_{13}\mathrm{d}Z-l_x \\
v_y&=a_{21}\mathrm{d}X_S+a_{22}\mathrm{d}Y_S+a_{23}\mathrm{d}Z_S+a_{24}\mathrm{d}\varphi+a_{25}\mathrm{d}\omega+a_{26}\mathrm{d}\kappa-a_{21}\mathrm{d}X-a_{22}\mathrm{d}Y-a_{23}\mathrm{d}Z-l_y
\end{aligned}\right\} \tag{5-46}
$$

式中，系数项和常数项按式(5-8)、式(5-9)计算，经推导 $\mathrm{d}X$、$\mathrm{d}Y$、$\mathrm{d}Z$ 的系数与 $\mathrm{d}X_S$、$\mathrm{d}Y_S$、$\mathrm{d}Z_S$ 的系数符号相反。

误差方程式(5-46)中有两类不同性质的待定值，有像片的外方位元素改正数和待定点坐标的改正数，前者可用向量 t 表示，后者用向量 X 表示。对任意一个同名像点，无论是控制点还是待定点，在左右像片上都能根据像点坐标列出一组如式(5-46)的误差方程式。若 v_1、v_2 分别表示左右像点列出的误差方程式，t_1、t_2 表示左右像片外方位元素组成的列矩阵，X 表示待定点坐标改正数组成的列矩阵，A_1、A_2 分别表示 t_1、t_2 的系数矩阵，B_1、B_2 表示 X 的系数阵，l_1、l_2 为 v_1、v_2 相应的误差方程式常数项，误差方程式可表示为：

$$
\begin{bmatrix} V_1 \\ V_2 \end{bmatrix}=\begin{bmatrix} A_1 & 0 & B_1 \\ 0 & A_2 & B_2 \end{bmatrix}\begin{bmatrix} t_1 \\ t_2 \\ X \end{bmatrix}-\begin{bmatrix} l_1 \\ l_2 \end{bmatrix} \tag{5-47}
$$

式中：

$$V_1=[v_{x_1} \quad v_{y_1}]^{\mathrm{T}}$$

$$V_2=[v_{x_2} \quad v_{y_2}]^{\mathrm{T}}$$

$$A_1=\begin{bmatrix} a_{11} & a_{12} & a_{13} & a_{14} & a_{15} & a_{16} \\ a_{21} & a_{22} & a_{23} & a_{24} & a_{25} & a_{26} \end{bmatrix}_{\text{左片}}$$

$$A_2=\begin{bmatrix} a_{11} & a_{12} & a_{13} & a_{14} & a_{15} & a_{16} \\ a_{21} & a_{22} & a_{23} & a_{24} & a_{25} & a_{26} \end{bmatrix}_{\text{右片}}$$

$$B_1=\begin{bmatrix} -a_{11} & -a_{12} & -a_{13} \\ -a_{21} & -a_{22} & -a_{23} \end{bmatrix}_{\text{左片}}$$

$$B_2=\begin{bmatrix} -a_{11} & -a_{12} & -a_{13} \\ -a_{21} & -a_{22} & -a_{23} \end{bmatrix}_{\text{右片}}$$

$$t_1=[\mathrm{d}X_{S_1} \quad \mathrm{d}Y_{S_1} \quad \mathrm{d}Z_{S_1} \quad \mathrm{d}\varphi_1 \quad \mathrm{d}\omega_1 \quad \mathrm{d}\kappa_1]^{\mathrm{T}}$$

$$t_2=[\mathrm{d}X_{S_2} \quad \mathrm{d}Y_{S_2} \quad \mathrm{d}Z_{S_2} \quad \mathrm{d}\varphi_2 \quad \mathrm{d}\omega_2 \quad \mathrm{d}\kappa_2]^{\mathrm{T}}$$

$$X=[\mathrm{d}X \quad \mathrm{d}Y \quad \mathrm{d}Z]^{\mathrm{T}}$$

$$l_1=[l_{x_1} \quad l_{y_1}]^{\mathrm{T}}$$

$$l_2=[l_{x_2} \quad l_{y_2}]^{\mathrm{T}}$$

用矩阵形式表示总的误差方程式为：

$$V=[A \quad \vdots \quad B]\begin{bmatrix} t \\ X \end{bmatrix}-L \tag{5-48}$$

显然，对于控制点而言，上式中的 $dX=dY=dZ=0$。

与式(5-48)相应的方程式为：

$$\begin{bmatrix} A^{T}A & A^{T}B \\ B^{T}A & B^{T}B \end{bmatrix}\begin{bmatrix} t \\ X \end{bmatrix}=\begin{bmatrix} A^{T}L \\ B^{T}L \end{bmatrix} \tag{5-49}$$

或用新的符号表示为：

$$\begin{bmatrix} N_{11} & N_{12} \\ N_{21} & N_{22} \end{bmatrix}\begin{bmatrix} t \\ X \end{bmatrix}=\begin{bmatrix} u_1 \\ u_2 \end{bmatrix} \tag{5-50}$$

式中，$N_{11}=A^{T}A$，$N_{12}=A^{T}B$，$N_{21}=B^{T}A$，$N_{22}=B^{T}B$，$u_1=A^{T}L$，$u_2=B^{T}L$。

若先消去待定点的一组坐标改正数 X，保留外方位元素改正数 t，得改化法方程式：

$$(N_{11}-N_{12}N_{22}^{-1}N_{12}^{T})t=u_1-N_{12}N_{22}^{-1}u_2 \tag{5-51}$$

对上式求解，可得到外方位元素改正数解向量。相应的另一组改化法方程式为：

$$(N_{22}-N_{12}^{T}N_{11}^{-1}N_{12})X=u_2-N_{12}^{T}N_{11}^{-1}u_1 \tag{5-52}$$

该方程式用于求解待求点坐标改正数解向量。

将求得的所有未知数改正数加到近似值上作为新的近似值。重复上述计算过程逐步趋近，直到满足精度要求为止。

由上述讨论可知，用光束法解算未知数时，需要给出未知数的初始值。通常可用单像空间后方交会-前方交会法求出的外方位元素和待定点坐标作为光束法解算时未知数的初始值。

二、双像解析摄影测量三种解法的比较

双像解析摄影测量可用三种解算方法：后交-前交解法、相对定向-绝对定向解法、光束法。三种方法的比较分析如下：

①第一种方法前交的结果依赖于空间后方交会的精度 ，前交过程中没有充分利用多余条件平差计算；

②第二种方法计算公式比较多，最后的点位精度取决于相对定向和绝对定向的精度，用这种方法的解算结果不能严格表达一幅影像的外方位元素；

③第三种方法的理论严密、求解精度最高，待定点的坐标是按最小二乘准则解得的。

基于以上分析，第一种方法常在已知像片的外方位元素、需确定少量待定点坐标时采用；第二种方法多在航带法解析空中三角测量中应用；第三种方法在光束法解析空中三角测量中应用。

习题与思考题

1. 什么叫单像空间后方交会？其观测值和未知数各是什么？至少需要几个已知控制点？为什么？
2. 利用共线条件式进行空间后方交会如何推导出线性化误差方程表达式？
3. 已知摄影机主距 $f=153.24$mm，四对点的像点坐标与相应的地面坐标列入下表：

点号	像点坐标		地面坐标		
	x(mm)	y(mm)	X(m)	Y(m)	Z(m)
1	-86. 15	-68. 99	36589. 41	25273. 32	2195. 17
2	-53. 40	82. 21	37631. 08	31324. 51	728. 69
3	-14. 78	-76. 63	39100. 97	24934. 98	2386. 50
4	10. 46	64. 43	40426. 54	30319. 81	757. 31

计算近似垂直摄影情况下后方交会解。

4. 立体像对双像前方交会的目的是什么?
5. 什么是解析法相对定向?如何解算连续相对与单独像对的相对定向元素?
6. 如何利用相对定向元素解求模型点的坐标?
7. 解析法绝对定向的目的是什么?如何解算绝对定向元素?至少需要几个地面控制点?为什么?
8. 简述立体像对光束法解求像片对的外方位元素以及待定点地面坐标的过程。
9. 双像解析摄影测量有哪三种解析方法?各有何特点?
10. 相对定向需要地面控制点吗?为什么?
11. 上下视差 q 与 Q 有何不同?

第六章　解析空中三角测量

6-1　概述

一、解析空中三角测量的概念

从前面章节的论述中，我们可以看到摄影测量作业均需要一定数量的地面控制点。例如，一张像片需要四个地面控制点进行空间后方交会，解求像片的外方位元素；一个立体像片对模型的绝对定向，也需要四个地面控制点，求出七个绝对定向元素，才能把经相对定向建立的任意模型纳入到地面摄影测量坐标系中；像片纠正制作正射影像图(第九章)中，每张纠正的像片也需要地面控制点。所需的这些大量的控制点若全部由外业测定，外业工作量将会很大。摄影测量任务就是要最大限度地减少外业工作，因此提出解析空中三角测量这一概念：即在一条航带几十个像对覆盖的区域或由几条航带几百个像对构成的区域内，仅仅由外业实测几个少量的控制点，按一定的数学模型，平差解算出(加密)摄影测量作业过程中所需的全部控制点(称待定点或加密点)及每张像片的外方位元素。这是空中三角测量与区域网平差的基本思想，通常称之为解析空中三角测量或解析空中三角测量加密。

解析空中三角测量通常采用的平差模型可分为航带法、独立模型法和光束法，若按加密区域来分，又可分为单航带法和区域网法。单航带法是以一条航带构成的区域为加密单元，而区域网法按整体平差时所取用的平差单元不同有不同的称谓，主要有三种：

航带法区域网平差：该方法是以航带作为整体平差的基本单元；

独立模型法区域网平差：该方法是以单元模型为平差单元；

光束法区域网平差：该方法是以每张像片相似投影光束为平差单元，从而求出每张像片的外方位元素及各加密点的地面坐标。

这些方法和原理将在后续几节加以介绍。

顺便指出，随着摄影测量与遥感技术的发展和电子计算机技术的进步，用摄影测量方法测定点位的精度有了明显提高，其应用领域不断扩大，除为摄影测量作业提供必要的控制点及像片的外方位元素外，也在单元模型中加密大量的地面坐标用于数字高程模型的采样；用于地籍测量确定大范围内界址点的国家统一坐标以建立坐标地籍(要求精度为厘米级)；取代大地测量方法进行三、四等或等外三角测量的点位测定(要求精度为厘米级)。另外，高精度的摄影测量加密，用于各种不同的应用目的，如解析法地面摄影测量，用于各类建筑物的变形观测、工业测量等。

二、像点坐标量测、像点坐标的系统误差及改正

1. 像点坐标量测

解析空中三角测量，主要是通过量测相应控制点、加密点及相应连接点的像点坐标，以解析或数字形式建立立体模型并进行严格的数值解算。因此，像点平面坐标的量测对于解析空中三角测量的作业是至关重要的。

2. 像点坐标系统误差改正

在摄影瞬间，地面点、摄影站点和像点应处在一条直线上，可是像片在摄影和摄影处理过程中，由于摄影物镜的畸变差、大气折光、地球曲率以及底片变形等因素的影响，地面点在像片中的像点位置发生移位，偏离了三点共线的条件。上述因素对每张像片的影响都有相同的规律性，像点移位属于一种系统误差。这种误差在像对的立体测图时对成图精度影响不大，一般不考虑。但在空中三角测量加密控制点时，由于误差的传递累积，对加密点的成果精度有着明显的作用，有必要事先改正原始数据中像点坐标的这种系统误差。像点坐标的系统误差主要包括以下几个方面：

(1)底片变形改正

底片变形情况比较复杂，有均匀变形和非均匀变形，所引起的像点位移可通过量测框标坐标或量测框标距来进行改正。

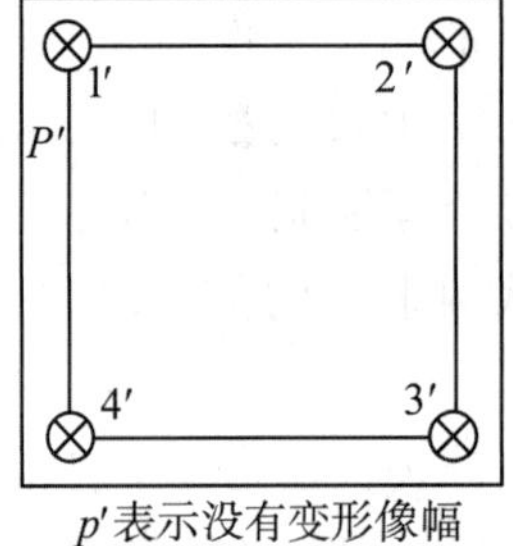

p′表示没有变形像幅
1′ 2′ 3′ 4′ 为理论框标位置

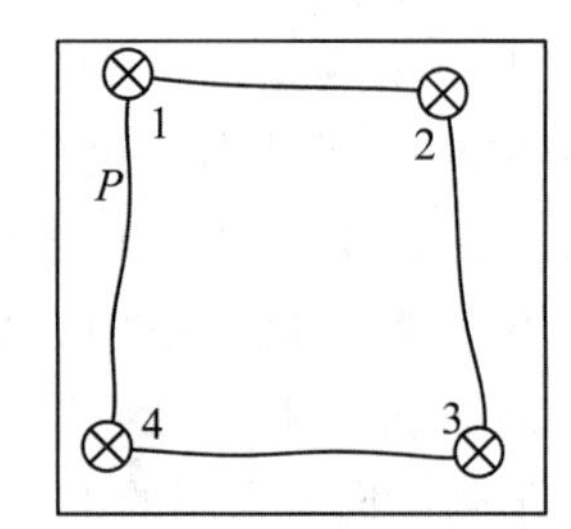

p表示变形后像幅
1 2 3 4 为变形框标位置

图 6-1　底片变形

若量测了四个框标坐标，像点坐标可用双线性变换公式改正，改正式为：

$$\left.\begin{aligned} x' &= a_0 + a_1 x + a_2 y + a_3 xy \\ y' &= b_0 + b_1 x + b_2 y + b_3 xy \end{aligned}\right\} \tag{6-1}$$

式中，x，y 为像点坐标的量测值；x'，y'为经改正的像点坐标值；a_i，$b_i(i=1，2，3)$为待定系数。

将四个框标的理论坐标值和量测值代入(6-1)式中，求得八个待定系数，然后再用(6-1)式求出经过摄影材料变形改正后的像点坐标。由于(6-1)式用的是多项式数学模型，一般认为它可以同时顾及均匀和不均匀变形的改正。

若量测了四个框标距时，可采用以下改正公式：

$$x' = x\frac{L_x}{l_x},\quad y' = y\frac{L_y}{l_y} \tag{6-2}$$

式中，x、y 和 x'、y'的含义同式(6-1)；L_x、l_x 及 L_y、l_y 分别是框标距的理论值和实际量

测值。

(2)摄影机物镜畸变差改正

物镜畸变差包括对称畸变和非对称畸变：对称畸变在以像主点为中心的辐射线上，辐射距相等的点，畸变相等；而非对称畸变是因物镜各组合透镜不同心所引起，其畸变值仅是对称畸变的三分之一，故一般只对对称畸变进行改正。

由图 6-2 所示，由物镜畸变引起的像点位移，由于经过物镜的入射光线与出射光线不平行，使物点、投影中心、像点不在一条直线上。物点应构像于 m 点，实际构像于 m' 点，像点位移 $mm' = \Delta r$ 为物镜对称畸变差，分解在 x，y 方向上得：

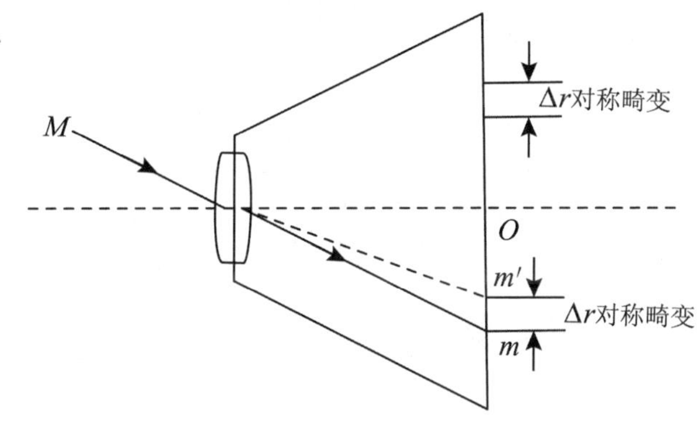

图 6-2　物镜畸变差

$$\left.\begin{aligned}\Delta x &= -x'(k_0 + k_1 r^2 + k_2 r^4)\\ \Delta y &= -y'(k_0 + k_1 r^2 + k_2 r^4)\end{aligned}\right\} \tag{6-3}$$

式中，$r = \sqrt{x'^2 + y'^2}$ 是以像主点为极点的向径；Δx，Δy 为像点坐标改正数；x'，y' 为改正底片变形后的像点坐标；k_0，k_1，k_2 为物镜畸变差改正系数，由摄影机鉴定获得。

(3)大气折光改正

大气层的密度随离地面高度的增大而减小，空气折射率亦随高度的增加而减小，空中摄影时，从地面上某物点发出的投射光线通过大气层到达摄影物镜，其路径并不是一条直线，而是一条曲线，如图 6-3 所示。设地面点 A 在像片上的中心投影，正确构像为 a，由于实际的投影光线受大气折光影响而弯曲却构像于 a'，$aa' = \Delta r$，称折光差，若反向延长 $a'S$ 与过 A 的水平面交于 A' 点，射线 $A'S$ 与 AS 的夹角 γ_f 称折光差角。

大气折光引起像点在辐射方向上的改正为：

$$\Delta r = -\left(f + \frac{r^2}{f}\right) \cdot r_f \tag{6-4}$$

其中，

$$r_f = \frac{n_0 - n_H}{n_0 + n_H} \cdot \frac{r}{f} \tag{6-5}$$

式中，r 是以像底片为极点的向径，$r = \sqrt{x'^2 + y'^2}$；f 为摄影机主距；r_f 为折光差角；n_0 和 n_H 分别为地面上及高度为 H 处的大气折射率，可由气象资料或大气模型获得。因此，大气折光差引起的像点坐标的改正值为

$$\mathrm{d}x = \frac{x'}{r}\Delta r，\ \mathrm{d}y = \frac{y'}{r}\Delta r \tag{6-6}$$

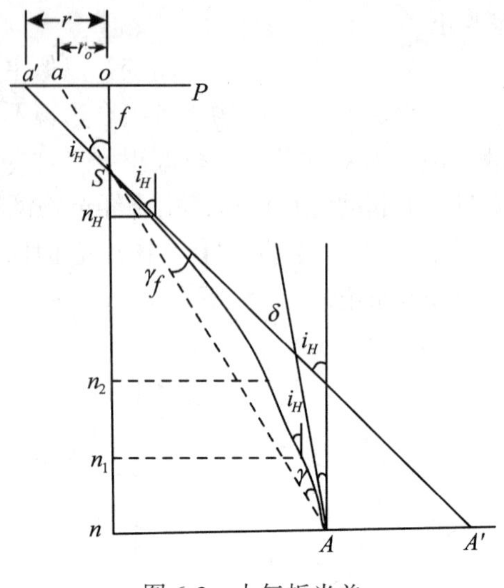

图 6-3　大气折光差

式中，x'，y' 为大气折光改正以前的像点坐标。

(4)地球曲率改正

以上各种系统误差都破坏了物像间的中心投影关系，而地球曲率影响则属于投影变换不同引起的差异。大地水准面是一个椭球面，而地图制图中采用的地面坐标系是以平面作为水准面的，这种差异会影响到解析空中三角测量的成果精度，故必须进行改正。如图 6-4 所示。

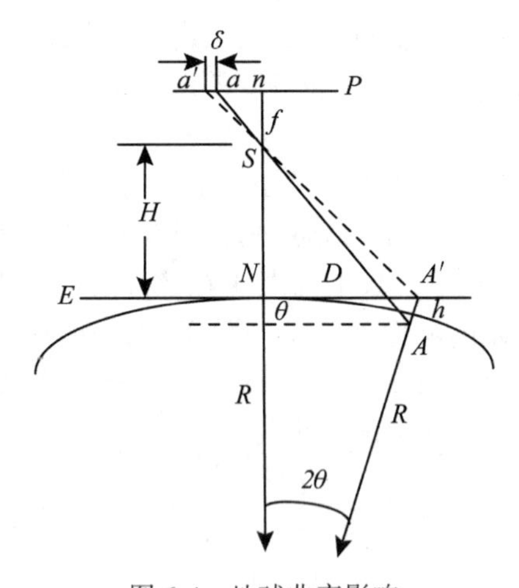

图 6-4　地球曲率影响

由地球的曲率引起像点坐标在辐射方向的改正为：

$$\delta=\frac{H}{2Rf^{2}}r^{3} \tag{6-7}$$

式中，r 是以像底点为极点的向径，$r=\sqrt{x'^2+y'^2}$；f 为摄影机主距；H 为摄站点的航高；R

为地球的曲率半径；像点坐标的改正分别为：

$$\left.\begin{aligned}\delta_x&=\frac{x'}{r}\delta=\frac{x'Hr^2}{2f^2R}\\\delta_y&=\frac{y'}{r}\delta=\frac{y'Hr^2}{2f^2R}\end{aligned}\right\}\tag{6-8}$$

式中，x'、y'为地球曲率改正以前的像点坐标。

最后，经摄影材料变形、摄影物镜畸变差、大气折光差和地球曲率改正后的像点坐标为：

$$\left.\begin{aligned}x&=x'+\Delta x+\mathrm{d}x+\delta_x\\y&=y'+\Delta y+\mathrm{d}y+\delta_y\end{aligned}\right\}\tag{6-9}$$

式中，$(x,\ y)$为经过各项误差改正后的像点坐标；$(x',\ y')$为经过摄影材料变形改正后的像点坐标；Δx，Δy 为物镜畸变差引起的像点坐标改正值；$\mathrm{d}x$，$\mathrm{d}y$ 为大气折光引起的像点坐标改正值；δ_x，δ_y 为地球曲率引起的像点坐标改正值。

6-2 航带网法空中三角测量

一、概述

航带网法空中三角测量研究的对象是一条航带的模型。在一条航带内，首先用立体像对按连续法建立单个模型，再把单个模型连接成航带模型，构成航带自由网，再把航带模型视为一个单元模型进行航带网的绝对定向。由于在单个模型构成航带模型的过程中，不可避免地有误差存在，同时还要受到误差积累的影响，致使航带模型产生非线性变形。所以，航带模型经绝对定向后，还要进行航带模型的非线性改正，最终求出加密点的地面坐标。

二、航带网法空中三角测量的建网过程

1. 建立航带模型

(1)像点坐标量测及改正系统误差

量测每个像对事先选定好的加密点及控制点的像平面坐标，并对其进行系统误差改正。

(2)连续法相对定向，建立单个立体模型

以航带中第一张像片的像空间坐标系作为像空间辅助坐标系，以后各像对的像空间辅助坐标系彼此平行，每个像对相对定向以左像片为基准(通常将本航带第一个像对的左片置水平)，求出右片相对左片的相对定向元素。第一个像对相对定向后，即以第一个像对右片的相对定向角元素作为第二个像对左片的角元素，为已知值，再对第二个像对进行连续法相对定向，求出第三张像片相对于第二张像片的相对定向元素，如此下去，直到完成所有像对的相对定向为止。按(5-24)式，以最小二乘准则平差计算各个像对的相对定向元素。相对定向后，各模型的像空间辅助坐标系相互平行，但坐标原点和比例尺不同。

在各个模型中，像点在像空间辅助坐标系中的坐标按式(3-4)计算，而模型点在各自的像空间辅助坐标系中的坐标按前方交会公式计算：

$$
\left.\begin{aligned}
U &= N_1 v_1 = b_u + N_2 u_2 \\
V &= \frac{1}{2}(N_1 v_1 + N_2 v_2 + b_v) \\
W &= N_1 w_1 = b_w + N_2 w_2
\end{aligned}\right\} \tag{6-10}
$$

(3)模型连接，建立统一的航带自由网

将单个模型连接成为航带模型，要将各模型不同的比例尺归化为统一的比例尺。通常，以相邻像对重叠范围内三个连接点的高程应相等为条件，从左向右顺次地将后一模型的比例尺归化到前一模型的比例尺中，建立统一的以第一个模型的比例尺为基准的航带模型。这样，就可将各像对的模型坐标纳入到全航带统一的坐标系中。

如图6-5所示，由于模型①与模型②比例尺不相等，公共点M在模型①上位于M_1处，在模型②上位于M_2处，现对模型②的比例尺进行归化，使其与模型①具有相同的比例尺，即使M_1与M_2点重合。

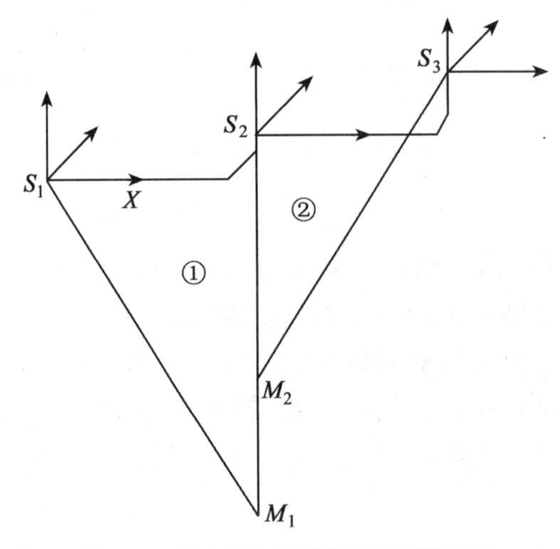

图6-5　两个不同比例尺的模型连接

若使S_2M_1与S_2M_2相等，则模型②的比例归化系数为：

$$
k = \frac{S_2M_1}{S_2M_2} = \frac{(N_2 w_2)_{模型①}}{(N_1 w_1)_{模型②}} = \frac{(N_1 w_1)_{模型①} - b_w}{(N_1 w_1)_{模型②}} \tag{6-11}
$$

一般在模型重叠的区域内取用上、中、下三个点测求模型比例归化系数，取算术均值为最后结果，即

$$
k = \frac{1}{3}(k_1 + k_2 + k_3) \tag{6-12}
$$

求得模型比例尺以后，在后一模型中，每一点的空间辅助坐标以及基线分量b_u、b_v、b_w均乘以归化系数，就可以获得与前一模型比例尺一致的坐标。由此可见，模型连接的实质是求出相邻模型间的比例归化系数。

将各个单模型连成一个整体的航带模型，要将模型中所有的摄站点、模型点的坐标都纳入到全航带统一的坐标系中。如果已知各摄站点在全航带统一的坐标系中的坐标，模型点在航带统一的坐标系中的坐标仅仅是做本模型左摄站点的平移即可。为了以后的整体平

差计算方便，还将所有模型坐标(U, V, W)及各基线分量(b_u, b_v, b_w)都乘以第一个模型的比例尺分母M，这就相当于把模型放大到与实地一样。

因前一个模型的右摄站是后一个模型的左摄站，顾及模型比例归化系数后，则第二个模型以及以后各模型摄站点在全航带统一的坐标为：

$$\left.\begin{aligned}(U)_{S_2} &= (U)_{S_1} + kMb_u \\ (V)_{S_2} &= (V)_{S_1} + kMb_v \\ (W)_{S_2} &= (W)_{S_1} + kMb_w\end{aligned}\right\} \tag{6-13}$$

第二个模型及以后各模型中模型点在全航带统一的坐标为：

$$\left.\begin{aligned}U &= (U)_{S_1} + kMN_1u_1 \\ V &= (V)_{S_1} + \frac{1}{2}(kMN_1v_1 + kMN_2v_2 + kMb_v) \\ W &= (W)_{S_1} + kMN_1w_1\end{aligned}\right\} \tag{6-14}$$

式中，U、V、W为模型点的坐标值，以m为单位；$(U)_{S_1}$、$(V)_{S_1}$、$(W)_{S_1}$为本像对左站的坐标值，均由前一个模型求得，以m为单位；u_1、v_1、w_1为左像点的像空间辅助坐标，以mm为单位；v_2为右像点的空间辅助坐标，以mm为单位；b_v为基线分量，以mm为单位；N_1、N_2为本像对左、右投影射线的比例因子；k为本模型归化系数；M为本航带第一个模型的比例尺分母除以1000。

至此，完成了航带模型的建立。

2. 航带模型的绝对定向

航带模型的绝对定向是指将航带模型在航带辅助坐标系中的坐标(U, V, W)纳入到地面摄影测量坐标系中，取得模型点的地面摄影测量坐标值(X, Y, Z)。

航带模型的绝对定向，把航带模型视为一个整体，采用与单个模型定向完全相同的方法。其主要流程是：将控制点的地面坐标转化为地面摄影测量坐标；计算重心坐标和重心化坐标；按式(5-35)建立绝对定向的误差方程，并进行法化求解，解算出绝对定向元素并把绝对定向元素X_S、Y_S、Z_S、Φ、Ω、K再代入空间相似变换式，解算出所有模型点经绝对定向后的地面摄影测量坐标。

3. 航带模型的非线性改正

航带模型绝对定向后，所构成的航带模型仍存在着残余系统误差和偶然误差的影响，这主要是因为在构建航带网的过程中，模型连接时误差的传递累积使航带网产生模型扭曲，航带网的绝对定向只能将航带模型纳入地面摄测坐标系，不能改正航带网的变形。所以绝对定向后所获得的模型坐标只是在地面摄测坐标中的概略值，还需进行航带网的非线性变形改正。

实际上航带网变形的原因很复杂，不能用一个简单的数学式精确表达出来，通常采用多项式曲面来逼近复杂的变形曲面，利用提供的控制点的已知值与加密值之间的不符值，通过最小二乘拟合，使控制点处拟合曲面上的变形值与实际相差最小。采用的多项式有两种类型：一种是对三维坐标分列的多项式；另一种是平面坐标采用正形变换多项式，而高程则采用一般多项式。下面推导中采用的是前者。

设已知重心化后的控制点的地面摄测坐标及由加密获得的地面摄测坐标分别为$\overline{X}_{控}$、$\overline{Y}_{控}$、$\overline{Z}_{控}$及$\overline{X}$、$\overline{Y}$、$\overline{Z}$，当两者不相符时，则有：

$$\left.\begin{aligned}\Delta X&=\overline{X}_{控}-\overline{X}\\\Delta Y&=\overline{Y}_{控}-\overline{Y}\\\Delta Z&=\overline{Z}_{控}-\overline{Z}\end{aligned}\right\}\tag{6-15}$$

以 ΔX、ΔY、ΔZ 为航带模型经绝对定向后的非线性变形坐标改正值，其三次多项式的改正公式为：

$$\left.\begin{aligned}\Delta X&=a_0+a_1\overline{X}+a_2\overline{Y}+a_3\overline{X}^2+a_4\overline{X}\overline{Y}+a_5\overline{X}^3+a_6\overline{X}^2\overline{Y}\\\Delta Y&=b_0+b_1\overline{X}+b_2\overline{Y}+b_3\overline{X}^2+b_4\overline{X}\overline{Y}+b_5\overline{X}^3+b_6\overline{X}^2\overline{Y}\\\Delta Z&=c_0+c_1\overline{X}+c_2\overline{Y}+c_3\overline{X}^2+c_4\overline{X}\overline{Y}+c_5\overline{X}^3+c_6\overline{X}^2\overline{Y}\end{aligned}\right\}\tag{6-16}$$

式中，$\overline{X}$、$\overline{Y}$、$\overline{Z}$ 为模型点绝对定向后的重心化坐标；a_i、b_i、$c_i(i=0,\ 1,\ 2,\ \cdots,\ 6)$ 为待定系数。

三次多项式共有 21 个系数，至少有 7 个控制点才能解求。当在航带内的控制点数量较少或航线长度较短时，一般可采用二次多项式，此时只需把(6-16)式右端中的三次项略去即可。这时，待定系数只有 15 个，至少需要 5 个控制点才能解求。因待定系数 a_i、b_i、c_i 是相互独立的，所以对 X、Y、Z 坐标可以分别解求。当有多余观测时，列出三次多项式的误差方程式，此时将 $\overline{X}$、$\overline{Y}$、$\overline{Z}$ 视为观测值，则有：

$$\left.\begin{aligned}\overline{X}_{控}-(\overline{X}+v_x)&=\Delta X\\\overline{Y}_{控}-(\overline{Y}+v_y)&=\Delta Y\\\overline{Z}_{控}-(\overline{Z}+v_z)&=\Delta Z\end{aligned}\right\}\tag{6-17}$$

现以 X 为例列出误差方程式，若航带内有 n 个控制点，列出的误差方程式为：

$$\left.\begin{aligned}-v_{x_1}&=a_0+a_1\overline{X}_1+a_2\overline{Y}_1+a_3\overline{X}_1^2+a_4\overline{X}_1\overline{Y}_1+a_5\overline{X}_1^3+a_6\overline{X}_1^2\overline{Y}_1-l_{x_1}\\&\ \vdots\\-v_{x_n}&=a_0+a_1\overline{X}_n+a_2\overline{Y}_n+a_3\overline{X}_n^2+a_4\overline{X}_n\overline{Y}_n+a_5\overline{X}_n^3+a_6\overline{X}_n^2\overline{Y}_n-l_{x_n}\end{aligned}\right\}\tag{6-18}$$

式中，$l_x=\overline{X}_{控}-\overline{X}$。

式(6-18)写成矩阵形式为：

$$V=AX-L$$

其中：

$$V=\begin{bmatrix}-v_{x_1} & -v_{x_2} & \cdots & -v_{x_n}\end{bmatrix}^{\mathrm{T}}$$

$$A=\begin{bmatrix}1 & \overline{X}_1 & \overline{Y}_1 & \overline{X}_1^2 & \overline{X}_1\overline{Y}_1 & \overline{X}_1^3 & \overline{X}_1^2\overline{Y}_1\\1 & \overline{X}_2 & \overline{Y}_2 & \overline{X}_2^2 & \overline{X}_2\overline{Y}_2 & \overline{X}_2^3 & \overline{X}_2^2\overline{Y}_2\\\vdots & \vdots & \vdots & \vdots & \vdots & \vdots & \vdots\\1 & \overline{X}_n & \overline{Y}_n & \overline{X}_n^2 & \overline{X}_n\overline{Y}_n & \overline{X}_n^3 & \overline{X}_n^2\overline{Y}_n\end{bmatrix}$$

$$X=\begin{bmatrix}a_0 & a_1 & a_2 & a_3 & a_4 & a_5 & a_6\end{bmatrix}^{\mathrm{T}}$$

$$L=[l_{x_1} \quad l_{x_2} \quad \cdots \quad l_{x_n}]^{\mathrm{T}}$$

对式(6-18)法化并解求出待定参数 a_i，按同样方法，解求 b_i、c_i。

将解求的待定系数再代入到式(6-16)中，此时根据航带网上任意加密点 i 的坐标 $\overline{X}_i$、$\overline{Y}_i$、$\overline{Z}_i$，就可以计算出 i 点的坐标改正数 ΔX_i、ΔY_i、ΔZ_i。再用这些改正数修正 $\overline{X}_i$、$\overline{Y}_i$、$\overline{Z}_i$，获得经非线性改正后的加密点地面摄测重心化坐标。

由上面论述可知，航带网整体平差的实质是以一条航带模型为平差单元，解求航带的非线性改正系数，即多项式系数。

图 6-6 表示一条航带网的构建过程，最上排航带网各模型是由任意基线建立的，导致各模型比例尺不一致，中间的航带网表示按相邻模型公共点坐标相等连接各模型后，形成了自由航带网，并进行航带网的概略绝对定向，将模型坐标纳入地面摄测坐标系，但以某一高程截面为例仍是变形的曲面，航带网仍有变形，最下边的航带网是经非线性改正后获得的。

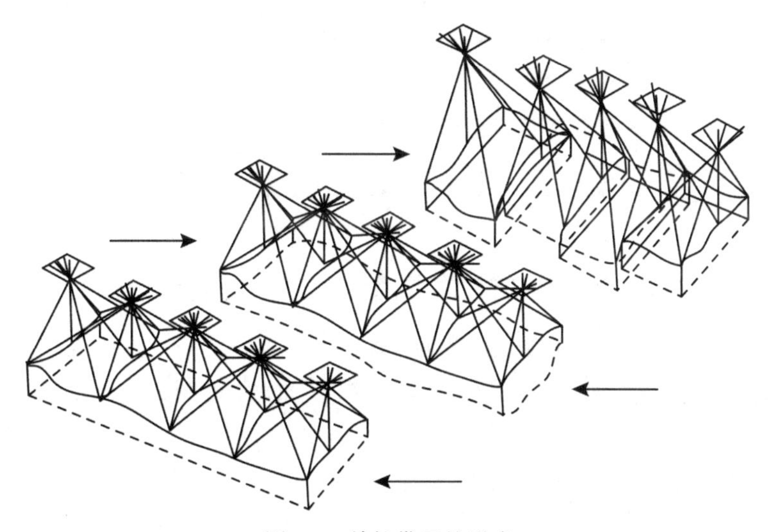

图 6-6　单航带网的形成

三、航带网法区域网平差

航带网法区域网平差(如图 6-7 所示)，是以单航带作为基础，由几条航带构成一个区域整体平差，解求各航带的非线性变形改正系数，进而求得整个测区内全部待定点的坐标，其主要步骤如下：

①按单航带模型法分别建立航带模型，以取得各航带模型点在本航带统一的辅助坐标系中的坐标值。

②各航带模型的绝对定向。

从第一条航带开始，第一条航带根据本航带内已知的地面控制点和下一航带的公共点进行绝对定向，以达到各条自由航带网纳入到全区域统一的坐标系中的目的，从而求出区域内各航带模型点在全区域统一的地面摄影测量坐标系中的概略坐标。

③计算重心坐标及重心化坐标。

航带网法区域网平差的结果是解算出各航带非线性改正的系数，而非线性改正要用到各航带本身的重心化坐标，因此各航带需要各自的重心而不必取全区域统一的重心化坐标。

④根据模型中控制点的加密坐标应与外业实测坐标相等以及相邻航带间公共连接点的坐标应相等为条件，列出误差方程式，并用最小二乘准则平差计算，整体解求各航带的非线性改正系数。

⑤用平差计算得出的多项式系数，分别计算各模型点改正后的坐标值。此时，在控制点上仍会有残差，可根据此残差的不符值来衡量加密的精度。在相邻航带的公共点上，上下两条航线的两组坐标值也会有矛盾，当互差在允许限度内时，一般取均值作为加密点成果。

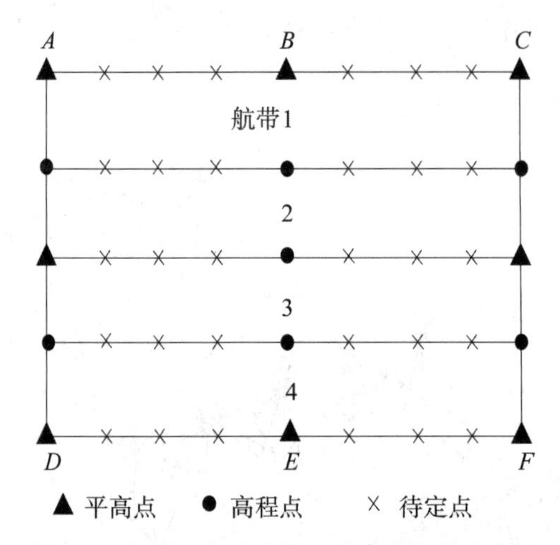

图 6-7　航带网法区域网空中三角测量示意图

航带网法区域网平差举例见附录Ⅱ-1。

6-3　独立模型法区域网空中三角测量

一、基本思想

如图 6-8 所示，独立模型法区域网空中三角测量是基于单独法相对定向建立单个立体模型，再由一个个单模型相互连接组成一个区域网。由于各个模型的像空间辅助坐标系和比例尺均不一致，因此，在模型连接时，要用模型内的已知控制点和模型间的公共点进行空间相似变换。首先将各个单模型视为刚体，利用各单模型彼此间的公共点连成一个区域。在连接的过程中，每个模型只作平移、旋转及缩放，所以，利用空间相似变换式能完成上述任务。在变换中应使模型公共点的坐标相等，控制点的计算坐标应与实测坐标相等，同时误差的平方和应为最小，在满足这些条件下，根据最小二乘准则对全区域网实施整体平差，解求每个模型的七个绝对定向参数，从而求出所有待定点的地面坐标。

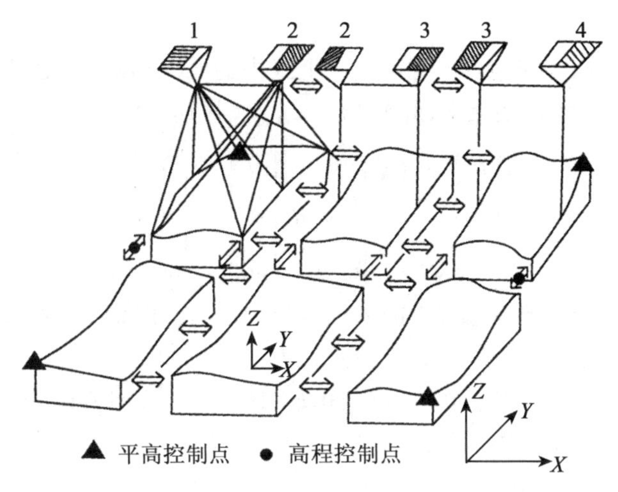

图 6-8　独立模型法区域网空中三角测量示意图

二、数学模型

按单独法相对定向建立单元模型后，将各单元模型视为刚体，分别进行三维线性变换，即

$$\begin{bmatrix} X \\ Y \\ Z \end{bmatrix}_{i,j} = \lambda R \begin{bmatrix} \overline{U} \\ \overline{V} \\ \overline{W} \end{bmatrix}_{i,j} + \begin{bmatrix} X_g \\ Y_g \\ Z_g \end{bmatrix}_j \tag{6-19}$$

式中：X、Y、Z 为某一点 i 的地面摄测坐标；$\overline{U}$、$\overline{V}$、$\overline{Z}$ 为单元模型中模型点 i 的重心化坐标；λ 为单元模型的缩放系数；R 为单元模型绝对定向的角元素构成的旋转矩阵；X_g、Y_g、Z_g 为该模型重心在地面摄测坐标系中的坐标；i，j 分别为模型点及单元模型的编号。仿照第五章中模型的绝对定向公式，对式(6-19)线性化，列出误差方程式，有：

$$-\begin{bmatrix} v_u \\ v_v \\ v_w \end{bmatrix}_{i,j} = \begin{bmatrix} 1 & 0 & 0 & \overline{U} & \overline{W} & 0 & -\overline{V} \\ 0 & 1 & 0 & \overline{V} & 0 & -\overline{W} & \overline{U} \\ 0 & 0 & 1 & \overline{W} & -\overline{U} & \overline{V} & 0 \end{bmatrix}_{i,j} \begin{bmatrix} \mathrm{d}X_g \\ \mathrm{d}Y_g \\ \mathrm{d}Z_g \\ \mathrm{d}\lambda \\ \mathrm{d}\Phi \\ \mathrm{d}\Omega \\ \mathrm{d}K \end{bmatrix}_i - \begin{bmatrix} \Delta X \\ \Delta Y \\ \Delta Z \end{bmatrix}_{i,j} - \begin{bmatrix} l_u \\ l_v \\ l_w \end{bmatrix}_{i,j} \tag{6-20}$$

其中，

$$\begin{bmatrix} l_u \\ l_v \\ l_w \end{bmatrix}_{i,j} = \begin{bmatrix} X_0 \\ Y_0 \\ Z_0 \end{bmatrix} - \lambda_0 R_0 \begin{bmatrix} \overline{U} \\ \overline{V} \\ \overline{W} \end{bmatrix}_{i,j} - \begin{bmatrix} X_{g_0} \\ Y_{g_0} \\ Z_{g_0} \end{bmatrix}_j \tag{6-21}$$

且 ΔX、ΔY、ΔZ 为待定点坐标的改正数；i 为模型点点号；j 为模型编号；X_0、Y_0、Z_0 为

模型公共点的坐标均值，在坐标迭代逐步趋近中，每次用新坐标值求得，其他符号的含义同前。

对于控制点，若认为控制点上无误差，上式中的$[\Delta X \quad \Delta Y \quad \Delta Z]^{\mathrm{T}}$值为零，且其常数项中的$[X_0 \quad Y_0 \quad Z_0]^{\mathrm{T}}$用控制点坐标$[X \quad Y \quad Z]^{\mathrm{T}}$代替其常数项为：

$$\begin{bmatrix} l_u \\ l_v \\ l_w \end{bmatrix}_{i,j} = \begin{bmatrix} X \\ Y \\ Z \end{bmatrix}_i - \lambda_0 R_0 \begin{bmatrix} \overline{U} \\ \overline{V} \\ \overline{W} \end{bmatrix}_{i,j} - \begin{bmatrix} X_{g_0} \\ Y_{g_0} \\ Z_{g_0} \end{bmatrix}_j \tag{6-22}$$

为便于计算，常把误差方程式中的未知数分为两组，即将每个模型的七个定向参数改正数及待定点地面坐标改正数各分为一组，记为：

$$t = [\mathrm{d}X_g \quad \mathrm{d}Y_g \quad \mathrm{d}Z_g \quad \mathrm{d}\lambda \quad \mathrm{d}\Phi \quad \mathrm{d}\Omega \quad \mathrm{d}K]^{\mathrm{T}}, \qquad X = [\Delta X \quad \Delta Y \quad \Delta Z]^{\mathrm{T}} \tag{a}$$

将误差方程式写成矩阵形式为：

$$-V = At + BX - L = [A \quad B]\begin{bmatrix} t \\ X \end{bmatrix} - L \tag{6-23}$$

其中，B 为单位矩阵，记为

$$B = -E = -\begin{bmatrix} 1 & 0 & 0 \\ 0 & 1 & 0 \\ 0 & 0 & 1 \end{bmatrix}$$

相应的法方程式为：

$$\begin{bmatrix} A^{\mathrm{T}}A & A^{\mathrm{T}}B \\ B^{\mathrm{T}}A & B^{\mathrm{T}}B \end{bmatrix}\begin{bmatrix} t \\ x \end{bmatrix} = \begin{bmatrix} A^{\mathrm{T}}L \\ B^{\mathrm{T}}L \end{bmatrix} \tag{6-24}$$

或

$$\begin{bmatrix} N_{11} & N_{12} \\ N_{21} & N_{22} \end{bmatrix}\begin{bmatrix} t \\ X \end{bmatrix} = \begin{bmatrix} n_1 \\ n_2 \end{bmatrix} \tag{6-25}$$

通常待定点坐标未知数 X 的个数远远大于未知数 t 的个数，故在法方程解求时，往往是消去含未知数较多的 X，得到仅含未知数 t 的改化法方程式为：

$$(N_{11} - N_{12}N_{22}^{-1}N_{21})t = n_1 - N_{12}N_{22}^{-1}n_2 \tag{6-26}$$

$$t = (N_{11} - N_{12}N_{22}^{-1}N_{21})^{-1}(n_1 - N_{12}N_{22}^{-1}n_2) \tag{6-27}$$

利用式(6-26)求出每个模型的绝对定向元素后，再按式(6-19)求得待定点的地面摄测坐标。

独立模型法区域网空中三角测量的计算工作量是很大的，若对于四条航线、每条航线10个模型、每个模型六个点的区域，法方程中模型绝对定向未知数的个数 $t = 4\times10\times7 = 280$。为了提高计算速度，有时也采用平面与高程分开解求的方法。

三、作业流程

独立模型法空中三角测量的作业主要流程为：

①单独法相对定向建立单元模型，获取各单元模型的模型坐标，包括摄站点。

②利用相邻模型公共点和所在模型中的控制点，各单元模型分别作三维线性变换，按各自的条件列出误差方程式及法方程式。

③建立全区域的改化法方程式，并按循环分块法来求解，求得每个模型点的七个绝对

定向元素。

④按平差后求得的七个绝对定向元素，计算每个单元模型中待定点的坐标，若为相邻模型的公共点，取其均值作为最后结果。

独立模型法区域网平差举例见附录Ⅱ-2。

6-4 光束法区域网空中三角测量

一、基本思想及主要内容

在一张像片中，待定点与控制点的像点与摄影中心及相应地面点均构成一条光束。该方法是以每张像片所组成的一束光线作为平差的基本单元，以共线条件方程作为平差的基础方程，通过各个光束在空中的旋转和平移，使模型之间公共点的光线实现最佳交会，并使整个区域纳入到已知的控制点地面坐标系中去，所以要建立全区域统一的误差方程式，整体解求全区域内每张像片的六个外方位元素以及所有待求点的地面坐标，如图6-9所示。其主要内容包括：

①获取每张像片外方位元素及待定点坐标的近似值；

②从每张像片上控制点、待定点的像点坐标出发，按共线条件列出误差方程式；

③逐点法化建立改化法方程式，按循环分块的求解方法，先求出其中的一类未知数，通常先求每张像片的外方位元素；

④按空间前方交会求待定点的地面坐标，对于相邻像片的公共点，应取其均值作为最后结果。

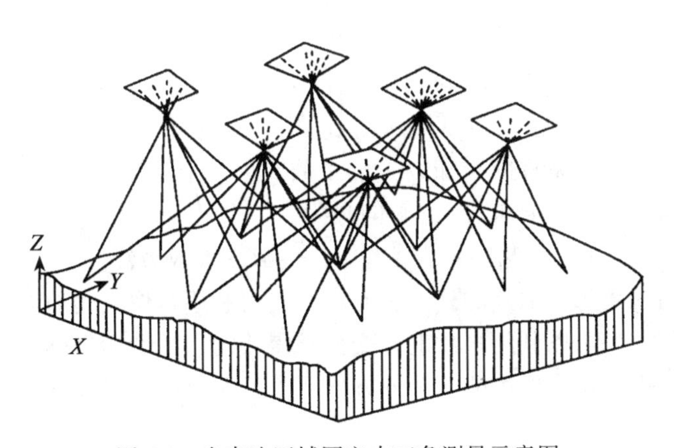

图6-9 光束法区域网空中三角测量示意图

二、误差方程式与法方程式的建立

同单张像片空间后方交会一样，光束法平差仍是以共线条件方程式作为基本的数学模型，像点坐标(x, y)是未知数的非线性函数，仍要进行线性化，与空间单像空间后交不同的是，对待定点的地面坐标(X, Y, Z)也要进行偏微分，所以，线性化过程中要提供每张像片外方位元素的近似值及待定坐标的近似值，然后逐渐趋近求出最佳解。

在内方位元素已知的情况下，视像点坐标为观测值，其误差方程式可表示为：

$$
\left.\begin{aligned}
v_x &= a_{11}\Delta X_S + a_{12}\Delta Y_S + a_{13}\Delta Z_S + a_{14}\Delta\varphi + a_{15}\Delta\omega + a_{16}\Delta\kappa - a_{11}\Delta X - a_{12}\Delta Y - a_{13}\Delta Z - l_x \\
v_y &= a_{21}\Delta X_S + a_{22}\Delta Y_S + a_{23}\Delta Z_S + a_{24}\Delta\varphi + a_{25}\Delta\omega + a_{26}\Delta\kappa - a_{21}\Delta X - a_{22}\Delta Y - a_{23}\Delta Z - l_y
\end{aligned}\right\} \tag{6-28}
$$

式中，各系数值详见式(5-1b)。常数项 $l_x = x-(x)$，$l_y = y-(y)$；(x)、(y) 是把未知数的近似值代入共线条件式计算得到的。当每一像点的 l_x、l_y 小于某一限差时，迭代计算结束。

式(6-28)写成矩阵形式为：

$$
V = [A \quad B]\begin{bmatrix} t \\ X \end{bmatrix} - L \tag{6-29}
$$

式中，

$$
V = [v_x \quad v_y]^{\mathrm{T}}
$$

$$
A = \begin{bmatrix} a_{11} & a_{12} & a_{13} & a_{14} & a_{15} & a_{16} \\ a_{21} & a_{22} & a_{23} & a_{24} & a_{25} & a_{26} \end{bmatrix}
$$

$$
B = \begin{bmatrix} -a_{11} & -a_{12} & -a_{13} \\ -a_{21} & -a_{22} & -a_{23} \end{bmatrix}
$$

$$
t = [\Delta X_S \quad \Delta Y_S \quad \Delta Z_S \quad \Delta\varphi \quad \Delta\omega \quad \Delta\kappa]^{\mathrm{T}}
$$

$$
X = [\Delta X \quad \Delta Y \quad \Delta Z]^{\mathrm{T}}
$$

$$
L = [l_x \quad l_y]^{\mathrm{T}}
$$

对每个像点，可列出一组形如式(6-29)的误差方程式，其相应的法方程式为：

$$
\begin{bmatrix} A^{\mathrm{T}}A & A^{\mathrm{T}}B \\ B^{\mathrm{T}}A & B^{\mathrm{T}}B \end{bmatrix}\begin{bmatrix} t \\ X \end{bmatrix} = \begin{bmatrix} A^{\mathrm{T}}L \\ B^{\mathrm{T}}L \end{bmatrix} \tag{6-30}
$$

或

$$
\begin{bmatrix} N_{11} & N_{12} \\ N_{21} & N_{22} \end{bmatrix}\begin{bmatrix} t \\ X \end{bmatrix} = \begin{bmatrix} M_1 \\ M_2 \end{bmatrix} \tag{6-31}
$$

一般情况下，待定点坐标的未知数 X 的个数要远大于像片外方位元素 t 的个数，对式(6-31)消去未知数 X，可得未知数 t 的解向量为：

$$
t = [N_{11} - N_{12}N_{22}^{-1}N_{21}]^{-1} \cdot [M_1 - N_{12}N_{22}^{-1}M_2] \tag{6-32}
$$

利用式(6-32)求出每张像片的外方位元素后，再利用双像空间前方交会公式求得全部待定点的地面坐标；也可以利用多片前方交会求得待定点的地面坐标。在共线条件的误差方程式(6-28)中，由于每张像片的 6 个外方位元素已经求出，可以列出每个待定点的前方交会点误差方程：

$$
\left.\begin{aligned}
v_x &= -a_{11}\Delta X - a_{12}\Delta Y - a_{13}\Delta Z - l_x \\
v_y &= -a_{21}\Delta X - a_{22}\Delta Y - a_{23}\Delta Z - l_y
\end{aligned}\right\} \tag{6-33}
$$

如果有一个待定点跨了几张像片，则可以列出形如式(6-33)的 $2n$(n 为所跨像片张数)个误差方程式，将所有待定点的误差方程组成法方程式，解出每个待定点的地面坐标近似值的改正数，加上近似值后，得该点的地面坐标。

三、两类未知数分开求解

在(6-28)式中，误差方程式包含两类未知数，第一类为待定点地面坐标的三个改正值向量，第二类是像片的6个外方位元素的改正向量，所谓两类未知数交替求解，是首先假定第一类未知数为已知，解求第二类未知数，并将第二类未知数进行修正，然后用修正过的第二类未知数为已知，解求并修正第一类未知数，将上述两种运算反复循环，直到所有像片的外方位元素修正值和所有待定点地面坐标修正值的变化为极小值时为止。

具体作业过程为：

假定所有地面点包括控制点和待定点都是已知的，根据(6-28)式得：

$$\left.\begin{aligned} v_x &= a_{11}\Delta X_s + a_{12}\Delta Y_s + a_{13}\Delta Z_s + a_{14}\Delta\varphi + a_{15}\Delta\omega + a_{16}\Delta\kappa - l'_x \\ v_y &= a_{21}\Delta X_s + a_{22}\Delta Y_s + a_{23}\Delta Z_s + a_{24}\Delta\varphi + a_{25}\Delta\omega + a_{26}\Delta\kappa - l'_y \end{aligned}\right\} \tag{6-28-a}$$

上式是典型的后方交会误差方程式，解算该式后，对像片的6个外方位元素进行修正，然后，以这些修正的外方位元素为已知值，据式(6-28)得：

$$\left.\begin{aligned} v_x &= -a_{11}\Delta X - a_{12}\Delta Y - a_{13}\Delta Z - l''_x \\ v_y &= -a_{21}\Delta X - a_{22}\Delta Y - a_{23}\Delta Z - l''_y \end{aligned}\right\} \tag{6-28-b}$$

上式又是典型的空间前方交会式，解求上式后，得待定地面点坐标的改正值并对其坐标进行修正。至此，式(6-28-a)及式(6-28-b)交替使用逐渐趋近，直到满足精度为止。

应当指出，在所有的趋近中，当控制点的坐标作为已知固定值不加改正时，其结果是在控制网中进行摄影测量的内插，趋近完成后，得到的就是各待定点的地面坐标。反之，假如把控制点看作与其他待定点相同，则趋近结果得到的是一个自由网，最后还需要做全网的绝对定向。

若计算机容量小，易使用该方法解算，但迭代趋近的次数较多，计算时间长。此外，未知数的初始值选择不好，还会发生不收敛的情况。

四、三种区域网平差方法的比较

在本章中，介绍了解析空中三角测量中常用的三种区域网平差方法，现从三种方法采用的数学模型和平差原理上来比较这三种方法的特点，以便在实际生产中选择合适的区域网平差方法。

航带网是从模拟仪器上的空中三角测量演变过来的，是一种分步的近似平差方法。其作业步骤是：相对定向建立单个模型──→模型连接构成自由航带网──→航带网概略定向──→对每条航带进行非线性改正。在进行航带网的非线性改正时，要顾及航带网的公共点和区域内的控制点，使之达到最佳符合。综上所述，可以知道航带法区域网平差的数学模型是航带坐标的非线性多项式的改正公式，平差单元为一条航带，把航带的地面坐标视为“观测值”，整体平差解求出各航带的非线性改正系数。

由上述平差数学模型可见，该方法方便，速度快，但精度不高。目前，航带网法区域网平差主要提供初始值和小比例尺低精度定位加密。

独立模型法区域网平差是源于单元模型的空间模拟变换。其作业步骤为：相对定向建立单个模型──→各个单元模型进行空间相似变换，使模型公共点有尽可能相同的坐标。并通过地面控制点使单元模型最佳地纳入到规定的坐标系。因此，该方法平差的数学模型是空间相似变换式，平差单元为独立模型，视模型的坐标为观测值。未知数是各个模型空间相似变换的七个参数及待定点的地面坐标。该方法平差解求的未知数较多，可将平面和高程分开求解，仍能得到严密平差的结果。

光束法区域网平差是基于摄影时像点、物点和摄站点三点共线提出来的。由单张像片构成区域，其平差的数学模型是共线条件方程，平差单元是单个光束，像点坐标是观测值，未知数是每张像片的外方位元素及所有待定点的地面坐标。误差方程直接由像点坐标的观测值列出，能对像点坐标进行系统误差改正。光束法区域网平差是最严密的方法，随着摄影测量技术的发展和计算机水平的提高，该方法得到了日益广泛的应用，并且已经成为解析空中三角测量的主流方法。

与前两种方法比较，光束法区域网平差公式是由共线方程式线性化而得到的，因此，必须提供未知数的近似值，其次，由于未知数个数多，计算量大，也影响了解求速度。

五、解析空中三角测量精度分析

1. 理论精度

若把待定点坐标的改正数视为随机变量，在最小二乘平差计算中求出坐标改正数的方差——协方差矩阵，就可以确定坐标的理论精度。通过对理论精度的研究，得到误差的分布规律为：

①三种加密方法最弱点精度位于区域网四周，区域网内部精度较均匀，因此，平面控制点应该布设在区域的四周才能起到控制精度的作用。

②当控制点稀疏布点时，其理论精度会随着区域网的增大而降低，但是若增大旁向重叠，则可以提高区域网平面坐标的理论精度。

③当周边密集布点时，其理论精度对航带法而言小于一条航带的测点精度，对独立模型法而言，相当于一个单元模型的测点精度，而光束法区域网的理论精度不随着区域大小而改变，它是个常数。

④区域网平差的高程理论精度取决于控制点定向的跨度，而与区域大小无关。只要高程点的跨度相同，即使区域大小不一样，它们的高程理论精度还是相同的。

2. 实际精度

区域网平差的实际精度是通过多余控制点的地面实际测量坐标与摄影测量加密坐标值的差值来估计的。将两者坐标的差值视为真差值，由这些真差值计算出点位坐标精度，其计算公式为：

$$\left.\begin{aligned} \mu_X &= \sqrt{\frac{\sum (X_{控} - X_{摄})^2}{n_x}} \\ \mu_Y &= \sqrt{\frac{\sum (Y_{控} - Y_{摄})^2}{n_y}} \\ \mu_Z &= \sqrt{\frac{\sum (Z_{控} - Z_{摄})^2}{n_z}} \end{aligned}\right\} \tag{6-34}$$

式中，n_x、n_y 为多余平面控制点的个数，n_z 为多余高程控制点的个数。

应当说明，区域网空中三角测量的理论精度，反映了测量中偶然误差的影响与控制点点位的布设有关。而实际情况又是很复杂的，往往受到偶然误差和残余系统误差的综合影响，因此，理论精度与实际精度可能仍有一定的差异。

光束法区域网平差举例见附录Ⅱ-3。

六、带有附加参数的自检校法光束法区域网平差

上述讨论的区域网空中三角测量的精度分析是从偶然误差出发，由于像点坐标仍存在各种残余的系统误差的影响，常使得平差的实际结果与理论不符。虽然在平差计算前在像点坐标观测值中已经加入了诸如摄影材料变形、物镜畸变、大气折光和地球曲率等影响的改正，但种种原因仍有残余的系统误差存在。为了进一步提高空中三角测量的精度，摄影测量工作者研究出各种不同的补偿系统误差的方法，如试验场检校法、验后补偿法、自检校法等。其中自检校法是把可能存在的系统误差作为附加参数(待定参数)列入区域网空中三角测量的整体平差运算的方法。

选择附加参数时，通常要考虑附加参数之间以及它与变换参数之间不相关或相关性很小，否则会使法方程的系数矩阵处于不良状态。加入附加参数后会增加一些工作量，但它在不增加任何摄影测量和检校工作的情况下能提高加密的精度，所以它是目前改正残余系统误差影响的有效方法之一。

在光束法区域网空中三角测量中，直接引入附加参数比较容易，在共线条件方程式中加入系统误差 Δx 和 Δy，则有：

$$\left.\begin{aligned} x &= -f\frac{a_1(X-X_s)+b_1(Y-Y_s)+c_1(Z-Z_s)}{a_3(X-X_s)+b_3(Y-Y_s)+c_3(Z-Z_s)}+\Delta x \\ y &= -f\frac{a_2(X-X_s)+b_2(Y-Y_s)+c_2(Z-Z_s)}{a_3(X-X_s)+b_3(Y-Y_s)+c_3(Z-Z_s)}+\Delta y \end{aligned}\right\} \tag{6-35}$$

若利用若干个附加参数来描述系统误差模型，在光束法区域网平差引入这些附加参数整体平差解求所有未知量及附加参数，就可以较好地消除系统误差的影响。

1. 像点坐标系统误差模型选择

从理论上讲系统误差是像点坐标的函数，一般可表示为：

$$\left.\begin{aligned} \Delta x &= f_1(x, y) \\ \Delta y &= f_2(x, y) \end{aligned}\right\} \tag{6-36}$$

式中，x，y 为像点在像平面坐标系中的坐标。

由于函数关系很难得知，所以各国学者曾研究出不同的像点坐标系统误差模型，有的从引起系统误差的物理因素出发提出改正参数，也有从纯数学角度建立系统误差模型，此时不强调附加参数的物理含义，而只关心它们对系统误差的有效补偿，也有人使用学者提出的 12 个附加参数。在此仅选取用 3 个附加参数的 Bauer 模型为例来描述系统误差，即

$$\left.\begin{aligned} \Delta x &= a_1x(r^2-100)-a_3 \\ \Delta y &= a_1y(r^2-100)+a_2x+a_3y \end{aligned}\right\} \tag{6-37}$$

式中，a_1，a_2，a_3 为附加参数，x，y 为像点在像平面坐标系中的坐标，$r^2=x^2+y^2$，式(6-37)用矩阵表示为：

$$\begin{bmatrix}\Delta x\\ \Delta y\end{bmatrix}=\begin{bmatrix}x(r^2-100) & 0 & -x^2\\ y(r^2-100) & x & y\end{bmatrix}\begin{bmatrix}a_1\\ a_2\\ a_3\end{bmatrix}=Cc \tag{6-38}$$

其中，$C=\begin{bmatrix}x(r^2-100) & 0 & -x^2\\ y(r^2-100) & x & y\end{bmatrix}$，$c=[a_1\quad a_2\quad a_3]^{\mathrm{T}}$

2. 自检校光束法区域网平差误差方程式及法方程式

在光束法区域网平差中，为了减少各种未知数之间的相关性，常不把误差模型的附加参数处理成自由未知数，而是把它处理成带权的观测值，假定外业控制点也有误差，同样也处理成带权观测值，则自检校光束法区域网平差的基本误差方程式为：

$$\left.\begin{aligned} V_1 &= At + Bx + Cc - l_1 \quad \text{权矩阵 } P_1 \\ V_2 &= \qquad\; Ex \qquad\;\; - l_2 \quad \text{权矩阵 } P_2 \\ V_3 &= \qquad\qquad\quad\; Ec - l_3 \quad \text{权矩阵 } P_3 \end{aligned}\right\} \tag{6-39}$$

式中：t 为像片外方位元素改正数向量；x 为控制点坐标的改正数向量；c 为附加参数向量；A，B，C 为相应于 t，x，c 的系数矩阵；p_1 像点坐标或模型坐标的权矩阵；p_2 为控制点坐标的权矩阵；p_3 为附加参数的权矩阵，取决于系统误差与偶然误差的信噪比；L_1 为像点坐标或模型坐标的观测值向量；L_2 为控制点坐标改正数的观测值向量；L_3 为附加参数的观测值向量，只有当该参数已预先测出或已知它才不为零。

其法方程式为：

$$\begin{bmatrix} A^{\mathrm{T}}P_1A & A^{\mathrm{T}}P_1B & A^{\mathrm{T}}P_1C \\ B^{\mathrm{T}}P_1A & B^{\mathrm{T}}P_1B + P_2 & B^{\mathrm{T}}P_1C \\ C^{\mathrm{T}}P_1A & C^{\mathrm{T}}P_1B & C^{\mathrm{T}}P_1C + P_3 \end{bmatrix} \begin{bmatrix} t \\ x \\ c \end{bmatrix} = \begin{bmatrix} A^{\mathrm{T}}P_1l_1 \\ B^{\mathrm{T}}P_1l_1 + P_2l_2 \\ C^{\mathrm{T}}P_1l_1 + P_3l_3 \end{bmatrix} \tag{6-40}$$

与传统的光束法区域网平差法方程式系数矩阵结构相比，由原来所求的未知数向量是2组（t，x）扩展到3组（t，x，c），法方程系数阵的内容仅增加了镶边的 c 部分，如附录Ⅱ-3中的图Ⅱ-12所示。因此，可套用传统的方程数值解法。

6-5 GPS辅助空中三角测量

摄影测量的基本原理是摄影光束相交获取地面点的点位，而要确定摄站点的空间位置及像片的空间姿态，需要3个线元素及3个角元素，即像片的6个外方位元素。传统的摄影测量都要使用外业控制点并通过解析空中三角测量加密获取像片的外方位元素。外业控制点的测量历来都是一项工作量大、工作周期长、作业成本高的测量过程，特别是在荒漠、森林、高山等困难地区更是如此，因此，尽量减少外业控制的数量，甚至实现无外业控制点定位一直是摄影测量工作者孜孜以求的目标。

随着GPS动态定位技术的发展，利用带有GPS的摄影系统可直接获取拍摄瞬间摄影中心的空间位置，该技术可以极大地减少地面控制点的数目，图6-10及图6-11是传统的光束法区域网空中三角测量加密及GPS辅助空中三角测量加密的控制点布设示意图，图中可以看出采用GPS辅助空中三角测量加密可以大大减少外业控制点的数量，若在飞机上再安装惯导测量仪IMU（Intertial Measurement Unit，即POS系统），亦可获取拍摄瞬间像片的空间姿态，至此，可全部获取像片的6的外方位元素，省去了传统的摄影测量成图中外业地面控制点（6-6节中论述）。

一、全球定位系统GPS简介

全球定位系统GPS（Global　Positioning System）是以卫星为基础的无线导航系统，具有提供全球性、全天候、连续性和实时性的导航、定位和定时功能，能为各类用户提供精

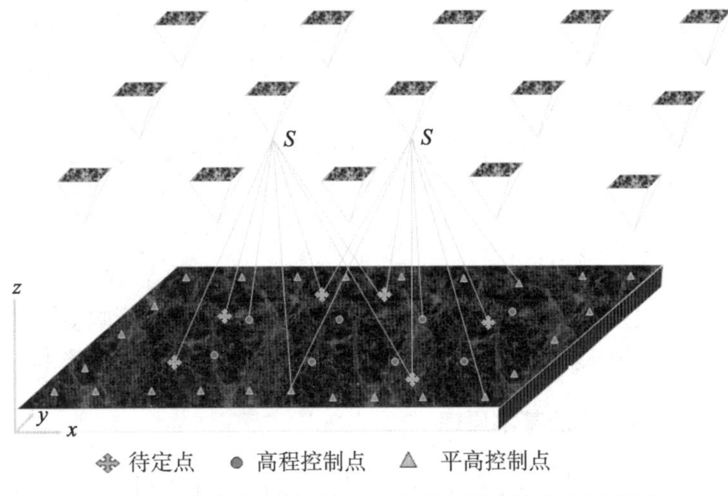

图 6-10　光束法区域网空中三角测量控制点布设示意图

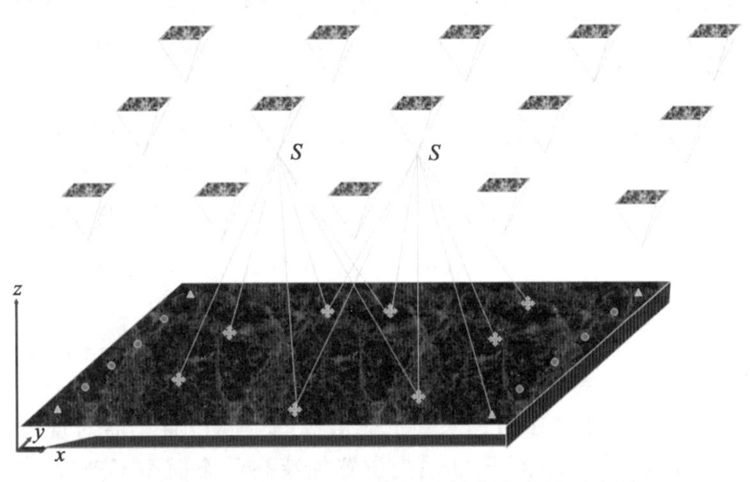

图 6-11　GPS 辅助空中三角测量控制点布设示意图

密的三维坐标、速度和时间信息。

全球定位系统主要由空间部分(卫星星座)、地面监控部分和用户设备部分(GPS 接收机)三大部分组成。采用多星、高轨测距体制，以距离作为基本观测量，通过对 4 颗以上卫星同时进行观测，即可解算出接收机的位置。其基本精度受空间卫星误差、接收机误差及外界条件误差等影响。对同一颗卫星的两站观测值，卫星星历误差、卫星钟差、电离层和对流层迟延误差的影响是基本相同的。通过在两站或者多站同步跟踪相同的 GPS 卫星，即差分定位，可有效消除或减弱这些误差的影响。

差分 GPS(Differential GPS)的基本原理是在一个或几个已知点的位置上安置 GPS 接收机为基准站，与载体上的接收机同步进行观测，然后将基准站上 GPS 测定的位置坐标或其他参数与相应的已知结果求差，通过通信设备将差分信息传至载体上的运动接收机，综合两站的观测数据进行联合解算。

差分 GPS 分为两大类，即伪距差分和载波相位差分，其中，伪距差分以伪距作为观测量进行差分处理，能得到米级定位精度。载波相位测量是利用 GPS 卫星发射的载波为测距信号，载波的波长比测距码波长短得多，对载波进行相位测量就可以得到较高的测量定位精度，经处理后定位精度能到达厘米级。GPS 辅助空中三角测量及 POS 辅助空中三角测量均以 GPS 载波相位差分 GPS 技术为主。

在任一时刻 t，测定卫星载波信号在卫星处某时刻的相位 φ_s 与该信号到达待测点天线时刻的相位 φ_r 之差为：

$$\varphi = \varphi_r - \varphi_s \tag{6-41}$$

差分方法分单差分、双差分和三差分等。单差分可以消除常数误差如卫星时钟误差；双差分能消除接收机误差，也能减弱如轨道星历偏差、电磁折射影响等，是常用的解算方式；三差分虽消除了整周未知数，但是独立观测方程的数目减少，影响了精度。

二、GPS 辅助空中三角测量的基本原理

GPS 辅助空中三角测量利用安装在飞机上与航摄机相连的机载 GPS 信号接收机和设在地面上一个或多个基准站上的至少 2 台 GPS 信号接收机同步而连续地观测 GPS 卫星信号，同时获取航空摄影瞬间航摄机快门开启脉冲，经 GPS 载波相位测量差分定位技术的离线数据后处理，获取航摄机曝光时刻摄站点的三维坐标，然后将其视为附加观测值引入空中三角测量区域网进行整体平差确定目标点的空间坐标。

综上所述，GPS 辅助空中三角测量基本思想是由载波相位差分 GPS 进行相对动态定位所获取的摄站坐标，作为区域网平差中的附加非摄影测量观测值，以空中控制取代地面控制的方法进行区域网平差，这样可以极大地减少甚至完全免除常规空中三角测量所必需的地面控制点。

三、GPS 辅助空中三角测量的作业过程

1. 现行航空摄影系统改造及偏心测定

为了能在航空摄影的同时用 GPS 来确定航摄机的空间位置，需对现行的航空摄影系统进行改造。首先要在航摄飞机的顶部适当位置加装高动态航空 GPS 天线，以便能接收到 GPS 卫星信号。其次，应在航摄相机中加装曝光传感器及脉冲输出装置，以便能将航摄相机快门开启时刻的脉冲信号引出。再次，应在机载 GPS 信号接收机上加装外部事件输入装置（Event Market 接口），以便能将航摄相机曝光时刻精确地写入机载 GPS 信号接收机的时标上，最后，应通过数据连接线将上述三大部件稳固地联成一体，构成带 GPS 信号接收机的航空摄影系统。图 6-12 是带 GPS 信号接收机的航摄机示意图，带 GPS 信号接收机的航空摄影系统如图 6-13 所示。

为了不影响 GPS 卫星信号的接收，GPS 天线一般安装在飞机的顶部，而航摄机总是安装在飞机底部，如图 6-14 所示，A 点为 GPS 天线中心，S 为航摄机投影中心，GPS 天线相位中心在像方坐标系中的三个分量为（u，v，w），由于 GPS 接收机和摄影机固定在飞机上，在锁定状态下，偏心距是一个常数，偏心分量可以测定出来，可采用近景摄影测量方法、经纬仪测量法或平板玻璃直接投影法，这三种方法均可以厘米级精度测定偏心分量。

2. 带 GPS 信号接收机的航空摄影

在摄影过程中，一般以 0.5~1s 的数据更新率进行数据更新，用至少两台分别设在地

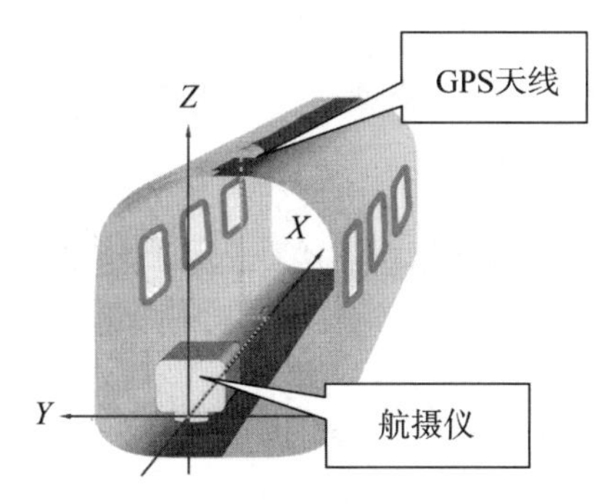

图 6-12　带 GPS 信号接收机的航摄飞机

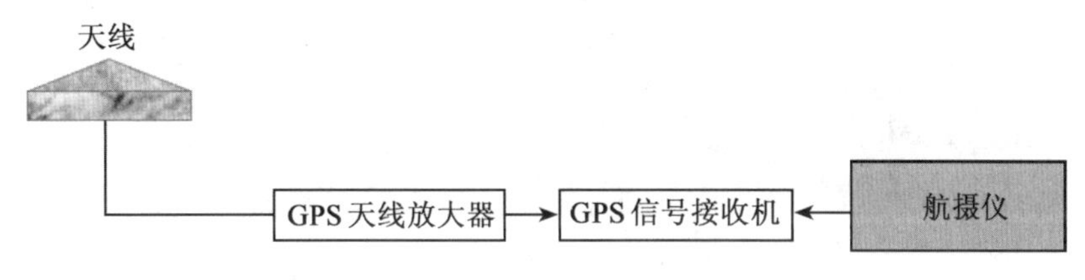

图 6-13　带 GPS 信号接收机的航空摄影系统

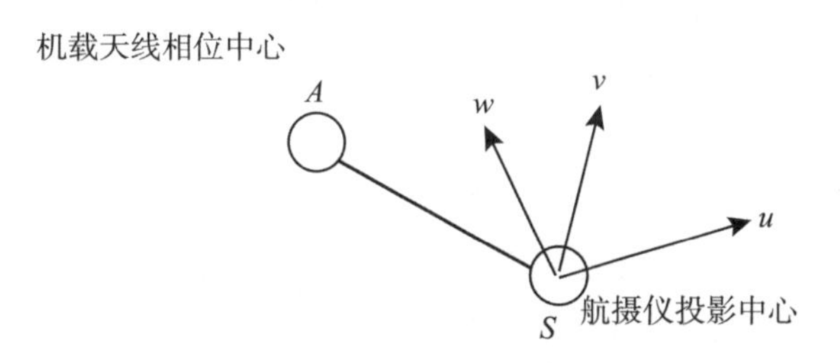

图 6-14　GPS 天线相位中心与航摄机投影中心间的偏心

面基准站和飞机上的 GPS 接收机同时而连续地观测 GPS 卫星信号，以获取 GPS 载波相位观测量和航摄机的曝光时刻，图 6-15 是一个单基准站相对动态定位模式 GPS 辅助空中摄影示意图。

3. 解求 GPS 摄站坐标

①依照 Kalman 滤波递推算法求出每一观测历元时刻机载 GPS 天线的空间坐标，为了提高定位精度，一般采用基于载波相位观测值的动态差分定位法。

②利用差值方法由相邻两个历元的 GPS 天线位置内插航摄机曝光时刻 GPS 摄站坐标。因 GPS 动态定位所提供的是各 GPS 观测历元动态接收天线的空间位置，而 GPS 辅助空中三角测量所需要的是某一曝光时刻摄影机的位置，由于曝光时刻不一定与 GPS 观测历元重合，如果将曝光时间记录在 GPS 接收机数据流中，摄影机曝光时刻 GPS 摄站坐标可根据相邻的天线位置内插得到。

飞机在飞行中速度较快，而 GPS 数据采样率一般选择小于 1s，在航线飞行中一般做近似匀速运动，因而可采用直线内插或低阶多项式拟合模型。

最后要将 GPS 定向成果转至国家坐标系或地方坐标系内。

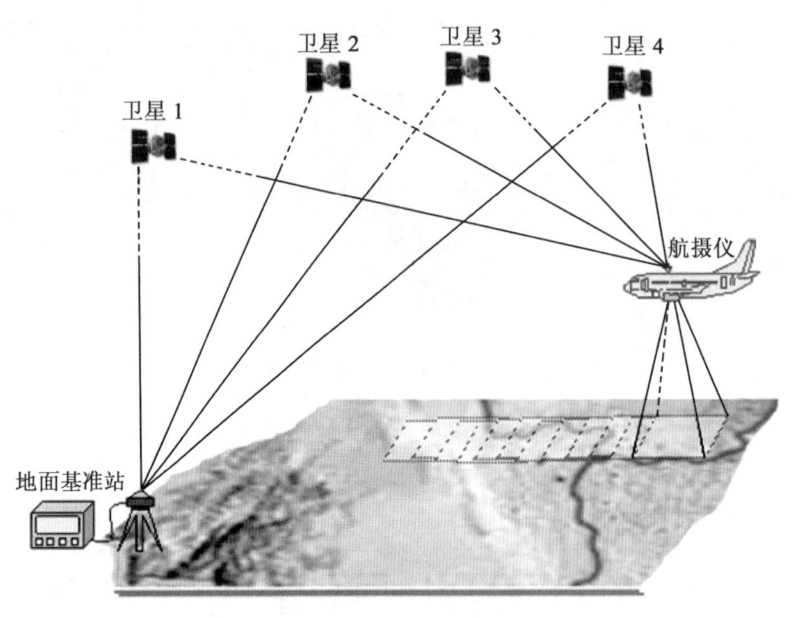

图 6-15　GPS 辅助空中摄影

4. GPS 摄站坐标与摄影测量数据联合平差

(1)GPS 摄站坐标与摄影中心坐标的几何关系式

图 6-16 表示利用单差分 GPS 定位方式获取摄站点坐标的示意图，设机载 GPS 相位中心 A 和摄影机投影中心 S 在以 M 为原点的大地坐标系 $M-XYZ$ 中的坐标分别为(X_A，Y_A，Z_A)及(X_S，Y_S，Z_S)，若 A 在像方坐标系中的三个坐标分量为(u，v，w)可以利用像片姿态角 φ，ω，κ 所构成的旋转矩阵如下：

$$\begin{bmatrix} X_A \\ Y_A \\ Z_A \end{bmatrix} = \begin{bmatrix} X_S \\ Y_S \\ Z_S \end{bmatrix} + R \begin{bmatrix} u \\ v \\ w \end{bmatrix} \tag{6-42}$$

顾及动态 GPS 定位会产生随航摄飞行时间 t 的线性变化的漂移系统误差。须在(6-42)式中引入系统误差的改正模型，则有：

$$\begin{bmatrix} X_A \\ Y_A \\ Z_A \end{bmatrix} = \begin{bmatrix} X_S \\ Y_S \\ Z_S \end{bmatrix} + R \cdot \begin{bmatrix} u \\ v \\ w \end{bmatrix} + \begin{bmatrix} a_X \\ a_Y \\ a_Z \end{bmatrix} + (t-t_0) \cdot \begin{bmatrix} b_X \\ b_Y \\ b_Z \end{bmatrix} \tag{6-43}$$

式中，t_0 为参考时刻；a_x，a_y，a_z，b_x，b_y，b_z 为 GPS 坐标漂移系统误差改正参数。

式(6-43)所表达的是机载 GPS 天线相位中心与摄影中心间严格的几何关系，是非线性的，若以未知数的近似值加上相应增量 Δ，GPS 摄影坐标观测值加入相应的改正数 v_{X_A}，v_{Y_A}，v_{Z_A} 代入(6-43)式并按泰勒级数展开至一次项，得 GPS 摄站坐标误差方程式的纯量形式为：

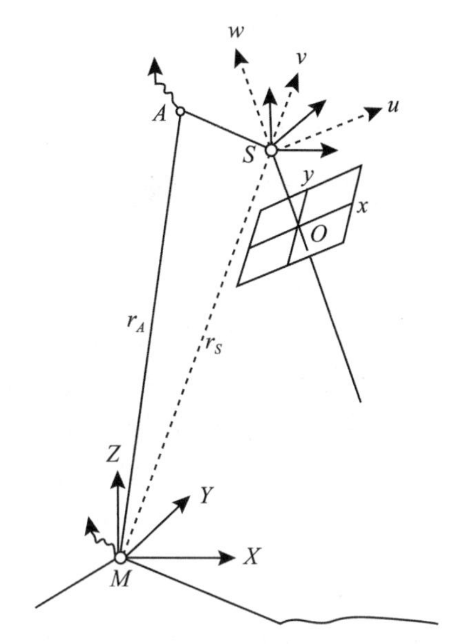

图 6-16　GPS 与航摄仪集成关系示意图

$$\begin{bmatrix} v_{XA} \\ v_{YA} \\ v_{ZA} \end{bmatrix} = \frac{\partial X_A,\ Y_A,\ Z_A}{\partial \varphi,\ \omega,\ \kappa} \begin{bmatrix} \Delta\varphi \\ \Delta\omega \\ \Delta\kappa \end{bmatrix} + \begin{bmatrix} \Delta X_S \\ \Delta Y_S \\ \Delta Z_S \end{bmatrix} + R \begin{bmatrix} \Delta u \\ \Delta v \\ \Delta w \end{bmatrix} + \begin{bmatrix} \Delta a_X \\ \Delta a_Y \\ \Delta a_Z \end{bmatrix} + (t - t_0) \begin{bmatrix} \Delta b_X \\ \Delta b_Y \\ \Delta b_Z \end{bmatrix} - \begin{bmatrix} X_A \\ Y_A \\ Z_A \end{bmatrix} + \begin{bmatrix} X_A \\ Y_A \\ Z_A \end{bmatrix}^0 \tag{6-44}$$

式(6-44)可表示成如下形式：

$$V_G = \bar{A}t + Rr + Dd - l_G \tag{6-45}$$

式中，

$V_G = \begin{bmatrix} v_{XA} \\ v_{YA} \\ v_{ZA} \end{bmatrix}$ 为 GPS 摄站坐标观测值的改正向量；$t = [\Delta\varphi \quad \Delta\omega \quad \Delta\kappa \quad \Delta X_s \quad \Delta Y_s \quad \Delta Z_s]^T$ 为像片外方位元素未知数的增量向量；$r = [\Delta u \quad \Delta v \quad \Delta w]^T$ 为机载 GPS 天线相位中心与航摄机摄影中心间未知数增量的向量；$d = [d_X \quad d_Y \quad d_Z \quad b_X \quad b_Y \quad b_Z]^T$ 为偏移误差改正参数向量；$\bar{A}$，R，D 为 GPS 摄站坐标误差方程式对应于未知数 t，r，d 的系数矩阵。

令 $\begin{bmatrix} U \\ V \\ W \end{bmatrix} = \begin{bmatrix} X_A - X_S \\ Y_A - Y_S \\ Z_A - Z_S \end{bmatrix}$，经推导得：

$$\bar{A} = \begin{bmatrix} -W & -V\sin\varphi & -c_3 V + b_3 W & 1 & 0 & 0 \\ 0 & U\sin\varphi - W\cos\varphi & -a_3 W + c_3 U & 0 & 1 & 0 \\ 0 & V\cos\varphi & -b_3 U + a_3 V & 0 & 0 & 1 \end{bmatrix}$$

R 为由像片姿态角构成的正交变换矩阵。

$$D = \begin{bmatrix} 1 & 0 & 0 & t - t_0 & 0 & 0 \\ 0 & 1 & 0 & 0 & t - t_0 & 0 \\ 0 & 0 & 1 & 0 & 0 & t - t_0 \end{bmatrix}$$

$L_G = \begin{bmatrix} X_A \\ Y_A \\ Z_A \end{bmatrix} - \begin{bmatrix} X_A^0 \\ Y_A^0 \\ Z_A^0 \end{bmatrix}$ 为 GPS 摄站坐标观测值的常数项向量，式中 X_A^0，Y_A^0，Z_A^0 是由未知数近似值代入式(6-43)计算得到的 GPS 摄站坐标。

(2) GPS 辅助光束法区域网平差的误差方程式和法方程式

GPS 辅助光束法区域网平差的数学模型是将 GPS 摄站坐标视为带权观测值引入自检校光束法平差中所得到的一个基础方程，用矩阵形式可表示为：

$$\begin{aligned} V_X &= At + Bx + Cc & &- l_X & &\text{权 } E \\ V_C &= \quad Ex & &- l_C & &\text{权 } P_C \\ V_S &= \qquad\quad Ec & &- l_S & &\text{权 } P_S \\ V_G &= \bar{A}t \qquad + Rr + Dd & &- l_G & &\text{权 } P_G \end{aligned} \tag{6-46}$$

式中，V_X，V_C，V_S，V_G 分别为像点坐标、地面控制点坐标、自检校参数、GPS 摄站坐标观测值改正向量，其中 V_G 方程就是将 GPS 摄站坐标引入摄影测量平差网后新增的误差方程式；$x = [\Delta X \quad \Delta Y \quad \Delta Z]^{\mathrm{T}}$ 为加密点坐标的改正向量；$t = [\Delta\varphi \quad \Delta\omega \quad \Delta\kappa \quad \Delta X_S \quad \Delta Y_S \quad \Delta Z_S]^{\mathrm{T}}$ 为外方位元素改正向量；c 为附加参数向量；A，B，C 为相应于 t，x，c 的系数矩阵；$\bar{A}$，R，D 及 t，r，d 如式(6-45)所述；E，E_x，E_c 为单位矩阵；L_x，L_c，L_s，L_G 为误差方程式的常数项矩阵；P_c，P_s，P_G 为各类观测值的权矩阵。根据最小二乘平差原理，可得(6-45)式法方程的矩阵形式为：

$$\begin{bmatrix} B^{\mathrm{T}}B + P_c & B^{\mathrm{T}}A & B^{\mathrm{T}}C & \cdot & \cdot \\ A^{\mathrm{T}}B & A^{\mathrm{T}}A + \bar{A}^{\mathrm{T}}P_G A & A^{\mathrm{T}}C & \bar{A}^{\mathrm{T}}P_G R & \bar{A}^{\mathrm{T}}P_G D \\ C^{\mathrm{T}}B & C^{\mathrm{T}}A & C^{\mathrm{T}}C + P_s & \cdot & \cdot \\ \cdot & R^{\mathrm{T}}P_G\bar{A} & \cdot & R^{\mathrm{T}}P_G R & R^{\mathrm{T}}P_G D \\ \cdot & D^{\mathrm{T}}P_G\bar{A} & \cdot & D^{\mathrm{T}}P_G R & D^{\mathrm{T}}P_G D \end{bmatrix} \begin{bmatrix} x \\ t \\ c \\ r \\ d \end{bmatrix} = \begin{bmatrix} B^{\mathrm{T}}l_x + P_c l_c \\ A^{\mathrm{T}}l_x + \bar{A}^{\mathrm{T}}P_G l_G \\ C^{\mathrm{T}}l_x + P_s l_s \\ R^{\mathrm{T}}P_G l_G \\ D^{\mathrm{T}}P_G l_G \end{bmatrix} \tag{6-47}$$

式(6-47)是 GPS 辅助光束法区域网平差法方程的一般形式。

GPS 辅助空中三角测量是摄影测量与非摄影测量联合平差的一部分，即摄影机定向数据与摄影测量数据联合平差且平差的函数模型是在自检校光束法区域网平差的基础上辅之以 GPS 摄站坐标与摄影中心坐标几何关系及其系统误差改正模型后所得的一个基础方程。与经典的自检校光束法区域网平差相比，主要增加了两组未知数 r 与 d，因而增加了镶边带状矩阵的边宽，并没有破坏原有法方程的良好带状稀疏结构，如附录Ⅱ-3 中的图Ⅱ-3-10 所示。因此，仍可用传统的边法化边消元的循环分块方法解求未知数向量。

四、适量增加地面控制点及构架航线

为了研究 GPS 辅助空中三角测量的可行性，我国摄影测量有关学者多次进行 GPS 用于空中三角测量的模拟试验、生产性试验及理论分析等。试验结果表明，无地面控制点的GPS辅助光束法区域网平差，不能消除GPS摄站坐标的系统误差，要想提高区域网平差精度，必须在区域网平差中引入漂移误差的改正参数。然而一并解求漂移误差改正参数，会使法方程面临难解的问题，为此需采取相关措施予以解决。经试验验证，其解决的办法是：

其一，在测区适当位置上增设一定数量的地面控制点参与平差计算，如图6-17所示，在区域网四角布设平高控制点，两端布设两排高程点，用地面控制点补偿区域网的系统误差。

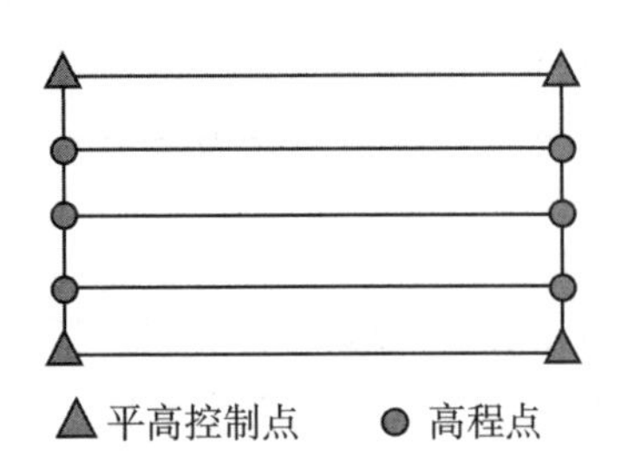

图6-17　四角布设平高点加两排高程点

其二，采用特殊的像片覆盖图进行空中摄影，即加大覆盖测区的像片重叠度，或者是按常规摄影测量作业规范执行航空摄影，而在区域网的两端各加设一条构架航线如图6-18所示，亦可改正GPS摄站坐标的系统漂移误差。

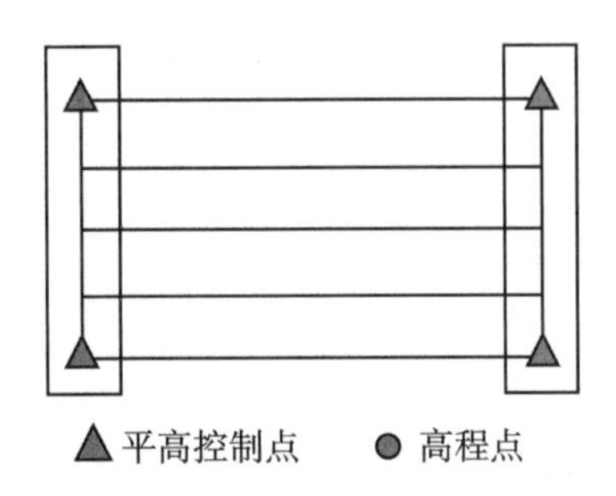

图6-18　四角布设平高点加两条构架线

试验表明，在四角布设四个平高控制点的情况下，构架航线对GPS辅助光束法区域网平差结果没有明显影响，但当地面控制点少于四个或无地面控制点的情况下，构架航线对GPS辅助光束法区域网平差结果有显著改善，这是由于两条构架航线的摄站坐标作为两排空中控制点布设于区域网两端，代行了地面控制点的功用。

我国学者对GPS辅助空中三角测量的加密精度进行了测试试验，其中对太原丘陵地区(区域为$3\times8km^2$)为例，用RC-30航摄仪(152mm)以航摄比例尺1∶5000进行拍摄。2s数据更新率，检查点(Trimble 4000)全为标志点(常规光束法平差须布设12个平高点和2个高程点)，其加密精度如表6-1所示。

表 6-1　　　　　　**GPS 辅助空中三角测量与常规光束法加密精度比较**

平差方案	σ_0	检查点数		理论精度(cm)		实际精度(cm)	
	(μm)	平面	高程	平面	高程	平面	高程
密周边布点光束法区域网平差	10.3	94	91	5.4	22.5	5.2	16.0
四角布点 GPS 辅助光束法平差	10.4	103	95	6.5	23.3	7.9	18.1
无地面控制 GPS 辅助光束法平差	9.7	103	95	11.3	24.0	23.2	35.2

从表中可以看出：

(1)带地面控制的 GPS 辅助光束法区域网平差理论精度非常好，平面 $1.2\sigma_0 \sim 2.8\sigma_0$，高程 $2.0\sigma_0 \sim 4.4\sigma_0$，达到自检校光束法区域网平差精度。

(2)实际精度：平面 $1.6\sigma_0 \sim 4.3\sigma_0$，高程 $1.3\sigma_0 \sim 3.1\sigma_0$，高程方面与理论精度完全符合，平面位置由于内业判点误差等导致与理论精度有一定差距，但平差结果完全满足测图控制对加密成果的精度要求。

(3)无地面控制 GPS 辅助光束法区域网平差具有较大的系统误差，实际精度与理论精度相差较远。但成果仍能满足 1∶25000 地形图航测成图精度要求。

对于 1∶1000 航测成图，检查点不符值：平面小于 0.5m，高程小于 0.40m；对于 1∶500 航测图，检查点不符值：平面小于 0.5m，高程小于 0.35m。

6-6　机载 POS 系统对地定位

一、POS 系统简介

IMU/DGPS 集成亦称机载定向定位系统即 POS 系统(Position Orientation System)。这种组合利用惯性测量(姿态测量)INS 系统(Inertial Navigation System)中的高精度惯性测量单元 IMU(Inertial Measurement Unit)记录航摄相机的角度变化，以机载移动站 GPS 数据与基准站静态 GPS 数据耦合解算摄站点的位置信息。因此，这种惯导差分技术可直接获取曝光时刻像片的 6 个外方位元素，这样在无地面控制点、甚至无需空中三角测量工序直接定向测图或进行影像的空间定位，这就为航空摄影的进一步应用提供了快速便捷的技术手段。

若将 POS 系统获取的 6 个外方位元素作为直接观测值引入常规的空中三角加密流程，一并进行区域网联合平差，这就形成了 POS 辅助空中三角测量，这种方法与 6-5 节 GPS 辅助空中三角测量类似，所不同的是 GPS 辅助空中三角测量只能获取曝光时刻像片投影中心的空间位置坐标，而 POS 系统不仅能获取像片投影中心的空间位置坐标，同时可以获取像片的姿态参数，因而，在引入传统的空中三角测量联合平差时，可以在保证精度的前提下实现大幅度减少地面控制点的数量。

二、POS 系统的组成及与 GPS、航空摄影系统集成

1. POS 组成

一套完整的 POS 系统主要包括 IMU 姿态量测系统，机载 GPS 接收机，航摄相机，地面基准站接收机等，另外还有相应的后处理软件等，图 6-19 是 POS 系统组成的示意图。

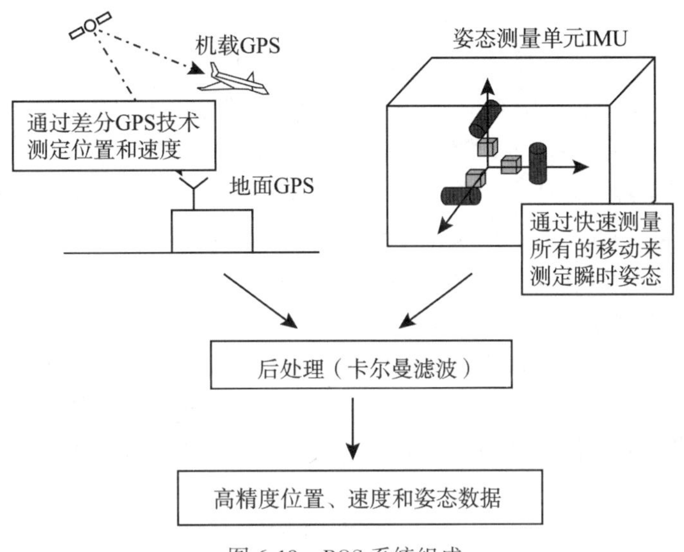

图 6-19　POS 系统组成

2. POS 系统与 GPS、航空摄影系统集成

图 6-20 是 GPS、IMU 及航摄相机三者集成在飞机中的示意图，惯性测量装置 IMU 机载 GPS 接收机及航摄相机必须稳固地安装在飞机上，保证在航空摄影过程中三者之间的相对位置保持不变。同时，为了保证获取航摄相机曝光时刻摄影中心的位置，航摄相机还应提供或加装曝光传感器及脉冲装置。

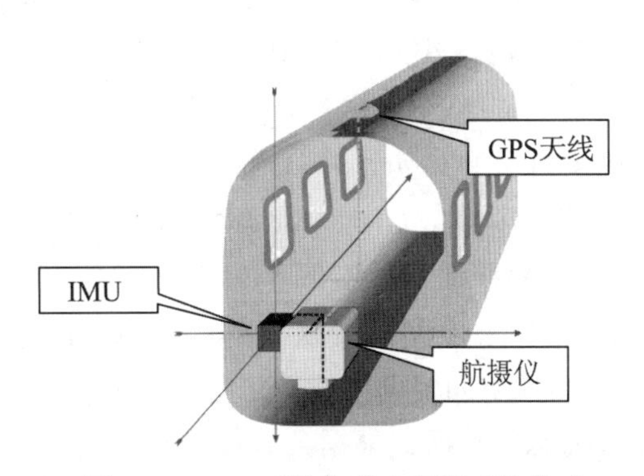

图 6-20　POS 系统与航空摄影系统集成

目前国际常用的 POS 系统有德国 IGI 公司开发的 AEROcontrol 系统及加拿大 Applanix 公司开发的 POS AV 系统，这两个系统的设备、性能基本相同，本节主要介绍加拿大的

POSAV 系统。POS AV 系统主要由四部分组成：

（1）惯性量测单元（IMU）

IMU 由三个加速度计、三个陀螺仪、数字化电路和一个执行信号调节温度补偿功能的中央处理器组成。经过补偿的加速度计和陀螺仪数据作为速度和角度的增率通过一系列界面传送到计算机系统 PCS，典型的传送速率为 200～1000Hz。然后，PCS 在惯性导航器中组合这些加速度及角速率，以获取 IMU 相对于地球的位置、速度和方向。

（2）GPS 接收机

GPS 系统由一系列 GPS 导航卫星和 GPS 接收机组成。采用载波相位差分的 GPS 动态定位技术解求 GPS 天线相位中心位置。在大部分情况下，POS AV 系统采用内嵌式低噪双频 GPS 接收机为数据处理软件提供波段和距离信息。

（3）POS 控制系统（PCS）

（PCS）包含即时存储系统和实时组合导航的计算机。用于配置系统各硬件的性能参数，记录存储数据和实时组合导航计算结果为飞行管理系统提供必要信息。

（4）数据后处理软件 POSPac

POSPac 数据后处理软件通过处理 POS AV 系统在飞行中获得的 IMU 和 GPS 原始数据及 GPS 基准站数据得到最优的组合导航解。当 POS 系统用于摄影测量时，最后还要利用 POSPac 软件中的 CaIQC 模块做检校计算和 POSEO 模块解算每张影像在曝光瞬间的外方位元素。

组合惯性导航软件同时装备在 PCS 和后处理软件 POSPac 中，在这个软件中，GPS 观测量用来辅助 IMU 的导航数据，能提供一个姿态与位置混合的解决方案，这种方法在保留 IMU 导航数据的动态精度的同时能够拥有 GPS 的绝对精度，另外还可以辅助航摄相机座架来自动修正旋偏角。

三、POS 系统在摄影测量中的应用

1. GPS、IMU 及航摄相机三者之间的关系

（1）航摄相机姿态角的测确定

如图 6-21 所示，POS 系统中 IMU 获取的是惯导系统的测滚角 φ，俯仰角 ω 和航迹角 κ，由于系统集成时 IMU 三轴陀螺系统和航摄相机像空间辅助坐标系间总存在角速度偏差 $\Delta\varphi$，$\Delta\omega$，$\Delta\kappa$，因此航摄像片的姿态参数需要通过转角变换计算得到，航摄像片的 3 个姿态角所构成的正交变换矩阵应满足如下关系式：

$$R = R_I^G(\omega,\ \omega,\ \kappa) \cdot \Delta R_P^I(\Delta\varphi,\ \Delta\omega,\ \Delta\kappa) \tag{6-48}$$

式中，$R_I^G(\omega,\ \omega,\ \kappa)$ 为 IMU 坐标系到物方空间坐标系之间的变换矩阵；$\Delta R_P^I(\Delta\varphi,\ \Delta\omega,\ \Delta\kappa)$ 为像空间坐标系到 IMU 坐标系之间的变换矩阵；ω，ω，κ 为 IMU 获取的姿态参数；$\Delta\varphi$，$\Delta\omega$，$\Delta\kappa$ 为 IMU 坐标系与像空间辅助坐标系之间的偏差。

测算出航摄相机的 3 个姿态参数后，根据公式（6-42）即可解算出摄站点的空间信息，从而获得像片的 6 个外方位元素。

（2）航摄中心空间位置的确定

机载 GPS 系统和航摄机集成安装时，GPS 天线相位中心 A 与摄影机中心 S 有一个固定的空间距离，如 6-5 节中的图 6-16 所示，点 A 与 S 的相对位置保持不变，测算出航摄相

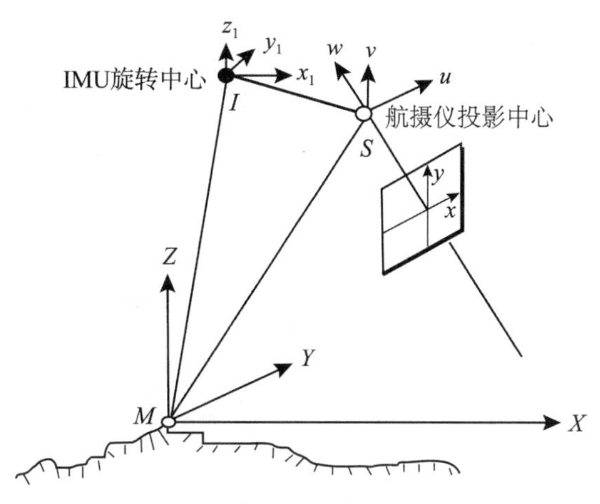

图 6-21　IMU 与航摄仪集成关系示意图

机的 3 个姿态参数后，根据公式(6-42) $\begin{bmatrix} X_A \\ Y_A \\ Z_A \end{bmatrix} = \begin{bmatrix} X_S \\ Y_S \\ Z_S \end{bmatrix} + R \begin{bmatrix} u \\ v \\ w \end{bmatrix}$ ，即可解算出摄站点的空间信息，从而获得像片的 6 个外方位元素。(6-42)式也是 POS 系统获取设站点空间位置的理论公式，通常应根据具体应用引入特定的误差改正模型。

2. POS 系统在摄影测量中的应用方式

POS 系统应用于摄影测量有两种方式。

(1)直接传感器定向(Direct Georeferencing)

在已知 GPS 天线相位中心、IMU 及航摄相机三者之间关系的前提下，可直接对 POS 系统获取的 GPS 天线相位中心空间坐标(X_A，Y_A，Z_A)及 IMU 系统提供的横滚角、俯仰角、航迹角等进行数据处理，获取摄站中心三维空间坐标(X_S，Y_S，Z_S)及航摄机的 3 个姿态角(ω，ω，κ)，从而实现无地面控制点的情况下直接恢复航空摄影成像过程。直接传感器定向的条件是需要利用检校场飞行处理消除 POS 系统误差，检校场的布设如图 6-22所示。

用直接传感器定向方式，测区不需要进行空中三角测量平差计算，不需要地面控制点，与传统的空中三角测量及 GPS 辅助空中三角测量相比，不但节约了费用，同时还极大地提高了生产效率。但由于直接传感器定向没有多余观测，计算过程中如出现了采用错误的 GPS 基站坐标之类的问题，都将影响最终结果。此外对几何模型考虑的也比较简单，即便有完善的检校场数据处理，其精度也难以满足大比例尺测图的需要。

尽管如此，直接传感器定向仍具有良好的适应性，可用于小比例尺测图，尤其是对自然灾害频发地区、国界争议地区及自然条件恶劣难以开展地面控制测量作业的地区还是唯一可行的办法。

由于直接传感器定向无地面控制点，而仅仅是通过投影中心外推获得地面点坐标，因此，在利用 POS 系统提供外方位元素进行直接传感器定向前，必须进行系统检校以确定改正这些误差。

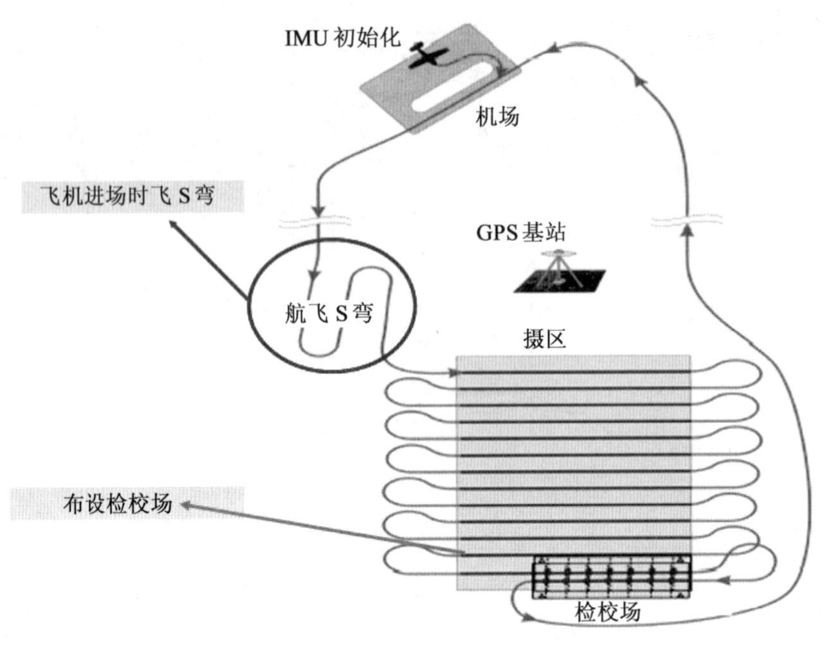

图 6-22　布设检校场

直接传感器定向首先应布设理想的检校场，进行严格的系统检校，才能保证测定的定向参数有较高的精度。否则任何小的错误都可能导致所确定的目标点存在很大的误差。

系统检校分两个部分即单传感器校正和传感器之间的校正。

单传感器校正包括内定向参数、IMU 常量漂移、倾斜和比例因子、GPS 天线多通道校正等。传感器之间的校正包含确定航摄相机与导航传感器之间的相对位置和旋转参数，由数据传输和内在的硬件延迟引起的传感器时间不同步等。

(2)集成传感器定向(Integrated Sensor Orientation)

集成传感器定向亦称 POS 辅助空中三角测量，是将 DGPS/IMU 获得的 3 个空间坐标与 3 个角元素视为带权观测值引入摄影测量区域网平差中，可高精度获取每一张像片的 6 个外方位元素，实现大幅度减少地面控制点的数量。虽然这种方法仍需空中三角测量和加密点测量，但却带来了更好的容错能力和更精确的点位结果。集成传感器定向不需要进行预先的系统改正，因为校正参数能在空中三角测量的过程中解算出来，同时还能大大减少所需要的地面控制点的数量。

集成传感器定向利用地面控制点数据联合平差，因此，理论上具有可靠的精度和稳定性。这是一种高精度摄影测量方法，同时也是直接传感器定向的重要补充，当 POS 系统工作出现异常或测区上下视差超限时，布设四角控制点进行集成传感器数据处理，是一种行之有效的补救方法。

关于 POS 系统的摄影测量加密精度，我国摄影测量学者也做了相关测试与试验，对于安阳平坦(平地)地区使用 1∶4000 摄影比例尺，测区范围 $5\times2.5\text{km}^2$，加密精度如表 6-2 所示。

表 6-2　　**POS 辅助光束法加密与经典光束法加密点精度比较**

平差方案		经典光束法	前方交会	POS 辅助光束法区域网平差	带四角控制 POS 辅助光束法区域网平差
检查点数		33/17	116	47	43
最大残差(m)	平面	0. 336	0. 520	0. 324	0. 309
	高程	0. 127	0. 428	0. 241	0. 223
实际精度(m)	*X*	0. 118		0. 109	0. 107
	Y	0. 095		0. 086	0. 086
	平面	0. 151	0. 204	0. 139	0. 137
	高程	0. 069	0. 139	0. 105	0. 106

用 1∶1000 比例尺航测成图，检查点不符值为：平面小于 0. 50m，高程小于 0. 25m 。

对安阳丘陵、平坦(平地)地区使用 1∶20000 摄影比例尺进行摄影，测区范围 $14\times22km^2$，加密精度如表 6-3 所示。

表 6-3　　**POS 辅助光束法加密与经典光束法加密点精度比较**

平差方案		经典光束法	前方交会	POS 辅助光束法区域网平差	带四角控制 POS 辅助光束法区域网平差
检查点数		20/8	88	32	28
最大残差(m)	平面	1. 681	2. 327	1. 403	1. 724
	高程	0. 381	2. 592	1. 797	0. 975
实际精度(m)	*X*	0. 625		0. 578	0. 707
	Y	0. 737		0. 535	0. 623
	平面	0. 966	0. 984	0. 787	0. 942
	高程	0. 243	1. 330	0. 981	0. 535

用 1∶5000 比例尺航测成图，检查点不符值为：平面小于 1. 75m，高程小于 1m。

经试验及生产实践证明，拥有 POS 系统的摄影测量，对于 1∶50000 比例尺航测成图无须地面控制点，空中三角测量加密过程，采用直接传感器定向即可达到精度要求；对于 1∶5000 至 1∶10000 成图，可加测少量地面控制点参与平差，提高整体精度；对于 1∶1000 及 1∶2000 比例尺航测成图可大幅度减少地面控制点的数量，所以，POS 系统在航空摄影测量中有广阔的应用前景。

四、影响 POS 系统定向精度的因素

1. 位置精度

(1)GPS 定位误差

GPS 定位受到多方面因素的影响，除受接收因素的影响外(如信号失锁、大气折光、多路径、卫星数量及分布等)，还与 GPS 处理技术相关。采用伪距差分定位系统精度可达到米级，而 POS 采用载波相位事后差分处理技术可达到厘米级精度。除自身误差外，基准站数据也会影响 GPS 定位精度，尤其是基站离测区过远会带来较大影响，一般不应超出 100km。

(2)设备时间同步误差

IMU、机载 GPS 与航摄机之间各自的工作是独立的，航摄机给出曝光脉冲信号的时刻与经载波相位事后差分处理后的 GPS 信号历元时刻不能完全同步，在高速运动的飞机上会造成距离误差，同样 IMU 也会因时间不同步而存在记录误差。

(3)偏心分量测量误差

偏心分量包括机载 GPS 天线相位中心到航摄机投影中心的分量以及 IMU 测量中心到航摄机投影中心的分量。由于 IMU 和航摄机固联，采用出厂固定参数可达到亚厘米级精度，而 GPS 天线位于飞机表面，和航摄机并不通视，增加了量测难度，其具体量测方式可采用平板玻璃法，量测精度可达到厘米级。

2. 角度误差

POS 辅助空中三角测量时，摄影时刻的像片姿态角是通过和航摄机固联的 IMU 来量测的，由于它们各自的参考坐标轴不平行，所以 IMU 所测定的姿态和航摄机的姿态相差一个固定的角度差即偏心角。当对此偏心角校正改正后，像片的角度误差主要来源于 IMU 姿态角度量测的误差。

3. 内方位元素误差

航摄机内方位元素对于摄影测量计算相当重要。实验室检定的内方位元素不能充分顾及外界条件及由于时间和使用带来的变化。其中，主距的变化将在高程上对摄影比例尺引起数倍的影响，为此可通过区域网平差相机自检校的方法来消除。

4. 坐标系转换误差

通过 GPS 获取的是 WGS-84 坐标系下外方位元素，而在实际摄影测量解算时使用国家坐标系或独立坐标系。同样高程系统也存在着转换问题。坐标系及高程转换中不免会引入误差。

以上所讨论的几种误差是影响 POS 系统定向精度的主要误差源。

习题与思考题

1. 简述解析空中三角测量的概念。
2. 构建航带网时，为什么要进行模型连接？如何计算模型连接系数？
3. 航带网经绝对定向后，为什么还要进行非线性改正？航带网整体平差解求的未知数是什么？
4. 试说明航带网法解析空中三角测量的基本思想及作业过程。
5. 试说明独立模型法区域网平差的基本思想，并与航带网法区域网平差进行比较，说明这两种方法的优缺点。
6. 试说明光束法区域网平差的基本思想，为什么说它是最严密的一种方法？
7. 光束法区域网平差中，为什么要给出未知数的初始值？并说明确定初始值的方法。

8. 如下图所示，有两条航带12张像片组成的航摄区域，采用光束法平差解算，不考虑系统误差的改正且控制点无误差，求：

①该区域网观测值及观测值个数；

②未知数及未知数的个数；

③光束法区域网平差的解算过程。

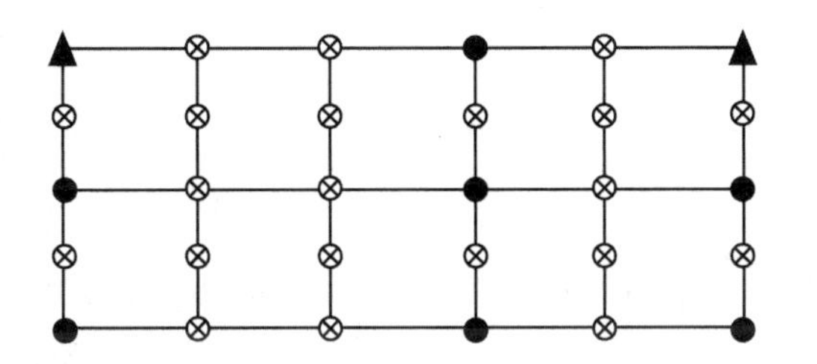

9. 在光束法平差中，可以利用哪些非摄影测量观测值？为什么要引入非摄影测量观测值与摄影测量观测值一起进行联合平差？

10. 简述GPS辅助空中三角测量的基本原理及其过程。

11. 什么是POS系统？简述POS直接对地定位的基本原理。分析POS辅助空中三角测量的优势。

第七章　数字地面模型的建立及其应用

7-1　概述

数字地面模型(Digital Terrain Model，DTM)最初是由美国麻省理工学院 Miller 教授为了高速公路的自动设计于 1956 年提出的。20 世纪 60~70 年代，很多学者对 DTM 的内插方法进行了大量研究，形成了多种实用的内插算法，80 年代以来，对 DTM 的研究已涉及 DTM 系统的各个环节，如精度分析、粗差探测、不规则三角网 DTM 的建立与应用等。

数字地面模型 DTM 是一个用于表示地面特征的空间分布的数据阵列，最常用的是用一系列地面点的平面坐标 X、Y、地面高程 Z 及属性信息如资源、环境、土地利用、人口分布等组成的数据阵列。若只考虑 DTM 地形分量，我们通常称其为数字高程模型(Digital Elevation Model)，简称 DEM。DEM 是 DTM 的一个子集，是对地球表面地形、地貌的一种离散的数字表示。DEM 有多种表示形式，主要包括规则矩形格网与不规则三角网等。图 7-1(a)是 DEM 矩形格网结构形式，地面点按一定矩形格网形式排列，点的平面坐标 X、Y 可由起始原点推算而无须记录，地面形态只用点的高程 Z 表示。这种规则格网 DEM 存储量小，便于使用，又易于管理，是目前使用最广泛的一种形式。但有时候不能准确地表示地形的结构和细部，导致基于 DEM 描绘的等高线不能准确地表示地貌。为此，可采用附加地形数据特征点，如地形特征数据点、山脊山谷线、断裂线等，以便构成完整的 DEM。

为了能较好地顾及地形特征点、线，真实地表示复杂的地形表面，可采用下述的数据结构：按地形特征采集的点按一定规则连成覆盖整个区域、互不重叠的三角形，构成不规则的三角网表示的 DEM 如图 7-1(b)所示。但这种方式的数据结构其数据量大，数据结构也较复杂，因此使用及管理也比较复杂。

建立 DEM 的过程是，首先按一定的数据采集方法，在测区内采集一定数量的离散点的平面位置和高程，这些点称为控制点(数据点或参考点)，以这些控制点为网络框架，用某种数学模型拟合，内插大量的高程点，以便获得符合要求的 DEM。

数据点是建立数字高程模型的基础，模拟地表面的数学模型函数关系式的待定参数就是根据这些数据点的已知信息(X，Y，Z)来确定的。获取这些数据点可直接取自地形表面或是间接取自地形表面的模拟模型。由以下四种方法获取数据点：

1. 由现有地形图上采集

现在常用的方法是使用扫描装置采集。

2. 由摄影测量方法采集

全数字摄影测量系统目前已得到广泛应用，利用机器视觉代替人眼的立体观测并自动进行数据点的采集。为了得到规定精度的 DEM，目前一般按人工或半自动相结合方式进行采样。

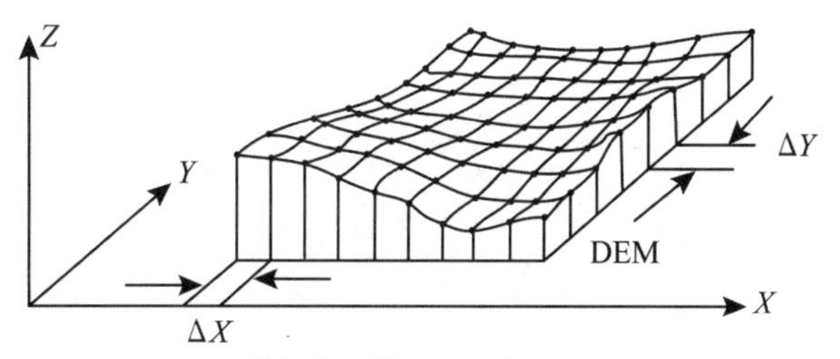

(a) 数字高程模型的矩形格网表示

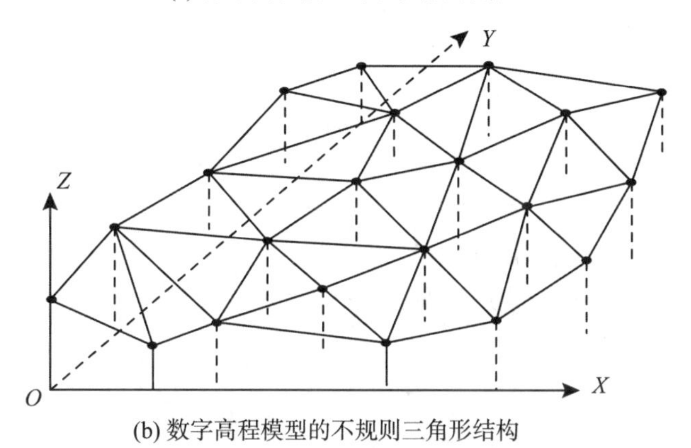

(b) 数字高程模型的不规则三角形结构

图 7-1　数字高程模型的数据结构

(1)沿断面线采样。

用摄影测量方法获取数据点，对每个立体像对建立的立体模型进行断面扫描，按等距方式或等时间方式记录断面点的坐标，因测量过程是动态进行，该方法作业效率较高，图 7-2 所示是按等距离方式获取数据点。

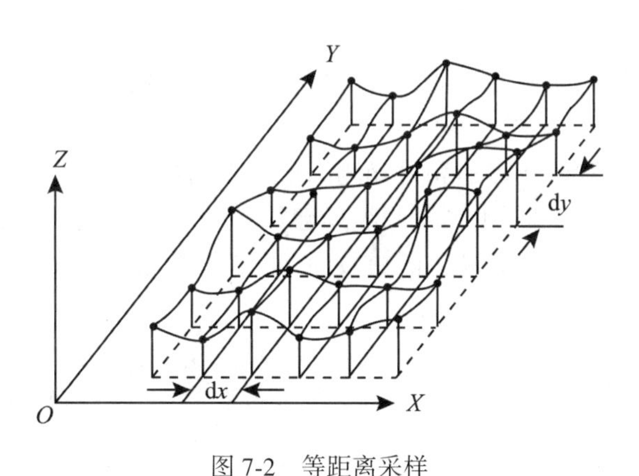

图 7-2　等距离采样

(2)沿等高线采样。

在地形复杂或陡峭地区，可采用沿等高线跟踪方式进行数据采集，如图 7-3 所示，沿等高线采样可按等距离间隔记录数据或按等时间间隔记录数据。若采用后者，在等高线曲率大的地方由于跟踪速度较慢而采集的数据较密集；在等高线平直的地方跟踪速度又较快，采集的数据点稀疏。因此，要选择恰当的时间间隔。

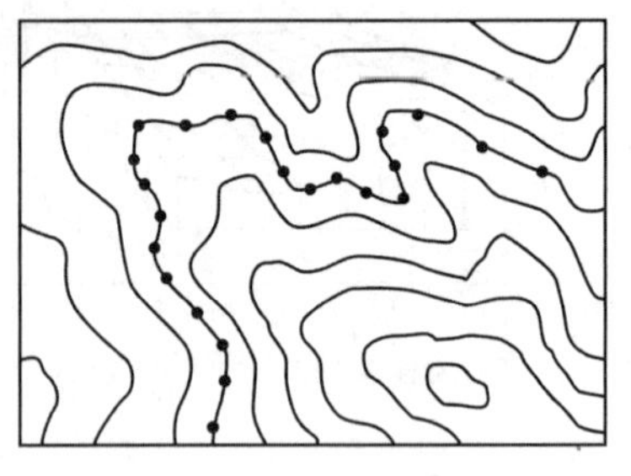

图 7-3　沿等高线采样

(3)沿地形结构采样。

为了准确地反映地形，可根据地形特征进行采样。例如沿山脊线、山谷线、断裂线或离散碎步点采集。图 7-4 所示为沿地形结构采样，这种采样方式很适合不规则三角网 TIN 建立的 DEM，但数据的存储、管理及应用均较复杂。

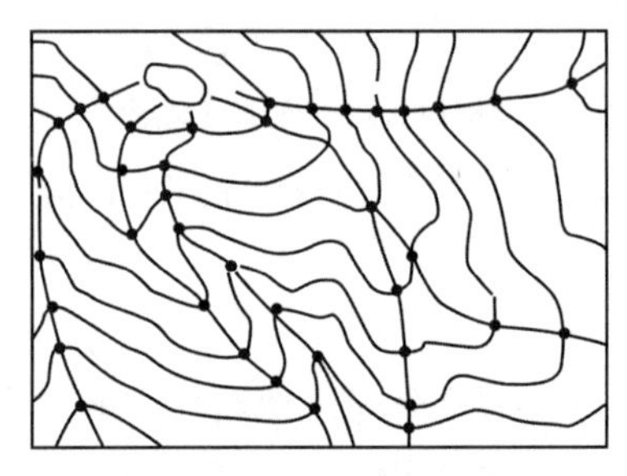

图 7-4　沿地形结构采集数据

3. 野外实地测量

即在实地直接测量地面点的平面位置和高程。一般使用电子速测仪进行采集。

4. 由遥感系统直接测得

如航空和航天飞行器搭载雷达和激光测高仪获得的数据。

我国 1 : 5 万数字高程模型由国家测绘局建设，国家基础地理信息中心负责维护和管理。其覆盖中国范围的陆地和海岛，图幅数为 24 230 幅。DEM 数据以 Grid 格式存储，数据量为 80 GB。

本章 7-3 节至 7-5 节，主要介绍矩形格网 DEM 的建立与应用，7-6 节将介绍三角网数字地面模型的构建方法。

7-2　数据预处理

DEM 的数据预处理是 DEM 内插之前的准备工作，它是整个数据处理的一部分，一般包括数据格式转换、坐标系统变换、数据编辑、栅格数据转换为矢量化数据及数据分块等内容。

一、格式转换

由于数据采集的软、硬件系统各不相同，因此数据的格式可能也不相同，常用的代码有 ASCII(American Standard Code for Information Interchange)码、BCD(Binary Coded Decimal) 和二进制码。每一记录的各项内容及每项内容的类型位数也可能各不相同，要根据 DEM 内插软件的要求，将各种数据转换成该软件所要求的数据格式。

二、坐标系统变换

若采集的数据不是出于地面坐标系，则应变换到地面坐标系。地面坐标系一般采用国家坐标系，也可采用局部坐标系。

三、数据编辑

将采集的数据用图形方式显示在计算机屏幕上，作业人员根据图形交互式地剔除错误的、过密的与重复的点，发现某些需要补测的区域并进行补测，对断面扫描数据还要进行扫描系统误差的改正。

四、栅格数据转换为矢量数据

由地图扫描数字化仪获取的地图扫描影像是一灰度阵列，首先经过二值化处理，再经过滤波或形态处理(利用数字形态学进行各种运算)，并进行边缘跟踪，获取等高线上按顺序排列的点坐标，即矢量数据，供以后建立 DEM 使用。

五、数据分块

由于数据采集的方式不同，数据的排列顺序也不同，例如等高线数据是按各条等高线采集的先后顺序排列的，但内插时，待定点常常只与其周围的数据点有关，为了能在大量的数据点中迅速地查找到所需要的数据点，必须将数据进行分块。一般情况下，为了保证分块单元之间的连续性，相连单元间要有一定的重叠度。分块的方法如图 7-5 所示，先将整个区域分成等间隔的格网(通常比 DEM 格网要大)，然后将数据点按格网分成不同的类，可采用交换法或链指针法。

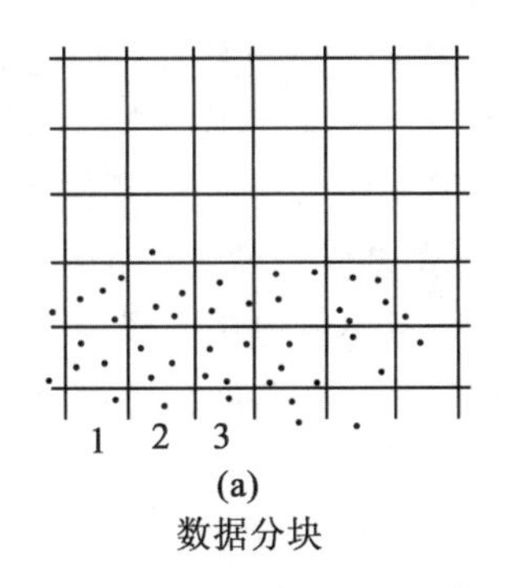

(a)
数据分块

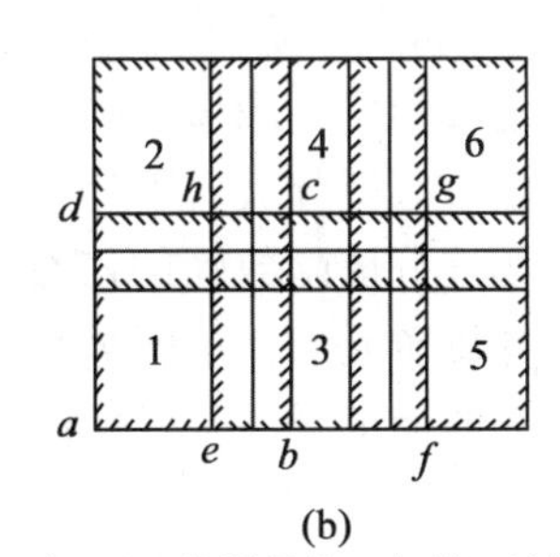

(b)
*abcd*与 *efgh* 分别是第 1 与第 3 计算单元

图 7-5 数据分块与计算单元

1. 交换法

将数据点按分块格网的顺序进行交换，使属于同一分块格网的数据点连续地存放在一片连续的存储区域中，同时建立一个索引文件，记录每一块(分块格网)数据的第一点在数据文件中的顺序(记录号)，由后一块数据第一点的序号减该块数据第一点的序号，即该块数据点的个数，据此就可以迅速检索出属于该块的所有数据点。该方法不需要增加存储量，但数据交换需要花费较多的计算机处理时间。

2. 链指针法

对于每一个数据点，增加一个存储单元(链指针)，存放属于同一个分块格网中下一个点在数据文件中的序号(前向或后向指针)，对该分块格网的最后一个点存放一个结束标志，同时建立一索引文件，记录每块(分块格网)数据的第一点在数据文件中的序号。检索时由索引文件可检索出该块的第一个数据点，再由第一点的链指针检索出该块的下一个点……直到检索出该块的所有数据点。也可以设置双向链指针，即对每个数据点增加两个存储单元，分别存放属于同一块的前一点与后一点的序号，实现双向检索。该方法不需要进行数据交换，并且对所有的数据点进行一次顺序处理就能完成全部分块，因而计算机处理时间较短，但要增加存储量。

六、子区边界的提取

根据离散的数据点内插规则格网 DEM，通常是将地面看做光滑的连续曲面，但是地面上存在各式各样的断裂线，如陡崖、绝壁以及各种人工地物，使地面并不光滑，这就需要将地面分成若干个子区，使每个子区的表面为一连续光滑曲面。这些子区的边界由特征线(如断裂线)与区域的边界线组成，应用相应的算法进行提取。

数据预处理虽然是 DEM 建立的一部分工作，但有的内容也可在数据采集的时候同时进行，这就需要数据采集的软件具有更强的功能。

7-3 数字高程模型数据内插方法

DEM 的数据内插就是根据参考点(已知点)上的高程求出其他待定点上的高程，在数学上属于插值的问题。由于所采集的原始数据排列一般是不规则的，为了获得规则格网的 DEM，内插是必不可少的过程。内插的方法很多，任何一种内插方法都是给予原始函数的连续光滑性，或者说邻近的数据点之间存在很大的相关性，这才有可能由邻近的数据点内插出待定点的数据。对于一般的地面，连续光滑条件是满足的，但大范围内的地形是很复杂的，因此整个地形不可能像通常的数字插值那样用一个多项式来拟合，而采用局部函数内插。此时是将整个区域分成若干分块，对各个分块根据地形特性使用不同的函数进行拟合，并且要考虑相连分块函数间的连续性。对于不光滑甚至不连续(存在断裂线)的地表，即使是在一个计算单元内，也要进一步分块处理，并且不能使用光滑甚至连续条件。

本节仅介绍移动曲面拟合法、线性内插法、双线性内插法、多面函数内插法、分块双三次多项式内插法。

一、移动曲面拟合法

移动曲面拟合法是一种以待定点为中心的逐点内插法，它以每一待定点为中心，定义一个局部函数去拟合周围的数据点。该法十分灵活，一般情况下精度较高，计算方法简单，对计算机的内存要求不高，所以该方法常被应用于由离散数据点生成规则格网 DEM，但该法计算速度相对于其他方法来讲可能比较慢。其过程为：

①对 DEM 每个格网点，从数据点中检索出对应该 DEM 网格点的几个分块格网中的数据点，并将坐标原点移至待定点 $P(X_P, Y_P)$ 上：

$$\left.\begin{aligned}\overline{X}_i = X_i - X_P \\ \overline{Y}_i = Y_i - Y_P\end{aligned}\right\} \tag{7-1}$$

②为了选取邻近的数据点，以待定点 P 为圆心，以 R 为半径作圆(如图 7-6 所示)，凡落在圆内的数据点即被选用。所选择的点数根据所用的局部拟合函数来确定，在二次曲面内插时，要求选用的数据点个数 $n>6$。数据点 $P_i(X_i, Y_i)$ 到待定点 $P(X_P, Y_P)$ 的距离为 d_i：

$$d_i = \sqrt{\overline{X}_i^2 + \overline{Y}_i^2} \tag{7-2}$$

当 $d_i<R$ 时，该点即被选用。若选择的点数不够时，则应增大 R 的数值，直至数据点的个数 n 满足要求为止。

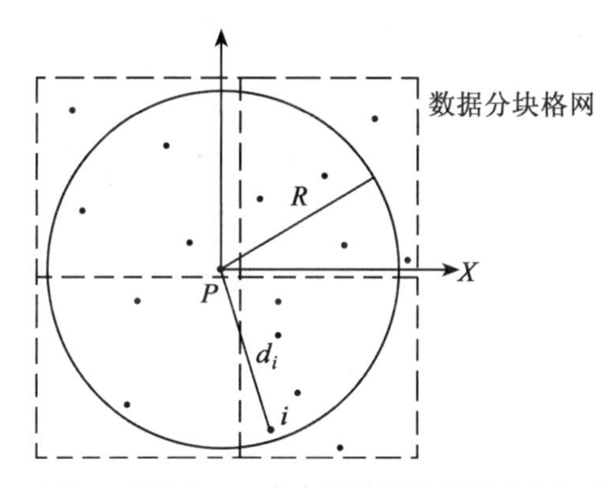

图 7-6　选取 P 为圆心、R 为半径的圆内数据点参加内插计算

③列误差方程式。若选择二次曲面作为拟合曲面：

$$Z = Ax^2 + Bxy + Cy^2 + Dx + Ey + F \tag{7-3}$$

则数据点 P_i 对应的误差方程式为：

$$v_i = \overline{X}_i^2 A + \overline{X}_i \overline{Y}_i B + \overline{Y}_i^2 C + \overline{X}_i D + \overline{Y}_i E + F - Z_i \tag{7-4}$$

由 n 个数据点列出的误差方程为：

$$v = MX - Z \tag{7-5}$$

(4)计算每一数据点的权。

权 p_i 与该数据点与待定点的距离 d_i 有关，d_i 越小，它对待定点的影响越大，则权越大；反之当 d_i 越大，则权越小。通常权的定义有如下几种形式：

$$\left.\begin{aligned}p_i &= \frac{1}{d_i^2} \\ p_i &= \left(\frac{R-d_i}{d_i}\right)^2 \\ p_i &= \mathrm{e}^{-\frac{d_i^2}{K^2}}\end{aligned}\right\} \tag{7-6}$$

其中，R 是选点半径；d_i 是待定点到数据点的距离；K 是一个供选的常数；e 是自然对数的底。这三种权的形式都可符合上述选择权的原则，但是它们与距离的关系有所不同，如图 7-7 所示。具体选用何种定权形式，需根据地形进行试验选取。

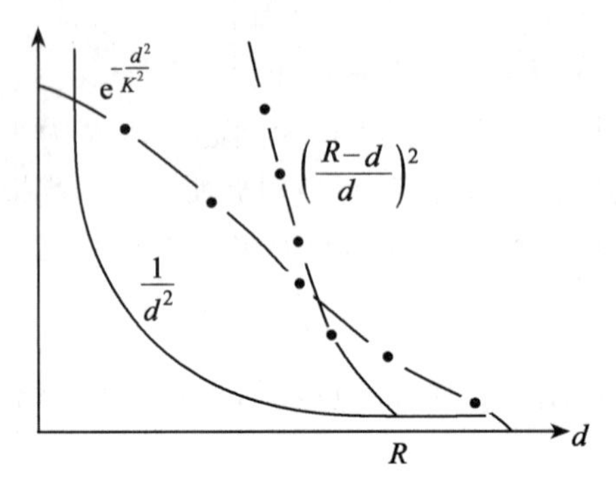

图 7-7　三种权函数图像

根据平差理论，二次曲面系数的解为：

$$X=(M^{\mathrm{T}}PM)^{-1}M^{\mathrm{T}}PZ \tag{7-7}$$

由于 $\overline{X}_P=0$，$\overline{Y}_P=0$，所以系数 F 就是待定点的内插高程 Z_P。

二、线性内插

使用最近的三个数据点，其高程观测值为 Z_1、Z_2、Z_3，则可确定一个平面，从而求出一个新点 $P(X, Y)$ 的高程 Z_P：

$$Z_P=a_0+a_1X+a_2Y \tag{7-8}$$

参数 a_0、a_1、a_2 由三个数据点组成的线性方程组求出，若将坐标 X、Y 以第一点为原点计算，则有：

$$\begin{bmatrix} 1 & 0 & 0 \\ 1 & X_2 & Y_2 \\ 1 & X_3 & Y_3 \end{bmatrix}\begin{bmatrix} a_0 \\ a_1 \\ a_2 \end{bmatrix}=\begin{bmatrix} Z_1 \\ Z_2 \\ Z_3 \end{bmatrix}$$

从中解求出：

$$\begin{bmatrix} a_0 \\ a_1 \\ a_2 \end{bmatrix}=\frac{1}{X_2Y_3-X_3Y_2}\begin{bmatrix} X_2Y_3-X_3Y_2 & 0 & 0 \\ Y_2-Y_3 & Y_3 & -Y_3 \\ X_3-X_2 & -X_3 & X_2 \end{bmatrix}\begin{bmatrix} Z_1 \\ Z_2 \\ Z_3 \end{bmatrix}$$

由此得到斜面方程为：

$$Z=\frac{1}{X_2Y_3-X_3Y_2}\{[(X_2Y_3-X_3Y_2)+(Y_2-Y_3)X+(X_3-X_2)Y]Z_1+(Y_3X-X_3Y)Z_2+(X_2Y-Y_2X)Z_3\} \tag{7-9}$$

线性内插法常用于根据格网点和注记点、断裂像点高程内插等高线点及三角形网眼的有限元内插法中。

三、双线性多项式内插法

根据最邻近的四个数据点，可确定一个双线性多项式：

$$Z = a_{00} + a_{10}X + a_{01}Y + a_{11}XY \tag{7-10}$$

利用四个已知点求出多项式的四个系数 a_{00}、a_{01}、a_{10} 和 a_{11}，然后根据待定点的坐标 (X, Y) 与求出的系数内插出待定点的高程。

若 $X_1 - X_0 = Y_1 - Y_0 = L$，即四个数据点（如图 7-8 所示）按边长为 L 的正方形排列时，可直接按下式求解待定点的高程：

$$Z = \left(1-\frac{X}{L}\right)\left(1-\frac{Y}{L}\right)Z_{00} + \frac{X}{L}\left(1-\frac{Y}{L}\right)Z_{10} + \left(1-\frac{X}{L}\right)\frac{Y}{L}Z_{01} + \frac{X}{L}\frac{Y}{L}Z_{11} \tag{7-11}$$

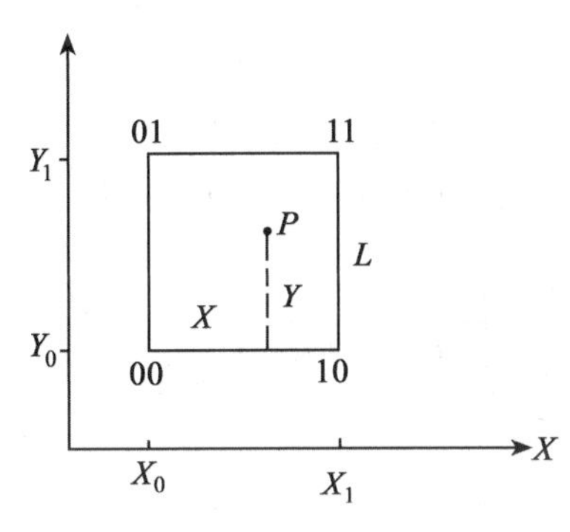

图 7-8　P 点所在的格网

四、多面函数法 DEM 内插

多面函数法内插是美国 Hardy 教授于 1977 年提出的。它是从几何观点出发，解决根据数据点形成一个平差的数学曲面问题。其理论根据是“任何一个圆滑的数学表面总是可以用一系列有规则的数学表面的总和，以任意的精度进行逼近”。也就是一个数学表面上某点 (X, Y) 处高程 Z 的表达式为：

$$\begin{aligned} Z &= f(X, Y) = \sum_{j=1}^{n} a_j q(X, Y, X_j, Y_j) \\ &= a_1 q(X, Y, X_1, Y_1) + a_2 q(X, Y, X_2, Y_2) + \cdots + a_n q(X, Y, X_n, Y_n) \end{aligned} \tag{7-12}$$

其中，$a_i q(X, Y, X_j, Y_j)$ 称为核函数。

核函数可以任意选用，为简单起见，可以假定各核函数是对称的圆锥面（如图 7-9 所示）：

$$q(X, Y, X_j, Y_j) = \left[(X-X_j)^2 + (Y-Y_j)^2\right]^{\frac{1}{2}} \tag{7-13}$$

这是比较适用的一种，或者可再加一常数 δ 成为：

$$q(X, Y, X_j, Y_j) = \left[(X-X_j)^2 + (Y-Y_j)^2 + \delta\right]^{\frac{1}{2}} \tag{7-14}$$

这是一个双曲面，它在数据点处能保证坡度的连续性。

若有 $m \geqslant n$ 个数据点，可任选其中 n 个为核函数的中心点 $P_j(X_j, Y_j)$。

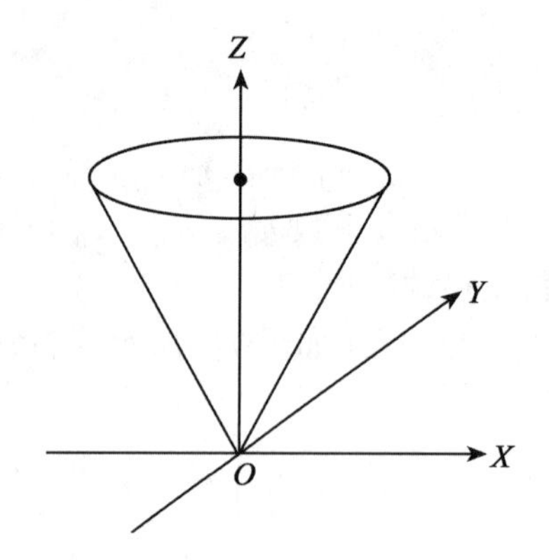

图 7-9　圆锥面核函数

令

$$q_{ij}=q(X_i,\ Y_i,\ X_j,\ Y_j) \tag{7-15}$$

则各数据点应满足

$$Z_i = \sum_{j=1}^{n} a_j q_{ij} \quad (i=1,\ 2,\ \cdots,\ m) \tag{7-16}$$

由此可列出误差方程：

$$\begin{bmatrix} v_1 \\ v_2 \\ \vdots \\ v_m \end{bmatrix} = \begin{bmatrix} q_{11} & q_{12} & \cdots & q_{1n} \\ q_{21} & q_{22} & \cdots & q_{2n} \\ \vdots & \vdots & & \vdots \\ q_{m1} & q_{m2} & \cdots & q_{mn} \end{bmatrix} \begin{bmatrix} a_1 \\ a_2 \\ \vdots \\ a_n \end{bmatrix} - \begin{bmatrix} Z_1 \\ Z_2 \\ \vdots \\ Z_m \end{bmatrix} \tag{7-17}$$

简写为：

$$V=Qa-Z \tag{7-18}$$

法化求解得：

$$a=(Q^{\mathrm{T}}-Q)^{-1}Q^{\mathrm{T}}Z \tag{7-19}$$

任意一点 $P_K(X_K,\ Y_K)$ 上的高程 $Z_K(K>n)$ 为：

$$Z_K=Q_K^{\mathrm{T}}\cdot a=Q_K^{\mathrm{T}}(Q^{\mathrm{T}}Q)^{-1}Q^{\mathrm{T}}Z \tag{7-20}$$

其中，

$$Q_K^{\mathrm{T}}=[q_{K_1},\ q_{K_2},\ \cdots,\ q_{K_n}]$$

$$q_{Kj}=q[X_K,\ Y_K,\ X_j,\ Y_j]$$

若将全部数据点取为核函数的中心，即 $m=n$，则

$$a=Q^{-1}Z \tag{7-21}$$

$$Z_K=Q_K^{\mathrm{T}}Q^{-1}Z \tag{7-22}$$

展开得：

$$Z_K=[q_{K_1} \quad q_{K_2} \quad \cdots \quad q_{K_n}] \begin{bmatrix} q_{11} & q_{12} & \cdots & q_{1n} \\ q_{21} & q_{22} & \cdots & q_{2n} \\ \vdots & \vdots & & \vdots \\ q_{n1} & q_{n2} & \cdots & q_{nn} \end{bmatrix}^{-1} \begin{bmatrix} Z_1 \\ Z_2 \\ \vdots \\ Z_n \end{bmatrix} \tag{7-23}$$

除了上述 Hardy 选用的核函数外，常被选用的核函数还有：

- $q(d_j)=e^{-Kd_i^2}$；$d_j^2=(X-X_j)^2+(Y-Y_j)^2$；
- $q(d_j)=\dfrac{1}{1+\left(\dfrac{d_j}{K}\right)^2}$；
- $q(d_j)=d_j^3+1$；
- $q(d_j)=1-\dfrac{d_j^2}{a^2}$　（其中 a 为所选用数据点的最大距离）；
- $q(d_j)=e^{-2.5\frac{d_j^2}{a^2}}$　（其中 a 为所选用数据点的平均距离）。

五、分块双三次多项式法（样条函数法）

三次曲面方程为：

$$\begin{aligned}Z &= \sum_{j=0}^{3}\sum_{i=0}^{3} a_{ij}X^iY^j \\ &= a_{00} + a_{10}X + a_{20}X^2 + a_{30}X^3 \\ &\quad + a_{01}Y + a_{11}XY + a_{21}X^2Y + a_{31}X^3Y \\ &\quad + a_{02}Y^2 + a_{12}XY^2 + a_{22}X^2Y^2 + a_{32}X^3Y^2 \\ &\quad + a_{03}Y^3 + a_{13}XY^3 + a_{23}X^2Y^3 + a_{33}X^3Y^3\end{aligned} \tag{7-24}$$

令 $\underset{1\times4}{X}=[1\quad X\quad X^2\quad X^3]$，$\underset{1\times4}{Y}=[1\quad Y\quad Y^2\quad Y^3]$，则上式表示为：

$$Z=[1\quad X\quad X^2\quad X^3]\begin{bmatrix}a_{00} & a_{01} & a_{02} & a_{03}\\ a_{10} & a_{11} & a_{12} & a_{13}\\ a_{20} & a_{21} & a_{22} & a_{23}\\ a_{30} & a_{31} & a_{32} & a_{33}\end{bmatrix}\begin{bmatrix}1\\ Y\\ Y^2\\ Y^3\end{bmatrix}=\underset{1\times4}{X}\ \underset{4\times4}{A}\ \underset{4\times1}{Y^{\mathrm{T}}} \tag{7-25}$$

若数据点呈方格网分布（如图 7-10 所示），将坐标原点平移至待定点 P 所在方格网的左下角，则 P 点的坐标 $(x,\ y)$ 满足 $0\leqslant x\leqslant L$，$0\leqslant y\leqslant L$，其中 L 为格网边长。为简单起见，令 $L=1$，则 $0\leqslant x\leqslant 1$，$0\leqslant y\leqslant 1$。

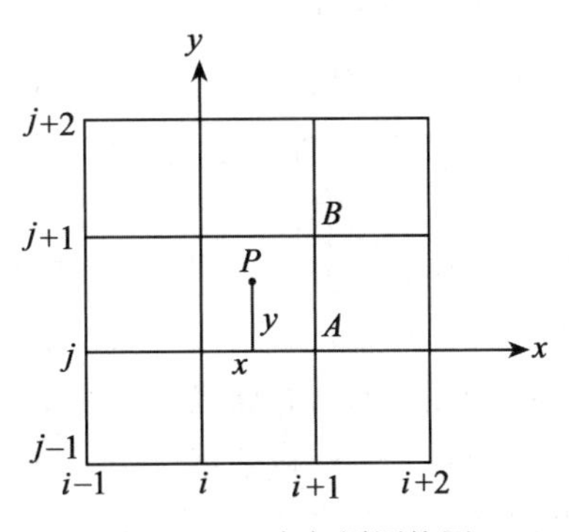

图 7-10　P 点与周围格网

由于待定系数共有 16 个，因而除了 P 点所在格网四个顶点高程外，还需要已知该四个顶点处的一阶偏导数和二阶混合导数，其值可按下式计算（以 (i, j) 点为例）：

$$(Z_x)_{ij}=\frac{\partial Z_{ij}}{\partial x}=\frac{1}{2}(Z_{i+1,j}-Z_{i-1,j}) \tag{7-26}$$

$$(Z_y)_{ij}=\frac{\partial Z_{ij}}{\partial y}=\frac{1}{2}(Z_{i,j+1}-Z_{i,j-1}) \tag{7-27}$$

$$(Z_{xy})_{ij}=\frac{1}{4}(Z_{i+1,j+1}+Z_{i-1,j-1}-Z_{i-1,j+1}-Z_{i+1,j-1}) \tag{7-28}$$

这样由 16 个方程解 16 个待定系数，可得到唯一的解。

三次多项式内插虽然属于局部内插，即在每个方格网内拟合一个三次曲面，由于考虑了一阶偏导数与二阶混合导数，因此它能保证相邻曲面之间的连续与光滑。

7-4 数字高程模型的数据存储

一、DEM 数据文件的存储

经内插得到的 DEM 数据（或直接采集的格网 DEM 数据）需以一定的结构和格式存储起来，以利于各种应用。通常以图幅为单位建立文件，其文件头（或零号记录）存放有关的基础信息，包括起点（图廓的左下角点）平面坐标、格网间隔、区域范围、图幅编号、原始资料有关信息、数据采集仪器、采集的手段与方法、采集的日期与更新的日期、精度指标以及数据记录格式等。

文件头之后就是 DEM 数据的主体——各格网点的高程。对小范围的 DEM，每一记录为一点的高程或一行高程数据。但对于较大范围的 DEM，其数据量较大，则采取数据压缩的方法存储数据。

除了格网点高程数据外，文件中还应存储该地区的地形特征线、特征点的数据，它们可以以向量方式存储，也可以栅格方式存储。

二、地形数据库

地形数据库根据其容量的大小而有大小不同的范围。

小范围的地形数据库应纳入高斯-克吕格坐标系以方便应用，但对于大范围的地形数据库，究竟是纳入高斯-克吕格坐标系还是地理坐标系，尚需要研究。地理坐标系的突出优点是在高斯-克吕格投影的重叠区域内消除了点的二义性，但其最主要的缺点是与库存数据的对话就更加困难了。若从方便使用的角度考虑，以高斯-克吕格坐标系为基础的数字高程数据库具有更多的优点。

大范围的地形数据库其数据量大，通常是将整个范围划分成若干地区，每一地区建立一个子库，然后将这些子库合并成一个高一层次的大区域构成整个范围的数据库。依此每一个子库还可以进一步划分至以图幅为单位，以便为今后继续应用提供一个好的接口。

地形数据库除了存储高程数据外，也应该存储原始资料、数据采集、数据预处理及提供给用户的有关信息。

三、DEM 数据的压缩

如前所述，对较大范围的 DEM 数据库，因其数据量大需要将数据压缩存储。数据压缩的方法很多，在 DEM 数据压缩中常用的方法有整型量存储、压缩编码及差分映射等。

整型量存储是将高程数据减去一个常数，该常数可以是一个区域的平均高程，也可以是该区域的第一个高程。按精度要求扩大 10 倍或 100 倍，小数部分四舍五入后保留整数部分。

压缩编码存储方法是当按一定精度要求将高程数据化为整型量或将高程增量化为整型量后，可根据各数据出现的概率设计一定的编码，用位数(bit)最短的编码表示出现概率最大的数，出现概率较小的数用位数较长的编码表示，则每一位数据所占的平均位数比原来的固定位数(16 或 8)小，从而达到压缩的目的。

差分映射法是将高程数据序列 Z_0，Z_1，…，Z_n 的差分映射定义为：

$$\begin{bmatrix} \Delta Z_0 \\ \Delta Z_1 \\ \Delta Z_2 \\ \vdots \\ \Delta Z_n \end{bmatrix} = \begin{bmatrix} 1 & 0 & 0 & \cdots & 0 \\ -1 & 1 & 0 & \cdots & 0 \\ 0 & -1 & 1 & \cdots & 0 \\ \vdots & \vdots & \vdots & & \vdots \\ 0 & \cdots & \cdots & -1 & 1 \end{bmatrix} \begin{bmatrix} Z_0 \\ Z_1 \\ Z_2 \\ \vdots \\ Z_n \end{bmatrix} \tag{7-29}$$

或

$$\begin{aligned} \Delta Z_0 &= Z_0 \\ \Delta Z_i &= Z_i - Z_{i-1} (i=1，2，\cdots，n) \end{aligned} \tag{7-30}$$

其逆映射为：

$$\begin{bmatrix} Z_0 \\ Z_1 \\ Z_2 \\ \vdots \\ Z_n \end{bmatrix} = \begin{bmatrix} 1 & 0 & \cdots & 0 \\ 1 & 1 & \ddots & \vdots \\ \vdots & \vdots & \ddots & 0 \\ 1 & 1 & \cdots & 1 \end{bmatrix} \begin{bmatrix} \Delta Z_0 \\ \Delta Z_1 \\ \Delta Z_2 \\ \vdots \\ \Delta Z_n \end{bmatrix} \tag{7-31}$$

或

$$\begin{aligned} Z_0 &= \Delta Z_0 \\ Z_i &= \sum_{K=0}^{i} \Delta Z_K = Z_{i-1} + \Delta Z_i (i = 1，2，\cdots，n) \end{aligned} \tag{7-32}$$

利用差分映射得到的是相邻数据间的增量，因此其数据范围量较小，一个字节就可以存储一个数据，从而达到数据压缩的目的。

差分映射方案很多，较好的有差分游程法(增量游程法)与小模块差分法(小模块增量法)。

所谓差分游程法，其存储单元是按表 7-1 所示的顺序排列，将数据按前面所述的方法化为整型数据后进行差分映射，因为一个字节所能表示的数据范围为-128~127，所以当差分的绝对值大于 127 时，将该数据之前的数据作为一个游程，而从该数据开始一新的游程。每一个游程只记录该游程的第一点高程及其后各点的差分。

表 7-1　　**DEM 差分游程存储顺序**

⋮	⋮	⋮	⋮	⋮
$2n+1$	$2n+2$	…	$3n-1$	$3n$
$2n$	$2n-1$	…	$n+2$	$n+1$
1	2	…	$n-1$	n

小模块差分法是将 DEM 分成较大的格网即小模块，每一小模块包含 5×5 个或 10×10 个 DEM 格网，将数据点按图 7-11(a)或图 7-11(b)的顺序排列。进行差分映射时，为了保证每一个数据能存入一个字节，在原始差分上乘以一个适当的系数，该系数由该小模块内最大高程增量确定为 $\gamma=127/\Delta Z_{max}$，若该小模块内最大高程增量 ΔZ_{max} 较小时，它能将高程增量的数值放大存储以减少取整误差。每一个小模块使用不同的系数，附加在起始点高程之后与每点差分之前。系数 γ 使存储精度与地形相联系，平坦地区存储精度较高，山区精度较低，所以对于地形起伏较大的地区，存储精度可能达不到要求。为了避免此情况发生，仍然可用上述方法先将数据化为整型数，再进行差分映射，每一个字节存储一个数据点对应的差分。

17	18	19	20	21
16	5	6	7	22
15	4	1	8	23
14	3	2	9	24
13	12	11	10	25

(a)螺旋型小模块存储

21	22	23	24	25
20	19	18	17	16
11	12	13	14	15
10	9	8	7	6
1	2	3	4	5

(b)往返型小模块存储

图 7-11　小模块存储顺序

7-5　数字高程模型应用算法

DEM 的应用非常广泛。在测绘中可用于绘制等高线、坡度、坡向图、立体透视图、制作正射影像图、立体景观图、立体地形模型及地图的修测等。在各种工程中可用于计算体积、面积和绘制断面图等。在军事上可用于导航、通信、作战任务的计划等。在环境与规划中可用于土地利用现状的分析、各种规划和洪水险情预报等。图 7-12 展示了 DEM 的产品结构形式，本节主要介绍 DEM 在测绘中的应用。

一、基于矩形格网的 DEM 多项式内插

DEM 最基本的应用是求 DEM 范围内任一点 $P(X,\ Y)$ 的高程。由于此时已知该点所在

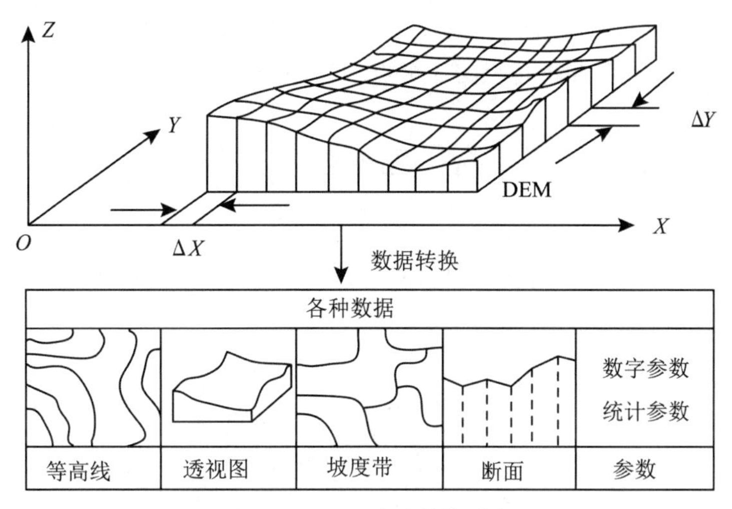

图 7-12　DEM 产品结构形式

格网各个角点的高程，因此可利用这些格网点高程拟合一定的曲面，然后计算该点的高程。所拟合的曲面一般应满足连续乃至光滑的条件。根据前一节所讲的双线性多项式内插法、分块双三次多项式内插法等就可求出 DEM 范围内任一点 $P(X, Y)$ 的高程。

二、基于矩形格网的面积、体积计算

在工程实际应用中，如何从 DEM 上自动生成断面线，自动计算工程中的填、挖方量等，是经常遇到的问题。现以矩形格网 DEM 为例，说明面积和体积计算的方法。

1. 剖面积计算

根据工程设计的线路，可计算其与 DEM 各网格边交点 $P_i(X_i, Y_i, Z_i)$，则线路剖面积为：

$$S=\sum_{i=1}^{n-1}\frac{Z_i+Z_{i+1}}{2}\cdot D_{i,\ i+1} \tag{7-33}$$

其中，n 为交点数；$D_{i,i+1}=\sqrt{(x_{i+1}-x_i)^2+(y_{i+1}-y_i)^2}$。

2. 体积计算

DEM 体积由四棱柱(无特征的网格)或三棱柱体积进行累加得到，四棱柱体上表面用双曲抛物面拟合，三棱柱体上表面用斜平面拟合，下表面均为水平面或参考平面，计算公式分别为：

$$\left.\begin{aligned}V_3&=\frac{Z_1+Z_2+Z_3}{3}\cdot S_3\\V_4&=\frac{Z_1+Z_2+Z_3+Z_4}{4}\cdot S_4\end{aligned}\right\} \tag{7-34}$$

其中，S_3 与 S_4 分别是三棱柱和四棱柱的底面积。

根据新老 DEM 可以计算工程中的填、挖方量。

3. 表面积计算

对于含有特征的格网，将其分解成三角形；对于无特征的格网，可用四个角点的高程取平均即中心点高程，然后将格网分成四个三角形。由每个三角形的三个顶点坐标计算出通过该三个顶点的斜三角形的面积，最后累加就得到实地的表面积。

如图 7-13 所示，由三角形顶点的 3 个点的空间坐标，可以求出过这 3 个点的三角形的面积，计算式为：

$$\left.\begin{aligned} &\text{三边边长：} && S_i=\sqrt{\Delta X^2+\Delta Y^2+\Delta Z^2} \\ &\text{面积：} && S=P(P-S_1)(P-S_2)(P-S_3) \\ &\text{其中：} && P=\frac{1}{2}(S_1+S_2+S_3) \end{aligned}\right\} \tag{7-35}$$

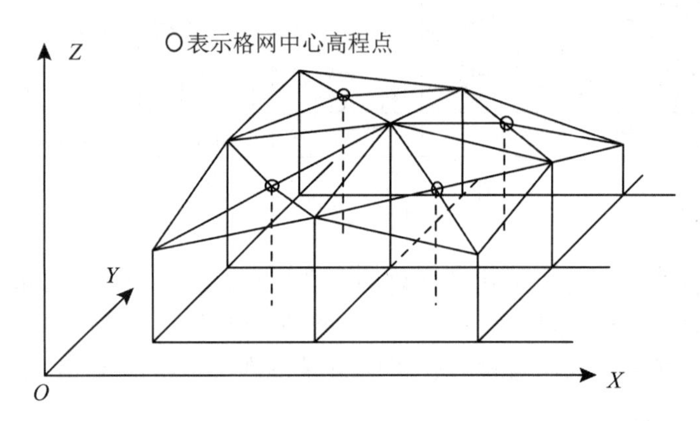

图 7-13　矩形格网中心与四个格网点连成 4 个三角形

7-6　三角网数字地面模型

对于非规则的离散分布的特征点数据，可以建立各种非规则格网的数字地面模型，其中最常见的是不规则三角网(Triangulated Irregular Network，TIN)数字地面模型。不规则三角网 DTM 可以精确地表示复杂地形，很好地顾及地貌特征点、线，因而近年来得到了较快的发展。

TIN 的构建应基于最佳三角形的条件，即应尽可能保证每个三角形是锐角三角形或三边的长度近似相等，避免出现过大的钝角和过小的锐角。另外还应该保证最邻近的点构成三角形，即三角形的三边之和最小。本节主要介绍 TIN 的两种构网方法。

一、角度判断法建立 TIN

该方法是先选定三角形的两个顶点(即一条边)后，利用余弦定理计算所有备选第三顶点所在的内角的大小，选择最大的内角所对应的顶点作为该三角形的第三个顶点。其步骤为：

①将原始数据分块，以便检索所处理三角形的临近的点，不必检索所有数据。

②确定第一个三角形。从几个离散点中任选取一点 A，通常可取数据文件中的第一个点或左下角检索格网的第一个点。在其附近选取距离最近的一个点 B 作为三角形的第二个点，然后对这两点附近的点 C_i，利用余弦定理计算 $\angle C_i$：

$$\angle C_i = \arccos \frac{a_i^2 + b_i^2 - c^2}{2a_i b_i} \tag{7-36}$$

其中，$a_i = BC_i$；$b_i = AC_i$；$c = AB$。

若 $\angle C = \max\{\angle C_i\}$，则 C 为该三角形第三个顶点。

③三角形的扩展。由第一个三角形向外扩展，将全部离散点构成三角网，并要保证三角网中没有重复和交叉的三角形。其做法是依次对每一个已生成的三角形的新增加的两个边，按角度最大的原则向外进行扩展，并检测是否重复。

a. 向外扩展的处理。若从顶点为 $P_1(x_1, y_1)$，$P_2(x_2, y_2)$，$P_3(x_3, y_3)$ 的三角形的 P_1P_2 边向外扩展，扩展的点 P 应相对于直线 P_1P_2 与点 P_3 异侧。判断的方法为：设直线 P_1P_2 的方程为：

$$F(x, y) = (y_2 - y_1)(x - x_1) - (x_2 - x_1)(y - y_1) = 0 \tag{7-37}$$

P 点坐标为 (x, y)，则当 $F(x, y) \cdot F(x_3, y_3) < 0$ 时，P 与 P_3 在直线 P_1P_2 的异侧，P 点可作为备选扩展点。

b. 重复与交叉的检测。由于任意一边最多只能是两个三角形的公共边，因此只需给每一边记下扩展的次数，当改变的扩展次数超过 2 时，扩展无效；否则扩展才有效。

当所有生成的新生边经过扩展处理后，则全部离散的数据点就被连成了一个不规则的三角网。

二、狄洛尼(Delaunay)三角网

在所有可能的三角网中，Delaunay 三角网在离散点均匀分布的情况下能够避免产生有过小锐角的三角形，在地形拟合方面也表现得最为出色，所以，人们一般把 TIN 构建成 Delaunay 三角网。

设区域 D 上有 n 个离散点 $P_i(x_i, y_i)$，$(i = 1, 2, \cdots, n)$；若将区域 D 用一组直线段分成 n 个互相邻接的多边形，并满足：

①每个多边形内含且仅含一个离散点；

②D 中任意一点 $P'(x', y')$ 若位于 P_i 所在的多边形内，则满足：

$$\sqrt{(x' - x_i)^2 + (y' - y_i)^2} < \sqrt{(x' - x_j)^2 + (y' - y_j)^2} \quad (j \neq i) \tag{7-38}$$

③若 $P'(x', y')$ 在 P_i 与 P_j 所在的两个多边形的边上，则

$$\sqrt{(x' - x_i)^2 + (y' - y_i)^2} = \sqrt{(x' - x_j)^2 + (y' - y_j)^2} \quad (j \neq i) \tag{7-39}$$

则这些多边形成为泰森(Thissen)多边形。连接每两个相邻多边形内的离散点，就构成一个完整的三角网，这个三角网就称为 Delaunay 三角网。

由上面的定义可知，泰森多边形的特点是：多边形的分法是唯一的；每个泰森多边形均是凸多边形；任意两个多边形不存在公共区域。由泰森多边形构成的 Delaunay 三角网也具有两个重要的特性：

①空圆性质。即任何一个 Delaunay 三角形的外接圆内不包含其他离散点。这一特性保证了最邻近的三个点构成三角形。

②最大最小角性质。即任意两个相邻的 Delaunay 三角形组成的凸四边形，在交换对角线后形成的一对新三角形的最小内角不大于原来两个三角形的最小内角。这一特性保证了 Delaunay 三角网具有最佳形状特征。

构建 Delaunay 三角网主要有三类算法，分别为分治算法、逐点插入法和三角网生长法。

1. 分治算法

首先把点集 V 中的所有离散点按横坐标为主、纵坐标为辅的方法做升序排列，然后递归执行以下步骤：

①把点集 V 分成近似相等的两个子集 V_l，V_r。

②在 V_l 和 V_r 中生成三角网。

③利用局部优化算法优化所生成的三角网，使之成为 Delaunay 三角网(局部优化算法就是判断生成的三角网中相邻两三角形是否满足 Delaunay 三角网的第二个性质，若不满足，则互换对角线)。

④找出连接 V_l 和 V_r 的两个凸壳的定线和底线，也即两凸壳的上公切线和下公切线，如图 7-14 所示。

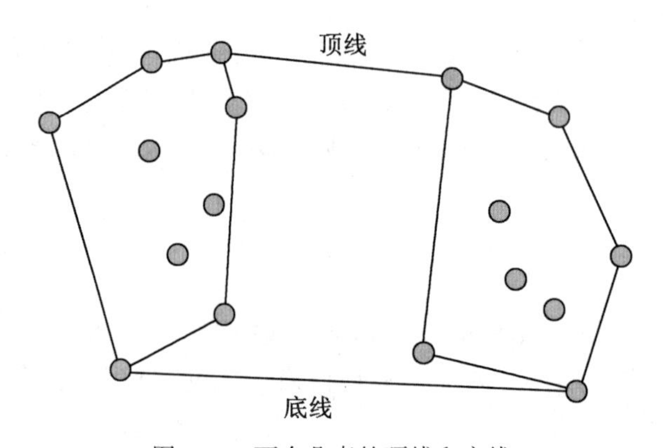

图 7-14　两个凸壳的顶线和底线

图中左右两边分别表示两个点集，上公切线为顶线，下公切线为底线。

⑤由底线至顶线合并 V_l 和 V_r 中两个三角网。

由上述步骤可以看出，该类方法的思想是把点集分成足够小，生成简单的三角网，然后利用局部优化算法生成 Delaunay 三角网，再合并各三角网组成最终的三角网。

2. 逐点插入法

首先定义一个能包含所有离散点的初始多边形，用该多边形构建初始三角网，然后进行以下步骤：

①插入一个数据点 P，在三角网中找出 P 落在哪个三角形内部。

②分别连接 P 点和该三角形的三个顶点，构成三个新的三角形。

③用局部优化算法优化三角网，生成 Delaunay 三角网。

④迭代进行上述步骤，直至所有离散点都被处理成新的三角网，然后再优化成 Delaunay 三角网。各种具体实现算法的差别仅在于初始多边形的定义和初始三角网的构建。

3. 三角网生长法

①任意选择一个离散点 P_1 为起始点。

②找出离起始点最近的点 P_2，连接 P_1P_2。

③以直线段 P_1P_2 为基线，按 Delaunay 三角形的判定法则找出第三个顶点 P_3。

④连接 P_1P_3、P_2P_3 作为新的基线。

⑤迭代进行第③、④步，直至所有离散点都被处理。

三角网数字地面模型的数据存储方式与矩形格网数字地面模型的存储方式大不相同，它不仅要存储每个网点的高程，还要存储其平面坐标、网点连接的拓扑关系、三角形及邻接三角形等。其内插与矩形格网的内插也有不同的特点，其用于内插的检索比矩形格网的检索复杂。一般情况下仅用线性内插，即用三角形三点确定的斜平面作为地表面，因而只能保证地面连续而不能保证地面光滑。

习题与思考题

1. 什么是数字高程模型？它有何特点？
2. 获取建立数字高程模型的数据点有哪些方法？
3. 数字摄影测量的 DEM 数据采集各方式有何特点？
4. DEM 的内插方法有哪些？试比较不同内插方法的优缺点。
5. 简述移动拟合法逼近曲面的原理。
6. 简述数字高程模型的应用。
7. 什么是三角网数字地面模型？简述用角度判别法建立数字地面模型的过程。

第八章　数字摄影测量基础

8-1　概述

利用摄影方法获取地面的几何信息，首先必须对影像进行量测，无论是在模拟摄影测量阶段还是解析摄影测量阶段，量测工作均需要人工进行。例如，在模拟立体测图仪上，测绘地物地貌时，在立体坐标量测仪上进行像点坐标的立体量测时，都需要人的双眼寻找同名像点，在人眼的立体观察下，使测标切准立体模型点。这种通过人眼与脑的观测也就是人工的影像定位、匹配与识别。

随着现代科学技术，特别是电子计算机技术的发展，摄影测量工作者一直在研究如何用计算机代替人工完成一些摄影测量任务，如用计算机代替人的双眼寻找同名像点，实现对同名像点的量测及建立立体模型等。这是自动化测图的重要内容。早期的自动化测图仪是将像片上的灰度信号转化为电信号，实现电子相关技术以实现自动化量测。由于相关技术中信号的相乘、积分以及滤波，傅立叶变换均可利用光学方法得以实现，因此在自动化测图中又提出了光学相关的方法。随着计算机技术的发展，将电信号转变为数字信号，由计算机来实现相关运算，这种方法称为数字相关。但无论是电子相关、光学相关还是数字相关，其理论基础都是相同的。

利用数字灰度信号，采用数字相关技术量测同名像点，在此基础上通过解析计算，进行内定向、相对定向和绝对定向，建立数字立体模型，从而建立数字高程模型，绘制等高线，制作正射影像图以及为地理信息系统提供基础信息等，这就是数字摄影测量。由于整个过程以数字形式在计算机中完成，因此又称为全数字摄影测量。

实现数字影像自动测图的系统称为数字摄影测量系统(Digital Photogrammetric System，DPS)或数字摄影测量工作站(Digital Photogrammetric Workstation，DPW)。这种系统实质上是一个普通计算机影像数据处理系统，其硬件设备仅有影像数字化装置、影像或图形输出装置及电子计算机，由预先编制好的置于计算机内的软件系统来完成各种摄影测量处理工作。因微型计算机功能不断完善，目前，主要利用微机或工作站为主计算机，且软件系统的功能也在逐步完善，除了能胜任解析测图仪可完成的一切任务外，尚有许多新的功能，这些新功能将在后续章节中介绍。正是由于这些众多新技术的出现，使全数字摄影测量系统进入崭新的应用领域。

当然，就目前的数字摄影测量系统功能及应用来看仍处于发展阶段，虽然已有许多新的功能问世，但其自动化功能还仅限于几何处理，即可以进行自动内定向、相对定向，自动建立数字高程模型，制作正射影像图等，其他的工作均采用半自动或人工方式进行。特别是地物的测绘，目前全部是人工交互方式。虽然已有关于道路和房屋等人工地物的自动、半自动的提取研究成果的报道，但距离实用化还有一段距离。因此，为了提高数字摄影测量的自动化程度，必须加强对人工目标自动化提取方法的研究。

8-2 数字影像及数字影像重采样

数字摄影测量处理的原始资料是数字影像，因此，关于数字影像、影像的灰度、影像的采样及重采样等都是数字摄影测量最基本的概念。

一、影像灰度

影像的灰度又称为光学密度。在摄影底片上，摄影的灰度值反映了它透明的程度，即透光的能力。如图 8-1 所示，设投射在底片上的光通量为 F_0，经底片吸收后而通过底片的光通量为 F，则透光率为：

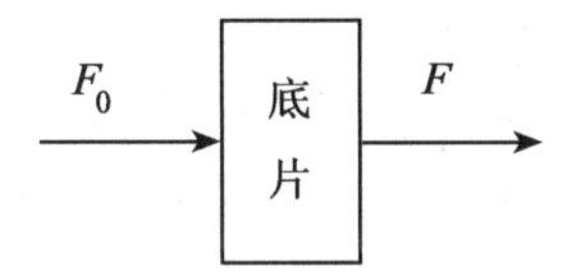

图 8-1　底片透光能力

$$T=\frac{F}{F_0} \tag{8-1}$$

透光率的倒数称为阻光率 O，则

$$O=\frac{F_0}{F} \tag{8-2}$$

阻光率大，说明底片阻光的本领大，底片吸收的光量多，变黑的程度就大，但人眼对明暗的感觉是按阻光率的对数关系变化的，取阻光率的对数称为影像的光学密度或灰度，即

$$D=\lg O \tag{8-3}$$

若 $T=\frac{1}{100}$，$D=\lg 100=2$，则说明该底片的灰度为 2。航摄底片实际的灰度一般在 0.3 ~1.8 的范围之内。

二、数字影像及获取方法

数字影像是一个灰度矩阵 g：

$$g=\begin{bmatrix} g_{0,0} & g_{0,1} & \cdots & g_{0,n-1} \\ g_{1,0} & g_{1,1} & \cdots & g_{1,n-1} \\ \vdots & \vdots & & \vdots \\ g_{m-1,0} & g_{m-1,1} & \cdots & g_{m-1,n-1} \end{bmatrix} \tag{8-4}$$

矩阵的每一个像元素 $g_{j,i}$是一个灰度值，对应着光学影像或实体的一个微小区域，称为像元素或像素。各元素的灰度值 $g_{j,i}$代表其影像经采样与量化了的“灰度级”。

以 Δx 与 Δy 表示沿 x、y 方向的采样间隔，一般取 $\Delta x=\Delta y=\Delta$，则灰度值 $g_{j,i}$所对应的像素点屏幕坐标 $\bar{x}$、$\bar{y}$ 为：

$$
\left.\begin{array}{ll}\bar{x}=x_0+i\cdot\Delta & (i=0,\ 1,\ \cdots,\ n-1)\\ \bar{y}=y_0+j\cdot\Delta & (j=0,\ 1,\ \cdots,\ m-1)\end{array}\right\} \tag{8-5}
$$

其中，$(x_0,\ y_0)$是$g_{0,0}$对应的点位坐标，并通常称其为扫描坐标。

数字影像可以直接从空间飞行器中的扫描式传感器产生，也可以利用影像数字化器对摄取的光学像片经过采样和量化而获取。

像片上的像点是连续分布的，但在数字化过程中不可能将每一个连续的像点全部数字化，而只能是每隔一个间隔Δ，读取一个点的灰度值，这个过程称为采样，其实质将连续的函数模型离散化了，Δ称为采样间隔，被量测的点称像素点，像素点通常是矩形或正方形的微小影像块，矩形或正方形的尺寸称为像素的大小(或尺寸)，它通常等于采样间隔，因此，当采样间隔确定以后，像素的大小也就确定了。究竟如何确定采样间隔，应该根据精度要求和影像分辨率，另外还要考虑到数据量和存储设备的容量。

通过上述采样得到每个点的灰度值一般不是整数，这对于计算很不方便，应将各点的灰度值取为整数，这一过程称为影像灰度的量化。其方法是将航摄像片上有可能出现的最大灰度范围进行等分，分为若干个“灰度等级”，当采样上的灰度值落在某个灰度级内，则取该灰度级为某个像素点的灰度值，每个点的灰度值在其相应的灰度级内，取整的原则是四舍五入。由于计算机中数字均用二进制，因此，灰度等级一般为

$$
i=2^M \qquad (M=1,\ 2,\ \cdots,\ 8)
$$

当$M=1$时，$i=2$，只有黑白两个灰度值；当$M=8$时，$i=256$，即有256个灰度值，其级数是介于0与255之间的一个整数，0为黑，255为白，每个像元素的灰度值占8bit，即一个字节。

三、数字影像内定向

在摄影测量中，是取以像主点为原点的像平面坐标系来建立起像点与地面点的坐标关系式。由于在像片扫描的数字化过程中，像片的扫描坐标与像平面坐标一般不平行，坐标原点也不同且还可能产生某种变形，如图8-2所示，所以同一像点的像平面坐标x，y与其扫描坐标$\bar{x}$，$\bar{y}$不相等，内定向的目的就是要建立影像的像平面坐标与其扫描过程所引起的变换关系，并改正扫描过程所引起的变形影响以满足共线方程。因此需将像平面坐标x，y与其扫描坐标$\bar{x}$，$\bar{y}$加以换算，这种换算称为数字影像内定向。

内定向通常采用多项式变换公式，因量测的框标点数不同而采用不同的变换公式，图8-3所示是不同类型的框标。若量测了四个框标点，用仿射变换公式进行变换，即

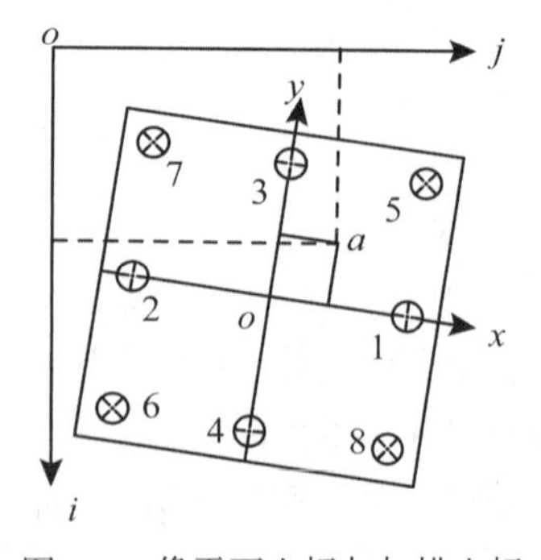

图8-2　像平面坐标与扫描坐标

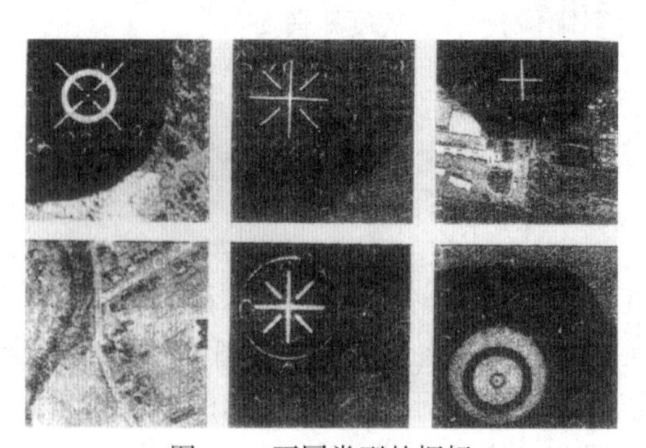

图8-3　不同类型的框标

$$
\begin{aligned}
x &= h_0 + h_1\bar{x} + h_2\bar{y} \\
y &= k_0 + k_1\bar{x} + k_2\bar{y}
\end{aligned}
\tag{8-6}
$$

式中，h_0，h_1，h_2，k_0，k_1，k_2 称为内定向参数，其数值由像片上四个框标点的扫描坐标及其相应的像平面坐标(视为理论值)组成误差方程式，平差运算求得。

对于数字航空摄影机直接获取的数字影像，不需要影像的内定向。

四、数字影像重采样

数字影像是个规则排列的灰度格网序列，它只记录采样点的灰度级值，但当对数字影像进行几何处理时，如对核线的排列、数字纠正等，由于所求得的像点不一定恰好落在原始像片上像元素的中心，要获得该像点的灰度值，就要在原采样的基础上再一次采样，即重采样。如图 8-4 所示，Δ 为原始像片数字化的采样间隔，待求点 p 的像元灰度值 g 可由其周围四个像元素的灰度值 g_1，g_2，g_3，g_4 经双线性内插求得

$$
g = \frac{1}{\Delta^2}[(\Delta - x_1)(\Delta - y_1)g_1 + (\Delta - y_1)x_1g_2 + x_1y_1g_3 + (\Delta - x_1)y_1g_4] \tag{8-7}
$$

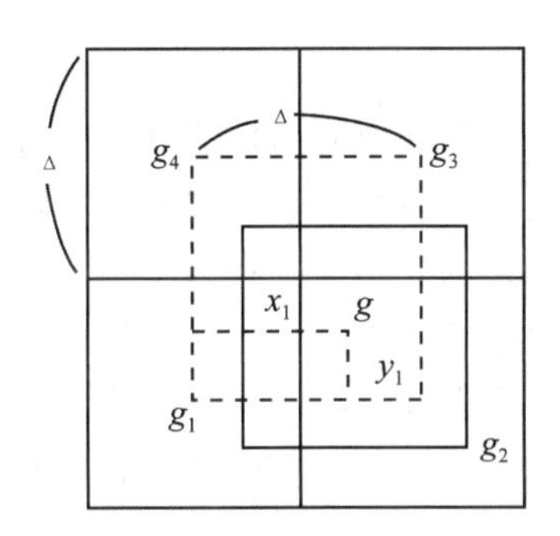

图 8-4　原始灰度格网的双线性内插

影像灰度内插方法还可采用双三次卷积法及最邻近像元法。

双三次卷积法是利用三次样条函数进行重采样，最邻近像元法是取与重采样点位置最邻近的像元灰度值作为采样值。若 p 点为采样点，其坐标值为 x，y，N 为最邻近点，则 $I(p) = I(N)$，N 点的影像坐标为：

$$
\left.
\begin{aligned}
x_N &= \mathrm{INT}(x + 0.5) \\
y_N &= \mathrm{INT}(y + 0.5)
\end{aligned}
\right\}
\tag{8-8}
$$

最邻近像元法最简单，计算速度快且不破坏原始影像的灰度信息，但其几何精度较差，最大误差可达 0.5 像元。双三次卷积法其算法严密精度较高，但计算时间长很费时。双线性内插虽计算也较费时，但比双三次卷积法用时少且其精度也较好，所以选择双线性内插较适合。

五、影像数字化器

利用影像数字化器对摄取的航摄像片经过采样和量化，是获得数字图像的方法之一。影像数字化器有多种形式，主要有电子光学扫描器和固体陈列式数字化器等。图 8-5 所示的是滚筒式电子-光学数字化器结果示意图。

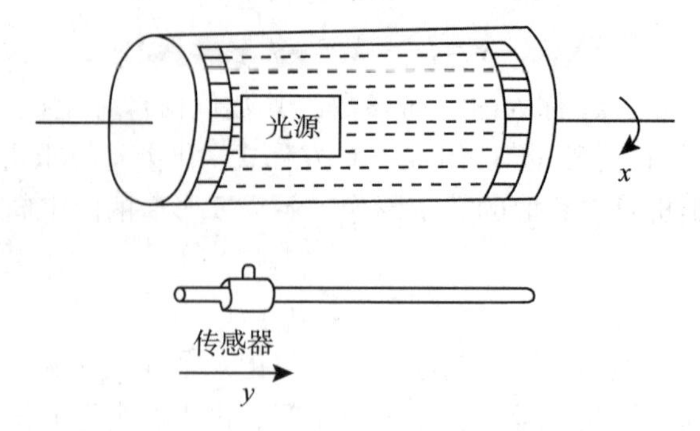

图 8-5　滚筒式电子-光学数字化器结果示意图

8-3　影像相关的概念与影像匹配的基本算法

一、影像相关的概念

摄影测量中立体测图的关键是要寻找同名像点在左右像片上的位置，在模拟测图仪上作业，是作业人员通过双眼不断地在左右像片上寻找同名像点，进行立体观察和量测。寻找同名像点的过程，也就是探求影像的相关。在数字摄影测量中，影像相关是利用互相关函数评价两块影像的相似性以确定同名像点。因原始像片中的灰度信息可转换为电子、光学或数字等不同形式的信号，因而构成了电子相关、光学相关及数字相关等不同的相关方式，但无论哪种相关方式，其理论基础都是相同的，本节主要介绍数字影像相关。

二、基于灰度的数字影像相关

所谓基于灰度的数字影像相关，是以小区域内的影像灰度分布为相关基础，主要是基于待定点所在的一个小区域内的影像的灰度特性，然后取出其在另一影像中相应区域的影像信息，计算两者的相关函数完成影像相关。其做法是先在左片上确定一个待定点，称之为目标点，以该点为中心选取 $n \times n$ 个点的灰度阵列作为目标区，一般 n 为奇数，其中心点即为待定点。为了在右影像上便于搜索到同名像点，须估计出该同名点可能出现的范围，以此定出一个 $l \times m$ 的灰度阵列（$m > n$，$l > n$）作为搜索区。在搜索区寻找同名像点时，若搜索工作在 x，y 两个方向进行，这种工作的相关运算是二维的，称为二维影像相关，如图 8-6 所示。相关过程就是依次把一个目标区的灰度阵列，与其搜索区内搜索到的某一个与目标区阵列有同等大小的阵列，根据它们的灰度值按某一数字相关方法计算它们的相似性测度完成影像相关，最终找出同名像点。

若在搜索区寻找同名像点时，搜索工作只在一个方向进行，这种情况的相关运算是一维的，因而称为一维影像相关。如图 8-7 所示，仍取一个待定点为中心、$n \times n$ 个像素点的窗口作为目标区，此时，搜索区为 $m \times n(m > n)$ 个像素点的灰度阵列为搜索区，因而此时的搜索区是在一个方向进行的。

同名像点位于同名核线上，沿同名核线寻找同名像点属一维影像相关

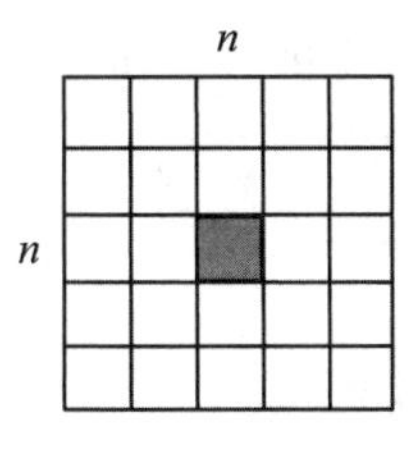

（a）目标区

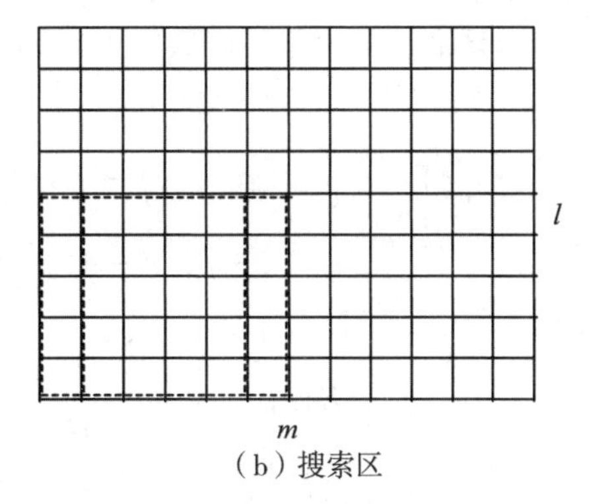

（b）搜索区

图 8-6　二维影像相关目标区与搜索区

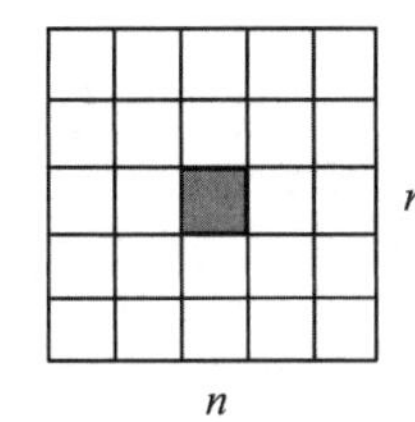

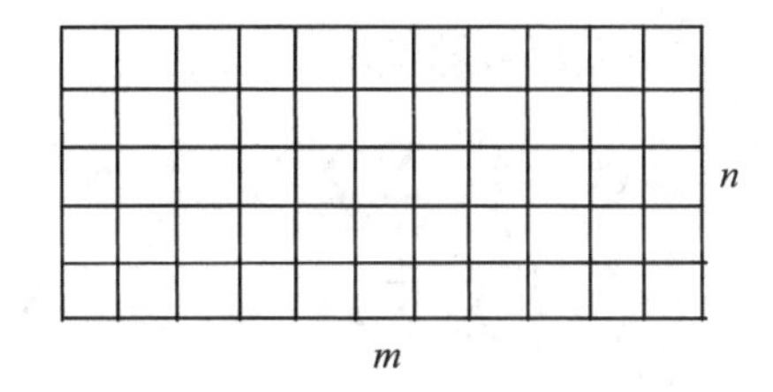

图 8-7　一维相关目标区与搜索区

三、影像匹配的几种基本算法

在数字摄影测量中，是以影像匹配代替传统的人工观测，达到自动确定同名像点的目的。因人们在最初的影像匹配中，采用了相关技术解决匹配问题，因而也常称影像匹配为影像相关。当然，影像相关只是影像匹配诸方法中的一种方法。

寻找和确定同名像点是影像匹配的目的，而同名像点的确定是以相似性匹配测度为基础的，因此，如何定义匹配测度是影像匹配的首要任务。基于不同的理论可以定义不同的匹配测度，因而形成了各种不同的影像匹配算法。

如图 8-6 所示，目标窗口的灰度矩阵 $G=g(i,\ j)$，其中 $i=j=1,\ 2,\ \cdots,\ n$。n 与 n 是矩阵 G 的行列数，一般情况下取为奇数，与 G 相应的灰度矩阵函数为 $g(x,\ y)$，$(x,\ y)\in D$，D 为目标区，并将 G 中的元素排成一行构成一个向量矩阵。搜索区灰度矩阵为 $G'=(g'_{i,\ j})$，其中 $i=1,\ 2,\ \cdots,\ l,\ \ j=1,\ 2,\ \cdots,\ m$，$l$ 与 m 是矩阵 G' 行与列数，一般情况下也为奇数，与 G' 相应的灰度矩阵为 $g'(x',\ y')$，$(x',\ y')\in D'$，G' 中任何一个 n 行 n 列的子块即搜索窗口记为：

$$G'_{(h,\ k)}=(g'_{i+h,\ j+k}),\ \text{其中}\ i=j=1,\ 2,\ \cdots,\ n$$

$$h=\mathrm{INT}\left(\frac{n}{2}\right)+1,\ \cdots,\ l-\mathrm{INT}\left(\frac{n}{2}\right)$$

$$k=\mathrm{INT}\left(\frac{n}{2}\right)+1,\ \cdots,\ m-\mathrm{INT}\left(\frac{n}{2}\right)$$

将 $G'_{(h,\ k)}$ 中的元素也排成一行构成搜索向量。

下面将分别介绍基于影像灰度的几种基本匹配算法。

1. 协方差法(最大)

协方差函数是中心化的相关函数，连续函数 $g(x, y)$ 与 $g'(x', y')$ 的协方差函数定义为：

$$C(p, q)=\iint_{(x, y)\in D}\{g(x, y)-E[g(x, y)]\}\{g'(x+p, y+q)-E[g'(x+p, y+q)]\}\mathrm{d}x\mathrm{d}y \tag{8-9}$$

其中：

$$E[g(x, y)]=\frac{1}{|D|}\iint_{(x, y)\in D}g(x, y)\mathrm{d}x\mathrm{d}y$$

$$E[g'(x+p, y+q)]=\frac{1}{|D|}\iint_{(x, y)\in D}g'(x+p, y+q)\mathrm{d}x\mathrm{d}y$$

式中，$|D|$ 为 D 的面积。

对于离散数据，协方差函数的实用估计式为：

$$C(k, h)=\sum_{i=1}^{n}\sum_{j=1}^{n}(g_{i, j}-\bar{g}).(g'_{i+h, j+k}-\bar{g}') \tag{8-10}$$

其中：$$\bar{g}=\frac{1}{n^2}\sum_{i=1}^{n}\sum_{j=1}^{n}g_{i, j},\quad \bar{g}'_{k, h}=\frac{1}{n^2}\sum_{i=1}^{n}\sum_{j=1}^{n}g'_{i+h, j+k}$$

取式(8-10) C 的最大值，其对应的相关窗口的中心像素被认为是目标点的同名像点。

2. 相关系数法(最大)

相关系数是标准化协方差系数，协方差函数除以两信号的方差的平方根得相关系数。连续函数 $g(x, y)$ 与 $g'(x', y')$ 的相关系数为：

$$\rho(p, q)=\frac{C(p, q)}{\sqrt{C_{gg}C_{g'g'}(p, q)}} \tag{8-11}$$

其中：

$$C_{gg}=\iint_{(x, y)\in D}\{g(x, y)-E[g(x, y)]\}^2\mathrm{d}x\mathrm{d}y$$

$$C_{g'g'}(p, q)=\iint_{(x, y)\in D}\{g'(x+p, y+q)-E[g'(x+p, y+q)]\}^2\mathrm{d}x\mathrm{d}y$$

对离散数据，相关系数公式为：

$$\rho(k, h)=\frac{\sum_{i=1}^{n}\sum_{j=1}^{n}(g_{i, j}-\bar{g})(g'_{i+h, j+k}-\bar{g}'_{h, k})}{\sqrt{\sum_{i=1}^{n}\sum_{j=1}^{n}(g_{i, j}-\bar{g})^2.\sum_{i=1}^{n}\sum_{j=1}^{n}(g'_{i+h, j+k}-\bar{g}'_{h, k})^2}} \tag{8-12}$$

其中：$$\bar{g}=\frac{1}{n^2}\sum_{i=1}^{n}\sum_{j=1}^{n}g_{i, j},\quad \bar{g}'_{k, h}=\frac{1}{n^2}\sum_{i=1}^{n}\sum_{j=1}^{n}g'_{i+h, j+k}$$

取 ρ 的最大值，其对应的相关窗口的中心像素被认为是目标点的同名像点。

根据以上论述的两种基本算法，给出基于灰度的直接数字匹配——相关系数法和协方差法计算过程：

如图 8-7 所示是一维影像相关目标区与搜索区。设 g 代表目标区点组的灰度值，g' 代表搜索区内相应点组的灰度值，则每个点组共取 n 个点的灰度值的均值为：

$$\bar{g} = \frac{1}{n}\sum_{i=1}^{n} g_i, \quad \bar{g}' = \frac{1}{n}\sum_{i=1}^{n} g'_{i+k} \quad (k = 0, 1, 2, \cdots, m-1)$$

两个点组的方差 σ_{gg}，$\sigma_{g'g'}$ 分别为：

$$\sigma_{gg} = \frac{1}{n}\sum_{i=1}^{n} g_i^2 - \bar{g}^2, \quad \sigma_{g'g'} = \frac{1}{n}\sum_{i=1}^{n} g'^2_{i+k} - \bar{g}'^2$$

两个点组的协方差 $\sigma_{gg'}$ 为：

$$\sigma_{gg'} = \frac{1}{n}\sum_{i=1}^{n} g_i g'_{i+k} - \overline{gg}'$$

则两个点组的相关系数 ρ_k 为：

$$\rho_k = \frac{\sigma_{gg'}}{\sqrt{\sigma_{gg}\sigma_{g'g'}}} \quad (k = 0, 1, \cdots, m-n)$$

沿核线寻找同名像点，在搜索区内，每次移动一个像素，依次计算出相关系数 ρ，共能计算出 $m-n+1$ 个相关系数，取 ρ 最大值，其对应的相关窗口的中心像素被认为是目标点的同名像点。

在二维相关的情况下，如图 8-6 所示，相应公式分别为：

$$\left.\begin{aligned}
\bar{g} &= \frac{1}{n^2}\sum_{i=1}^{n}\sum_{j=1}^{n} g_{ij} \\
\overline{g'} &= \frac{1}{n^2}\sum_{i=1}^{n}\sum_{j=1}^{n} g'_{i+h,\ j+k} \\
\sigma_{gg} &= \frac{1}{n^2}\sum_{i=1}^{n}\sum_{j=1}^{n} g_{ij}^2 - \bar{g}^2 \\
\sigma_{g'g'} &= \frac{1}{n^2}\sum_{i=1}^{n}\sum_{j=1}^{n} g'^2_{i+h,\ j+k} - \overline{g'}_{kh}^{\,2} \\
\sigma_{gg'} &= \frac{1}{n^2}\sum_{i=1}^{n}\sum_{j=1}^{n} g_{ij} g'_{i+h,\ j+k} - \bar{g}\,\overline{g'}
\end{aligned}\right\}$$

则：

$$\rho_{(k,\ h)} = \frac{\sigma_{gg'}}{\sqrt{\sigma_{gg}\sigma_{g'g'}}}$$

依次在搜索区内取 $n \times n$ 像素的灰度阵列，计算与目标区内相似测度的相关系数，可求出 $(l-n+1)(m-n+1)$ 个相关系数。目标区相对于搜索区不断地移动一个整像素，当相关系数最大值时，对应的相关窗口的中心点就是待定的同名像点。

协方差法搜索同名像点的过程与相关系数法基本相同，不同之处仅在于采用的相关性判据不同，这里采用协方差值作为相似性判据。为了搜索同名像点，进行一维影像匹配或二维影像匹配，用式 $\sigma_{gg'} = \frac{1}{n}\sum_{i=1}^{n} g_i g'_{i+k} - \overline{gg}'$ 及式 $\sigma_{gg'} = \frac{1}{n^2}\sum_{i=1}^{n}\sum_{j=1}^{n} g_{ij} g'_{i+h,\ j+k} - \overline{gg}'$ 计算协方差值 $\sigma_{gg'}$。

3. 相关函数法（最大）

设 $g(x, y)$ 与 $g'(x', y')$ 为连续灰度函数，则相关函数定义为：

$$R(p, q) = \iint_{(x,\ y)\in D} g(x, y) \cdot g'(x+p, y+q)\,\mathrm{d}x\mathrm{d}y \tag{8-13}$$

对离散化灰度数据，相关函数的估计公式得：

$$R(k, h)=\sum_{i=1}^{n}\sum_{j=1}^{n}g_{i,j}\cdot g'_{i+h,j+k} \tag{8-14}$$

可求出 $(l-n+1)(m-n+1)$ 个 R 值，当 R 函数的灰度值最大时 $G'=(g'_{i,j})$ 为同名区域。该区域的中心点为待定的同名像点。对于一维相关，$h=0$。

4. 差平方和(最小)

连续灰度函数 $g(x, y)$ 与 $g'(x', y')$，差平方和的计算式为：

$$S^2(p, q)=\iint_{(x,y)\in D}[g(x, y)-g'(x+p, y+q)]^2\mathrm{d}x\mathrm{d}y \tag{8-15}$$

根据其离散化灰度数据的估计公式得：

$$S^2(k, h)=\sum_{i=1}^{n}\sum_{j=1}^{n}(g_{i,j}-g'_{i+h,j+k})^2 \tag{8-16}$$

同样可求出 $(l-n+1)(m-n+1)$ 个 S^2 值，当 S^2 为最小时，对应的窗口的中心点就是待定的同名像点。对于一维相关，$h=0$。

5. 差绝对值和(最小)

连续灰度函数 $g(x, y)$ 与 $g'(x', y')$，差绝对值和为：

$$S(p, q)=\iint_{(x,y)\in D}|g(x, y)-g'(x+p, y+q)|\mathrm{d}x\mathrm{d}y \tag{8-17}$$

若是离散化灰度数据则有：

$$S(k, h)=\sum_{i=1}^{n}\sum_{j=1}^{n}|g_{i,j}-g'_{i+h,j+k}| \tag{8-18}$$

在求出的 $(l-n+1)(m-n+1)$ 个 S 中，最小的 S 值对应的相关窗口的中心点就是待定的同名像点。对于一维相关，$h=0$。

8-4 基于物方匹配的 VLL 法

一、基本思想

以上介绍的影像匹配方法均是基于像方的影像匹配，是在目标窗口影像固定的情况下进行的，匹配的结果只获取同名影像的像点坐标。本节介绍的基于物方匹配的 VLL 法是在物方平面坐标已知，计算不同高程 Z 值的地面物点对应的两个影像窗口的相关系数，取相关系数最大值为同名像点，匹配窗口是变化的，匹配结果可获得同名像点及同名像点所对应的物点 Z 坐标。

如图 8-8 所示，若在物方有一条铅垂线轨迹，在影像上的构像是指向像底点的直线，即投影差，当物方平面格网点 A_0 的坐标已知，过 A_0 的铅垂线上有一点 A，地面点 A 在左右像片上的构像 a_1, a_2 位于相应的“投影差”上，当物方的平面位置固定而只改变高程时，目标窗口影像与搜索窗口的影像都会顺着各自的“投影差”方向改变。若求得 A 点在某高程 Z 值时，获取的左右窗口影像其匹配相关系数最大，则可确定 A 点的高程为 Z。这种物方平面位置已知确定高程直接解的影像匹配方法称为基于物方匹配的 VLL 法，亦称“地面元影像匹配”。

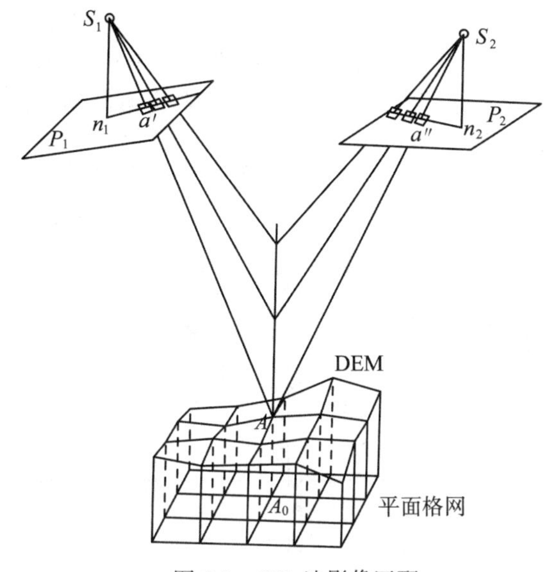

图 8-8　VLL 法影像匹配

二、解算步骤

给定 A 点的平面位置，求 A 点的高程的步骤为：

(1)给定 A 的平面坐标 (X, Y) 及近似最低点高程 $Z_{\min}$，在 $Z_{\min} \sim Z_{\max}$ 的范围内，按一定的间隔 ΔZ 给定高程 Z，即 $Z_i = Z_{\min} + i\Delta Z$，$i = 1, 2, \cdots$，$Z_{\min} \leqslant Z \leqslant Z_{\max}$；

(2)根据平面坐标和可能的高程及已知的方位元素，按共线方程式，计算左右像点坐标 (x'_i, y'_i) 与 (x''_i, y''_i)：

$$\left.\begin{aligned}
x'_i &= -f\frac{a'_1(X - X'_s) + b'_1(Y - Y'_s) + c'_1(Z - Z'_s)}{a'_3(X - X'_s) + b'_3(Y - Y'_s) + c'_3(Z - Z'_s)} \\
y'_i &= -f\frac{a'_2(X - X'_s) + b'_2(Y - Y'_s) + c'_2(Z - Z'_s)}{a'_3(X - X'_s) + b'_3(Y - Y'_s) + c'_3(Z - Z'_s)} \\
x''_i &= -f\frac{a''_1(X - X''_s) + b''_1(Y - Y''_s) + c''_1(Z - Z''_s)}{a''_3(X - X''_s) + b''_3(Y - Y''_s) + c''_3(Z - Z''_s)} \\
y''_i &= -f\frac{a''_2(X - X''_s) + b''_2(Y - Y''_s) + c''_2(Z - Z''_s)}{a''_3(X - X''_s) + b''_3(Y - Y''_s) + c''_3(Z - Z''_s)}
\end{aligned}\right\} \tag{8-19}$$

(3)分别以 (x'_i, y'_i) 与 (x''_i, y''_i) 为中心，在左右影像上取影像窗口，计算其匹配测度，如相关系数 ρ_i；

(4)将 i 的值增加 1，重复(2)、(3)两步，得到 $\rho_0, \rho_1, \cdots, \rho_n$，取其最大者 ρ_k 所在搜索区窗口中心点的坐标就认为是所求的同名像点：

$$\rho_k = \max\{\rho_0, \rho_1, \rho_2, \cdots, \rho_n\} \tag{8-20}$$

则该点对应的高程为 $Z_k = Z_{\min} + k\Delta Z$，地面点 A 的高程为 $Z_A = Z_k$。

若给定一个符合密度要求且平面坐标已知的平面格网，即格网点的 X_i、Y_i 坐标已知，只需按上述步骤确定格网点的高程 Z_i，以此方法建立的数字地面模型不会降低精度。

三、提高 VLL 匹配精度的方法

(1)为了进一步提高匹配精度，可以以更小的高程步距在小范围内重复以上过程；

(2)利用相关系数 ρ_k 及其相邻的几个相关系数拟合一条抛物线，以其极值对应的高程作为 A 点的高程，如图 8-9 所示。

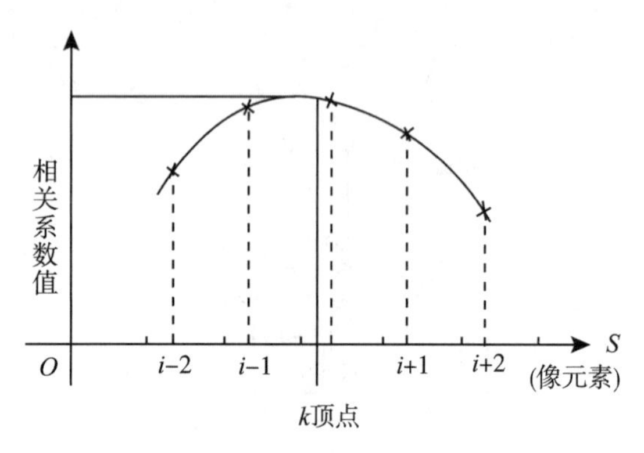

图 8-9　相关系数抛物线拟合

8-5　最小二乘影像匹配

一、最小二乘影像匹配的基本思想

德国 Stuttgart 大学的一些学者提出了一种新的基于灰度的数字影像相关方法——最小二乘影像匹配。这种方法的特点是在实行数字影像的相关运算中，引入变换参数作为待定值，直接纳入到最小二乘法运算中。引入变换参数的目的是抵偿目标区与搜索区两个窗口之间因辐射及几何畸变的差异。根据实验结果分析，利用这种方法寻找同名像点，其精度可达到 1/50~1/100 像元(1μm)，因而也称该方法为高精度最小二乘相关。

影像的灰度存在偶然误差与系统误差。影像灰度的偶然误差也称为随机噪声，而影像灰度的系统变形主要包括辐射畸变与几何畸变，由此产生了影像灰度分布之间的差异。辐射畸变主要包括照明及被摄物体辐射面的方向、大气与摄影机物镜所产生的衰减、摄影处理条件的差异及影像数字化过程中所产生的误差等。几何畸变主要包括摄影机方位不同所产生影像的投射畸变、影像的各种几何畸变及地形坡度所产生的影像畸变等，

在影像匹配运算中，引入这些变形参数，按最小二乘原则平差解求这些参数，这种解算方法称为最小二乘影像匹配。

因引入的变形参数不同，如在一维影像匹配运算中，有时引入左右同名像点的相对位移为参数；在二维影像匹配运算中，有时同时引入几何畸变系数及辐射畸变系数等，就有不同的平差数学模型。

二、仅考虑相对位移的一维最小二乘影像匹配

讨论影像匹配的主要目的是确定左右同名像点的相对位移量，传统的影像匹配方法均采用目标区相对于搜索区不断地移动一个整像素，在移动的过程中计算相关系数，搜索最

大相关系数影像区中心作为同名像点。在一维影像相关中，是沿 x 方向寻找同名像点的，若在最小二乘影像相关算法中，将把搜索区像点移动的位移量作为一个几何参数引入，就可以直接解算像点移位。

设有两个一维灰度函数 $g_1(x)$ ，$g_2(x)$ ，除随机噪声 $n_1(x)$ ，$n_2(x)$ 外，$g_2(x)$ 相对于 $g_1(x)$ 存在位移量 Δx ，如图 8-10 所示。

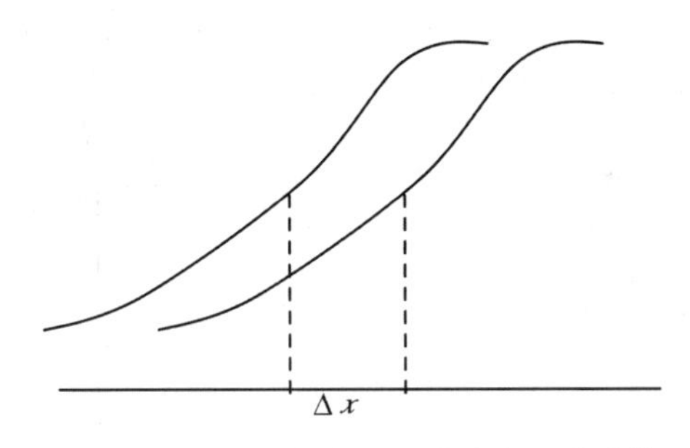

图 8-10　仅考虑相对位移的一维最小二乘影像相关

则

$$g_1(x) + n_1(x) = g_2(x + \Delta x) + n_2(x) \tag{8-21-a}$$

令

$$v(x) = n_1(x) - n_2(x)$$

则

$$v(x) = g_2(x + \Delta x) - g_1(x) \tag{8-21-b}$$

为了解求相对位移量，需要对(8-21-b)式进行线性化：

$$v(x) = g'_2(x) \cdot \Delta x - [g_1(x) - g_2(x)] \tag{8-22-a}$$

对离散的数字影像，灰度函数的导数 $g'_2(x)$ 可由差分 $\dot{g}_2(x)$ 代替，即

$$\dot{g}_2(x) = \frac{g_2(x + \Delta) - g_2(x - \Delta)}{2\Delta} \tag{8-22-b}$$

其中 Δ 为采样间隔。令 $g_1(x) - g_2(x) = \Delta g$ ，则误差方程式可写为：

$$v = \dot{g}_2 \cdot \Delta x - \Delta g \tag{8-22-c}$$

为了解算 Δx ，取一个窗口，对窗口内每个像元素都可列出一个误差方程式，按 $\sum v^2(x) = \sum [n_1(x) - n^2(x)]^2 = \min$ 原则，可求得影像的相对位移量 Δx ：

$$\Delta x = \frac{\sum \dot{g}_2 \cdot \Delta g}{\sum \dot{g}_2^2} \tag{8-23}$$

因解算的误差方程式是经线性化获得的，所以，解算需要迭代进行且必须已知初配的结果。解得 Δx 后，对 g_2 进行重采样，各次迭代计算时，系数 $\dot{g}_2$ 及常数项 Δg 均用重采样以后的灰度值进行计算。

三、二维最小二乘影像匹配

一般情况下，两个二维影像之间的几何变形，不仅存在像点的相对位移，而且还存在图形变化。当两影像之间存在畸变，只有充分考虑影像几何变形，才能获得最佳的影像相关结果。但是由于影像相关的窗口尺寸一般很小，所以一般只考虑一次畸变进行几何变形改正，将左影像窗口的像片坐标 x，y（即像素的行列号）变换至右影像 x_2，y_2：

$$
\begin{aligned}
x_2 &= a_0 + a_1 x + a_2 y \\
y_2 &= b_0 + b_1 x + b_2 y
\end{aligned} \tag{8-24}
$$

式中：a_0，a_1，a_2，b_0，b_1，b_2 为几何变形改正参数。有时只考虑仿射变形或一次正形变换。若同时再考虑到右影像相对于左影像的线性灰度畸变，则

$$
\begin{aligned}
g_1(x,\ y) + n_1(x,\ y) &= h_0 + h_1 g_2(x_2,\ y_2) + n_2(x,\ y) \\
&= h_0 + h_1 g_2(a_0 + a_1 x + a_2 y,\ b_0 + b_1 x + b_2 y) + n_2(x,\ y)
\end{aligned} \tag{8-25}
$$

对上式线性化，即可得最小二乘影像相关的误差方程：

$$
v = (c_1,\ c_2,\ c_3,\ c_4,\ c_5,\ c_6,\ c_7,\ c_8)\begin{pmatrix} \mathrm{d}h_0 \\ \mathrm{d}h_1 \\ \mathrm{d}a_0 \\ \mathrm{d}a_1 \\ \mathrm{d}a_2 \\ \mathrm{d}b_0 \\ \mathrm{d}b_1 \\ \mathrm{d}b_2 \end{pmatrix} - \Delta g \tag{8-26}
$$

式中：$\mathrm{d}h_0$，$\mathrm{d}h_1$，…，$\mathrm{d}b_2$ 是待定参数的改正值，它们的初值分别为：$h_0 = 0$，$h_1 = 1$，$a_0 = 0$，$a_1 = 1$，$a_2 = 0$，$b_0 = 0$，$b_1 = 0$，$b_2 = 1$；观测值 Δg 是相应像素的灰度差，误差方程的系数为：

$$
\left.
\begin{aligned}
c_1 &= 1 \\
c_2 &= g_2 \\
c_3 &= \frac{\partial g_2}{\partial x_2} \cdot \frac{\partial x_2}{\partial a_0} = (\dot{g}_2)_x = \dot{g}_x \\
c_4 &= \frac{\partial g_2}{\partial x_2} \cdot \frac{\partial x_2}{\partial a_1} = x\dot{g}_x \\
c_5 &= \frac{\partial g_2}{\partial x_2} \cdot \frac{\partial x_2}{\partial a_2} = y\dot{g}_x \\
c_6 &= \frac{\partial g_2}{\partial y_2} \cdot \frac{\partial y_2}{\partial b_0} = \dot{g}_y \\
c_7 &= \frac{\partial g_2}{\partial y_2} \cdot \frac{\partial y_2}{\partial b_1} = x\dot{g}_y \\
c_8 &= \frac{\partial g_2}{\partial y_2} \cdot \frac{\partial y_2}{\partial b_2} = y\dot{g}_y
\end{aligned}
\right\} \tag{8-27}
$$

由于在数字影像相关中，灰度均是按规则格网排列的离散矩阵，并且采样间隔为常数 Δ，可看做单位长度，故式(8-20)中的偏导数可用差分代替：

$$
\begin{aligned}
\dot{g}_x &= \dot{g}_I(I,\ J) = \frac{1}{2}[g_2(I+1,\ J) - g_2(I-1,\ J)] \\
\dot{g}_y &= \dot{g}_J(I,\ J) = \frac{1}{2}[g_2(I,\ J+1) - g_2(I,\ J-1)]
\end{aligned} \tag{8-28}
$$

按式(8-19)、式(8-20)在目标区域内逐像元建立误差方程，其矩阵形式为：

$$V = CX - L \tag{8-29}$$

其中，$X = (\mathrm{d}h_0, \mathrm{d}h_1, \mathrm{d}a_0, \mathrm{d}a_1, \mathrm{d}a_2, \mathrm{d}b_0, \mathrm{d}b_1, \mathrm{d}b_2)^{\mathrm{T}}$。在建立误差方程时，可采用以目标区域中心为坐标原点的局部坐标系。由误差方程建立法方程为：

$$C^{\mathrm{T}}CX = X^{\mathrm{T}}L \tag{8-30}$$

与一维情况相同，二维最小二乘相关的参数解算也是一个迭代过程，其迭代过程如图 8-11 所示。

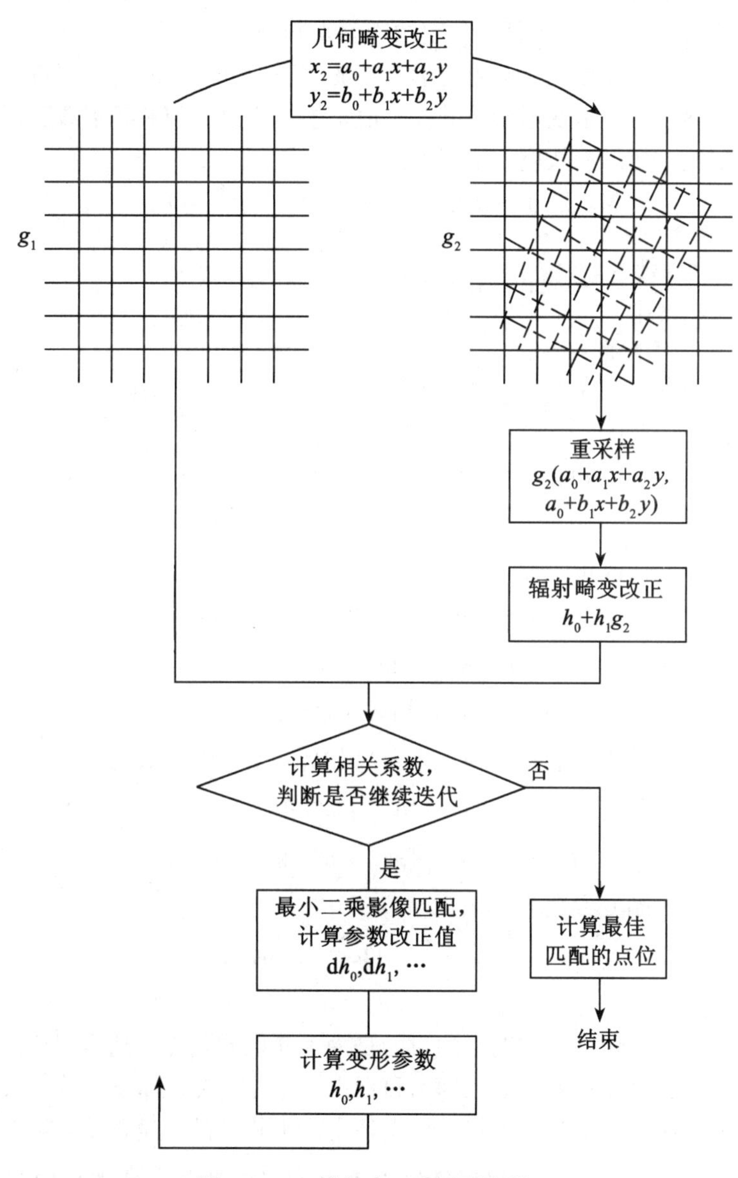

图 8-11　二维最小二乘匹配流程

其具体步骤为：

①几何变形改正。根据几何变形改正参数 a_0，a_1，a_2，b_0，b_1，b_2 和式(8-24)将左影像窗口的像片坐标(即像素的行列号)变换至右影像。

②重采样。由于换算所得的坐标 x_2，y_2 一般不可能是右影像矩阵中的整数行列号，因此要进行重采样来获得 $g_2(x_2, y_2)$。

③辐射畸变改正。利用最小二乘影像相关所求得的辐射畸变改正参数 h_0，h_1，对上一步重采样的结果做辐射改正，$h_0 + h_1 g_2(x_2, y_2)$。

④计算左影像窗口 g_1 与经过几何和辐射改正后的右影像窗口的灰度矩阵 $h_0 + h_1 g_2(x_2, y_2)$ 之间的相关系数 ρ，判断是否需要继续迭代。一般情况下，结束迭代的判断依据是相关系数小于前一次迭代后所求得的相关系数；也可以根据几何变形参数（特别是位移改正值 $\mathrm{d}a_0$，$\mathrm{d}b_0$）是否小于某个预定的阈值来判断。

⑤采用最小二乘影像相关，解求变形参数的改正值 $\mathrm{d}h_0$，$\mathrm{d}h_1$，…，$\mathrm{d}b_2$。

⑥计算变形参数。由于变形参数的改正值是根据经过几何和辐射改正后的右影像灰度矩阵求得的，因此，变形参数应按下列方法求取：

设 h_0^{i-1}，h_1^{i-1}，…，b_2^{i-1} 是前一次求得的变形参数，$\mathrm{d}h_0^i$，$\mathrm{d}h_1^i$，…，$\mathrm{d}b_2^i$ 是本次迭代所求得的改正值，则

$$
\begin{bmatrix} 1 \\ x_2 \\ y_2 \end{bmatrix} = \begin{bmatrix} 1 & 0 & 0 \\ a_0^i & a_1^i & a_2^i \\ b_0^i & b_1^i & b_2^i \end{bmatrix} \begin{bmatrix} 1 \\ x \\ y \end{bmatrix}
= \begin{bmatrix} 1 & 0 & 0 \\ \mathrm{d}a_0^i & 1 + \mathrm{d}a_1^i & \mathrm{d}a_2^i \\ \mathrm{d}b_0^i & \mathrm{d}b_1^i & 1 + \mathrm{d}b_2^i \end{bmatrix} \begin{bmatrix} 1 & 0 & 0 \\ a_0^{i-1} & a_1^{i-1} & a_2^{i-1} \\ b_0^{i-1} & b_1^{i-1} & b_2^{i-1} \end{bmatrix} \begin{bmatrix} 1 \\ x \\ y \end{bmatrix} \tag{8-31}
$$

依上式可求得几何改正参数为：

$$
\left.\begin{aligned}
a_0^i &= a_0^{i-1} + \mathrm{d}a_0^i + a_0^{i-1}\mathrm{d}a_1^i + b_0^{i-1}\mathrm{d}a_2^i \\
a_1^i &= a_1^{i-1} + a_1^{i-1}\mathrm{d}a_1^i + b_1^{i-1}\mathrm{d}a_2^i \\
a_2^i &= a_2^{i-1} + a_2^{i-1}\mathrm{d}a_1^i + b_2^{i-1}\mathrm{d}a_2^i \\
b_0^i &= b_0^{i-1} + \mathrm{d}b_0^i + a_0^{i-1}\mathrm{d}b_1^i + b_0^{i-1}\mathrm{d}b_2^i \\
b_1^i &= b_1^{i-1} + a_1^{i-1}\mathrm{d}b_1^i + b_1^{i-1}\mathrm{d}b_2^i \\
b_2^i &= b_2^{i-1} + a_2^{i-1}\mathrm{d}b_1^i + b_2^{i-1}\mathrm{d}b_2^i
\end{aligned}\right\} \tag{8-32}
$$

同理可求得辐射畸变参数为：

$$
\left.\begin{aligned}
h_0^i &= h_0^{i-1} + \mathrm{d}h_0^i + h_0^{i-1}\mathrm{d}h_1^i \\
h_1^i &= h_1^{i-1} + h_1^{i-1}\mathrm{d}h_1^i
\end{aligned}\right\} \tag{8-33}
$$

⑦计算最佳匹配点位。影像匹配的目的是为了获取同名点。通常以待定的目标点建立一个目标影像窗口，即窗口的中心点即为目标点。但是，在高精度影像相关中，必须考虑目标窗口的中心点是否是最佳匹配点。根据最小二乘相关的精度理论：匹配精度取决于影像灰度的梯度 $\dot{g}_x$，$\dot{g}_y$。因此，可以以梯度的平方为权，在左影像窗口内对坐标进行加权平均：

$$
\left.\begin{aligned}
x_t &= \sum x \cdot \dot{g}_x^2 / \sum \dot{g}_x^2 \\
y_t &= \sum y \cdot \dot{g}_y^2 / \sum \dot{g}_y^2
\end{aligned}\right\} \tag{8-34}
$$

以它作为目标点坐标，它的同名点坐标可由所求得的几何变换参数求得：

$$\left.\begin{aligned}x_s &= a_0 + a_1x_t + a_2y_t\\ y_s &= b_0 + b_1x_t + b_2y_t\end{aligned}\right\} \tag{8-35}$$

因引入了窗口间的几何变形和辐射变形改正，并消除了噪声，达到了最优估计，计算中直接求出匹配的子像素位置而不需要内插，因此，可达到子像素级精度。

四、最小二乘影像匹配的精度

8-3节所论述的几种常见的影像匹配方法，能获得一个影像匹配质量指标，如相关系数法，若相关系数越大，影像匹配质量越好，但无法获得其精度指标。最小二乘影像匹配算法可以根据σ_0以及法方程式系数矩阵的逆矩阵，同时求得其精度指标。现推导最小二乘影像一维匹配精度。由式(8-23)可得：

$$\hat{\sigma}_x^2 = \frac{\sigma_0^2}{\sum \dot{g}^2}, \qquad 其中：\sigma_0^2 = \frac{1}{n-1}\sum v^2$$

n为目标区像素个数，而上式右边是$\hat{\sigma}_x^2$的无偏估计，可近似得：$\sigma_0^2 \approx \sigma_v^2$

则：

$$\hat{\sigma}_x^2 = \frac{1}{n}\cdot\frac{\sigma_v^2}{\sigma_{\dot{g}}^2} \tag{8-36}$$

若信噪比定义为：

$$\mathrm{SNR} = \frac{\sigma_g}{\sigma_v}$$

得最小二乘影像一维匹配的方差：

$$\hat{\sigma}_x^2 = \frac{1}{n\cdot(\mathrm{SNR})^2}\cdot\frac{\sigma_g^2}{\sigma_{\dot{g}}^2} \tag{8-37}$$

根据相关系数与信噪比之间的关系式

$$(\mathrm{SNR})^2 = \frac{1}{(1-\rho^2)}$$

式(8-37)还可表示为：

$$\hat{\sigma}_x^2 = \frac{(1-\rho^2)}{n}\cdot\frac{\sigma_g^2}{\sigma_{\dot{g}}^2} \tag{8-38}$$

由此得出：

①影像匹配的精度与相关系数有关，相关系数越大，精度越高；

②与影像窗口的信噪比有关，信噪比越大，精度越高；

③与影像的纹理结构有关，$(\sigma_g/\sigma_{\dot{g}})^2$，$\sigma_{\dot{g}}^2$越大，精度越高。

若$\sigma_{\dot{g}}^2 \approx 0$，说明目标窗口内没有灰度变化，如湖水水面、雪地等诸影像，说明待匹配的点位于低反差区内，即窗口内信息贫乏，则无法进行影像匹配，此时可用基于特征的影像匹配法(Feature Based Image Matching)。

8-6 基于特征的影像匹配综述

前面所讨论的常见的影像基本匹配算法及最小二乘影像匹配均是在以待定点为中心的窗口内，以影像的灰度分布为影像的匹配基础，称之为基于灰度的影像匹配。当待匹配的点位于低反差区内，即在该区内信息贫乏，信噪比小，匹配的成功率不高，此时，基于灰度的影像匹配并不可靠。况且，在大比例尺城市航空摄影测量中，影像的内容主要是人工建筑物而非地形，由于影像的不连续、阴影与遮蔽等原因，灰度匹配的算法也难以适应，另外或许有一些不同的应用目的，例如在机器人视觉中，有时匹配的目的只是为了确定机器人所处的空间方位，只需配准某些感兴趣的点、线或面特征。而在数字摄影测量中不同定义下的特征是影像的灰度值变化剧烈、信息丰富、信噪比较高的成像区域。因此，在特征层而非影像层上对具有特征的点、线进行影像匹配更稳健。

本节对特征匹配做了一般性概括后，主要对特征点的匹配进行了论述。

一、特征匹配概述

所谓特征匹配是指从影像中提取的特征作为共轭实体，而将所提取的特征属性或描述参数作为匹配实体，通过计算匹配实体的相似测度以实现共轭实体配准的影像匹配方法。其主要步骤为：

1. 特征提取

用于匹配的特征点或线应有确定的属性，也能够从多张互相独立的像片提取这些特征，大多数基于特征的匹配方法用特征提取算子(或兴趣算子)提取特征的点、线或是灰度值边缘作为特征进行匹配。

2. 候选特征点的确定

即对所提取的特征属性进行比较，将属性相似的特征分为一类，作为左影像上待配准的候选特征点。例如，对提取的边缘灰度值，可以检查左影像上待提取的配准边缘与右影像上所提取的边缘之间是否有相同的对比符号，从而确定右影像上候选点边缘，并将同一特征的所有候选特征分为一类，可形成待匹配的特征点与候选的特征集合之间的对应表。

3. 变换参数估计或最终的特征对应

从初始的特征匹配获选列表中确定真正的对应特征，同时估计两影像间的几何变换参数。通过对一定窗口内所有特征点进行一致的几何变换，消除初始特征对应表中的不确定性。

二、基于特征的影像匹配策略

基于特征的影像匹配策略是指对于匹配的像对数据结构形式、特征提取的方式、特征的匹配顺序、匹配准则与粗差剔除等各环节的处理方案。

1. 建立影像金字塔多层数据结构

利用金字塔的多层数据结构可以增大像素尺寸而减少搜索空间。因自然界中的场景包含不同尺度(或大小)的目标，这些目标又包含不同大小的特征。因此，在单一尺度或分辨率上所使用的任何分析处理手段都可能忽略其他尺度上的信息。分辨率则是影像对景物的分辨能力，在影像的多分辨率分解中，有单尺度多分辨率分解，也有多尺度多分辨率分解。用来表示数字影像的多分辨率或多级数据结构的一个重要例子是金字塔数据结构，或称影像金字塔(image pyramid)，最简单的办法为金字塔每上一层都由相邻的下一层影像经过低通滤波、平滑、抽样而形成。例如，在经典的 2×2/4 金字塔中，通过对原始影像的每 2×2＝4 的像元形成第二层的一个像元，即 4 个像元平均为一个像元构成第二层影像，在第二级影像的基础上构成第三级影像，且层与层之间像素数以 4 倍数减少。若将这些影像叠置起来很像古埃及的金字塔，通常称为影像金字塔或分层结构影像。图 8-12(a)是四像元平均示意图，图 8-12(b)是一幅遥感影像的 5 层 2×2/4 影像金字塔。

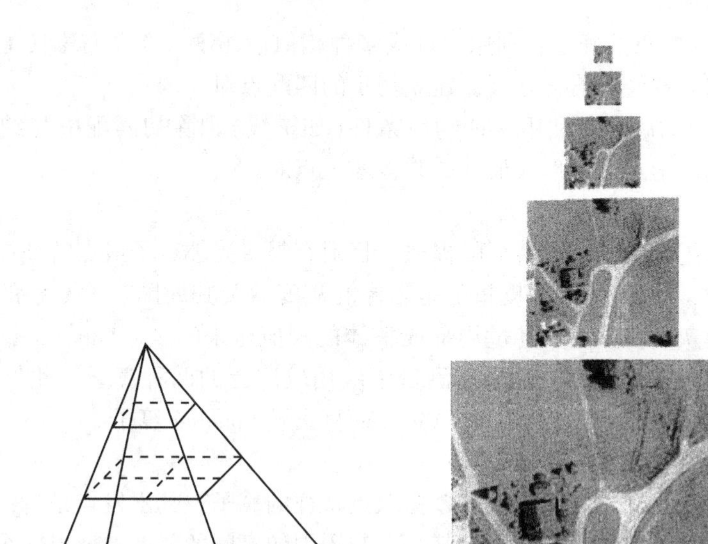

图 8-12(a)　四像元平均　　　图 8-12(b)　金字塔影像

由于低通滤波和抽样作用，使得在金字塔最顶端所保留的特征是影像中最明显、能量集中且由影像中较大的特征结构所形成的特征。而小尺度和反差不强的特征则被多次的平滑所抑制和湮灭。

因金字塔最顶层是经过多次滤波后生成的影像，主要是包括低频成分。因此，在金字塔最高层进行特征匹配，对明显突出、结构较大、反差剧烈的特征匹配更可靠、更稳健。

2. 提取特征的分布模式

对所提取的特征，若有不同的应用目的，特征的提取也有所不同，对提取特征点的分布常采用两种方式：

(1)随机分布：随机进行特征提取且控制特征的密度，并去掉极值点周围的其他点。

(2)均匀分布：将影像划分成矩形格网，在每一个格网内提取一个或若干个特征点，根据不同的应用目的确定格网的边长与提取的点数。当匹配结果用于影像参数求解时，格网边长较长，点数可按应用的特点确定；若用于建立 DSM（或 DEM)时，特征提取的格网与 DEM 的像片格网相对应，特征点均匀分布在影像各处。但若在每一个格网中按兴趣值最大原则提取特征点，若此时格网落在信息贫乏区内，所提取的并不是真正的特征点；若将阈值条件也用于特征提取，这样的格网中也没有特征点。

三、基于点特征的影像匹配

所谓特征的点，可以是角点、交点或边缘点。特征点的属性参数或特征描述可以是特征点周围的灰度值分布，也可以是与周围特征的关系、不变矩及角度等参数。相似性测度可以采用归一化相关系数，也可以采用经过设计的度量函数，然后再结合其他约束条件。特征点匹配一般可归结为下述 3 个步骤：

(1)特征点的提取：利用某种兴趣算子在立体像对(或参考影像与待匹配影像)的左右影像上分别提取特征点。

(2)初始候选匹配点的确定：利用一种或多种相似性测度，在左右影像上提取的特征点集合间进行初相关并经阈值化处理，建立初步的匹配点对。

(3)最佳匹配点的确定：利用一些约束条件(如核线)剔除初匹配中与约束条件不一致、不相容的候选匹配点以便形成最佳的共轭匹配点对。

1. 点特征提取

点特征影像匹配的关键是点特征的提取。目前有很多兴趣算子或点特征提取算子用来提取特征点。其中，Moravec 算子度量的是影像的灰度值及其周围灰度差别的特性，可以通过计算小区域内灰度值方差再经过局部或整体的阈值化来实现。Forstner 算子具有旋转不变性，并可达到子像素精度。是摄影测量中应用较广泛的两种算子。此外还有 Harris、SUSAN 角点提取算子等。本节主要介绍 Moravec 算子及 Forstner 算子。

(1)Moravec 算子

Moravec 于 1977 年提出利用灰度方差提取点特征的算子，其出发点是特征点在所有方向上应有最大的反差。基本原理是考虑某一点与周围像素间的灰度差，以四个方向上具有最小-最大灰度方差的点作为特征点。图 8-13 是 Moravec 算子计算示意图。

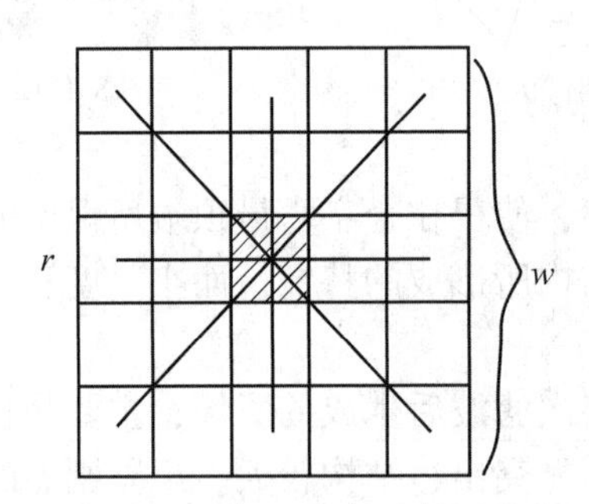

图 8-13　Moravec 算子计算示意图

具体步骤为：

①计算各像元的兴趣值 IV：在以像素 (c, r) 为中心的 w 影像窗口(如 5×5 的窗口)计算如图 8-13 所示的 4 个方向相邻像素灰度差的平方和：

$$\left.\begin{aligned}V_1 &= \sum_{i=-K}^{K=-1} (g_{c+i,\ r} - g_{c+i+1,\ r})^2 \\ V_2 &= \sum_{i=-k}^{k=-1} (g_{c+i,\ r+1} - g_{c+i+1,\ r+i+1})^2 \\ V_3 &= \sum_{i=-k}^{k=-1} (g_{c,\ r+i} - g_{c,\ r+i+1})^2 \\ V_4 &= \sum_{i=-k}^{k=-1} (g_{c+i,\ r-i} - g_{c+i+1,\ r-i-1})^2\end{aligned}\right\} \tag{8-39}$$

式中

$k=\mathrm{INT}\left(\dfrac{w}{2}\right)$。然后取4个方向中最小者为该像元的兴趣值：

$$IV_{C,\ R}=\min\{V_1,\quad V_2,\quad V_3,\quad V_4\} \tag{8-40}$$

②依次选取不同的窗口中心，按(8-39)式和(8-40)式分别计算兴趣值IV，再给定一个经验阈值，将兴趣值大于阈值的点作为候选点，阈值的选择应以候选点中能包括所需要的特征点为原则。

③选取候选点的极值作为特征点。在一定大小的窗口内将候选点中兴趣值不是最大值的去掉，仅留下一个兴趣值最大值，该像素即为一个特征点，这就是所谓的"抑制局部非最大"。

(2)Forstner算子

该算子是Forstner于1984年提出的，其基本思想是在影像中寻找具有最可能小且近似圆的误差椭圆的点作为特征点。

Forstner算子实质上是一个加权算子，它通过计算各像素的Roberts梯度和以像素$(c,\ r)$为中心的一个窗口的灰度协方差矩阵，在影像中寻找具有尽可能小而接近圆的误差椭圆的点作为特征点。其解算步骤为

① 以某一像素$(c,\ r)$为中心开取一个大小如$(l\times l)$的窗口。

② 计算各像素的Roberts的梯度：

$$\left.\begin{aligned}g'_{rx}=g_u=\frac{\partial g}{\partial u}=g_{i+1,\ j+1}-g_{i,\ j}\\ g'_{ry}=g_v\ \frac{\partial g}{\partial v}=g_{i,\ j+1}-g_{i+1,\ j}\end{aligned}\right\} \tag{8-41}$$

③计算窗口中灰度的协方差矩阵：

$$Q=N^{-1}=\begin{bmatrix}\sum g_u^2 & \sum g_ug_v\\ \sum g_ug_v & \sum g_v^2\end{bmatrix}^{-1} \tag{8-42}$$

式中：

$$\sum g_u^2=\sum_{i=c-k}^{c+k-1}\sum_{j=r-k}^{r+k-1}(g_{i+1,\ j+1}-g_{i,\ j})^2;\qquad \sum g_v^2=\sum_{i-c-k}^{c+k-1}\sum_{j=r-k}^{r+k-1}(g_{i,\ j+1}-g_{i+1,\ j})^2$$

$$\sum g_ug_v=\sum\sum(g_{i+1,\ j+1}-g_{i,\ j})(g_{i,\ j+1}-g_{i+1,\ j});\qquad k=\mathrm{INT}(L/2)$$

④计算兴趣值q和权值w

$$q=\frac{4\det N}{(\mathrm{tr}N)^2} \tag{8-43}$$

$$W=\frac{1}{\mathrm{tr}Q}=\frac{\det N}{\mathrm{tr}N} \tag{8-44}$$

式中，$\det N$代表矩阵N的行列式；$\mathrm{tr}N$代表矩阵N迹。

⑤确定待选点。如果兴趣值q大于给定的阈值，则该像元为待定点，阈值为经验值。可参考下列值：

$$\left.\begin{aligned}&T_q=0.5\sim0.75\\ &T_w=\begin{cases}f\overline{w},\ f=0.5\sim1.5\\ cw_c,\ c=5\end{cases}\end{aligned}\right\} \tag{8-45}$$

式中 $\bar{w}$ 为权平均值，w_c 为权的中值，当 $q > T_q$，同时 $w > T_w$ 时，该像元为待选点。

⑥选取极值点。以权值 w 为依据，选择极值点，即在一个适当窗口中选择权值 w 最大的点为待选点。

由于 Forstner 算子比较复杂，可首先用一个差分提取初选点，然后采用 Forstner 算子在 3×3 窗口计算兴趣值并选择备选点，最后提取的极值点为特征点。

在点特征提取算子中，Moravec 算子计算简单；Forstner 算子较复杂，但它能给出特征点的类型且精度较高。

2. 基于点特征匹配策略

(1)一维匹配与二维匹配

当影像方位参数未知时，必须进行二维的影像匹配。此时，匹配的主要目的是利用明显特征点来解求影像的方位参数，建立立体影像模型形成核线影像，以便进行一维匹配。

当影像方位已知时，可直接进行带核线约束条件的一维匹配。当影像方位不精确或采用近似核线的概念时，也可在上下方各搜索一个或多个像素。

(2)匹配候选点的选择，可以采取：

• 左影像提取特征后，对右影像进行相应的特征提取，挑选预选框内的特征点作为可能的匹配点。

• 右影像不进行特征提取，将预测框内的每一个点都作为可能的匹配点。

• 右影像不进行特征提取，但也不将所有的点作为可能的匹配点，而是采用其他的准则动态的确定。

(3)特征点的匹配顺序

• 深度优先：对最上层影像，每提取一个特征点即对其匹配，然后将结果传递至下一层进行匹配直到原始图像，并以该匹配好的点为中心，对其邻域内的点进行匹配；再上传到最高层，从该层已匹配的点邻域中，选择另一点进行匹配，将结果化算到原始影像上。重复前一点的过程，直至最上一层最先匹配点的邻域中心处理完，再回到第二层上，对第二层重复上述对最上一层的处理，如法进行直至处理完所有层。

• 广度优先：这是一种按层处理的方法。首先对上层影像进行特征提取与匹配；将全部点处理完毕后，将结果转到下一层并加密，然后再进行匹配，重复上述过程直至原始图像。

(4)设置特征点间相似性测度

在特征点匹配中，如何设计特征点间的相似测度，以便在此基础上构建初始的匹配点，现已有大量的文献和研究报告，其中包括“中心化绝对差和测度”、“相关系数测度”、“角点强度测度”、“灰度值差分不变量测度”等。

(5)匹配准则

除了运用一定的相似测度外，还可以考虑特征的方向、周围已经匹配点的结果，如将前一条核线已经匹配的点沿边缘传递到当前核线同一边缘上的点。由于特征点的信噪比较大，其相关系数也较大，可以设一个较大的阈值。当相关系数高于阈值时，认为该特征点是匹配点，否则需要利用其他条件进一步判别。

(6)初始匹配的优化与最终匹配

在由特征点间的相似测度定出初始候选匹配点对中，可能存在多对一匹配的模糊性及误匹配的存在。因利用相似测度在局部范围内一一比较，一般情况下不可能形成整体或局部整体一致的匹配结果。此处的一致性理解为匹配结果数据对目标模糊的一致性，或至少是匹配结果数据与两影像间映射函数模型之间的一致性。因此，还应该依据其他约束条件对初始匹配的点进行筛选，保留正确匹配，剔除错误匹配。为了获得最终匹配结果，Forsten 建议的措施为：

- 提供目标的三维模型，因模型的强度将直接影响最终的匹配质量。
- 选择能够确定数据和模型之间符合程度的一致性测度。当数据和模型之间不同类型的偏差需要平衡时，度量函数的选择有困难。常用的理论框架包括用极大似然估计准则。
- 采取一种能够找到最优至少满足一致性的理想算法。

根据上述建议，对于筛选措施，常用的模型、算法准则及约束条件有：参数化的目标空间模型；也有人选择匹配强度对初始匹配结果进行精化、剔除，甚至用一些几何条件的一致性准则可进一步剔除错误匹配。如用三角形刚性几何约束条件或核线几何约束条件等。

(7)粗差剔除

可在一小范围内利用倾斜平面或二次曲面为模型进行视差拟合将残差大于某一阈值的点剔除。

8-7 基于特征的 SIFT 匹配

随着传感器类别以及成像方式的不断多样化，传感器类别、传感器视点、成像条件等因素不同，会造成影像之间的灰度差异和几何差异较大，在影像匹配过程中，就需要一种稳健性很高的匹配算法。David G. Lowe 在 1999 年提出了一种新的匹配算法——SIFT (Scale-Invariant Feature Transform) 匹配算法。即尺度不变特征变换。该方法是基于图像尺度空间理论提出并发展起来的一种算法，能够提供最为稳定的尺度，旋转以及平移不变特征，同时，对于光照及噪声的影响也具有较强的抵抗性。

SIFT 算法是一种提取局部特征的算法，在尺度空间寻找极值点，提取位置、尺度、旋转不变量。

SIFT 特征匹配算法一般分两个阶段来实现：第 1 阶段是 SIFT 特征向量的提取，即从多幅待匹配图像中提取出对尺度缩放、旋转、亮度变化无关的特征向量；第 2 阶段是 SIFT 特征向量的匹配。下面分别进行阐述。

一、SIFT 特征向量的提取

SIFT 算法在影像特征点的提取过程中，首先通过引入高斯滤波函数构造影像尺度空间，并在此基础上通过计算尺度空间相邻影像的差分来逼近高斯拉普拉斯尺度归一化算子 $\sigma^2 \nabla^2 G$，以达到特征点尺度不变的目的，并提供更为稳定的图像特征极值点。然后在尺度空间的极值点提取的基础上，通过对高斯拉普拉斯尺度空间函数的泰勒展开求极值以精化特征点位置向量，以提高匹配精度。最后，在特征点的区域特征描述上，对应于特征的空间尺度计算梯度主方向并通过高斯加权统计特征窗口区域的梯度直方图，最后归一化构成 SIFT 特征向量，以达到旋转、平移、光照不变性。

SIFT 特征提取一般流程如图 8-14 所示。

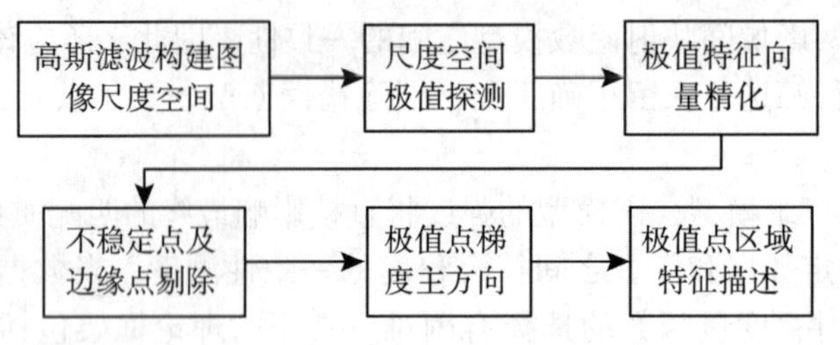

图 8-14　SIFT 特征提取流程

1. 构建图像尺度空间与极值点提取

图像尺度空间理论是根据人眼在观察景物时总是由粗到细、由轮廓到细节的特征提出并发展起来的一种图像分析处理理论。该理论通过将图像与某连续尺度变换核进行卷积运算，得到一组基于该变换核的图像序列。对于某一给定图像，其多尺度表达定义如下式所示：

$$L(x, y, \sigma) = F(x, y, \sigma) * I(x, y) \tag{8-46}$$

其中，$I(x, y)$ 表示二维图像，σ 表示尺度参数，$F(x, y, \sigma)$ 为尺度变换核，$*$ 表示卷积运算。图像经过卷积后，随着 σ 的不同，将会产生在不同尺度 σ 下的一组图像，其导数的极值会按照减小的趋势变化，并且通过 m 阶导数或者其组合计算出来的图像特征具有尺度不变性。Koenderink 在引入因果假设以及各向同性这两大假设条件的前提下，证明了图像尺度空间唯一连续变化核函数为高斯函数，即

$$F(x, y, \sigma) = \frac{1}{2\pi\sigma^2}e^{-(x^2+y^2)/2\sigma^2} \tag{8-47}$$

为了更为有效地在尺度空间检测到稳定的特征点，引入高斯差分函数 DOG(Difference of Gaussian)来逼近尺度归一化高斯拉普拉斯算子 $\sigma^2\nabla^2G$。相较于 Hessian、Harris 等检测算子，$\sigma^2\nabla^2G$ 的极值能提供最稳定的图像特征点。高斯差分算子式为：

$$\begin{aligned} D(x, y, \sigma) &= (G(x, y, k\sigma) - G(x, y, \sigma)) * I(x, y) \\ &= L(x, y, k\sigma) - L(x, y, \sigma) \end{aligned} \tag{8-48}$$

其中，k 为常数。

在 SIFT 算法中构建高斯图像尺度空间时，为了获取更多的不同尺度的 SIFT 特征，高斯金字塔一般分为 n 阶，而每阶又被分为 m 层。在同一阶中相邻两层的尺度因子比例系数为 k，第 n+1 阶的第 1 层影像通过对第 n 阶的中间层影像进行隔行和隔列子采样获得。然后将每阶中相邻层图像相减生成高斯差分图像金字塔。如图 8-15 所示。

构建高斯差分金字塔完毕后，为了提取 DOG 尺度空间中的极值点，金字塔阶中的中间层的每个像素点需要跟同一层的相邻 8 个像素点以及它上一层和下一层的 9 个相邻像素点总共 26 个相邻像素点进行比较，以确保在尺度空间和二维图像空间都检测到局部最大或最小极值，同时，记录极值点的坐标、所在的金字塔阶层以及尺度。

2. 极值点精化与不稳定点剔除

为了进一步精化极值点在图像尺度空间的位置，需要对尺度空间函数 $D(x, y, \sigma)$ 进行泰勒展开，并求取函数极值来进行位置修正。$D(x, y, \sigma)$ 泰勒级数的二次展开式为：

$$D(X) = D(x_0, y_0, \sigma_0) + \frac{\partial D^{\mathrm{T}}}{\partial X}X + \frac{1}{2}X^T\frac{\partial^2 D}{\partial X^2}X \tag{8-49}$$

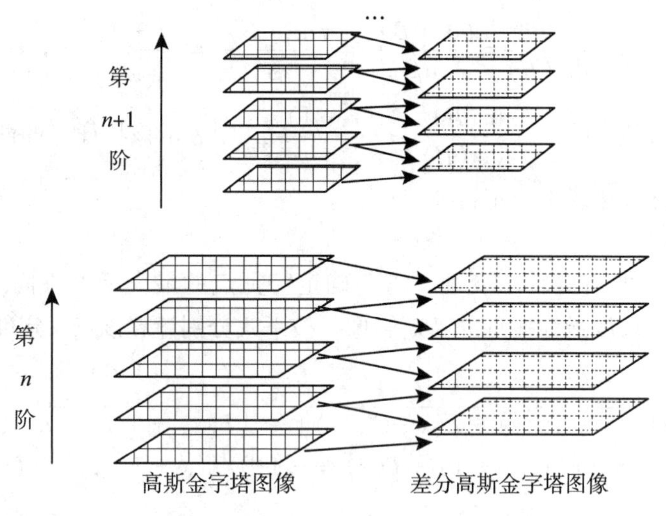

图 8-15　构建高斯图像尺度空间

其中, $X=(x,\ y,\ \sigma)^{\mathrm{T}}$ ，表示极值点的修正向量。

且

$$\frac{\partial D}{\partial X}=\begin{bmatrix}\frac{\partial D}{\partial x}\\\frac{\partial D}{\partial y}\\\frac{\partial D}{\partial z}\end{bmatrix},\ \frac{\partial^2 D}{\partial X^2}=\begin{bmatrix}\frac{\partial^2 D}{\partial x^2}&\frac{\partial^2 D}{\partial xy}&\frac{\partial^2 D}{\partial x\sigma}\\\frac{\partial^2 D}{\partial yx}&\frac{\partial^2 D}{\partial y^2}&\frac{\partial^2 D}{\partial y\sigma}\\\frac{\partial^2 D}{\partial \sigma x}&\frac{\partial^2 D}{\partial \sigma y}&\frac{\partial^2 D}{\partial \sigma^2}\end{bmatrix}\tag{8-50}$$

对式(8-49)求导，并令其为0，可以得出精确的极值位置修正向量 $X_{\max}$ ：

$$X_{\max}=-\left(\frac{\partial^2 D}{\partial X^2}\right)^{-1}\frac{\partial D}{\partial X}\tag{8-51}$$

为了剔除不稳定的低对比度极值点，将式(8-51)代入式(8-49)可得

$$D(X_{\max})=D(x_0,\ y_0,\ \sigma_0)+\frac{1}{2}\frac{\partial D^{\mathrm{T}}}{\partial X}X_{\max}\tag{8-52}$$

将极值点向量代入到(8-52)式并设定阈值 D_T ，若 $|D(X_{\max})|\geqslant D_T$ ，则保留该点，否则剔除该点。

另外，由于 DOG 算子会产生较强的边缘效应，为了消除由于边缘效应而造成的不稳定极值点，还需要进一步的处理以消除边缘效应。利用边缘点的两个方向主曲率差异较大而主曲率又与 Hessian 矩阵的特征值成正比的性质，可以借助于 Hessian 特征值比值的方法来剔除边缘不稳定点。

对于 Hessian 矩阵，

$$H=\begin{bmatrix}D_{xx}&D_{xy}\\D_{xy}&D_{yy}\end{bmatrix}\tag{8-53}$$

令 α 为最大特征值, β 为最小的特征值，则

$$\begin{aligned}\mathrm{tr}(H)&=D_{xx}+D_{yy}=\alpha+\beta\\\det(H)&=D_{xx}D_{yy}-(D_{xy})^2=\alpha\beta\end{aligned}\tag{8-54}$$

又令 γ 为最大特征与最小特征的比值且 $\alpha = \gamma\beta$，则

$$\frac{\mathrm{tr}(H)^2}{\det(H)} = \frac{(\alpha+\beta)^2}{\alpha\beta} = \frac{(r\beta+\beta)^2}{r\beta^2} = \frac{(r+1)^2}{r} \tag{8-55}$$

在设定比值阈值 r 后，若 $\frac{\mathrm{tr}(H)^2}{\det(H)} \geqslant \frac{(r+1)^2}{r}$，则表示该特征点的两个方向主曲率差异较大，应该删除该边缘不稳定特征。

3. 确定特征点方向

为使 SIFT 算子具有旋转不变性，需要确定特征点的最大梯度方向。对每个极值点，取对应阶层中与其尺度最为接近的高斯影像，按下式分别计算该点一定邻域范围的像素的梯度大小和方向。

$$\left.\begin{aligned} m(x, y) &= \sqrt{[L(x+1, y) - L(x-1, y)]^2 + [L(x, y+1) - L(x, y-1)]^2} \\ \theta(x, y) &= \arctan(L(x, y+1) - L(x, y-1))/L(x+1, y) - L(x-1, y) \end{aligned}\right\} \tag{8-56}$$

对特征点邻域像素进行梯度直方图的统计，并设定梯度直方图的范围为 0°~360°，其中每 10°一个柱，总共 36 个柱。在进行直方图统计的时候，需按高斯加权的方法对梯度大小进行加权，即离中心像素越远，权重越小。梯度方向直方图的峰值代表了该特征点处邻域梯度的主方向，即作为该特征点的方向。若在梯度方向直方图中，存在另一个相当于主峰值 80%幅值的峰值时，则将这个方向认为是该特征点的辅方向，即在该点位置存在两个不同方向的特征，这样可以提高匹配的稳健性。最后，对与所确定的梯度方向幅值最为接近的三个方向进行抛物线拟合，并取其顶点作为梯度方向，以提高梯度方向精度。

4. SIFT 特征区域描述向量

为了提高特征点对光照和视点变化的不变性，需要为特征点建立一个区域描述向量。在建立特征区域描述向量时，首先需要将图像坐标系的 X 轴或 Y 轴旋转到特征点的梯度方向，以确保描述向量的旋转不变性。如图 8-16 所示，首先计算特征点周围一定范围像素的梯度大小和方向，如图 8-16(a)中箭头所示，然后分块统计各块 8 个方向的梯度直方图，如图 8-16(b)所示。同时，为了避免描述向量中的梯度值发生突变，还需要对每个像素点的梯度值进行高斯加权(如图 8-16(a)中圆圈所示)，使得离特征点越远的采样点的梯度权重越小，以降低误匹配率。

对于描述区域的大小，一般取 16 × 16 大小的邻域窗口，并划分为 16 个 4 × 4 的子块。由于在每个子块中都统计 8 个梯度方向，那么每个特征点的区域描述向量就是一个 4 × 4 × 8 = 128 维的向量。最后，将描述向量进行归一化以消除对比度和光照的影响。

二、SIFT 特征向量的匹配

由于 SIFT 特征向量为高维向量，在进行匹配时，一般采用 K-d 树对参考影像的 SIFT 特征建立高维空间索引后，利用如欧氏距离、马氏距离作为相似性度量，查找 K-d 树中与参考影像中待匹配特征向量最为接近的特征向量作为潜在匹配点。

通过相似性度量得到潜在匹配对，其中不可避免会产生一些错误匹配，因此需要根据几何限制和其他附加约束消除错误匹配，提高稳健性。常用的去外点方法是 RANSAC 随机抽样一致性算法，常用的几何约束是极线约束关系。

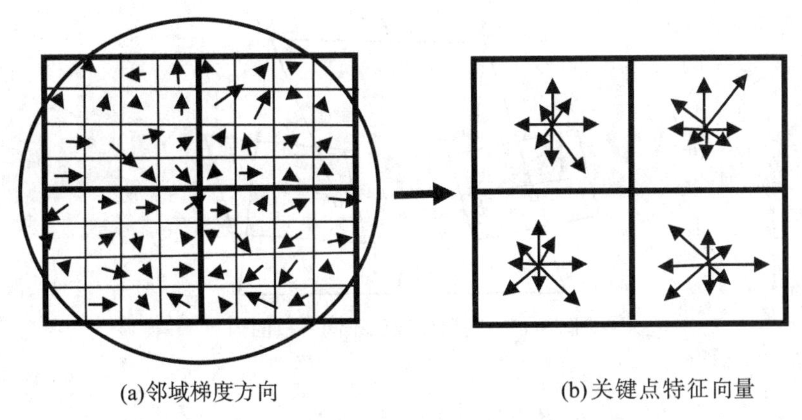
(a)邻域梯度方向　(b)关键点特征向量

图 8-16　由关键点邻域梯度信息生成特征向量

8-8　核线相关与同名核线的确定

一、核线相关的概念

由 8-3 节可知，在进行二维影像相关时，为了在右片上搜索到同名像点，必须在给定的搜索区内沿 x、y 两个方向搜索同名像点，因此，搜索区是一个二维影像窗口，在这样的二维影像窗口里进行相关计算，其计算量是相当大的。由摄影测量的基本知识可知，核面与两像片面的交线为同名核线，同名像点必定在同名核线上。沿核线寻找同名像点，即核线相关。这样，利用核线相关的概念就能将沿 x、y 方向搜索同名像点的二维相关问题转化为沿同名核线搜索同名像点的一维相关问题，从而大大减少了计算工作量。

二、同名核线的确定

进行核线相关首先要确定同名核线。确定同名核线的方法很多，本节主要介绍两种方法：一种是根据共面条件的方法；另一种是基于数字影像几何纠正的方法。

1. 共面条件法

这种方法是从核线定义出发，直接在倾斜像片上提取同名核线。由于核线在像片上是一条直线，如图 8-17 所示，假定在左片目标区内选取一个像点 $a(x_a,\ y_a)$，如何确定出过 a 点的核线 l 和右片搜索区内同名核线 l'？要确定 l，需再定出 l 上另一个点 $b(x_b,\ y_b)$；要确定 l'，需确定其上两个点 $a'(x_a',\ y_a')$ 和 $b'(x_b',\ y_b')$。这里并不要求 a、a' 或 b、b' 是同名像点。

因为同一核线上的点均位于同一核面内，设 b 点为过 a 点左核线 l 上的任一点，则满足三线共面条件：

$$\overrightarrow{SS'} \cdot (\overrightarrow{Sa} \times \overrightarrow{Sb}) = 0$$

若采用单独像对坐标系统，得：

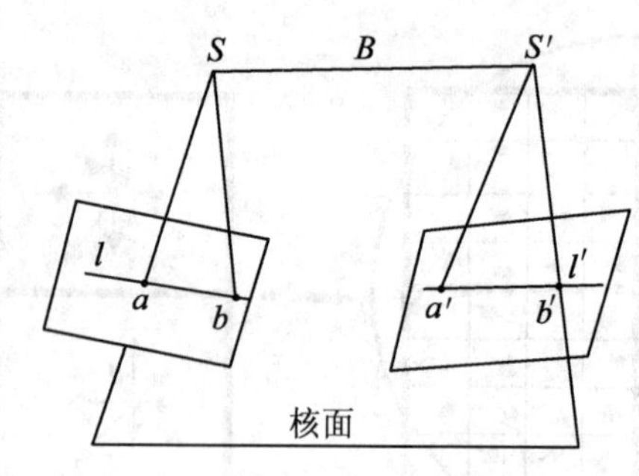

图 8-17　同名核线位于同一核面内

$$\begin{vmatrix} B & 0 & 0 \\ u_a & v_a & w_a \\ u_b & v_b & w_b \end{vmatrix} = B\begin{vmatrix} v_a & w_a \\ v_b & w_b \end{vmatrix} = 0 \tag{8-57}$$

式中，u_a、v_a、w_a 和 u_b、v_b、w_b 是像点 a 和 b 相对于单独像对的像空间辅助坐标系的坐标，则

$$\begin{bmatrix} u \\ v \\ w \end{bmatrix}_{a,b} = \begin{bmatrix} a_1 & a_2 & a_3 \\ b_1 & b_2 & b_3 \\ c_1 & c_2 & c_3 \end{bmatrix} \begin{bmatrix} x \\ y \\ -f \end{bmatrix}_{a,b} \tag{8-58}$$

式中，a_1，a_2，…，c_3 九个方向余弦是左像片相对定向元素的函数；x、y 为像点 a 或 b 在左像片上的像点坐标。

在左像片上取一点 a，按（8-57）式计算出像空间辅助坐标系坐标(u_a，v_a，w_a)。现在要求左核线 l 上任一点 b 的坐标，把(8-57) 式展开，得：

$$\frac{v_a}{w_a} = \frac{v_b}{w_b}$$

而

$$v_b = b_1 x_b + b_2 y_b - b_3 f, \qquad w_b = c_1 x_b + c_2 y_b - c_3 f$$

所以

$$\frac{v_a}{w_a} = \frac{b_1 x_b + b_2 y_b - b_3 f}{c_1 x_b + c_2 y_b - c_3 f}$$

整理后得：

$$y_b = \frac{v_a c_1 - w_a b_1}{w_a b_2 - v_a c_2} x_b + \frac{w_a b_3 - v_a c_3}{w_a b_2 - v_a c_2} f \tag{8-59a}$$

或写成：

$$y_b = \frac{A}{B} x_b + \frac{C}{B} f \tag{8-59b}$$

其中：

$$\left.\begin{aligned} A &= v_a c_1 - w_a b_1 \\ C &= w_a b_3 - v_a c_3 \\ B &= w_a b_2 - v_a c_2 \end{aligned}\right\}$$

当给定 x_b，由式(8-59-a)求得相应的 y_b。有了 $a(x_a，y_a)$，$b(x_b，y_b)$ 两点就有了过

点 a 左核线的直线方程。

同理，左像点 a 和右像片同名核线上任一像点 a' 应位于同一核面上，则有：

$$\overrightarrow{SS'} \cdot (\overrightarrow{Sa} \times \overrightarrow{S'a'}) = 0$$

或

$$\begin{vmatrix} B & 0 & 0 \\ u_a & v_a & w_a \\ u'_a & v'_a & w'_a \end{vmatrix} = B \begin{vmatrix} v_a & w_a \\ v'_a & w'_a \end{vmatrix} = 0$$

则

$$y'_{a'} = \frac{v_a c'_1 - w_a b'_1}{w_a b'_2 - v_a c'_2} x'_{a'} + \frac{w_a b'_3 - v_a c'_3}{w_a b'_2 - v_a c'_2} f \tag{8-60-a}$$

或表示为

$$y_{a'} = \frac{A'}{B'} x_a + \frac{C'}{B'} f \tag{8-60-b}$$

其中：

$$\left. \begin{aligned} A' &= v_a c'_1 - w_a b'_1 \\ C' &= w_a b'_3 - v_a c'_3 \\ B' &= w_a b'_2 - v_a c'_2 \end{aligned} \right\}$$

式中，a'_1，a'_2，…，c'_3 是右像片相对定向元素的函数。给出 $x'_{a'}$ 值，由上式求得相应 $y'_{a'}$ 值。

同样，左像点 a 和右像点 b' 应位于同一核面内，按相同的算法则得 b' 点像点坐标（$x'_{b'}$，$y'_{b'}$）。

(2)若采用连续像对的坐标系统，同样按共面条件的坐标表达式得：

$$\begin{vmatrix} B_u & B_v & B_w \\ x_a & y_a & -f \\ x_b & y_b & -f \end{vmatrix} = 0 \tag{8-61-a}$$

由此过 a 点左核线上任意 b 点的坐标为：

$$y_b = \frac{A}{B} x_b + \frac{C}{B} f \tag{8-61-b}$$

其中

$$\left. \begin{aligned} A &= f B_v + y_a B_w \\ B &= f B_u + x_a B_w \\ C &= y_a B_u - x_a B_v \end{aligned} \right\}$$

同理，左像点 a 与右像片同名核线上任意点 a' 也应位于同一核面内，

$$\begin{vmatrix} B_u & B_v & B_w \\ x_a & y_a & -f \\ u_{a'} & v_{a'} & -f \end{vmatrix} = 0 \tag{8-62-a}$$

上式展开得

$$v_{a'} = \frac{B_v f u_{a'} + B_w y_a u_{a'} - B_u y_a w_{a'} + B_v x_a w_{a'}}{B_w x_a + B_u f} \tag{8-62-b}$$

将 $\begin{bmatrix} u_{a'} \\ v_{a'} \\ w_{a'} \end{bmatrix} = \begin{bmatrix} a'_1 & a'_2 & a'_3 \\ b'_1 & b'_2 & b'_3 \\ c'_1 & c'_2 & c'_3 \end{bmatrix} \begin{bmatrix} x'_a \\ y'_a \\ -f \end{bmatrix}$ 代入(8-54-b)式，得：

$$y_{a'}=\frac{-Aa'_1+Bb'_1-Cc'_1}{Aa'_2-Bb'_2+Cc'_2}x_a+\frac{Aa'_3-Bb'_3+Cc'_3}{Aa'_2-Bb'_2+Cc'_2}f \tag{8-62-c}$$

其中：

$$\left.\begin{aligned}A&=fB_v+u_aB_w\\B&=fB_u+u_aB_w\\C&=-v_aB_u+u_aB_v\end{aligned}\right\}$$

式(8-62-c)也可表示为：

$$y_{a'}=\frac{A'}{B'}x_a+\frac{C'}{B'}f \tag{8-62-d}$$

其中：

$$\left.\begin{aligned}A'&=-Aa'_1+Bb'_1-Cc'_1\\B'&=Aa'_2-Bb'_2+Cc'_2\\C'&=Aa'_3-Bb'_3+Cc'_3\end{aligned}\right\}$$

按相同的算法得 b' 点像点坐标（$x'_{b'}$，$y'_{b'}$）。

2. 基于数字影像几何纠正法提取核线

在倾斜的像片上，各核线是不平行的，它们相交于核点，如图 8-18（a)所示，当像片“水平”时，诸核线才相互平行，即平行于像片对的摄影基线，或称平行于像平面 x 轴。

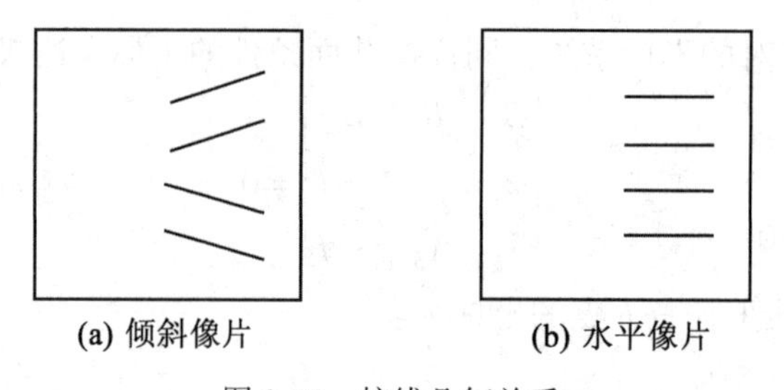

图 8-18　核线几何关系

正是由于“水平”的像片具有这一特性，我们就有可能在“水平”像片上建立规则格网，它的行就是核线，核线上的像元素(坐标为 x_t、y_t)的灰度可由它对应的实际像片上的像元素坐标为 x，y 的灰度求得，即 $g(x_t,\ y_t)=g(x,\ y)$。图 8-19 表示通过摄影基线 $SS'=B$ 和射线 SA、$S'A$ 所构成的核面，图中，p、p'代表倾斜的左右像片，t、t'代表平行于摄影基线的水平像片，a_t 与 a 分别表示 A 点在左水平像片 t、倾斜像片 p 上相应的像点。设 a_t、a 在各自的像平面坐标系中的坐标分别为(x_t，y_t)和(x，y)，根据同一摄站摄取的水平像片与倾斜像片，则同一像点的坐标关系式为：

$$\left.\begin{aligned}x&=-f\frac{a_1x_t+b_1y_t-c_1f}{a_3x_t+b_3y_t-c_3f}\\y&=-f\frac{a_2x_t+b_2y_t-c_2f}{a_3x_t+b_3y_t-c_3f}\end{aligned}\right\} \tag{8-63}$$

式中，a_1，a_2，…，c_3 为左片的九个方向余弦，是该像片外方位角元素的函数，f 为像片主距。显然在水平像片上，当 y_t 为常数时，则为核线，将 $y_t=c$ 代入(8-63)式中，经整

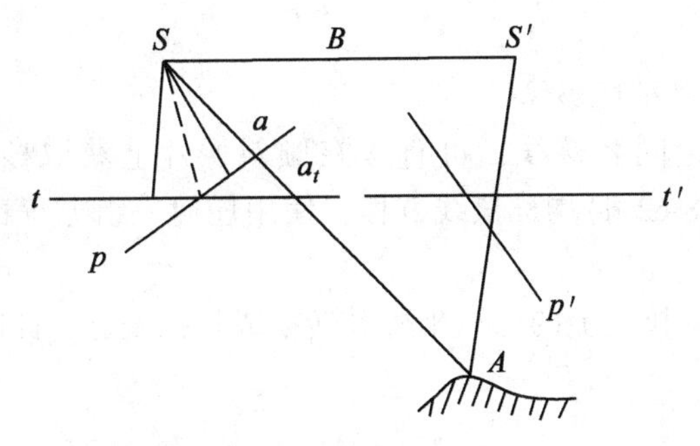

图 8-19　过 A 点的核面

理，得：

$$
\left.\begin{aligned}
x &= -f\frac{d_1x_t+d_2}{d_3x_t+1}\\
y &= -f\frac{e_1x_t+e_2}{e_3x_t+1}
\end{aligned}\right\}\tag{8-64}
$$

其中：

$$d_1=\frac{a_1}{b_3c-c_3f}$$

$$d_2=\frac{b_1c-c_1f}{b_3c-c_3f}$$

$$d_3=\frac{a_3}{b_3c-c_3f}$$

$$e_1=\frac{a_2}{b_3c-c_3f}$$

$$e_2=\frac{b_2c-c_2f}{b_3c-c_3f}$$

$$e_3=d_3$$

若在“水平”像片上以等间隔取一系列 x_t 值 Δ，$(k+1)\Delta$，$(k+2)\Delta$，…，可求得一系列的像片坐标(x_1, y_1)，(x_2, y_2)，(x_3, y_3)，…，这些像点就位于倾斜像片 p 的核线上。

同样，将 $y_t'=c$ 代入右像片共线方程：

$$
\left.\begin{aligned}
x' &= -f\frac{a_1'x_t'+b_1'y_t'-c_1'f}{a_3'x_t'+b_3'y_t'-c_3'f}\\
y' &= -f\frac{a_2'x_t'+b_2'y_t'-c_2'f}{a_3'x_t'+b_3'y_t'-c_3'f}
\end{aligned}\right\}\tag{8-65}
$$

其中，a_1'，b_1'，…，c_3' 为右像片的方向余弦，分别是右片相对于单独像对像空间辅助坐标的角方位元素的函数，由此可得右像片上的同名核线。

三、形成核线影像

1. 直接在倾斜像片上获取核线影像

若按共面条件法确定同名核线，可直接在倾斜像片上获取核线影像。式(8-59-b)、(8-60-b)、(8-61-b)及(8-62-d)均称核线方程，使用任何一组方程都能生产核线影像，其步骤为：

①计算两对左右同名核线上的像点坐标并转换成扫描坐标，此时在左右像片上均可确定同名核线的方向：

$$\left.\begin{aligned}\tan k &= \frac{\Delta y}{\Delta x}\\ \tan k' &= \frac{\Delta y'}{\Delta x'}\end{aligned}\right\} \tag{8-66}$$

②如图 8-20 所示核线影像的重新排列。若给定坐标（x_0，x_e）可确定像素的个数 n，

$$n = \mathrm{INT}(x_e - x_0)$$

③求每个像素点的 y 坐标：

$$y_i = (x_0 + i)\tan k \quad i = 1, 2, \cdots, n-1 \tag{8-67}$$

④根据像素位置（x_i，y_i）通过重采样确定其灰度值，并将它们按水平方向排列，得到一条核线影像。

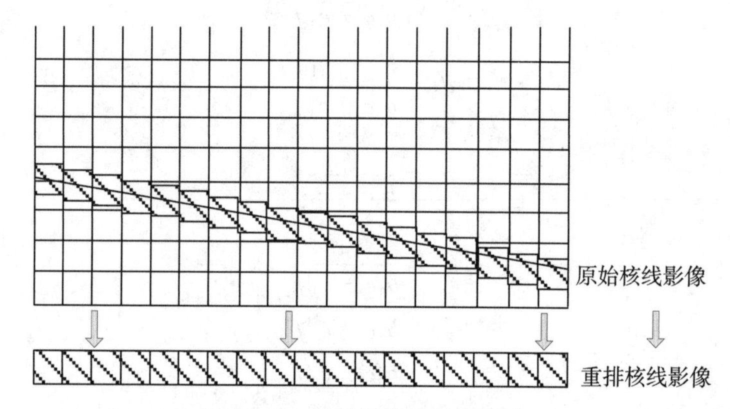

图 8-20　核线影像的重新排列

由图 8-20 可知，由核线方程生产核线影像，只是在 y 方向上需要重新采样，x 方向则保持原来的坐标关系，这意味着由重采样引起的左右视差的误差很小，因而有益于保证相关精度。

2. 基于“水平”像片上获取核线影像

若基于“水平”的像片上获取核线，因其规则格网的行就是核线，依次将“水平”像片上的坐标 x_t，y_t 反射到倾斜像片上得 x，y。但是，由于所求得的像点不一定恰好落在原始采样的像元中心，因此，也要进行灰度内插即重采样，求像元素（x，y）的灰度值。

形成核线影像后，可直接沿核线搜索同名像点。这就将二维影像相关变为一维影像相关。

8-9　数字摄影测量工作站

一、数字摄影测量系统与数字摄影测量工作站

数字摄影测量系统(digital photogrammetric system，DPS)与数字摄影工作站 DPW 是两个关系密切的概念。

数字摄影测量系统的研制由来已久，最早研制的数字摄影测量系统基本上属于体现数字摄影测量工作站概念的试验系统，直到 1996 年 7 月，在维也纳第 17 届国际摄影测量与遥感大会上展出了十几套数字摄影测量工作站，表明数字摄影测量工作站已进入使用阶段。目前，数字摄影测量工作站得到了迅速的发展与广泛的应用，它的品种也越来越多。为此，一些世界著名学者对数字摄影测量系统及数字摄影测量工作站都给出了定义。有学者认为，DPW 是可以基于数字影像生产的摄影测量产品硬件和软件的集成；对 DPS 则定义为：DPS 是一种硬件和软件的集成，它可以基于数字影像利用手工或半自动技术生产摄影测量产品。从表面上看，DPW 与 DPS 的定义很相似，甚至有人认为 DPW 就是 DPS；但也有学者的观点是：在数字摄影测量环境的输入端是数字相机和模拟像片数字化仪，在这一环境的输出端则是以生成栅格硬拷贝的胶片输出记录仪和用以形成矢量格式产品的绘图仪。而数字摄影测量环境中处理过程的心脏是 DPW，它是 DPS 的一个独立的、唯一的部分。这一描述既说明了 DPW 的主体地位，又说明了 DPS 中硬件与软件集成特性主要是通过 DPW 来体现，即将 DPW 看作 DPS 软硬件主要载体或主要核心部分。中国工程院院士张祖勋也认为：DPW 是数字摄影测量的初级阶段，虽然 DPW 利用许多数字图像处理、模式识别、影像匹配技术为摄影测量提供了许多自动化技术，但 DPW 仍是按“台、件”方式作业；只有将网格与计算机集群处理技术充分地应用于新一代 DPS(是系统而不是工作站)才能使摄影测量发展到一个新的阶段。

鉴于目前数字摄影测量的实践及生产作业主要是在 DPW 上进行的，所以本节以 DPW 为主线介绍 DPW 的软硬件配置及其功能。图 8-21 所示的是完全没有光学机械导杆、全部计算机化的 VirtuoZo 摄影测量工作站。

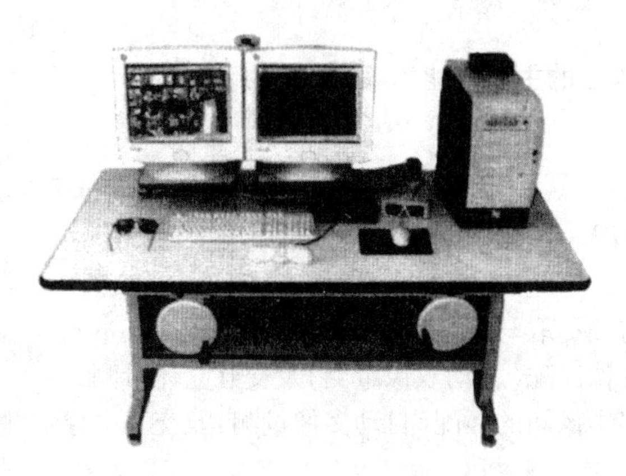

图 8-21　VirtuoZo 数字摄影测量工作站

二、数字摄影测量工作站的组成

1．硬件组成

由计算机及其外部设备组成：

(1)计算机：目前可以是个人计算机(PC)或工作站，有大容量的存储设备并有用于立体观察的双屏显示器。

(2)立体观察设备：立体观察设备可以是以下四种设备之一：

- 红绿眼镜
- 立体反光镜
- 闪闭式液晶眼镜
- 偏振光眼镜

(3)立体量测设备：可以是以下三种之一：

- 手轮、脚盘与普通鼠标
- 三维鼠标与普通鼠标
- 普通鼠标

2. 软件组成

(1)操作系统软件。

(2)摄影测量专业功能软件模块：

- 定向软件模块(内定向、相对定向与绝对定向)
- 数字空中三角测量软件模块
- DEM 自动生成软件
- 数字微分纠正软件
- 核线影像生成软件模块
- 基于单像的数字矢量地图数据采集软件
- 基于立体测图的数字矢量地图数据采集软件

(3)辅助软件：

- 自动等高线绘制软件模块
- 影像地图制作软件
- 数字影像处理、配准、镶嵌与修补软件

三、数字摄影测量工作站的主要功能

1. 影像数字化

2. 影像处理

使影像的亮度与反差适中、色彩适度、方位正确。

3. 量测

(1)单像量测：特征提取与定位(自动单像量测)及交互量测。

(2)双像量测：影像匹配(自动双像量测)及交互立体量测。

(3)多像量测：多影像间的匹配(自动多像量测)及交互多像量测。

4. 定向参数的计算

(1)内定向。

内定向的目的是利用框标的像点坐标(理论值)与扫描坐标，计算像片坐标系与扫描坐标系之间的转换参数，框标的位置可以用自动的、半自动的甚至是人工的方法进行定位。

(2)外定向，包括相对定向和绝对定向。

提取影像中的特征点，利用二维相关寻找同名点计算相对定向参数。传统的摄影测量一般只在所谓的标准点位量测 6 对同名点，数字摄影测量基于自动化与可靠性的考虑，通常要匹配数十对至数百对同名点。

绝对定向现阶段主要由人工在左、右影像定位控制点，由影像匹配确定同名点用的控制点，然后计算绝对定向参数。

5. 自动空中三角测量

包括自动内定向、连续像对的自动相对定向，自动选点、自动转点、模型连接、构建自由网、自由网平差、粗差剔除、控制点半自动量测与区域网平差解算等。

由于数字摄影测量利用影像匹配代替人工转刺等自动化处理，可极大提高空中三角测量的效率。数字摄影测量的自动空中三角测量要选择较多的连接点以利于粗差剔除，还要保证每一个模型的周边有较多的点以利于后续处理中相邻模型的 DEM 接边及矢量数据的接边。

6. 形成核线排列的立体影像

利用相对定向元素，将同名的核线及影像的灰度予以排列，形成核线影像。

7. 沿核线进行影像相关或特征匹配，并进行匹配编辑与匹配后的编辑。

沿核线进行影像相关或特征匹配，确定同名像点。考虑到结果的可靠性和精度。应合理地应用各种方法。影像匹配后的编辑，是影像匹配的后处理工作，是一个交互式的人工干预过程。因在影像的匹配中尚有一些区域(例如水面、人工建筑、森林等)计算机难以识别，将出现不匹配点，因此，对这些区域进行人工干预是必要的。

8. 建立数字高程模型

9. 自动绘制等高线

10. 制作正射影像

11. 等高线与正射影像叠加，制作等高线的正射影像图

12. 制作透视图与景观图

13. 数字影像的机助量测，如地物地貌元素的量测

14. 地图编辑与注记

四、数字摄影测量工作站的数字产品形式

1. 影像数据

空中三角测量加密成果或影像定向成果。

2. DEM

3. 数字地图

4. 数字正射影像图、影像地形图

5. 数字三维地形景观图、透视图

五、不同类型的数字摄影测量工作站简介

1. VirtuoZo

VirtuoZo 是原武汉测绘科技大学研制的一个商业化的数字摄影测量工作站，后又推出

NT 版本。

其硬件配置为主流个人计算机(PC)，立体观察有两种部件：反光立体镜和液晶闭闪立体眼镜可供选择，配置手轮和脚盘或三维鼠标。

VirtuoZo 具有以下特点：

(1)采用先进的快速匹配算法确定同名像点，匹配速度可达 500 至 1000 点/秒，不仅处理航空影像，还能处理卫星影像及近景影像，如 SPOT 及 IKONOS 影像等。

(2)软件模块功能齐全，能自动进行影像内定向、相对定向、影像匹配、建立数字高程模型、绘制等高线、制作正射影像；可在屏幕上显示立体影像、景观图、透视图；对多个影像模型进行 DEM 拼接，并给出精度信息与误差分布；对正射影像、等高线影像以及套合等高线的正射影像进行无缝镶嵌。

(3)地物数字化功能与解析测图仪相当。利用计算机屏幕代替解析测图仪主机、用数字影像代替模拟像片、用数字光标代替光学测标，直接在计算机上进行地物数字化；手轮、脚盘的运动驱动；立体模型的移动，收到与解析测图仪相同的效果。可以将量测的结果叠加在立体影像上，便于检查遗漏和所测地物的精度；可以从匹配产生的视差网中内插出地物点的高程。

(4)系统采用与解析测图仪上相类似的手轮和脚盘以及相应的接口设备进行立体测量，并用软件实现图像的平滑、快速的漫游，以提高立体量测的性能。

(5) VirtuoZo 能从任何一步开始，继续进行后续处理，也可以在微机上完成全过程作业。能用于 1∶5 万、1∶1 万、1∶1000、1∶500 等各种比例尺的数字测图与 GIS 数据采集。

2. 像素工厂(Pixel Factory)

像素工厂(Pixel Factory，PF)是源自于法国信息地球公司(INFOTERRA)的一套用于大型生产的遥感影像处理系统。INFOTERRA 是欧洲航空防务与航天公司(EADS)的全资子公司，其核心业务是地理数据的生产。它也是世界上最大的地理数据存储机构之一，拥有 100 个国家覆盖 250 万平方公里面积的 5000 幅卫星影像数据，以及世界上 230 个城市的高分辨率的影像。它还是享誉国际的地理数据处理专家，具备在不到 1 周的时间里生产 700 平方公里 25 厘米分辨率影像数据的能力。

Pixel Factory 具有计算能力强大的若干个计算节点，输入数码影像、卫星影像或者传统光学扫描影像，在少量人工干预的条件下，经过一系列的自动化处理，可输出包括 DSM、DEM、正射影像和真正射影像等产品，并能生成一系列其他中间产品。

Pixel Factory 具有无比强大的影像处理技术，采用并行计算技术，大大提高了系统的处理能力，缩短了项目周期；具有强大的自动化处理技术和更多的自动化能力，在少量人工干预的情况下，能迅速生成数字产品；具有周密而系统的项目管理机制，能够及时查看工程进度及项目完成情况，并能根据生成的信息适时做出调整；允许多个不同类型的项目同时运行，并能根据计划自动安排生产进度，充分利用各项资源，最大限度地提高生产效率。PF 还具有先进成熟的影像处理算法和多年的技术积累，代表了当前遥感影像处理技术的最新发展方向。此外，PF 能够兼容当前主流的各种航空航天传感器(需要输入传感器检校文件)，并提出了“与传感器无关”的概念。

Pixel Factory 在国内市场尚处于起步阶段，在法国、日本、美国、德国都有许多成功的项目案例，在航空遥感数码相机越来越流行的今天，该系统得到了业内越来越广泛的关注，国内已有多家机构引进了该系统。

Pixel Factory 的主要特点是：

(1)多种传感器兼容性

PF 系统能够兼容当前市场上的主流航空航天传感器，能够处理 ADS40、UCD、DMC 等数码影像，也能处理 RC30 等传统胶片扫描影像。这是因为 PF 能够通过参数的调整来适应不同的传感器类型，只要获取相机参数并将之输入系统，PF 系统就能够识别并处理该传感器的图像。在 PF 系统中航空遥感影像属于高精度影像(High Resolution，HR)范畴。

(2)开放式的系统构架

由于 PF 系统是基于标准 J2EE 应用服务开发的系统，使用 XML 可实现不同节点之间的交流和对话，在 XML 中嵌入数据、任务以及工作流等，支持跨平台管理，兼容 Linux、Unix、True64 和 Windows。PF 系统有外部访问功能，支持 Internet 网络连接(通过 http 协议、RMI 等)，并通过 Internet(例如 VPN)对系统进行远程操作。可以通过 XML/PHP 接口整合任何第三方软件，辅助系统完成不同的数据处理任务。

(3)自动处理能力

在整个生产流程中，系统完全能够且尽可能多地实现自动处理。从空三解算到最终产品如 DSM、DEM、GroundOrtho、TrueOrtho，系统根据计划自动分派、处理各项任务，自动将大型任务划分为若干子任务。通过自动化处理，大大减少了人工劳动，提高了工作效率。

(4)并行计算能力和海量在线存储

PF 系统具有很强的处理能力，能够处理海量数据的航空摄影项目，尤其是数码相机影像；能够同时处理多个项目，系统根据不同项目的优先级自动安排和分配系统资源，使系统资源最大限度地得到利用。实现这些目标的手段主要通过并行计算技术来实现。系统自动将大型任务划分为多个子任务，把这些子任务交给各个计算节点去执行。节点越多，可以接收的子任务越多，整个任务需要的处理时间就越短。因此，PF 系统能够提高生产效率，大大缩短整个工程的工期，使效益达到最大化。在数据计算过程中，会生成比初始数据更加大量的中间数据和结果数据，只有拥有海量的在线存储能力，才能保证工程连续、自动地运行。该系统使用磁盘阵列实现海量的在线存储技术，并周期性地对数据进行备份，最大可能地避免因意外情况造成的数据丢失，确保了数据的安全。

3. Inpho

Inpho 摄影测量工作站是德国 Inpho 公司的核心产品。它可以全面系统地处理航测遥感、激光、雷达等数据。其空三软件和正射处理软件占有欧洲的最大份额，早期的 Intergraph SSK 软件采用的空三核心软件即由其提供，是高端航测软件中的经典。Inpho 公司是德国斯图加特大学的航测学院院长、欧洲著名的航测遥感专家阿克曼教授在 20 世纪 80 年代创立的，2007 年 2 月被美国 Trimble 公司收购。

Inpho 为数字摄影测量项目的所有任务提供一整套完整的软件解决方案，包括地理定标、生产数字地面模型 DTM、正射影像生产以及三维地物特征采集。它的模块化组合，既可以提供完整的、紧密结合的全套系统，也可以提供独立工作的单一模块，可以很容易地把它加入到任何其他摄影测量系统的工作流程中。Inpho 系统的主要优点是以其严谨的数学模型来保证顶级的准确度，以其平稳的工作流程和高度的自动化程度来保证高效的生产能力。

Inpho 摄影测量系统支持各种数字影像，包括扫描框幅式航空像片，以及来自于数字航空相机和多种卫星传感器的各种影像。

Inpho 摄影测量系统由多个独立的模块构成，主要有：

(1) ApplicationsMaster 模块

它是系统的核心，提供用户界面和启动其他系统模块。通用的 ApplicationsMaster 作为一个平台把所有的模块结合到一起。ApplicationsMaster 本身具有项目定义、数据输入与输出、坐标变换、图像处理、图像定向以及 DTM 管理等功能。

(2) MATCH-AT 模块

MATCH-AT 模块可对绝大多数数字或模拟相机的框幅式影像的几何定位作全自动、高精度的空三处理，是世界领先的全自动空三软件，它准确、可靠，并能大大提高生产效率。通过交叉的多重连接点的连接，以及相片间的条带间的连接，加之有效的质量保证方法，来达到高可靠性。MATCH-AT 的所有处理步骤都是全自动的。从项目设定到精确的连接点匹配，到综合的测区平差，直到带有图解支撑的测区分析，所有的工作流程都符合逻辑并且容易操作。最新版本的 MATCH-AT 光束法平差可以处理多达 20000 多幅影像。

(3) inBLOCK 模块

inBLOCK 是新一代测区平差软件。结合先进的数学建模和平差技术，通过友好的用户界面，极好地实现交互式图形分析。该模块先进的平差功能十分灵活并可配置，可完全支持 GPS 和 IMU 数据平移和漂移修正，通过附加参数设置实现自校准，以及有效的多相位错误检测。inBLOCK 适于对任何形状、重叠、任意大小的航空测区进行平差。平差时高度灵活的参数化也使得该模块成为数字航空框幅式相机校准的理想工具。

(4) MATCH-T DSM 模块

MATCH-T DSM 可自动进行地形和地表提取，从航空或卫星影像中提取高精度的数字地形模型和数字地表模型，为整个影像测区生成无缝模型。该模块应用先进的多影像匹配和有效的数据滤波实现最高精度和可靠性。所有影像重叠区均参与计算。在 DSM 模式下，影像重叠至少 60%时，城市区域的狭窄街道都可以被探测出来，生成的地表模型适于城市建模的应用。

(5) DTMaster 模块

DTMaster 是一款强大的 DTM 编辑模块，拥有非常好的平面或立体显示效果，为数字地形模型或数字地表模型的快速而精确的数据编辑提供最新的技术，可以非常容易地处理多达 5 000 万个点(在 64bit 时可以处理更多点)。此外，DTMaster 可以将数千幅正射像片或完整的测区航片放在 DTM 数据下作为底图，通过提供高效率的显示和检查工具来保证 DTM 的质量。

(6) OrthoMaster 模块

OrthoMaster 为数字航片或卫片进行严格正射纠正，处理过程高度自动化。OrthoMaster 以数字航片或卫片的外定向参数和数字地形模型(DTMs)作为源数据，生产高质量的正射影像，例如有恒定比例尺的数字影像。OrthoMaster 既可以处理单景影像，也可以同时处理测区内的多景影像。各种不同的严格校正过程都是完全自动化的。它可以从一系列任意分布的 X、Y、Z 点和断裂线中生成 DTMs，通过将目标的三维数据与基础 DTM 互相重叠，生成正射影像，有效地消除地貌起伏引起的位移。与 OrthoVista 结合后，OrthoMaster 可以生成真正的正射镶嵌图。

(7) OrthoVista 模块

OrthoVista 是强大的专业镶嵌工具，它利用先进的影像处理技术，对正射影像进行自动调整、合并，生成一幅无缝的、颜色平衡的镶嵌图。它可对源于影像处理过程的影像亮度和颜色的大幅度变化进行自动补偿，在单幅影像中计算辐射平差以补偿视觉效果，例如热斑、镜头渐晕或颜色变化。此外，OrthoVista 通过调节匹配相邻影像的颜色和亮度进行测区范围的颜色平衡，将多景正射影像合并成一幅无缝的、色彩平衡的而且几何完善的正射镶嵌图。对于由上千幅正射影像组成的大型测区，无需进行任何细分处理就可以直接处理。全自动的拼接线查找算法可以探测人工建筑物体，甚至是在城市区域依然能够获得高质量的结果。

(8) Summit Evolution 模块

Summit Evolution 是一款界面友好的数字摄影测绘立体处理工作站，可将收集的三维要素直接导入 ArcGIS、AutoCAD 或 MicroStation。通过 Summit Evolution 获得或从 GIS、CAD 系统中导入的矢量数据可以分层直接导入立体模型，从而极好地为制图、改变及更新 GIS 数据提供解决方案。该模块不仅应用于航空框幅式和推扫式影像，也可从近距离、卫星、IFSAR、激光雷达亮度图及正射影像中采集要素。Summit Evolution 基于投影环境运作，该投影区是由 MATCH-AT 或其他软件生成的三角测量影像区。用户可以在整个投影区生成任意大小的无缝图。

习题与思考题

1. 什么是数字影像？如何获取数字影像？

2. 什么是数字影像的重采样？

3. 已知四个框标点的像点坐标 x_i、y_i 及扫描坐标 $\bar{x}_i$、$\bar{y}_i$，写出数字摄影测量内定向的关系式。

4. 什么是影像匹配？影像匹配与影像相关之间有什么关系？

5. 什么是基于灰度的数字影像匹配？以相关系数法为例，写出基于灰度的直接数字匹配计算过程。

6. “灰度差的平方和最小”的影像匹配与“最小二乘”影像匹配的相同点及差别各是什么？

7. 基于物方的影像匹配和基于像方的影像匹配其结果是否相同？为什么？

8. 什么是核线相关？为什么要进行核线相关？

9. 如何获取同名核线？

10. 什么是高精度的最小二乘影像相关？

11. 数字摄影测量工作站的主要功能有哪些？

第九章　像片纠正与正射影像图

对于前几章介绍的双像立体测图，无论是模拟法、解析法还是数字法，均要有一个立体像对，对该像对进行内定向、相对定向与绝对定向后，可建立一个恢复模型空间方位和大小且与实地相似的几何模型，人们对该几何模型进行测量，可获得模型点的平面坐标和高程。

本章要介绍的内容是如何对单张航摄像片进行加工处理，利用航摄像片的影像来表示地物的形状和平面位置，这就涉及像片纠正与正射影像图的有关概念。

9-1　像片纠正的概念与分类

一、像片平面图与像片纠正的概念

像片平面图或正射影像图是地图的一种形式，是用相当于正射投影的航摄像片上的影像来表示地物的形状和平面位置。当像片水平且地面水平的情况下，该航摄像片就是正射投影的像片，相当于该地面比例尺为 $1:M(=f/H)$ 的平面图或正射影像图。

但实际上，由于航空摄影时不能保持像片的严格水平，而且地面也不可能是水平面，致使中心投影航摄像片上的影像由于像片倾斜和地形起伏产生像点位移，使影像的构形产生位移与变形及比例尺不一致。因此，不能简单地用原始航摄像片上的影像表示地物的形状和平面位置。

若对原始的航摄像片进行处理，即用某些光学投影的仪器进行投影变换，使变换后得到的影像相当于摄影仪物镜光轴在铅垂位置时($\alpha=0$)摄取的水平像片，同时改化至图比例尺；或应用计算机按相应的数学关系式进行解算，从原始非正射的数字影像获取数字正射影像，这些作业过程均称为像片纠正。

像片纠正所采用的方法也经历了从模拟纠正到数字纠正的过程。下面，将对各种纠正方法分别予以论述。

二、像片纠正方法分类

1. 光学机械纠正法

用光学机械纠正法对航摄像片进行纠正，是摄影测量的传统方法，对平坦地面的航摄像片进行纠正，是用纠正仪进行投影变换的。图 9-1 代表投影变换的情形。

先从摄影谈起。假如某时刻(如图 9-1 所示)，在摄站点 S 对水平的地面 T 摄取了一张倾斜像片 p，摄影航高为 H，a、b、c、d 为水平地面 T 上的地物点 A、B、C、D 的像。若用该像片以 S 为投影中心进行投影时，且像片保持了摄影时的空间方位，建立起与摄影光束相似的投影光束，再用一个投影距为 H/M 的水平面 E 与之相截，在 E 平面上，得到影

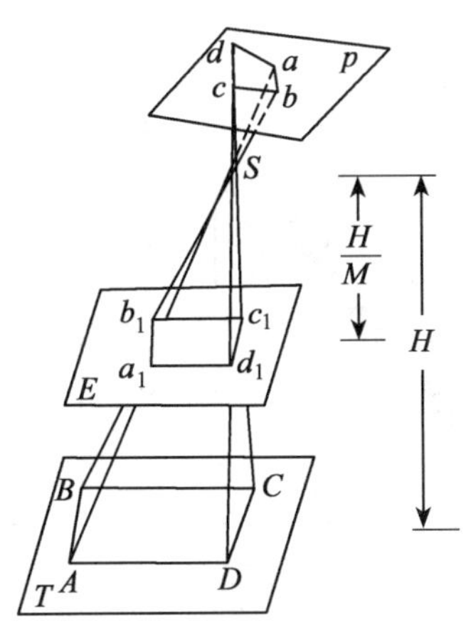

图 9-1　投影变换

像 a_1，b_1，c_1，d_1，它与像片 p 面上的 a、b、c、d 互为投影关系，且 a_1、b_1、c_1、d_1 组成的几何图形与地面点 A、B、C、D 组成的几何图形相似。若在 E 面上放置像纸，经曝光和摄影处理后得到的像片为纠正像片，将某一区域内的纠正像片(例如一幅图内)依次拼凑镶嵌在一幅图板上得到整幅的像片图称为像片平面图或正射影像图，它既有正确的平面位置，又保持了丰富的影像信息。

上述这种纠正方法仍然是中心投影，它只适用对平坦地区的航摄像片进行纠正，只能消除因像片倾斜引起的像点位移，不能消除因地形起伏产生的投影差。

所谓平坦地区，现行的测图规范规定投影差不得超过图上±0.4mm，如果在一张纠正像片的作业面积内，任何像点的投影差都不超过此数值，这样的地区通常称为平坦地区。若投影差超出上述数值且属丘陵地区，可用分带纠正的方法来限制投影差。如图 9-2 所示，根据对平坦地区的高差限制，求出高差限制的最大值 Q 且 $Q=2h$，在一张像片的范围内，根据 Q 值按照地形高程将作业区分为若干个带区，图中 E_1、E_2、E_3 分别表示各带区纠正的基准面，这样，每一带区内地形起伏引起的投影差均小于规定的限制，对每一个带区分别进行纠正。

在纠正仪上进行纠正时，必须使投影在承影面上的影像和水平地面上相应点组成的图形保持几何相似，所以，纠正仪必须要满足一定的几何条件。又因在承影面上要进行曝光晒像，承影面上的影像必须清晰，所以，在进行纠正时，纠正仪在满足几何条件的同时，还必须满足光学条件。

像片与地面或像片与图面间存在着透视对应关系，这种透视关系可由共线条件方程式求得。共线方程式为：

$$\left.\begin{aligned} x&=-f\frac{a_1(X-X_S)+b_1(Y-Y_S)+c_1(Z-Z_S)}{a_3(X-X_S)+b_3(Y-Y_S)+c_3(Z-Z_S)}\\ y&=-f\frac{a_2(X-X_S)+b_2(Y-Y_S)+c_2(Z-Z_S)}{a_3(X-X_S)+b_3(Y-Y_S)+c_3(Z-Z_S)}\end{aligned}\right\}\tag{a}$$

式中，X、Y、Z 为地面任一点在地面摄测坐标系的空间直角坐标；x、y 为相应像点的平面直角坐标，而以框标连线交点为原点的坐标为 x'、y'。考虑到内方位元素，则

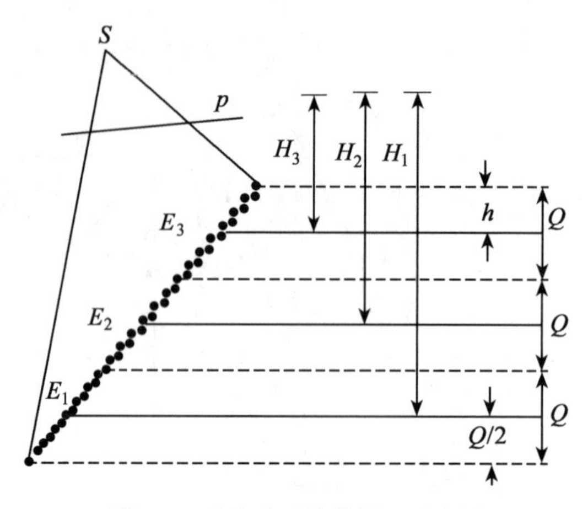

图 9-2　丘陵地区分带纠正示意图

$$\left.\begin{aligned}x'=x+x^0\\y'=y+y^0\end{aligned}\right\}\tag{b}$$

在平坦地区：

$$Z-Z_S=-H\tag{c}$$

将(b)、(c)式代入(a)式，经整理后，用简略系数代之，得投影变换式：

$$\left.\begin{aligned}x=\frac{A_1X+A_2Y+A_3}{C_1X+C_2Y+1}\\y=\frac{B_1X+B_2Y+B_3}{C_1X+C_2Y+1}\end{aligned}\right\}\tag{9-1}$$

该式为两透视平面的投影变换公式，其中 A_1、A_2、A_3、B_1、B_2、B_3、C_1、C_2 为投影变换参数。至少需 4 个(像点与相应地面点的)点对坐标值，方可解求出这 8 个参数。

从理论上讲，只要求得 8 个变换参数，其他投影点的 x、y 坐标均可由式(9-1)算出。

在纠正仪上进行纠正，实际上并不采用上述的计算方法，而是采用“对点”方法。在进行纠正的像片范围内，至少选取 4 个已知地面控制点(一般选取五个地面控制点)，将这些控制点按图比例尺刺在图底上，进行纠正时，用人工移动、旋转图底及纠正仪的机械动作将图 9-3 中叉点(图底点)与相应圈点(相应像点投影在承影面的点)完全重合，也就完成了纠正。对照式(9-1)来解释就是：当 4 个以上图底点与投影点完全重合时，相当于通过已知地面控制点解求了 8 个投影变换参数，恢复了像片平面与投影面的透视对应关系。此时，所有像点投影在承影面上的投影点均为正射影像。可见，纠正仪的对点纠正，实际上是模拟投影变换。

2. 光学微分纠正

(1)光学微分纠正的概念

用光学机械法对平坦地区的航摄像片进行纠正，可以对整张像片一次性纠正；对丘陵地区分带纠正的航摄像片，对每一带的纠正也是一次性进行的，但对于山地的航摄像片进行纠正，光学机械法则无能为力，而必须采用光学微分纠正。如图 9-4 所示，对要纠正的

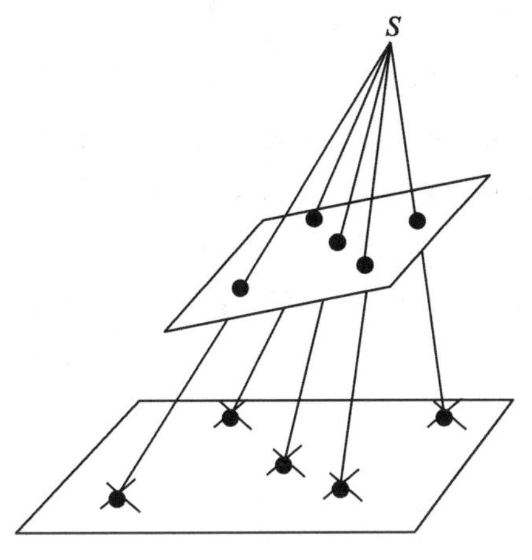

图 9-3　对点纠正

像片分为若干个小块面积进行块纠正。把每一个小块视为一个平面按中心投影方式进行变换，但并不是用“对点”的方式进行纠正，而是按每小块面积的断面高程来控制纠正元素，使之实现从中心投影到正射投影的变换。小块的面积最常见的是呈线状面积，是一个纠正单元，亦称缝隙。其宽度在 0.1~1.0 毫米级，其长度也只有几个毫米，使用这样一个呈线状面积的小块沿扫描带方向连续的移动，这种纠正方法称为光学微分纠正，又称正射投影技术。该方法是在专门的正射投影仪上进行的，有直接微分纠正与间接(函数)微分纠正两种方式。下面仅以直接微分纠正为例说明该方法的纠正原理。

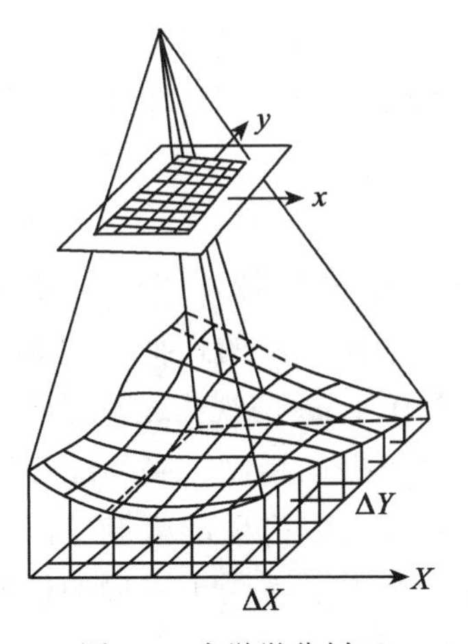

图 9-4　光学微分纠正

(2)直接式光学投影微分纠正原理

直接投影关系的微分纠正，其投影晒像的光线是经过投影器定向好了的中心投影光线。图 9-5(a)为直接光学投影方式中最直观的一种正射投影仪的示意图，由一台双像投影测图仪与具有相同投影器的正射投影仪联系在一起，正射投影器的投影镜箱与立体测图仪中的一个投影器始终保持同高，且可在 Z 方向作同步运动。将要纠正的像片放在投影器内(如 P_1 片),立体测图仪进行绝对定向以后,读得 P_1 片的角元素,并在正射投影仪上安置。正射投影仪的承影面上放置感光材料,上面用黑布遮盖,只留缝隙。缝隙可沿仪器 Y 方向跟踪模型表面运动,称扫描,见图 9-5(b)。缝隙沿 Y 方向运动时,缝隙的中心与测图仪的测点相对应承影面(或投影面)根据地形起伏做升降运动,观测者不断改变投影高度,使空间浮游测标始终切准立体模型表面。缝隙经过处,即进行曝光、晒像。一条带晒完,缝隙在 X 方向上移动一个缝隙长度,称为步进,在 Y 方向上反向扫描。依次地进行整个模型各个断面扫描,便可获得正射影像的像片,这样的纠正方法称为直接光学投影微分纠正。

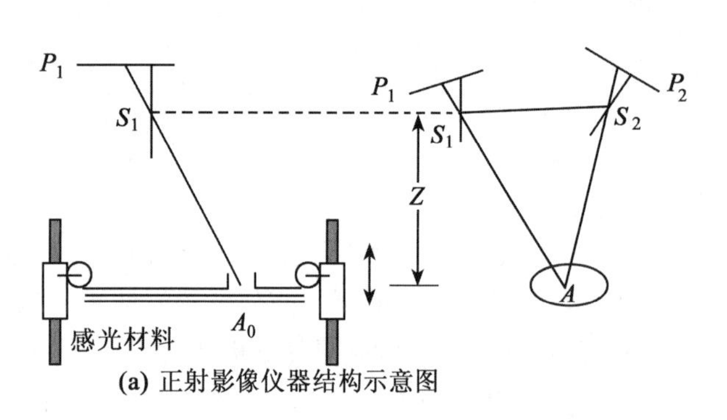

(a) 正射影像仪器结构示意图

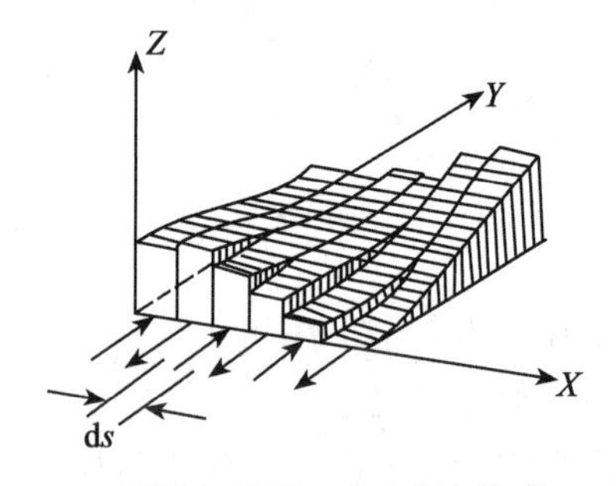

(b) 正射投影仪沿 Y 方向断面扫描

图 9-5　正射投影仪纠正

在缝隙纠正时,取缝隙中心点的水平面作为纠正基准面,但缝隙的长度一般也有几毫米长,若地面沿 X 方向存在一定坡度,高出或低于基准面的点仍会产生投影差,因此在断面扫描时,会出现影像的丢失、重复或错位现象,影响图面的影像质量。其改进的办法是:对于零级的正射投影仪,加入坡度改进器,能够改正投影差,因此影像质量大大提高。

3. 数字微分纠正

利用上述几种经典的光学纠正仪进行像片纠正,在数学关系上受到了很大的限制,因此在实现其原理过程中均作了不同程度的近似。例如,在平坦地区的光学机械法纠正中,只要投影差不超过图上的 0.4mm 均视为平坦地区;利用光学微分纠正,虽然使用一个小缝隙作为纠正单元,要想提高精度,必须缩小缝隙大小,但这样以来势必增加作业时间,降低作业效率,并且光学机械的限制缝隙不可能太小。另外,在近代遥感技术中许多新传感器的出现,产生了不同于经典的框幅式摄影像片的影像,使得经典的光学纠正仪器难以适应这些影像的纠正任务,若利用数字影像技术,则可方便地解决上述问题。

根据已知影像的内定向参数和外方位元素及数字高程模型,按一定的数学模型用控制点解算,从原始非正射投影的数字影像获取正射影像,这种过程是将影像化为很多微小的区域,如可为一个像元大小的区域(可小到 25μm×25μm 大小),逐一进行纠正。这种直接利用计算机对数字影像进行逐个像元的微分纠正,称为数字微分纠正。数字微分纠正概念在数学上属映射范畴。

9-2　数字微分纠正

一、基本原理与解算方案

在已知像片的内定向参数、外方位元素及数字高程模型的前提下，进行数字微分纠正与光学微分纠正一样，其基本任务仍然是实现两个二维图像之间的几何变换，因此首先要确定原始图像与纠正后图像间的几何关系。

设任意像元在原始图像与纠正后图像中的坐标分别为(x, y)和(X, Y)，它们直接存在着映射关系，即

$$x=f_x(X, Y); \quad y=f_y(X, Y) \tag{9-2a}$$

$$X=\varphi_x(x, y); \quad Y=\varphi_y(x, y) \tag{9-2b}$$

式(9-2a)是由纠正后的像点$P(X, Y)$出发，根据像片的内、外方位元素及P点的高程反求其在原始图像上相应像点p的坐标(x, y)，经内插出P的灰度值后，再将灰度值赋给P，这种方法称为反解法(或称间接法)。式(9-2b)则反之，是由原始图像上的像点p的坐标(x, y)解求出纠正后图像上相应纠正点P的坐标(X, Y)，并将原始图像点p的灰度值赋给纠正点P，这种方法称为正解法(或称直接法)。

二、反解法(间接法)数字微分纠正

1. 计算地面点坐标

设正射影像上任意一像点(像素中心)P的坐标称为(X', Y')，由正射影像左下角图廓点地面坐标(X_0, Y_0)与正射影像比例尺分母M计算P点对应的地面点坐标(X, Y)：

$$\left.\begin{aligned} X&=X_0+MX' \\ Y&=Y_0+MY' \end{aligned}\right\} \tag{9-3}$$

2. 计算像点坐标

应用共线条件式计算P点相应在原始图像上的像点p的坐标(x, y)：

$$\left.\begin{aligned} x_p&=-f\frac{a_1(X-X_S)+b_1(Y-Y_S)+c_1(Z-Z_S)}{a_3(X-X_S)+b_3(Y-Y_S)+c_3(Z-Z_S)}+x_0 \\ y_p&=-f\frac{a_2(X-X_S)+b_2(Y-Y_S)+c_2(Z-Z_S)}{a_3(X-X_S)+b_3(Y-Y_S)+c_3(Z-Z_S)}+y_0 \end{aligned}\right\} \tag{9-4}$$

式中，Z是P点的高程，由DEM内插求得。

3. 灰度内插

由于所求得的像点坐标不一定正好落在其扫描采样的点子上，为此这个像点的灰度值不能直接读出，必须进行灰度内插，一般可采用双线性内插，求得p点的灰度值$g(x, y)$。

4. 灰度赋值

最后将像点p的灰度值赋给纠正后的像元素P，则

$$G(X, Y)=g(x, y) \tag{9-5}$$

依次对每个像元完成上述纠正，即获得反解法纠正的数字影像，其基本原理与各步骤如图9-6(a)所示。

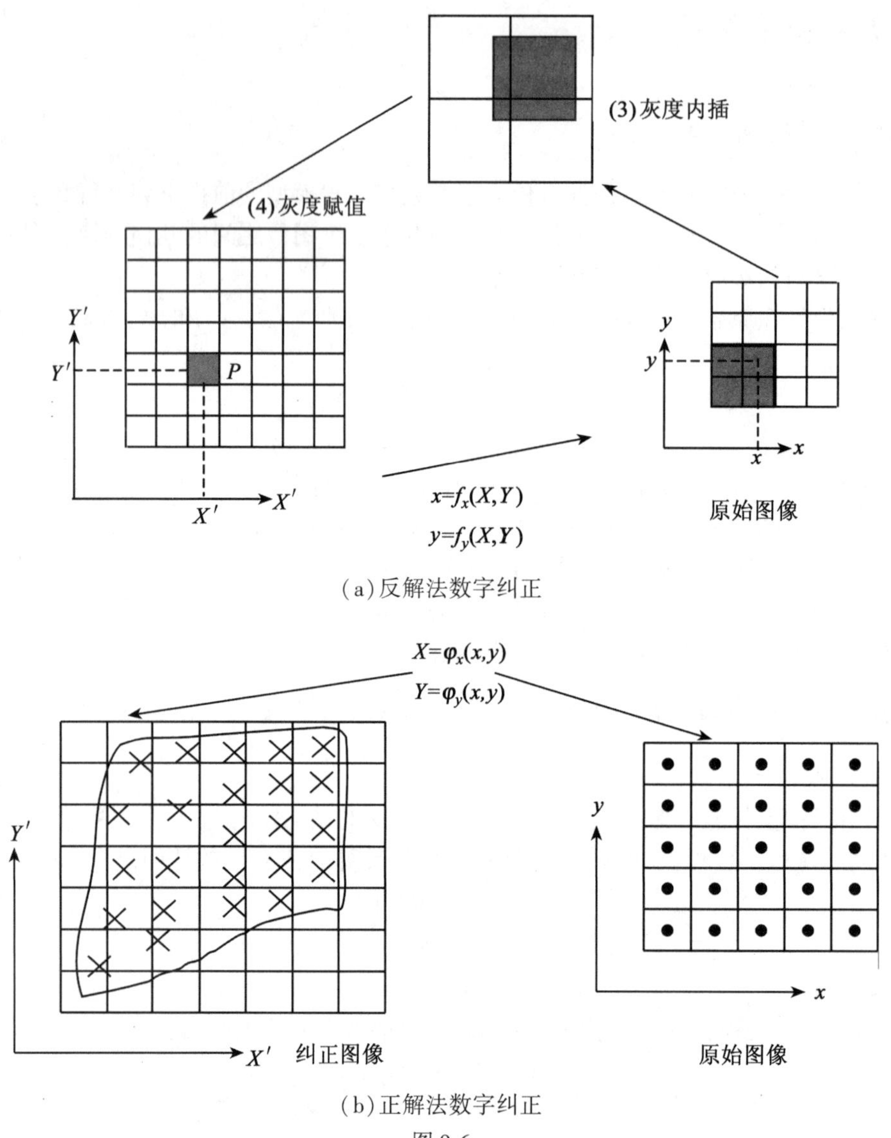

(a)反解法数字纠正

(b)正解法数字纠正

图 9-6

三、正解法(直接法)数字微分纠正

如图 9-6(b)所示，正解法数字微分纠正是从原始图像出发，将原始图像上逐个像元素用正解公式(9-2b)解求纠正后的像点坐标。这一方案存在着很大的缺陷，因为在纠正后的图像上所得到的纠正像点是非规则排列的，有的像元素内可能出现“空白”(无像点)，而有的像元素可能出现重复(多个像点)，因此很难实现纠正影像的灰度内插并获得规则排列的数字影像。

在航空摄影情况下，仍由共线条件式出发，由原始图像正解求出其像点相应的纠正坐标。表达式为：

$$
\left.\begin{aligned}
X-X_S&=(Z-Z_S)\frac{a_1x+a_2y-a_3f}{c_1x+c_2y-c_3f}\\
Y-Y_S&=(Z-Z_S)\frac{b_1x+b_2y-b_3f}{c_1x+c_2y-c_3f}
\end{aligned}\right\}\tag{9-6}
$$

利用(9-6)式解求 X、Y 坐标，还必须预先知道 Z 值，但 Z 值又是待定量 X、Y 的函数，因此，由 x、y 求 X、Y 要先假定一个近似的 Z_0，求得 X、Y 后，再由 DEM 内插该点的高程 Z_1；根据 Z_1 再一次解求 X_2、Y_2，如此反复迭代。因此，由(9-6)式计算 X、Y，实际上是由一个二维图像(x，y)变换到三维空间(X，Y，Z)的过程，仍需通过迭代求解来完成。由于正解法的上述缺点，所以，数字纠正一般采用反解法。

四、数字微分纠正实际解法

从原理上讲，数字纠正是点元素纠正，但在实际的软件系统中均是以“面元素”作为纠正单元的，一般以正方形作为纠正单元，即用反解公式计算该纠正单元四个“角点”的像点坐标(x_1，y_1)、(x_2，y_2)、(x_3，y_3)、(x_4，y_4)，而纠正单元内的坐标 x_{ij}、y_{ij}用双线性内插求得，且 x、y 是分别进行内插解求的，其原理如图 9-7 所示。内插后得到任意一个像元(i，j)所对应的像点坐标 x、y 分别为：

$$
\left.\begin{aligned}
x(i,j)&=\frac{1}{n^2}[(n-i)(n-j)x_1+i(n-j)x_2+(n-i)jx_4+ijx_3]\\
y(i,j)&=\frac{1}{n^2}[(n-i)(n-j)y_1+i(n-j)y_2+(n-i)jy_4+ijy_3]
\end{aligned}\right\}\tag{9-7}
$$

求得像点坐标后，再由灰度双线性内插求其灰度值。

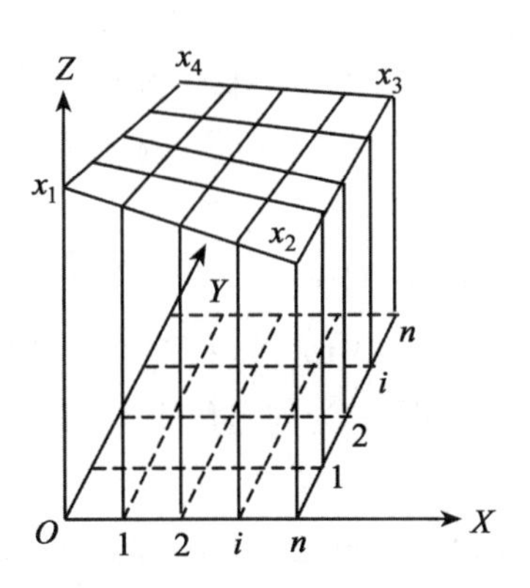

图 9-7　x 坐标的双线性内插

9-3　数字正射影像图的制作方法

数字正射影像图(Digital Orthophoto Map，DOM)是以航摄像片或遥感影像(单色/彩色)为基础，经扫描处理并经逐像元进行辐射改正、微分纠正和镶嵌，按地形图范围裁剪成的影像数据，并将地形要素的信息以符号、线划、注记、公里格网、图廓(内/外)整饰等形式填加到该影像平面上，形成以栅格数据形式存储的影像数据库。它具有地形图的几何精度和影像特征。

数字正射影像图具有精度高、信息丰富、直观逼真、现实性强等优点。可作为背景控制信息评价其他数据的精度、现实性和完整性；可从中提取自然信息和人文信息，并派生出新的信息和产品，为地形图的修测和更新提供良好的数据和更新手段。

由于获取制作正射影像的数据源不同，以及技术条件和设备的差异，所以，数字正射影像图的制作有多种方法，其中，主要包括如下所述的三种方法：

一、全数字摄影测量方法

该方法是通过数字摄影测量系统来实现，即对数字影像对进行内定向、相对定向、绝对定向后，形成 DEM，按反解法做单元数字微分纠正，将单片正射影像进行镶嵌，最后按图廓线裁切得到一幅数字正射影像图，并进行地名注记、公里格网和图廓整饰等。经过修改后，绘制成 DOM 或刻录光盘保存。

二、单片数字微分纠正

如果一个区域内已有 DEM 数据以及像片控制成果，就可以直接使用该成果数据制作 DOM，其主要流程是对航摄负片进行影像扫描后，根据控制点坐标进行数字影像内定向，再由 DEM 成果做数字微分纠正，其余后续过程与上述方法相同。

三、正射影像图扫描

若已有光学投影制作的正射影像图，可直接对光学正射影像图进行影像扫描数字化，再经几何纠正就能获取数字正射影像的数据。几何纠正是直接针对扫描图像变换进行数字模拟，扫描图像的总体变形过程可以看做是平移、缩放、旋转、仿射、偏扭、弯曲等基本变形的综合作用结果。纠正前后同名像点之间的坐标关系式可以用一个适当的多项式来表达，如：

$$\left.\begin{aligned} x&=a_0(a_1X+a_2Y)+(a_3X^2+a_4XY+a_5Y^2)+(a_6X^3+a_7X^2Y+a_8XY^2+a_9Y^3)\\ y&=b_0(b_1X+b_2Y)+(b_3X^2+b_4XY+b_5Y^2)+(b_6X^3+b_7X^2Y+b_8XY^2+b_9Y^3)\end{aligned}\right\}\tag{9-8}$$

式中，x、y 为像素点的像点坐标；X、Y 为同名像素点的地面(或图面)坐标；a_i、$b_i(i=0,1,2,\cdots,n-1)$为多项式系数。

对于每一个控制点，已知其地面坐标 X、Y 及像点坐标，可以列出上面两个方程式，根据提供的控制点的个数决定多项式的阶数。为了减少由于控制点选得不准确产生的不良后果，往往要求有较多的多余控制点数，通过平差解求多项式系数。

习题与思考题

1. 为什么要进行像片纠正？什么是像片纠正？
2. 什么是像片平面或正射影像图？
3. 像片纠正有哪些方法？分别说明各种纠正方法的基本特点。

4. 什么是光学微分纠正？为什么说光学微分纠正能实现山区航摄像片的纠正？
5. 说明直接式光学微分纠正原理和方法。
6. 什么是数字微分纠正？
7. 试述数字微分纠正中正、反解法数字纠正的原理。
8. 试绘出反解法数字纠正的程序框图。

第十章 摄影测量的外业工作

10-1 摄影测量外业工作任务及作业流程

一、摄影测量外业工作任务

利用航摄像片进行信息处理，要有一定数量的控制点作为数学基础。这些控制点不但要在实地测定坐标和高程，而且它们的数量和在像片上的位置还要符合像片信息处理的需要。因此，在已有大地成果和航摄资料的基础上，需要在野外测定一定数量的控制点，这项工作就是摄影外业控制测量。它的意义在于把航摄资料与大地成果联系起来，使像片量测具有与地面测量相同的数学关系。

摄影测量外业工作的另一项任务就是像片解译(判读)及调绘。我们知道，像片上虽然有地物、地貌的影像，但按影像把它们描绘下来并不是地形图信息，这是由于地形图上表示的地形要经过综合取舍，并按一定的符号表示。另外，地形图上还必须标注地形、地物的名称以及各种数量、质量、说明注记等，所以，要达到地形图的要求，还必须实地调查，并将调查结果描绘注记在像片上，这便是像片调绘。

此外，对于航摄漏洞以及大面积的云影、阴影、影像不清楚地区的补测工作，也是摄影测量外业工作的任务之一。

二、摄影测量外业工作流程

摄影测量外业工作是摄影测量过程中的一个重要环节。只有安排好各项工序，才能保证外业工作顺利完成。摄影测量外业工作的作业流程一般为：

1. 技术设计

技术设计是指测区作业的技术文件。技术设计包括两部分内容：一是设计任务书；二是技术设计图。设计任务书应从技术和组织上说明根据和理由，提出最合理的技术方案。设计图是设计书的补充和附件，设计图应准确表示出作业地区、任务范围、地理和已知大地控制情况。

编写技术任务书，主要包括设计的目的和任务、测区自然地理概况、测区已有测绘成果、旧图资料、设计方案等内容。所绘制的设计图与设计书相配合，以表示技术设计的有关内容。

2. 准备工作及拟订作业计划

准备工作包括仪器器材的准备及资料的收集。

完成测区整体设计后，按所分担任务拟订实施方案，内容包括：对测区的像片进行编号；在像片上标绘已知点和图廓线；按摄影测量要求在像片上选出控制点，并将点位转标到旧图上，以便设计出比较合理的像控点的平面和高程联测方案；确定调绘片，划分调绘面积，并且拟订作业进程表。

3. 外业工作施测

摄影测量外业工作主要包括控制测量及像片调绘两个部分。

控制测量包括踏勘已知点，根据在像片上预选的控制点到实地选定，然后在像片上刺点，根据平面和高程联测方案，进行选点、观测、计算及成果整理等。

像片调绘工序一般与野外控制测量同时进行。

4. 外业成果检查与验收

对外业成果的检查与验收是保证成果质量的重要措施。为了对外业成果质量整体评价，发现差错并及时纠正，必须对外业成果进行全面的检查验收。其中包括作业组的自检与互检、作业队检查并对成果组织验收、上交。至此，就完成了摄影测量外业工作的全部工序。

10-2 像片控制点的布设

用摄影测量方法测图，需要在每张像片或立体像对影像重叠的范围内都要有一定数量的已知控制点来纠正像片的各种偏差并与地面坐标相连接。这些控制点的坐标和高程可以全部在野外测定，称为全野外布点，也可以在外业测定少量的控制点，然后在室内进行控制点加密，即解析空中三角测量法获得所需加密点的地面坐标，这种方法称为非全野外布点法。

只测定平面坐标的控制点称为平面点，只测定高程的控制点称为高程点，同时测定平面坐标和高程的控制点称为平高点。所有这些控制点简称为像控点。

根据地形条件、摄影资料及信息处理的方法不同，像控点的布设方案也不同。本节主要介绍像控点的布设原则与要求及像控点的布点方案等。

一、像片控制点布设的一般原则和要求

1. 像控点布设的一般原则

①像控点一般按航线全区统一布点，可不受图幅单位的限制。

②布在同一位置的平面点和高程点，应尽量联测成平高点。

③相邻像对和相邻航线之间的像控点应尽量公用。当航线间像片排列交错而不能公用时，必须分别布点。

④位于自由图边或非连续作业的待测图边的像控点，一律布在图廓线外，确保成图满幅。

⑤像控点尽可能在摄影前布设地面标志，以提高刺点精度，增强外业控制点的可靠性。

⑥点位必须选择在像片上的明显目标点，以便于正确地相互转刺和立体观察时辨认点位。

2. 像控点的位置要求

像控点在像片和航线上的位置，除各种布点方案的特殊要求外，应满足下列基本要求：

①像控点一般应在航向三片重叠和旁向重叠中线附近，困难时可布在航向重叠范围内。在像片上应布在标准位置上，也就是通过像主点垂直于方位线的直线附近。

②像控点距像片边缘的距离不得小于1cm，因为边缘部分影像质量较差，且像点受畸变和大气折光差等所引起的移位较大，再则倾斜误差和投影误差使边缘部分影像变形大，增加了判读和刺点的困难。

③点位必须离开像片上的压平线和各类标志(气泡、框标、片号等)，以利于明确辨认。为了不影响立体观察时的立体照准精度，规定离开距离不得小于1mm。

④旁向重叠小于15%或由于其他原因，控制点在相邻两航线上不能公用而须分别布点时，两控制点之间裂开的垂直距离不得大于像片上2cm。

⑤点位应尽量选在旁向重叠中线附近，离开方位线大于3cm时，应分别布点。

上述各要求，如图10-1所示。

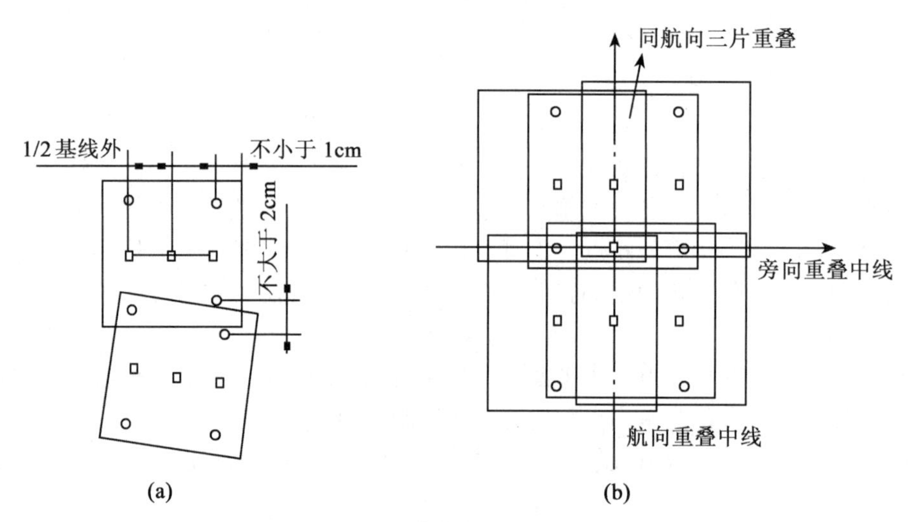

图10-1　像控点的位置要求

二、布点方案

1. 全野外布点

像片控制点全部由外业测定时，称为全野外布点。全野外布点精度较高，但外业控制测量的工作量较大，使用范围受限制，所以常被非全野外布点所代替。全野外布点法常常用于特殊要求及特殊地形，如测图精度要求很高的测量，地面测量条件良好，或者在小面积测图时才使用。

2. 非全野外布点方案

非全野外布点方案也称稀疏布点。

为了减少外业工作量，一般在外业只布设测定少量的控制点，以此为依据，按一定的数学模型进行平差计算，解求加密点(即每张像片或每个立体像对内需要的平面和高程控制点)的平面和高程，这样的方法称为非全野外布点法。其主要布点方案有：

(1)航带网法的布点方案

按航带网布设野外控制点的前提应该满足航带网的绝对定向及航带网变形改正的要求。

像片控制点的具体布设方案是：

①六点法：是标准布点形式，是优先和普遍采用的方法，按每段航带网的两端和中央的像主点，在其上下方向上旁向重叠范围内各布设一对平高点，如图 10-2(a)所示。每段航带网两端一对点间隔的基数线，按摄影比例尺和图比例尺的不同而有不同的规定。

②八点法：在每段航带网内，布设八个平高控制点，如图 10-2(b)所示，因航带网内的控制点数目较多，因此，可采用三次多项式对航带网进行非线形改正。

③五点法：若某段航带网的长度不够最大允许长度的 3/4，而又超过 1/2 的短航带网，可按五点法布设。即在航带网中央的像主点上方或下方或附近只布设一个平高点，如图 10-2(c)所示。

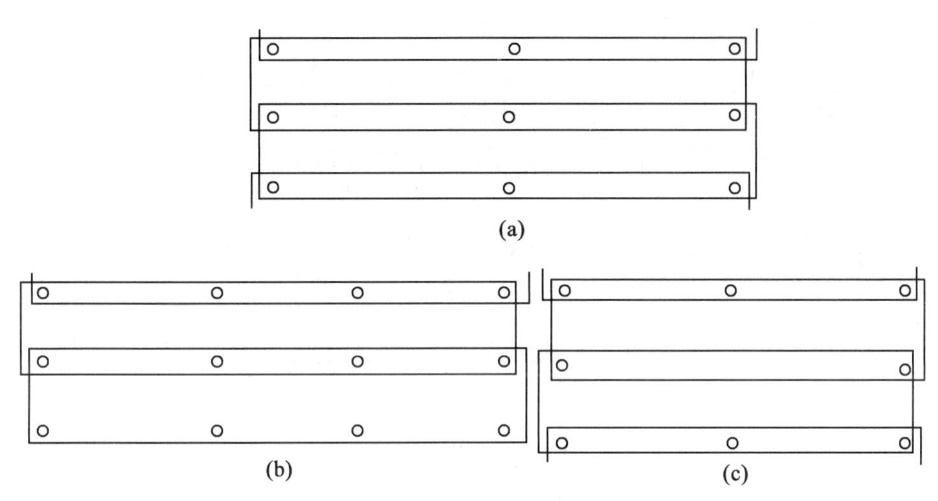

图 10-2　航带网布点方案

像控点在像片位置上的要求，除上述的一般要求外，在航线网内的位置也有其特别要求，即每段航线网两端的一对像控点，最好布设在通过像主点且垂直于方位线的直线上；在受到地形条件限制下不得已而互相偏离时，一般不要大于半条基线；个别极困难的情况下，最大不能超过一条基线，如图 10-3 所示。这时必须注意，不要造成该段航线网的基线条数超过规定。

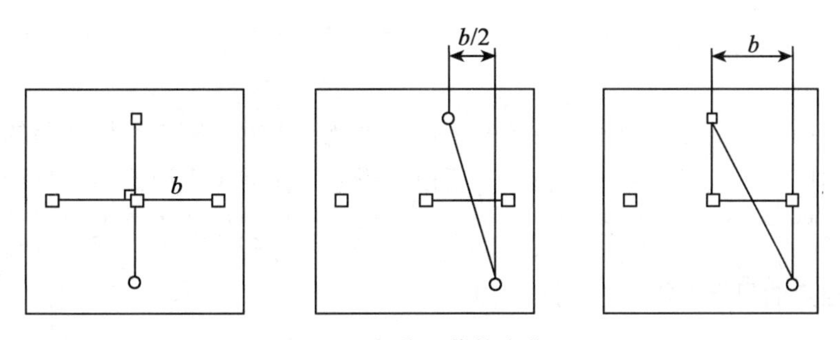

图 10-3　航线网像控点位置

另外，每段航线网中间的一对像控点，要求最好布设在两端像控点的中央，至少也要求其中一点位于中央，而另外一点偏离不超过一条基线。当受到地形条件限制在航线网中央不可能布设像控点时，允许这对点在中央线同侧偏离不超过半条基线；在中央线异侧，偏离不超过一条基线。

(2)区域网布点方案

区域网平差时，以面积最大不超过像对数来划分区域。像对总数是指区域周边所有平高点和高程点连接范围内的像对个数。当一个像对有 1/2 基线跨入周边控制点连线以内时，按一个像对计算，区域内各航线两端控制点间隔与航带网法相同。当测区航摄资料的航线旁向重叠符合规定的正常要求时，一般不超过六条航线。

区域网布点，一般只在区域网的四周布设平高点，中间多加一个高程点，图 10-4(a)所示的各方案是常用的区域网布点方案。当像片的旁向重叠过小时，应在重叠的部分增设高程点，如图 10-4(b)所示。

采用光束法区域网平差时，在区域的四周，经常是平高点与高程点间隔布设，为了加强布点的可靠性，关键部位布设双平高点如图 10-4(c)所示。当采用 GPS 进行像片联测时，有时也在区域网的四周，密集型布设平高点，如图 10-4(d)所示。

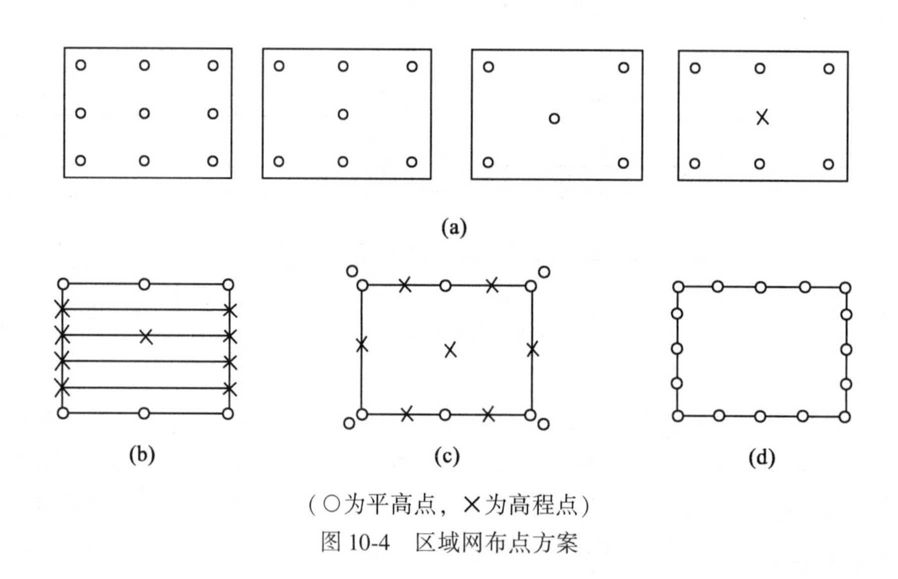

(○为平高点，×为高程点)

图 10-4　区域网布点方案

10-3　野外像片控制点的选刺、整饰及像片联测

像控点是摄影测量控制加密和测图的基础，因此，野外像控点目标选择的好坏和指示点位的准确程度，直接影响成果的精度。所以，野外工作需要重视像控点目标的选择和保证指示点位的准确。同时，还要加强检查工作，以确保后续作业正确无误。

一、野外像控点的目标选择

野外像控点，无论是平面点、高程点或平高点，均要求选择在明显目标点上，所谓明显目标点，就是在航摄像片上的影像位置可以明确辨认的点，因此，在外业应选择航摄像片上影像清晰、目标明显的像点作为像控点。

在一般地区，较理想的明显目标点如：近于直角形状且近于水平的固定田角、场地角、草地角，在近似水平面内近于直角相交的固定道路交叉，平屋顶大型建筑物的墙角等。其中特别是固定田角和道路交叉，经常作为优先选取的目标。选择道路交叉点时，交角不要太锐，要求在45°~135°之内。在山区选择梯田角时，要了解航摄后是否进行农田改造，以保证点位的准确性。在地物比较稀少的地区，允许选在固定的线状地物端点、能辨别出的建筑物的塔形尖顶、像片影像小于0.3mm直径的点状地物中心等。

对于弧形地物、阴影、狭窄沟头、水系、高程急剧变化的陡坡上，以及航摄后有可能变迁的地方，均不应当做选择目标。在疏林地区，经常选择矮小独立灌木丛，也可选择可准确辨别树干底部的独立小树。在森林地区，由于树冠密集而覆盖地表面，有时只能选择在没有阴影遮盖的树根或可以准确判别的树冠。在荒山地区，选择目标有时十分困难，也允许选择裸露或者半裸露的突出岩石。显然，森林或荒山地区的这些选点目标，将会降低成果精度。

在明显目标较少的地区，高程控制点可以选择在平山顶、鞍部或其他能够保证高程量测精度的地方。

二、像控点的刺点

在选定像控点后，要在航摄像片上表示出其具体位置，目前仍采用在像片上刺点的方法。

像片刺点精度是保证摄影测量加密等数学精度的最重要一环，特别是在大比例尺摄影测量的情况下，像片比例尺小于图比例尺较多时更为重要。如果刺点不正确，经常造成内业作业返工和窝工，即使观测准确、计算无误也无济于事。随着区域网平差的应用，野外像控点的数量将会大大减少，因此，对外业控制点的精度要求也就越来越高。同时，这项工作缺乏严格的检核条件，往往在加密计算时才能发现，给摄影测量后续工作造成严重后果。因此，这项工作必须做到判准、刺准。在实地多找旁证，反复核对，证实无误后再进行刺点。

航摄像片上平面点和平高点的刺孔偏离误差，不得大于像片上的0.1mm，高程点如选在明显目标点上，则要求相同；高程点如选在山顶和鞍部等不易刺准的地方，应借助于立体观察，尽量准确刺出。对于每个像控点，一般只需要在一张像片上刺孔，因此，应在相邻两航线的所有相邻像片中，选出像控点附近影像最清晰的一张像片进行刺点。像控点如果照顾图幅布设时，相邻图幅公用的点必须在邻图幅的一张像片上转刺。

像控点的刺孔要小，刺孔直径最大不得超过0.2mm。刺孔要透亮，因此要选用细直而坚硬的针刺，垫上较硬的垫板轻轻刺出。如果不小心刺偏或判错，不允许在同一张像片上重刺，以免出现双孔、多孔和薄膜剥落等现象，这时应挑选一张相邻像片，重新仔细刺点，原像片作废。

刺点目标在像片上的影像应与实地形状一致，确认其没有变动后方可刺点。确认像片上微小目标的最好方法是在实地审定，目标在实地可能变动的范围应不大于0.4米。房角、水泥电杆，在1∶2000图中是比较理想的目标，只是外业联测时需要交会或引点。刺点目标在像片上的影像轮廓必须清晰，几何形状必须规整，单靠目视观察很难达到精度，平地需要放大镜，山地、丘陵地需用立体镜对像片辨认和刺孔。严格禁止远距离估计刺点、回忆刺点以及回驻地后再画略图等。

在像片控制点野外选刺的同时，还需将测区内所有国家等级的三角点和水准点、图根点等刺出。但是，这些点通常属于不明显目标，当不能准确刺出时，不要勉强刺点，有时可用调绘不明显目标的方法刺出其位置。

刺点工作由一人在现场完成后，必须由另一人到现场检查，刺点者和检查者均需签名，并签注日期，对于自由图边的像控点，则要求专职检查人员到现场检查，确实无误时，签注姓名、日期，以示负责。

三、像片控制点的整饰与注记

选定像片控制点后，进行控制点编号，同时要进行控制像片的整饰，并附加说明。

1. 控制点的编号

野外控制点连同测定这些点所做的过渡控制点，要统一进行编号。编号的原则是：

①当照顾图幅布点时，每幅图内控制点不能重号；当不照顾图幅布点时，同期的测区控制点不要重号，以免发生混淆。

②编号最好在航线内按从左到右的顺序；航线间则按从上到下的顺序，顺次进行编号，这样便于在工作中查找点位。

2. 控制像片的整饰和注记

控制像片的正、反面整饰样式如图 10-5(a)和图 10-5(b)所示。

(1)控制像片正面整饰和注记

凡已准确刺出的点位，三角点用边长 7mm 的正三角形标出，图根点用边长 7mm 的倒三角形标出，埋石点用边长 7mm 的正方形标出，平面点和平高点用直径 7mm 的圆标出，均用红色，水准点和高程点用直径 7mm 的绿色圆标出，水准点需在圆中间加“$\times$”符号。凡不能准确刺出的点，用调绘不明显目标的方法判刺出点位后，仍按上述符号用虚线表示，但对于水准点，则一律用实线表示。所有各种点，均需在符号的右侧用红色进行分式注记，分子为点名或点号，分母为高程。平面点因无高程，可在分母处加一横线。高程注记以 m 为单位，除直接等级水准的高程需注到小数点后两位外，其余一律注到小数点后一位。

对于转刺点，如果是照顾图幅布点，则点号仍使用邻图幅的原编号，并在编号后面简注邻图幅图号。如果不照顾图幅布点，则点号仍使用邻测区的原编号，并在编号后面加注邻测区代号。例如：A3(9312-953)，表示 1993 年进行航摄的第 12 摄区和 1995 年进行航测外业工作的第三区，该点原编号为 A3。转刺点的符号和分式注记的方法同上。

对于不刺点的相邻各张控制像片，一般情况下需用直径 10mm 的圆转标点位；在相邻航线各片中，还需在其中一片上注记出点名或点号，同时还需写上刺在第几航线几号像片上的字样。例如：C57 刺在(12)-1244 片，(12)表示航线编号，1244 表示测区航摄时的像片统一编号。

(2)控制像片反面整饰和注记

控制像片反面整饰和注记，一律用黑色铅笔。只对已刺点或转刺点进行整饰和注记，对未刺孔的像片不进行反面整饰。根据透刺到像片反面的刺孔位置，仍用像片正面整饰的相应符号标出点位，并注记点名或点号，有时签注刺点者姓名和刺点日期。经现场实地检查后，检查者亦同样要签注。反面不需注出刺点的高程，但必须对所有刺点注上刺点说明。

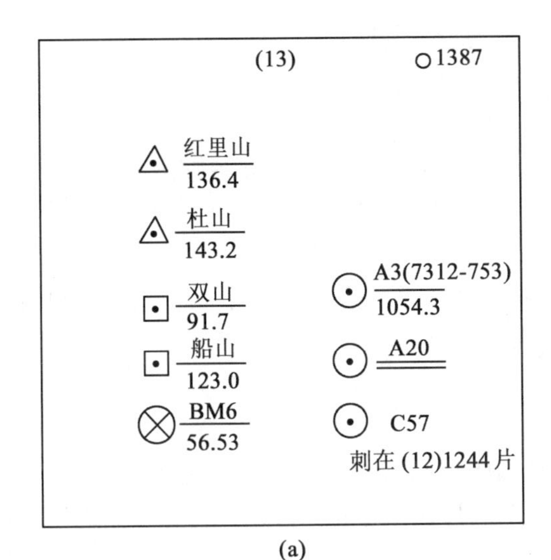

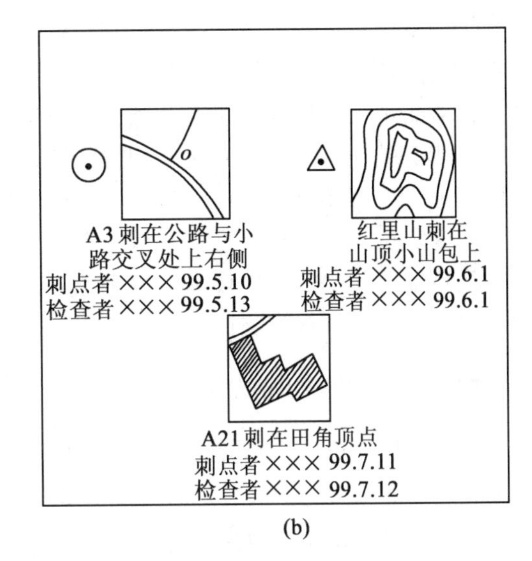

图 10-5　控制像片整饰和注记

控制像片反面的刺点说明，一般情况下用文字说明，书写要正规。例如：

①当像控点选择在道路交叉点时，在大比例尺测图情况下，不论是大路或小路，都要注明刺在道路交叉的哪一侧。指示方位可用东西南北，也可用上下左右，但在同一侧不要混用。

②当像控点选择在田角、草地角等处时，只用文字说明一下。当田角为山区梯田角时，应注明位于坎上或坎下。

③当点位位于小丘、土堤、窖等处时，应注明并量出至地面比高，注至 0.1m；当点位选择在其底部时，只作说明，不量注比高。

④当像控点刺在树冠上，或在刺点位置上有植被覆盖，致使像片上看不清地表影像时，需调查注记航摄时的植被高，注至 0.1m；当刺点用文字说明不能确切表达时，还需在像片反面刺孔位置附近加绘点位略图。略图必须实地绘出，应尽可能详细表示出目标附近的影像细部，并放大绘出，亦采用黑色铅笔绘制。

四、像控点联测的常规方法

像片控制点联测就是像片控制外业测量，测定像控点所对应地面点的地面坐标。如前所述的将已整饰、编号的像控点转标到大致相近比例尺的旧图上，以便拟订控制联测计划。测量控制点的平面坐标，考虑到目前全站仪的广泛使用，常规的方法有边角定点交会及电磁波测距导线。

高程点及平高点的高程联测，根据地形条件，常采用几何水准测高及测距三角高程方法。

10-4　像片控制点联测的 GPS 方法

随着 GPS 定位技术的不断发展，GPS 应用越来越广泛。仅就测绘行业而言，GPS 卫星定位技术已应用于以下各个方面：

①测量全球性的地球动态参数和全国性的大地测量控制网；

②建立陆地海洋大地测量基准；

③监测现代板块运动状态，捕获地震信息；

④测定航空航天摄影瞬间的相机位置，甚至航片、卫星像片的姿态参数；

⑤进行工程建筑的设计、施工、验收和监测。

GPS 定位技术在测绘行业中除上述应用外，人们早已尝试将该技术应用于像控点联测。实践证明，GPS 定位技术应用于像控点联测不仅可获得良好的精度，而且可取得可观的经济效益，与常规方法比较，后者更显现其优越性。

一、像控点联测的 GPS 方法

对采用区域网布设像控点，像控点的间距根据图比例尺与像片比例尺的不同而不同，一般平均 0.5~20km，采用 E 级 GPS 网的作业要求进行像控点联测可以达到各种比例尺的航测成图对像控点的精度要求。

1. 仪器的选用

一般载波型单频、双频 GPS 接收机，其标称精度均能满足 E 级 GPS 网观测要求。

2. GPS 像控点布设

根据 E 级 GPS 网的布网要求及起算点和像控点的分布布设 GPS 网。网中应联测三个以上的国家三角点，考虑到 GPS 高程拟合的需要，在网的四周和中心至少应联测五个等外水准以上等级的水准点作为高程的起算点。

3. GPS 观测

观测之前根据设计网形以及卫星可见性预报表选择合适的观测时间段，设定好仪器的各项参数。根据区域网中基线长度及 GPS 接收机的性能确定基线应观测的时间长度。采用快速动态测量和静态测量相结合的模式进行同步观测。观测中要严格对中、整平仪器。

4. 数据处理

采用随机或商用软件对外业观测数据及时进行处理和备份，对全部观测结果进行平差计算。

5. 高程计算

利用控制网中水准点或联测了水准的三角点为起算点进行高程拟合，其拟合精度主要取决于高程起算点的精度、起算点的分布状态及高程拟合的数学模型，一般高程起算点应选择在网的外围及中央且均匀分布，拟合模型应采用平面或曲面拟合。

总之，根据不同的图比例尺、像片比例尺和不同的处理方法，根据测区内的地形，按区域网布点的作业要求，可将测区划分为作业区，分别布设像控点 GPS 控制网，其解算结果，无论是平面或高程均能达到精度要求。

对于 1∶500 的大比例尺航测成图，为了提高精度，有时也采用 GPS 进行首级平面控制和像控点联测，同时按 GPS C 级平面控制网布设，像控点布设采用平高区域网，按航向每3~4条基线布设一个平高点，每隔一条航线布设一个相应的高程点，在区域网四角，布设双平高点。对于选刺点困难的地区，如由沙滩、陡壁、森林植被等构成的海岸线立体死角、航摄裂缝地带无法构成立体等死角地区，可分别采用单航线布点等方案以提高加密精度。

二、像控点联测的 GPS 方法与常规方法比较

通过 GPS 方法联测像控点，与常规方法相比具有无比的优越性，主要体现在：

①GPS 方法联测像控点不受地形条件的影响，不要求点间通视，这对不通视的像控点来讲，无疑是最佳方案，特别是对阻闭地区或距基础控制点较远的地区，更显示其明显的效率。

②GPS 方法联测像控点可跨等级布设。对于大比例尺成图而言，一般常规方法的作业程序是：进行基础等级控制测量、像片刺点、确定联测方案、像控点联测、加密计算、形成 DEM 等，作业工序环环相扣，不可颠倒。当利用 GPS 进行像控点联测时，可直接用测区内或测区外的国家等级控制点作为起算点，布设像控级 GPS 网，测得像控点坐标即可进行加密计算、成图等，可将基础等级控制安排在作业过程中任何时间进行，作业工序较为灵活，并且对国家控制点距测区较远或不需要基础等级控制的测区来说，将节省大量的人力、物力和财力。

③GPS 方法联测像控点的精度良好，常规方法联测像控点的精度受基础等级控制点的精度、作业人员的素质、地形、气象等诸多因素的影响，且精度因各点情形而异，GPS 作业过程自动化，少有人为因素的影响，量测成果可靠、精度良好。

④GPS 方法联测像控点可不区分平高点和高程点，同时获得平面和高程成果，而且无须每点均用水准或三角高程联测，用 GPS 代替测图水准，大大减少了水准测量和三角高程测量的工作量。

⑤GPS 方法联测像控点不仅从时间上，且经济效益上或是作业人员的劳动强度等方面均远优于常规联测方法，节省了大量前道工序的时间，保证了以最快速度满足用户用图的需要，极大地提高了工作效率。

与常规的方法比较，尽管 GPS 像片联测法显示其独特的优点，但仍然不能为区域网建立实时地面控制，尤其是在崇山峻岭、戈壁荒滩等难以通行的地区，作业员的劳动强度依然很大。所以，利用 GPS 获取摄站三维坐标以便实现辅助空中三角测量，大量减少摄影测量外业作业甚至完全免去地面控制点，才是摄影测量工作者追求的目标。

10-5　像片解译与调绘

像片解译俗称像片判读。解译的目的是为了识别目标，即识别像片上各种影像所反映的属性特征。

用肉眼或借助立体眼镜、放大镜等仪器来分析观察航摄像片，称为目视解译，这是最原始的也是最基本的一种判读方法。目视解译人员在掌握影像特征的基础上，依据影像的解译标志，并根据专业工作的实践经验进行判读，这样才能取得良好的判读成果。

由计算机在一定的算法和法则支持下，依据图像的解译标志对图像进行自动解译，从而达到对图像信息所对应的目标实现属性识别和分类的目的。特别是对卫星遥感影像的自动解译，能快速、方便而准确的测算出各类型的面积。但目视解译在利用和综合影像要素或特征方面的能力远高于计算机，计算机解译的类别往往不如目视解译详细，其自动解译的成果仍需要专业人员加入目视鉴定，并以人机对话的形式加以调整和修改。正因为如此，所以大多数卫星遥感影像均采用目视解译与计算机自动解译相结合的方法，而对航摄

像片，则大多采用目视解译方法。

一、目视解译特征

航摄像片的目视解译是根据影像信息特征进行的，这些特征即为图像的解译标志，分为直接解译特征和间接解译特征两类。

1. 直接解译特征

它是地物本身属性在影像上的反映，即直接凭借影像特征确定地物属性。

(1)形状

影像的形状是指物体的一般形状或轮廓在像片上的反映。各种物体都有一定的形状和特有的辐射特性。同种物体在像片上有相同的灰度特征。物体的形状与像片上的影像基本保持相似关系，因此，物体的形状可作为主要的解译特征。但有些形状相同的影像，物体本身的形状可能完全不同，如旱地和苗圃、水渠和小路等。另外，受投影差及阴影的影响，物体的影像也会产生不同程度的变形，如烟囱、通信线杆、里程碑等，此时，形状就不能作为主要的解译特征。

(2)大小

物体成像的大小取决于像片比例尺的大小。

用像片比例尺分母乘以影像的尺寸，可以大致确定物体的实际大小。但有些物体由于亮度、地形起伏等因素影响，成像大小往往超过了应有的大小，如坚实的谷场、草地上发白的小径等，由于反光的影响，成像会变得大一些。根据日常所熟悉的某些物体的大小，用对比法可以对某些物体加以区分或确定。

(3)色调

地物的亮度和颜色反映到像片上，是灰度不同的影像，这些影像颜色深浅程度称为色调。像片影像的色调，除由物体的亮度和颜色决定外，还与物体的含水量、感光材料特性和摄影季节有关。

(4)阴影

阴影是高出地面物体受阳光斜射而产生的。阴影可分为本影和落影两部分：地物未被阳光直接照射的阴暗部分在像片上的影像，称为本影；地物影子在像片上的影像，称为落影，如图 10-6 所示。

阴影对判读高出地面的物体有重要作用。本影有利于判别物体的形状和获得立体感，如冲沟等地貌形状可以明显观察出来。而落影则给人们以高度感，根据落影可以判读出高楼、烟囱、高压线杆和陡坎等。

阴影也可能造成判断上的错觉，所以利用阴影进行判读时，一定要进行立体观察。

(5)图案

图案是指由地面物体的形状、大小、阴影、色调所形成的影像的组合，如平原耕地为平板状，森林为颗粒状，河流具有带状的图案等。

(6)相关位置

在地面与像片上，各种地物之间都保持着一定的相互关系，成为它们的相关位置。将物体之间的距离、关系、分布等情况联系起来分析，有利于解译。所以，相关位置可以作为一个重要的解译特征，尤其是解译像片上不清楚的地物，根据实地地物的相对位置，就可以解译出不清楚的影像。如一条小河上有一个不清楚的影像，可根据连接两岸小路的影

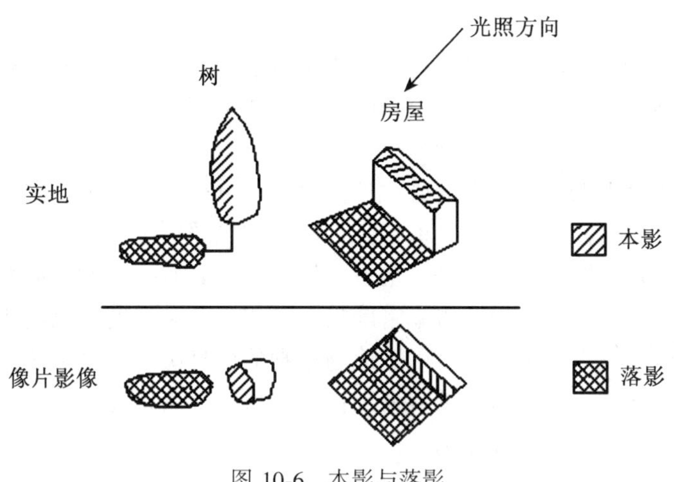

图 10-6　本影与落影

像，设想这个不清楚的物体是座小桥或徒涉物。

(7)纹理

纹理可解释为影像内部色调的变化。纹理是用来解译某些类型影像的主要特征，例如海滩纹理表示组成海滩沙砾的粗细，果园纹理能识别果树等。

当然，在解译时，必须从总体出发，全面分析，不能单凭某一特征来确定，否则就会出错。

2. 间接解译特征

它是通过与之联系的其他地物在影像上反映出来的特征，推断地物的类别属性，如地貌形态、水系格局、植被分布的自然景观特点、土地利用及人文历史特点等，多数采用逻辑推理和类比的方法引用间接解译标志。

当然，直接与间接标志是一个相对的概念，常常是同一解译标志对甲物体是直接解译标志，对乙物体可能是间接解译标志，因此，必须综合分析。

二、航摄像片目视解译方法分类

1. 野外调查法

根据目视解译特征，将像片上影像与实地对照，对影像进行解译，必要时还可应用一般测量方法补测某些在像片上没有影像的地物。

2. 室内直刺、对比解译法

在室内，根据影像的目标解译标志，就能确定地物的属性称为直刺法，一般具有明显的形状、色调特征的地物，例如高速公路、河流、房屋、树木等均可采用室内直刺法。

在室内，根据影像目标的解译标志，分析摄区有关资料，根据比样像片对照来解译确定地物的属性称为室内对比解译法。所谓比样像片，是为了室内解译的准确性，首先按照自然、地理条件将摄区范围划分成几个区域，在每个区域内选出具有典型性的以及难以解译的像片 8%~12%，由经验丰富的作业人员进行野外调查解译，获得标准比样像片，作为室内解译工作的技术指南，以提高室内解译的准确性。

三、计算机自动解译

对航摄像片的计算机自动解译，首先要取得数字图像，利用电子计算机，对图像的内容进行分析和判别。目前，用于图像识别的数学方法主要有：

1. 概率统计

这种方法主要是根据地物的光谱或纹理信息特征进行自动识别。同类地物因其物质结构相同，基本上具有同样的光谱和纹理特征。但由于光照情况、大气抖动、环境因素等干扰影像，同一类地物的辐射强度不是一个恒定值，而是具有一定的离散性。尽管如此，同类地物总是在某一亮度水准出现的概率密度最大，或以某种亮度变化规律出现的概率密度最大。总之，由于干扰因素不一，可用于地物识别的信息决非一目了然，而是蕴藏在大量数据之中。概率统计理论就是对大量数据进行去粗取精、去伪存真，做出科学的整理及分析，从而提取出有用信息的一种方法。

2. 语言结构识别

语言结构识别法是从形式逻辑的基础上发展起来的一种图像识别方法。把复杂的图像分成许多子图像(相当于子句)，然后利用一套方法将一幅图像构造成句子，对句子进行语法分析而实现识别，这种方法既考虑了图像的光谱特征，又考虑了结构特征，因而对于复杂的图像可以取得比较好的分类结果。

3. 模糊数学识别

模糊数学识别也称为不分明集合论(Fuzzy Set)。集合论是现代数学的基础，集合可以表现概念，把具有某种属性的东西的全体称为集合。现实生活中许多事物(或现象)的变化是过渡性的，没有明确的界限，如人长得高、矮、胖、瘦等，都是模糊性的语言。因此，现实生活中很多概念并不是确切概念，不能要求对每个对象做出是否符合它的肯定或否定的回答，为了能刻画事物属于某个集合程度，引入了隶属函数 $U_A(x)$，它是描述事物不确定性的度量，表征样品 $x \in A$ 的程度的大小，取决于闭区间[0，1]。

卫星遥感图像具有模糊性的特征，为了提高分类精度，在遥感图像识别中，引入模糊数学方法是很有前景的。

应当指出，在目前的技术条件下，计算机自动识别方法还无法代替目视解译方法。

四、像片调绘

在对航摄像片进行解译的基础上，根据用图的要求，进行适当的综合取舍，并按图式规定的符号将地物、地貌元素描绘在相应的像片上并作各种注记，然后进行室内整饰，这些工作称为像片调绘。野外调绘目前仍然是大比例尺航测成图的常用方法。在确定调绘面积及选择调绘路线后，利用航摄像片对地形图各要素调绘，如对居民地、工业矿区设施及管线、道路、行政区、水系、植被、地貌等要素进行调绘。像片调绘主要注意以下几个方面：一是掌握目视解译特征，做到准确解译和描绘；二是正确掌握综合取舍的原则，综合合理，取舍恰当；三是掌握地物地貌属性、数量特征和分布情况，依据图式的说明和规定，正确运用统一的符号、注记描绘在像片上。

随着全数字摄影测量系统的应用，航测法成图有了很大的变革。人们充分利用正射影像图 DOM 可视化的优点，对大比例尺正射影像图套合、叠加数字线画图 DLG 后再进行调绘。这样做，不但可以检查内业线画图的精度，而且还可以在图面上直观地发现差、错、漏之处，因此，就会有重点、有选择地进行补绘及修错，使得航测法成图只需要内业立体测图，再经外业定性修测、检测就能完成影像数字化地图，缩短了成图周期，极大地提高了工作效率。

习题与思考题

1. 摄影测量外业工作的任务是什么？
2. 试述摄影测量外业工作的流程。
3. 像控点在像片上的位置有哪些要求？
4. 像控点布设的一般原则是什么？
5. 什么是全野外布点方案与非全野外布点方案？
6. 区域网平差加密时有哪些布点方案？
7. 什么是像片解译？什么是直接解译特征与间接解译特征？
8. 什么是像片调绘？像片调绘要注意哪些问题？
9. 像控点 GPS 联测与常规方法相比有何优越性？

附录Ⅰ 数字摄影测量工作站 VirtuoZo NT 操作实践

VirtuoZo NT 系统是由武汉大学研制，是一个功能齐全、高度自动化的现代摄影测量系统。利用数字影像或数字化影像完成摄影测量作业，从原始资料、中间成果到最后产品等都是数字形式，克服了传统摄影测量只能生产单一线画图的缺点，可生产出多种数字产品，如数字高程模型、数字正射影像、数字线画图、景观图等，并提供各种工程设计所需的三维空间信息。

不仅能处理航空影像，还能处理 SPOT 影像、IKONOS 影像及近景影像。

下面将按 VirtuoZo 的作业流程来介绍 VirtuoZo NT 的上机操作实践过程。

Ⅰ-1 数据准备

本节主要了解 VirtuoZo NT 工作流程，熟悉摄影测量生产所需要的必要资料和数据，掌握创建/打开测区及测区参数文件的设置、参数文件的数据录入等。

一、硬盘目录及测区目录

1. 硬盘目录结构

硬盘目录结构简图如图Ⅰ-1 所示。

系统目录的内容为：

Bin 目录：执行程序目录，存放系统的所有可执行程序及框标模板文件。

Virlog 目录：测区的路径文件(c：\Virlog\Blocks\<测区名>.blk)。

2. 测区目录

某测区用户目录(在创建一个新 Block 时，系统以用户所给的测区名自动产生该测区目录)用于存放该测区所有参数文件及中间结果、成果等。

Images 目录：影像目录，存放 VirtuoZo 影像文件、影像参数文件、内定向文件、影像外方位元素文件。

模型目录：系统以所给的模型目录名自动建立，存放该模型所有信息。

Product 目录：产品目录，存放当前模型所有已生成的产品及输出文件。

Tmp 目录：核线影像目录，存放当前单模型的核线影像文件。

二、资料分析

查看原始数字影像的分辨率、比例尺等；查看相机检校参数、影像方位、框标的位置等；查看地面控制点数据及其点位与分布；查看原始影像的幅数、航线数、航线的排列、每条航线的控制点数量及其分布情况、可以创建的模型数；还要收集记录一些必要的数

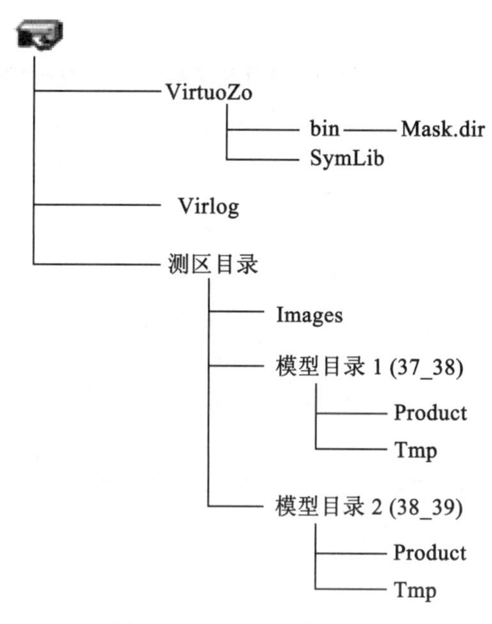

图Ⅰ-1　硬盘目录结构简图

据，包括控制点数据（控制点文件格式、控制点坐标、控制点分布示意图、控制点位置索引）和相机文件（像主点坐标和焦距、相机变形改正参数等）。

三、创建新测区，设置测区参数文件

1. 创建新测区

运行 VirtuoZoNT. exe 程序进入系统主界面，如图Ⅰ-2所示。

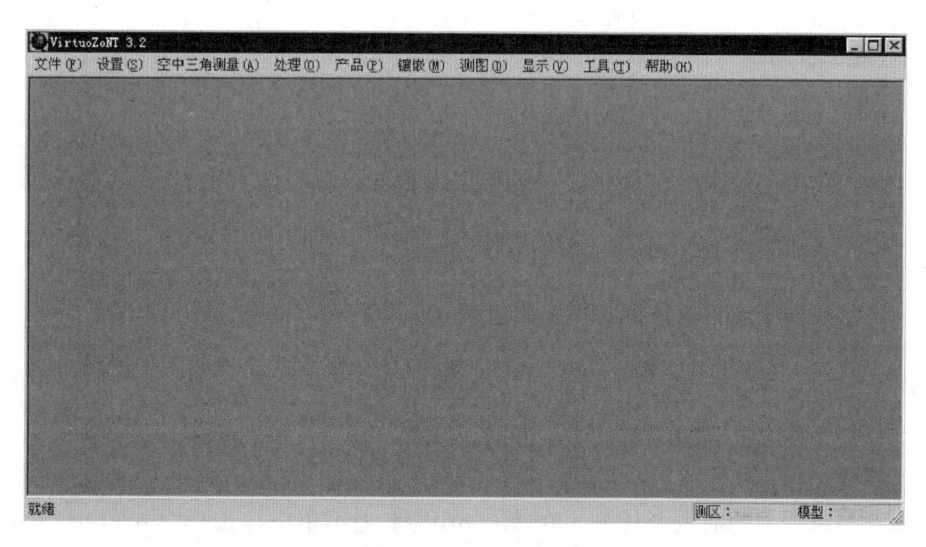

图Ⅰ-2　系统主界面

在主菜单中，选择“设置”→“测区参数”项，屏幕显示“打开或创建一个测区”文件对话框，输入测区名，进入测区参数界面，如图Ⅰ-3所示。

图Ⅰ-3　测区参数界面

对测区参数界面说明如下：

(1)测区目录和文件

- 主目录行：输入测区路径和测区名；
- 控制点文件行：输入控制点文件名：测区路径\ 测区名\ 测区名 . ctl；
- 加密点文件行：输入与上行相同；
- 相机检校文件行：输入路径\ 测区名\ Rc10. cmr。

(2)基本参数

- 摄影比例：输入数字影像的摄影比例；
- 航带数：输入测区模型的航带数；
- 影像类型：选择“摄影测量”。

(3)缺省测区参数

- DEM 间隔：10m；
- 等高线间距：5m；
- 分辨率(DPI)：254(即正射影像的输出分辨率)。

选择“保存”按钮，将测区参数存盘，其参数文件存放在“测区名”文件夹中。

2. 录入相机参数

相机检校数据用以做内定向计算。在 VirtuoZo NT 主菜单中，选择“设置”→“相机参数”项，屏幕弹出相机检校参数界面，由已知相机数据，在输入处双击鼠标左键，将相机数据对应填写到界面中，如图Ⅰ-4所示。选择“确定”按钮，将参数存盘。

相机检校文件名是在测区参数中生成的。

3. 录入控制点参数

控制点参数用于绝对定向计算。在 VirtuoZo NT 主菜单中，选择“设置”→“地面控制点”项，屏幕显示控制点文件界面，根据已知控制点数据，在输入处双击鼠标左键，将控制点数据依次填写到界面中，如图Ⅰ-5所示。选择“确定”按钮，将控制点参数存盘。

控制点文件名是在测区参数中生成的。

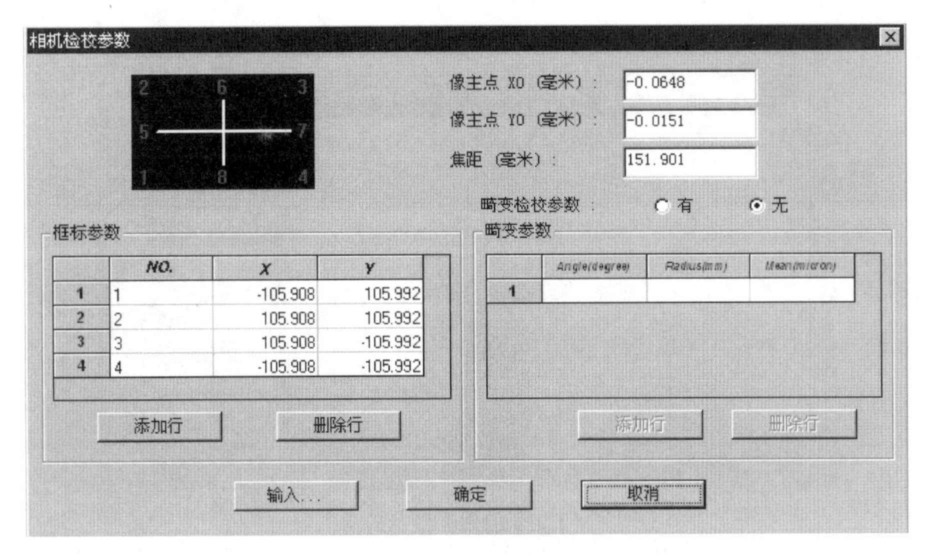

图Ⅰ-4　相机检校参数界面

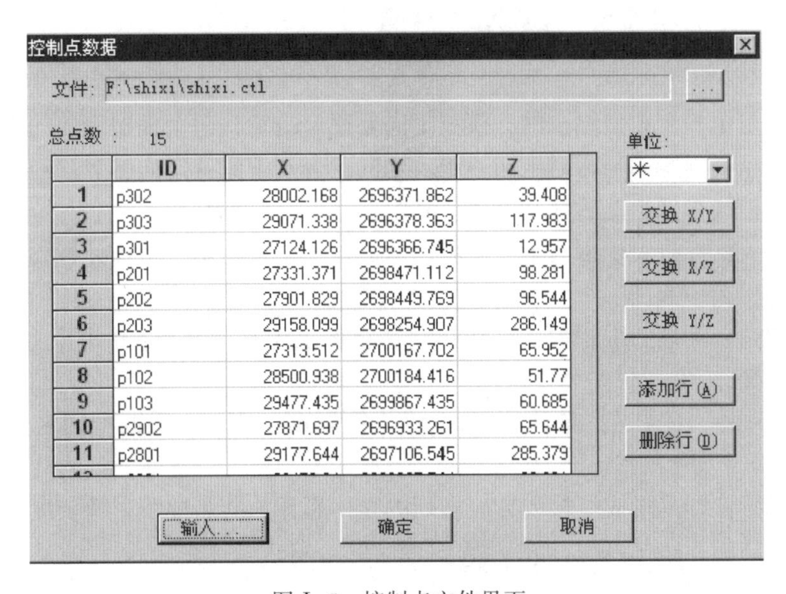

图Ⅰ-5　控制点文件界面

4. 原始影像的数据格式转换

原始数字影像是数字摄影测量所用的原始资料，有数字影像(如卫星影像)和数字化影像(如用模拟的航片经扫描而获得的影像)等多种数据格式(一般常用的有 tif 格式等)。这些影像格式 VirtuoZo NT 系统不能直接引用，必须转换为 VirtuoZo NT 所识别的 VZ 格式。在 VirtuoZo NT 主菜单中，选择“文件”→“引入”→“影像文件”项，屏幕显示输入影像对话窗(见图Ⅰ-6)，在其窗口选择：输入路径、输入影像文件名、输入(*. tif)和输出影像文件名(*. VZ)与路径(测区目录下的 images 分目录)等。然后，选择“处理”按钮，即将 *. tif文件转换为 *. VZ 文件，并将 *. VZ 文件存放在测区目录下的 images 分目录中。

图Ⅰ-6　输入影像对话窗

Ⅰ-2　模型定向与生成核线影像

一个测区是由多个模型组成的，模型定向要逐个进行，每个模型定向的作业流程为：

创建新模型→内定向→相对定向→绝对定向，分别解算其定向参数。经相对定向与绝对定向后生成核线影像，然后存盘退出。其中：

内定向——框标自动识别与定位。利用框标检校坐标与定位坐标计算扫描坐标系与像片坐标系间的变换参数。

相对定向——利用二维相关，自动在相邻影像上识别同名点(几十至上百个点)，计算相对定向参数。

绝对定向——人工在左(或右)影像上定位控制点，最小二乘匹配同名点，计算绝对定向参数。

生成核线影像即是形成按核线方向排列的立体影像，同名核线影像灰度重排，形成核线影像。

一、创建新模型设置模型参数

新模型是指尚未在当前测区建立目录的模型，作业要从创建模型开始。在当前测区“测区名.blk”下，创建新模型。

在系统主菜单中，选择“文件”→“打开模型”项，屏幕显示“打开或创建一个模型”文件对话框，输入当前模型名即“像片对的编号”，进入模型参数界面，如图Ⅰ-7所示。

其中模型目录、临时文件目录、产品目录均由程序自动产生。影像匹配窗口和间距一般相同(其参数为奇数，最小值为5)。模型参数填写好后，选择“保存”按钮。

二、自动内定向

调用内定向程序，建立框标模板，分别对左右影像进行内定向。

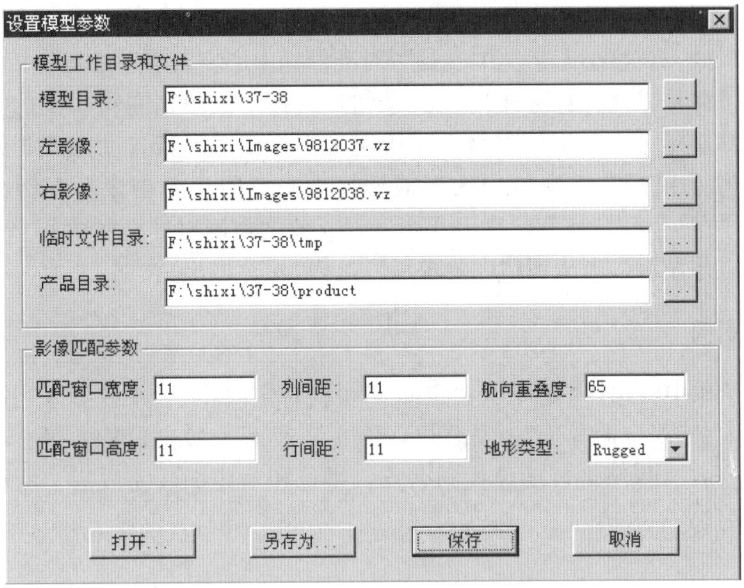

设置模型参数
模型工作目录和文件
模型目录:
F:\shixi\37-38
左影像:
F:\shixi\Images\9812037.vz
右影像:
F:\shixi\Images\9812038.vz
临时文件目录:
F:\shixi\37-38\tmp
产品目录:
F:\shixi\37-38\product
影像匹配参数
匹配窗口宽度:
11
列间距:
11
航向重叠度:
65
匹配窗口高度:
11
行间距:
11
地形类型:
Rugged
打开...
另存为...
保存
取消

图Ⅰ-7　模型参数界面

当模型打开后，在系统主菜单中，选择“处理”→“定向”→“内定向”项，程序读入左影像数据后，屏幕显示建立框标模板界面。界面右边小窗口为某个框标的放大影像，其框标中心点清晰可见。界面左窗口显示了当前模型的左影像，若影像的四角的每个框标都有红色的小框围住，框标近似定位成功。若小红框没有围住框标，则需进行人工干预：移动鼠标将光标移到某框标中心，单击鼠标左键，使小红框围住框标。依次将每个小红框围住对应的框标后，框标近似定位成功。选择界面左窗口下的“接受”按钮。

框标模板建立完成后，进入内定向界面，如图Ⅰ-8所示。

内定向参数：
自动
手工
左
右
上
下
近似
保存退出
退出

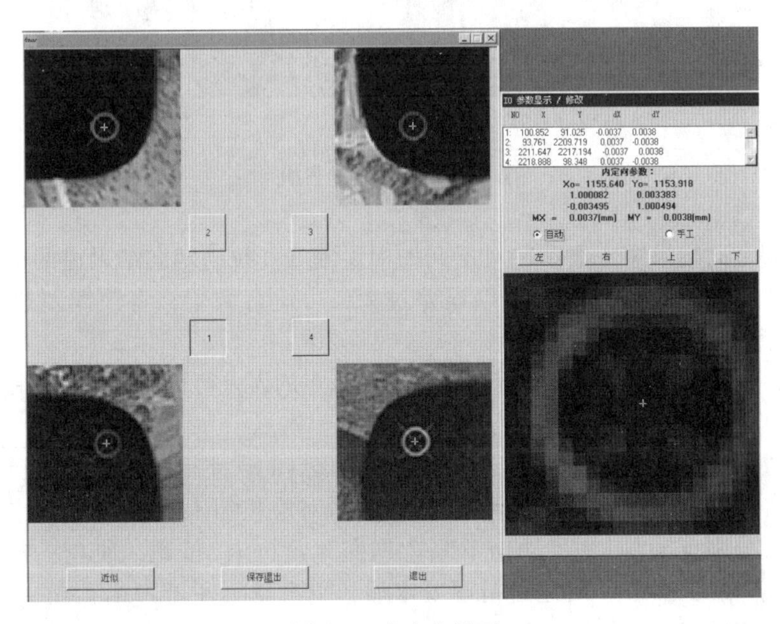

图Ⅰ-8　内定向界面

该界面显示了框标自动定位后的状况。可选择界面中间小方块按钮将其对应的框标放大显示于右窗口内，观察小十字丝中心是否对准框标中心，若没对准可进行调整。框标调整有自动或人工两种方式，若选择“自动”按钮后，移动鼠标在左窗口中的当前框标中心点附近单击鼠标左键，小十字丝将自动精确对准框标中心。若自动方式失败，则可选择“人工”按钮，移动鼠标在左窗口中的当前框标中心点附近单击鼠标左键，再分别选择“上”、“下”、“左”、“右”按钮，微调小十字丝，使之精确对准框标中心。调整中应参看界面右上方的误差显示，当达到精度要求后，选择“保存退出”按钮。

三、自动相对定向

在系统主菜单中，选择“处理”→“定向”→“相对定向”项，系统读入当前模型的左右影像数据，进入“相对定向界面”，如图Ⅰ-9所示。然后，单击鼠标右键，弹出菜单，选择“自动相对定向”，程序将自动寻找同名点，进行相对定向。完成后，影像上显示相对定向点(红十字丝)。

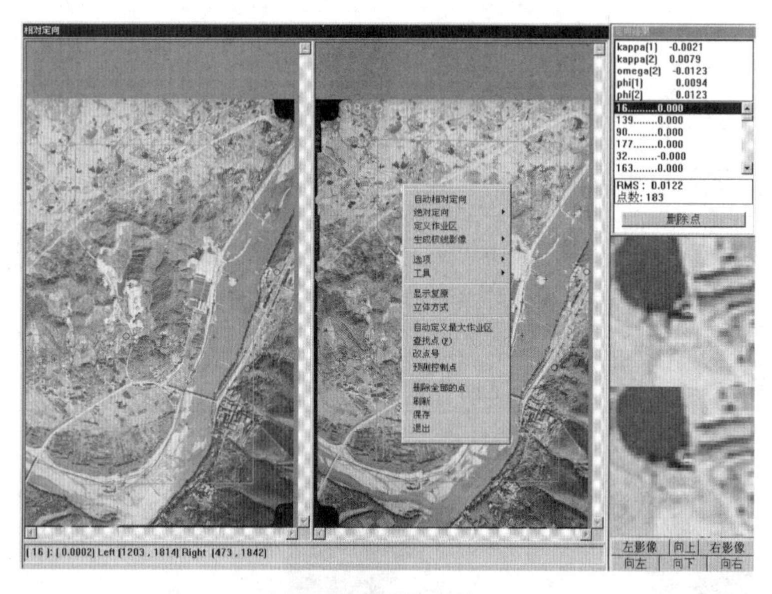

图Ⅰ-9 相对定向界面

在界面的定向结果窗中显示相对定向的中误差等。拉动定向结果窗的滚动条可看到所有相对定向点的上下视差。如某点误差过大，可进行调整，将该误差过大的点删除或微调。

选中要删除的点，将光标置于定向结果窗中该点的误差行再点击鼠标左键后，选择界面上的“删除点”按钮，删除该点。

选中要微调的点，将光标置于定向结果窗中该点的误差行再击鼠标左键后，分别选择界面右下方的“左影像”或“右影像”按钮，然后对应按钮上方的两个点位影像放大窗中的十字丝，分别点击“向上”、“向下”、“向左”、“向右”按钮，使左、右影像的十字丝中心位于同一影像点上。当达到精度要求后，单击鼠标左键弹出菜单，选择“保存”按钮，则相对定向完成。

四、半自动量测控制点及绝对定向

半自动绝对定向的步骤为：量测控制点→计算绝对定向元素→检查与调整。

在相对定向界面下，首先量测控制点，按照控制点的真实地面位置，采用半自动量测方法在影像上逐个量测，其过程为：

①移动鼠标将光标对准左影像上的某个控制点的点位，单击左键弹出该点位放大影像窗。

②再将光标移至点位放大影像窗，精确对准其点位单击鼠标左键，程序自动匹配到右影像的同名点后，弹出该点位的右影像放大窗以及点位微调窗。

③在点位微调窗中用鼠标左键点击左或右影像的微调按钮，精确调整点位直至满意。

④在点位微调窗中的点号栏中输入当前所测点的点号，然后选择“确定”按钮，则该点量测完毕。此时该点在影像上显示黄色十字丝。

按以上操作依次量测三个控制点后（三个控制点不能位于一条线上），可进行控制点预测：即单击鼠标右键弹出菜单，选择“预测控制点”后，随即影像上显示出几个蓝色小圈，以表示待测控制点的近似位置。然后继续量测蓝圈所示的待测控制点。

控制点量测完后，单击鼠标右键弹出菜单，选择“绝对定向”→“普通方式”后，显示绝对定向界面，见图Ⅰ-10。在界面右上角定向结果窗中显示绝对定向的中误差及每个控制点的定向误差。在控制点微调窗中，窗中显示当前控制点的坐标，且设置了立体下的微调按钮。

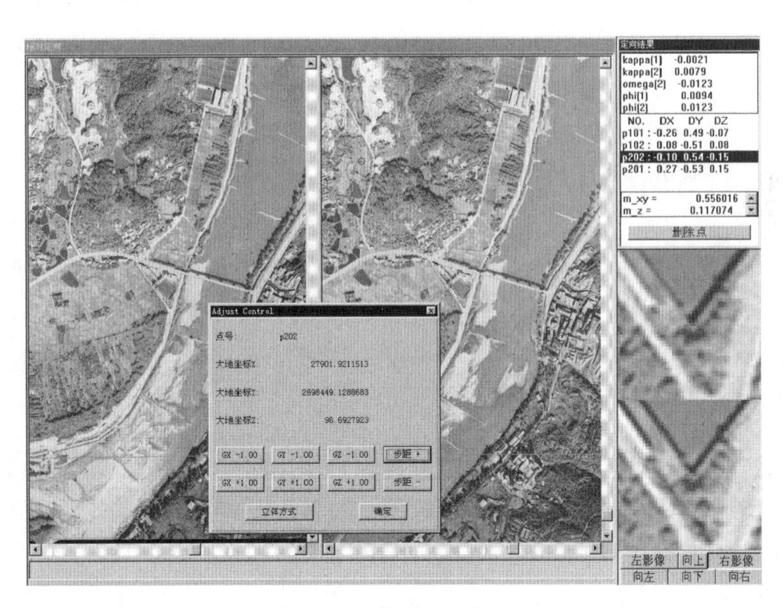

图Ⅰ-10　绝对定向界面

根据误差显示可知绝对定向的精度，若某控制点误差过大，可进行微调，即在定向结果窗中对某控制点误差行单击鼠标左键，选中该点，弹出该控制点的微调窗进行微调，所需调整的点均完成微调后，选择控制点微调窗中的“确定”按钮，程序返回相对定向界面。至此，绝对定向完成。

五、确定核线影像区并自动生成核线影像

非水平方式的核线重采样是基于模型相对定向结果，遵循核线原理，对左右原始影像沿核线方向进行核线重采样，这样所生成的核线影像保持了原始影像同样的信息量和属性。按非水平核线的方式生成核线影像，其过程为：定义作业区→生成核线影像→退出。

在相对定向界面，单击鼠标右键弹出菜单，选择“全局显示”，界面显示模型的整体影像，然后再弹出菜单，选择“定义作业区”，随之将光标移至右影像窗中，置于作业区左边一角点处，按下鼠标左键，然后拖动鼠标朝对角方向移动，当屏幕显示的绿色四边形框符合作业区范围时，停止拖动，松开鼠标左键，则作业区定义好，显示为绿色四边形框。

如果在弹出的菜单中，选择“自动定义最大作业区”，程序将自动定义一个最大作业区。

单击鼠标右键弹出菜单，选择“生成核线影像”→“非水平核线”，程序依次对左、右影像进行核线重采样，生成模型的核线影像；单击鼠标右键弹出菜单，选择“保存”，然后再弹出菜单，选择“退出”，回到系统主界面。

至此，该模型的内定向、相对定向、绝对定向及核线影像生成均已完成。以相同的步骤可建立第 2 个，第 3 个，…，第 n 个模型。

Ⅰ-3　影像匹配与匹配后的编辑

影像匹配是数字摄影测量系统的关键技术，是沿核线一维影像匹配，确定同名点，其过程是全自动化的。匹配后的编辑是影像匹配后的处理工作，是一个交互式的人工干预过程。因在影像匹配中，尚有一些区域(如：水面、人工建筑、森林等)计算机难以识别，将出现不可靠匹配点(没有匹配点在地面上)，这将影响数字高程模型 DEM 的精度。因此，需要对这些区域进行匹配后的人工编辑。

一、自动影像匹配

在系统主菜单中，选择菜单“处理”→“影像匹配”项，出现影像匹配计算的进程显示窗口，自动进行影像匹配。

二、匹配结果编辑

自动影像匹配后，对匹配结果的编辑过程为：调用匹配编辑模块→显示检查匹配结果→调用编辑主菜单调整其参数→选择编辑范围→对匹配不好点进行编辑，经编辑再次显示检查匹配结果，如果满足精度要求，则保存编辑结果后退出。

1. 进入编辑界面

在系统主菜单中，选择菜单“处理”→“匹配结果编辑”项，进入匹配结果编辑界面，如图Ⅰ-11 所示。屏幕显示立体影像。

匹配编辑界面被划分为三个窗口，分别为：

①全局视图：显示左核线影像全貌。

②作业编辑放大窗。

③编辑功能窗：显示各编辑功能键。

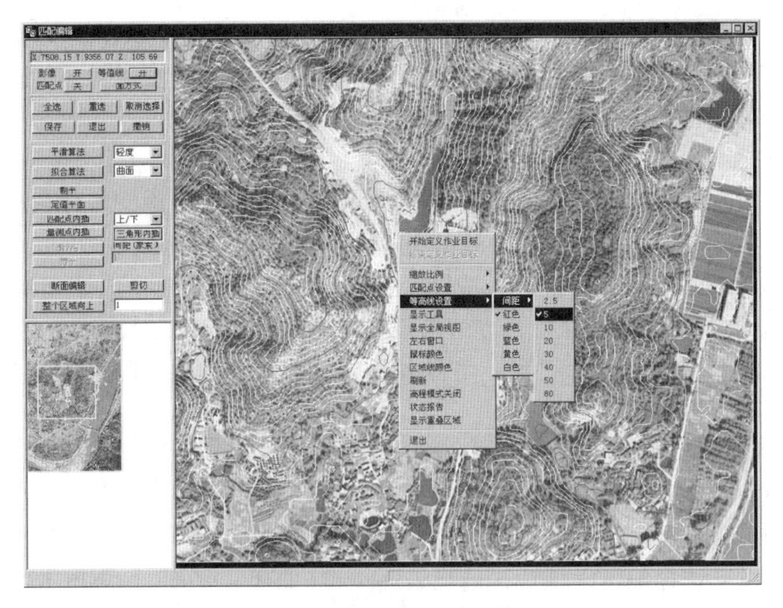

图Ⅰ-11　匹配编辑界面(立体显示)

2. 选择显示方式检查匹配结果

将光标移至编辑功能键窗口选择相应的显示按钮，通过下列各按钮来检查立体影像的匹配结果。

①选择“影像”按钮为“开”状态，打开立体影像。

②选择“等直线”按钮为“开”状态，打开等视差曲线，检查不可靠的线。

③选择“匹配点”按钮为“开”，即打开格网匹配点，其中绿点为好点、黄点为较好点、红点为差点。

在全局视图窗，将光标移到黄色框上，按住鼠标左键，拖动黄色框至要显示的区域。

3. 调用编辑主菜单调整其参数

当显示比例、视差曲线间距等参数需要调整时，调用编辑主菜单调整其参数。在“作业编辑放大窗”，单击鼠标右键，屏幕弹出编辑主菜单。如图Ⅰ-12 所示。

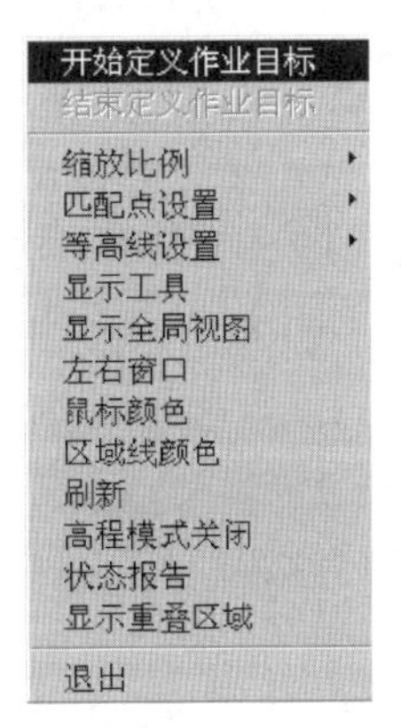

►选择“缩放比例”行，调整编辑窗口影像显示的比例。

►选择“匹配点设置”行，调整匹配点显示的大小和颜色。

►选择“等高线设置”行，调整等视差线的显示颜色和间距等。

图Ⅰ-12

可经常在主菜单中选择“高程模式关闭”开关，通过来回切换检查匹配结果。当“高程模式关闭”(无“✓”)时，屏幕左上方显示当前光标点的x，y，z坐标；当“高程模式关闭”(有“✓”)时，屏幕左上方显示当前光标点的视差值。

4. 编辑范围的选择

编辑范围可选择矩形区域，即光标移至“作业编辑放大窗”内，按住鼠标左键拖出一个矩形区域，松开左键则矩形区域中的点变成白色点，即当前区域被选中。也可以选择多边形区域，即在“作业编辑放大窗”，按鼠标右键弹出编辑主菜单，选择菜单“开始定义作业目标”项；再用鼠标左键逐个点出多边形节点(圈出所要编辑或处理的区域)；在编辑主菜单，选择“结束定义作业目标”项，闭合多边形区域，区域中匹配点变成白色，即当前区域被选中。

5. 对选中区域编辑运算

①平滑算法：选择编辑区域后，选择平滑档次(轻、中、重)，再单击“平滑算法”按钮，即对当前编辑区域进行平滑运算。

②拟合算法：选择编辑区域后，选择表面类型(曲面、平面)，再单击“拟合算法”按钮，即对当前编辑区域进行拟合运算。

③匹配点内插：选择编辑区域后，选择“上/下”或“左/右”项，单击“匹配点内插”项，被选区域边缘高程值对内部的点进行上下或左右插值运算。

④量测点内插：选择多边形区域，单击“量测点内插”项，被量测的区域边缘高程值对内部的点进行插值运算。

在立体编辑工作完成后，要注意保存编辑结果后再退出编辑程序。

Ⅰ-4　建立 DEM 及制作正射影像

DEM 的建立是根据影像匹配的视差数据、定向元素及用于建立 DEM 的参数等，将匹配后的视差格网投影于地面坐标系，生成不规则的格网。然后进行插值等计算处理，建立规则(矩形)格网的数字高程模型(即 DEM)。其过程是全自动化的。

数字正射影像的制作是基于 DEM 的数据，采用反解法进行数字纠正而制作的。其过程也是全自动化的。

一、生成数字高程模型 DEM，并显示、检查 DEM

在系统主菜单中，选择“产品”→“生成 DEM”→“生成 DEM(M)”项，屏幕显示计算提示界面，计算完毕后，即建立了当前模型的 DEM。再选择“显示”→“立体显示”→“透示显示”项，进入显示界面，屏幕显示当前模型的数字地面模型，见图Ⅰ-13。产生的结果文件为：

〈立体像对名〉.dtm：各匹配点的地面坐标文件。

〈立体像对名〉.dem：矩形格网点的坐标文件。

二、生成并显示单模型正射影像

当 DEM 建立后，可进行正射影像的制作。

在系统主菜单中，选择“产品”→“生成正射影像”项，自动制作当前模型的正射影像，

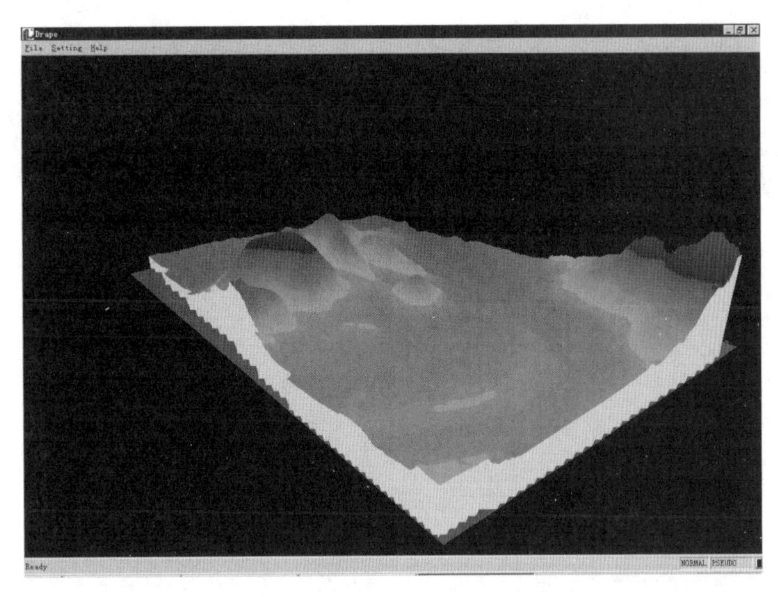

图Ⅰ-13　透视显示界面

屏幕显示计算提示界面。计算完毕后，自动生成当前模型的正射影像。此为单影像处理方式，即逐个模型进行。正射影像结果文件为：

〈立体模型名〉. orl：左影像的正射影像文件

〈立体模型名〉. orr：右影像的正射影像文件

正射影像生成后，应显示其影像，检查正射影像是否正确或完整。在系统主菜单中，选择“显示”→“正射影像”项，屏幕显示当前模型的正射影像。将光标移至影像中，按鼠标右键弹出菜单，供选择不同的比例，可对影像进行缩放。

三、DEM 拼接及影像镶嵌

一幅完整的图幅或一个测区，一般都是由多个相邻模型或影像组成的，建立全区域每个模型的 DEM，把它们拼接起来，才是一幅完整的产品。

1. 设置拼接区域及参数

在系统主菜单中，选择菜单“镶嵌”→“设置”项，屏幕弹出拼接与镶嵌参数设置对话框，如图Ⅰ-14 所示。

该对话框即用于拼接镶嵌范围的选择，也用于镶嵌项目的选择。对话框中各项参数的填写方法如下：

在对话框的“进行拼接的多模型”行，输入当前拼接镶嵌产品名；

在“产品目录”行，选定或输入拼接镶嵌产品目录，以存放拼接镶嵌后所生成的产品文件；虚线组成的区域为选择的拼接镶嵌范围。

填写选择镶嵌区域框有两种方法：其一是无人工编辑，即用鼠标左键对准欲选区域任一角点，然后按住鼠标左键并拖动到对角线上另一点，松开鼠标，就确定了新的拼接镶嵌范围；其二是允许人工编辑，打开右边的“允许人工编辑”按钮(✓即为选中状态)，此时“被选区域”打开，在编辑框中输入确定的 X、Y 值。在“起始点”行，输入区域的起点大

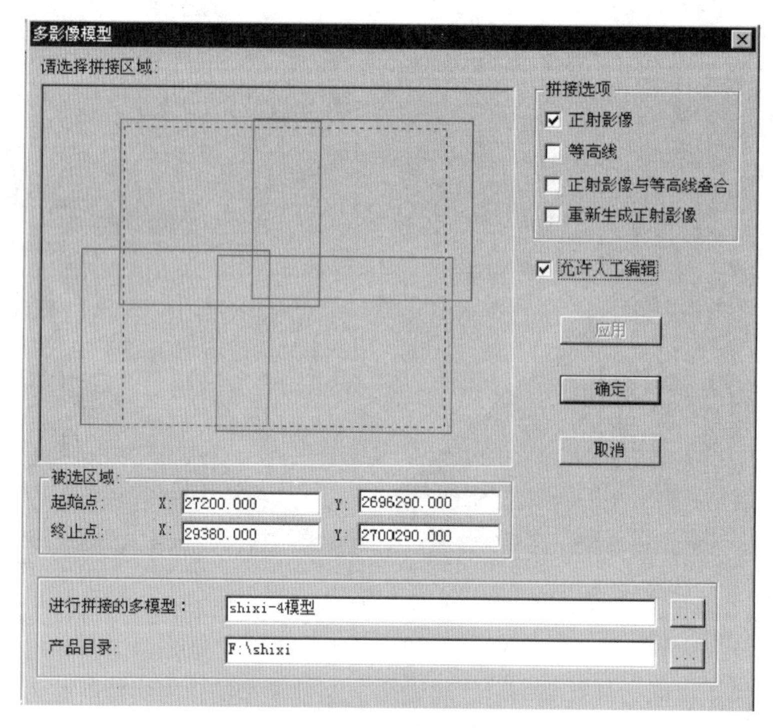

图Ⅰ-14 拼接与镶嵌参数设置对话框

地坐标；在“终止点”行，输入区域的终点大地坐标。输入完成后，点击“应用”按钮，则所输入的值自动反映到左上方的选择区中显示出的虚框。

对话框右上方“拼接选项”框，有四个选项：正射影像、等高线、正射影像与等高线的叠合、重新生成正射影像。由鼠标左键单击“□”，选中项为“☑”。用户可选择是否作正射影像、等高线、正射影像与等高线的叠合影像的镶嵌以及镶嵌之前是否重新生成正射影像等。

单击“确定”按钮，则系统接受用户所有输入参数并退出对话框。此后，可进行下面的 DEM 拼接工作。

2. DEM 拼接及误差检查

在系统主菜单中，选择“镶嵌”→“DEM 拼接”项，进入 DEM 的拼接计算，屏幕弹出拼接进展显示条。当拼接完成后，将显示拼接中误差、总点数、误差分布统计及误差分布图。

DEM 拼接完成后，要检查 DEM 拼接精度及中误差是否符合规范要求。主要检查大于三倍中误差的点，可能是两个模型 DEM 的边缘有错误的匹配点。此时，再进入匹配编辑，对精度不好的 DEM 进行重新检查编辑，重新生成 DEM 和拼接工作。

3. 影像镶嵌

在系统主菜单中，选择菜单“镶嵌”→“自动镶嵌”项，系统自动进行影像镶嵌计算，完成多个正射影像的拼接。镶嵌文件有：

①拼接镶嵌参数。

②数字高程模型拼接成果。

③正射影像镶嵌成果。

④等高线影像镶嵌成果。

⑤等高线矢量数据拼接成果。

⑥正射影像叠加等高线镶嵌成果。

4. 影像显示

在系统主菜单中，选择菜单“显示”→“显示影像…”项，屏幕弹出显示影像界面，如图Ⅰ-15所示。

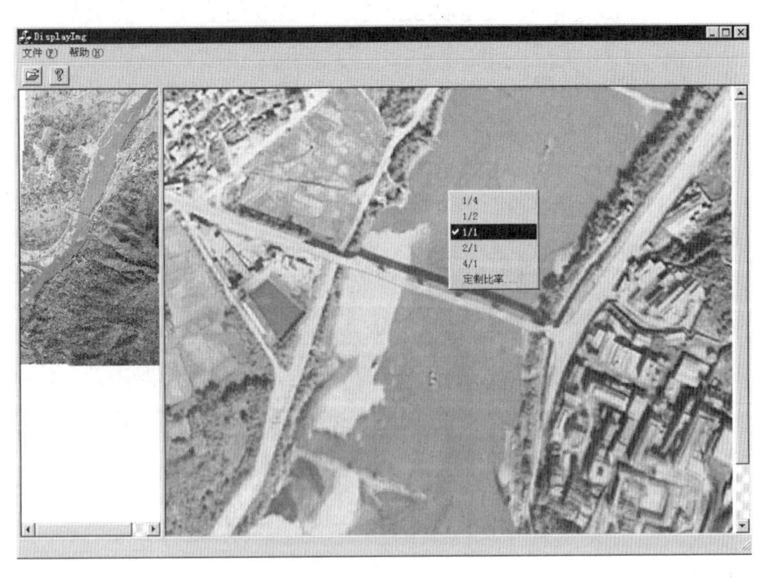

图Ⅰ-15　显示影像界面

在全图显示窗(左边的图框)中，按住鼠标左键可拉放显示窗口，被放大的影像在右边的图框中显示。在放大显示窗中，单击鼠标右键可选择图框的放大比例。

对于每个模型的接边处应仔细检查，影像有无变形及扭曲等错误。

Ⅰ-5　图廓整饰与产品数据格式输出

一、图廓整饰

对整幅图拼接镶嵌后，还要进行图廓整饰。图廓整饰即是对当前要生成的图幅，按照国家标准的图式规范要求进行图幅的整饰。如加上内外图廓线、公里格网、标注公里数或经纬度、接合图表、图幅名称、比例尺和各种文字说明等，生成图廓参数文件(*.mf)。将图廓参数文件(*.mf)和某正射影像图一起进行处理，即生成了正射影像图幅产品文件(*.map)。

图廓整饰的步骤概括为：进入图廓整饰界面→选择当前要生成的地图文件；输入图廓文件名→设置各项图廓参数，建立图廓文件(*.mf)→确定图幅的输出文件名及路径→生成图幅产品文件(*.map)。

1. 进入图廓整饰界面

在系统主菜单中，选择“工具”→“图廓整饰”项，屏幕显示图廓整饰主界面，如图Ⅰ-16 所示。

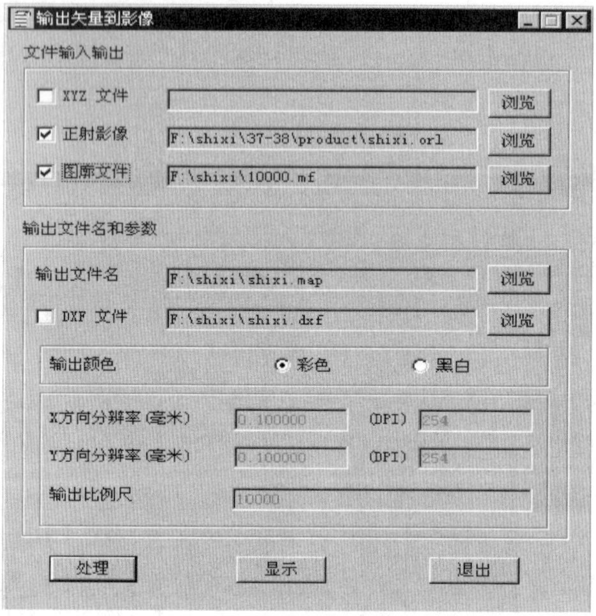

图Ⅰ-16　图廓整饰主界面

2. 选择当前要生成的地图文件

在图廓整饰主界面中，选择图廓整饰的输入文件。例如对正射影像进行整饰(***. or *)，用鼠标左键单击正射影像行的“浏览”按钮，屏幕弹出文件查找框，可选择当前要整饰的正射影像文件 ***. orl，然后用鼠标左键单击“正射影像”行前的小白框“□”，则该文件被选中。

3. 建立图廓文件

若新建图廓文件，首先用鼠标左键单击图廓文件行的“浏览”按钮，屏幕弹出文件查找框，选择好路径，输入图廓参数文件名，在文件查找框选择“打开”按钮即可。再单击“图廓文件”行前的小白框“□”，则进入图廓参数对话框(如图Ⅰ-17 所示)，填写所需要的数值。

(1)图廓坐标(与控制点文件坐标系一致)

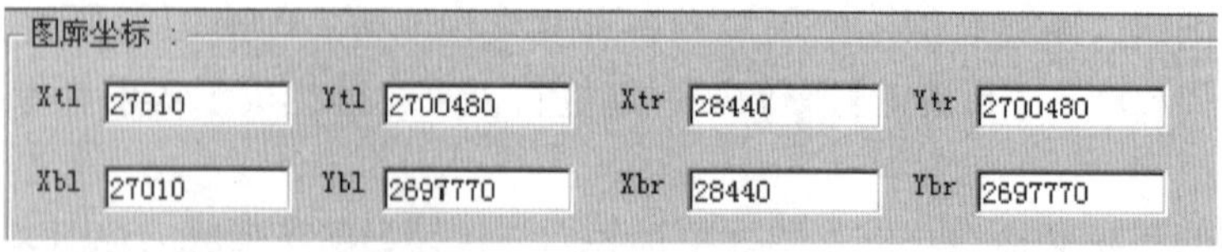

Xtl：左上角 X 图廓大地坐标；Xtr：右上角 X 图廓大地坐标。

Ytl：左上角 Y 图廓大地坐标；Ytr：右上角 Y 图廓大地坐标。

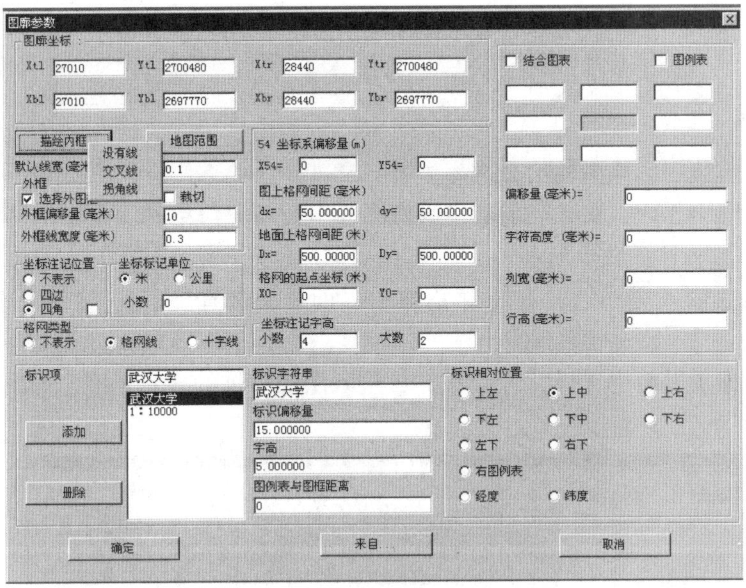

图Ⅰ-17　图廓参数对话框

Xbl：左下角 X 图廓大地坐标；Xbr：右下角 X 图廓大地坐标。

Ybl：左下角 Y 图廓大地坐标；Ybr：右下角 Y 图廓大地坐标。

(2)内图框线宽

单击“描绘内框”按钮，可选择为：没有线、交叉线、拐角线。

此外，还要输入坐标注记字高、填写结合图表；在“标识项”栏，要注记项名称的输入与显示；在“标识相对位置”栏，选择当前注记项与图框的位置。

当图廓参数输入完毕后，在图廓参数对话框中选择“确定”按钮，生成图廓参数文件 *.mf。回到图廓整饰主界面。

4. 确定图幅的输出文件名及路径并设置参数

①在图廓整饰主界面，在“输出文件名”栏，选择要生成的图幅文件名及路径。如图Ⅰ-18所示。

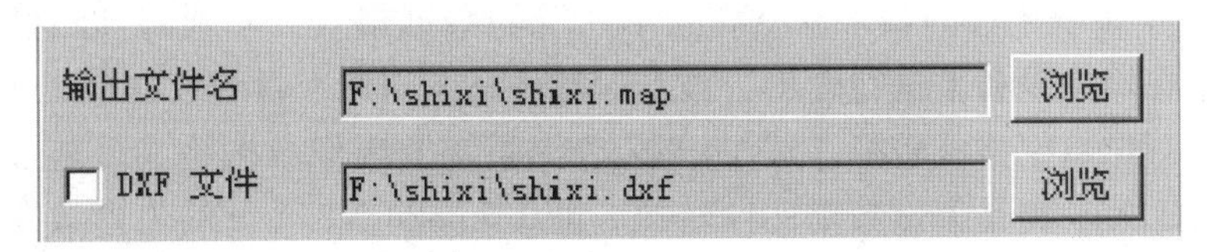

图Ⅰ-18

• 若 ***.map 文件已经存在，选择文件后再选择“显示”按钮，显示当前图幅文件。

• 若 ***.map 文件不存在，则输入新的 *.map 文件名，选择“处理”按钮生成新的图幅文件，再选择“显示”按钮，进入图幅的图廓显示界面。

• DXF 文件：确定是否要生成带图廓的 DXF 文件。如果要生成则输入文件并选中。

②确定当前图是彩色图或黑白图。

在图廓整饰主界面，在“输出颜色”栏中，选择彩色或黑白中的一种。

输出颜色　　◉ 彩色　　○ 黑白

③确定当前数字影像图输出分辨率。

在图廓整饰主界面，输入当前数字影像图输出设备分辨率和输出比例尺分母。

5. 生成图幅产品文件并显示结果

当以上参数输入完毕后，在图廓整饰主界面中，选择“处理”按钮，生成图幅文件 ***. map。

在图廓整饰主界面中选择“显示”按钮，进入图廓整饰的显示界面，如图Ⅰ-19 所示。

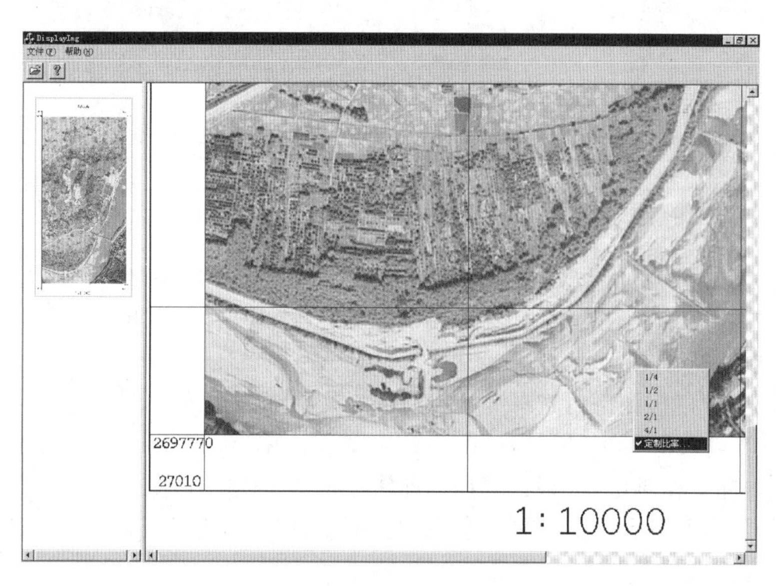

图Ⅰ-19　图廓整饰的显示界面

二、产品数据格式输出

VirtuoZo NT 系统生成的数字产品均为本系统的数据格式，必须将其转换为通用的数据格式，便于在输出设备上进行输出，被其他软件系统引用。系统数据格式输出转换分为两类：一类是影像数据格式转换，即 VirtuoZo NT 系统的影像数据格式可与多种影像数据格式互相转换；另一类是矢量数据文件转换，即 VirtuoZo NT 系统的矢量数据文件可转换成 txt、dxf 等数据文件格式。

1. DEM 输出

在系统主菜单中，选择“产品”→“输出”→“DEMs...”项，即弹出 DEM 到 DXF 或文本格式转换的界面，如图Ⅰ-20 所示。缺省类型换成了 DEM TO DXF or ASCll。

2. 等高线输出

在系统主菜单中，选择“产品”→“输出”→“等高线...”项，即弹出等高线的转换界面，但此时缺省类型换成了 CONTOUR TO DXF。其用法同上。

图Ⅰ-20　DEM 格式转换界面

3. 影像输出

在系统主菜单中，选择“产品”→“输出”→“影像...”项，即弹出影像输出的界面，它可将 VirtuoZo NT 及 VirtuoZo NT 系统所产生的全部无格式或有格式影像转成通用的 TIFF，TGA，SUN RASTER，SGI(RGB)，BMP 等影像格式。

附录Ⅱ　区域网平差举例

Ⅱ-1　航带网法区域网平差

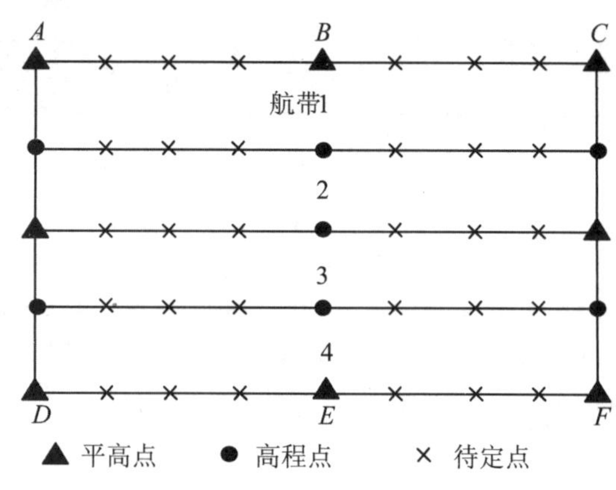

图Ⅱ-1　航带网法区域网平差示意图

如图Ⅱ-1所示：共四条航带

i：航带编号　　　　　▲：平高控制点

x：加密点　　　　　　•：高程控制点

(图中未标出摄站点)

一、说明

(1)为了讨论问题方便起见，各航带非线性改正采用了最简单的二次多项式；

(2)每条航带的改正数只有一组，a_0，a_1，a_2，a_3，a_4，b_0，b_1，b_2，b_3，b_4，c_0，c_1，c_2，c_3，c_4，不同航带有不同的改正数 a_{0i}，…，$a_{4i,}$，b_{0i}…，b_{4i}，c_{0i}…，c_{4i}；

(3)解求 x，y 坐标时，高程控制点作为加密点；

(4)实例中解算从误差方程式开始。

二、应用公式

1. 二次多项式进行航带网非线性改正

$$\left.\begin{aligned}\Delta X &= a_0 + a_1\overline{X} + a_2\overline{Y} + a_3\overline{X}^2 + a_4\overline{XY}\\ \Delta Y &= b_0 + b_1\overline{X} + b_2\overline{Y} + b_3\overline{X}^2 + b_4\overline{XY}\\ \Delta Z &= c_0 + c_1\overline{X} + c_2\overline{Y} + c_3\overline{X}^2 + c_4\overline{XY}\end{aligned}\right\}\qquad (Ⅱ\text{-}1\text{-}1)$$

2. 控制点、加密点取重心坐标及重心化坐标

$$\left.\begin{aligned}X_G &= \frac{\sum X_{控}}{n}\\ Y_G &= \frac{\sum Y_{控}}{n}\\ Z_G &= \frac{\sum Z_{控}}{n}\\ \overline{X}_{控} &= X_{控} - X_G\\ \overline{Y}_{控} &= Y_{控} - Y_G\\ \overline{Z}_{控} &= Z_{控} - Z_G\end{aligned}\right\} \tag{Ⅱ-1-2}$$

$$\left.\begin{aligned}X_g &= \frac{\sum X}{n}\\ Y_g &= \frac{\sum Y}{n}\\ Z_g &= \frac{\sum Z}{n}\\ \overline{X} &= X - X_g\\ \overline{Y} &= Y - Y_g\\ \overline{Z} &= Z - Z_g\end{aligned}\right\} \tag{Ⅱ-1-3}$$

3. 误差方程式

说明：解求未知数 a_0，…，a_4，b_0，…，b_4，c_0，…，c_4，方法相同，只是常数项有所不同，所以仅以 X 坐标为例列出误差方程式。需注意的是，解求 c_0，…，c_4 时，高程控制点不算在连接点内，要作为控制点。

对于控制点：

$$X = X_G + \overline{X} + a_0 + a_1\overline{X} + a_2\overline{Y} + a_3\overline{X}^2 + a_4\overline{XY}$$

$$X = X_G + (\overline{X} + v_X) + a_0 + a_1\overline{X} + a_2\overline{Y} + a_3\overline{X}^2 + a_4\overline{XY}$$

则：
$$-v_{X_{控}} = a_0 + a_1\overline{X} + a_2\overline{Y} + a_3\overline{X}^2 + a_4\overline{XY} - l_{控}$$

其中：
$$l_{控} = X - X_G - \overline{X} = \overline{X}_{控} - \overline{X}$$

用矩阵表示：

$$-v_{X_{控}} = A_{控}\,a - l_{X_{控}},\ P = E \tag{Ⅱ-1-4}$$

对于连接点：设该点为航带 i 的下排点及航带 $i+1$ 的上排点，则：

$$[X_g + (\overline{X} + v_X) + a_0 + a_1\overline{X} + a_2\overline{Y} + a_3\overline{X}^2 + a_4\overline{XY}]_{下} = [X_g + (\overline{X} + v_X) + a_0 + a_1\overline{X} + a_2\overline{Y} + a_3\overline{X}^2 + a_4\overline{XY}]_{上}$$

或

$$-(v_i - v_{i+1}) = [a_0 + a_1\overline{X} + a_2\overline{Y} + a_3\overline{X}^2 + a_4\overline{XY}]_{i下} - [a_0 + a_1\overline{X} + a_2\overline{Y} + a_3\overline{X}^2 + a_4\overline{XY}]_{i+1上} - l_{i,\ i+1}$$

其中：
$$l_{i,\ i+1} = -(X_g + \overline{X})_{i下} + (X_g + \overline{X})_{i+1上}$$

用矩阵表示为：

$$-v_{i,\ i+1} = [A_{i下} \quad -A_{i+1上}]\begin{bmatrix} a_i \\ a_{i+1} \end{bmatrix} - l_{i,\ i+1},\quad P = \frac{1}{2}E \tag{Ⅱ-1-5}$$

三、航带网法区域网平差解算步骤

(1)每条航带各自经相对定向、模型连接建立航带模型，即航带自由网。

(2)从第一条航带开始，用本航带的控制点(第2条航带以后，要把与上一条航带的公共点作为控制点)进行绝对定向，各航带顺次进行绝对定向，以便将各条自由航带网纳入统一的地面摄测坐标系中。

(3)计算各航带控制点的地面摄测重心坐标及重心化坐标，各模型点的近似地面重心坐标及重心化坐标。

(4)各航带按非线性改正公式，全区统一平差解求各航带的非线性改正系数 a_{0i}，…，a_{4i}，b_{0i}，…，b_{4i}，c_{0i}，…，c_{4i}。

(5)根据各航带的非线性改正系数，求各模型点的改正数 ΔX_i，ΔY_i，ΔZ_i。

(6)求出各航带模型的地面摄测坐标后，经逆旋转计算各加密点的地面坐标，若相邻连接点的加密坐标在限差之内，取中数作为最后值。

四、实例中误差方程式(仅以 X 坐标为例)

以式(Ⅱ-1-4)及式(Ⅱ-1-5)：

$$-v_{i控} = A_i a_i - l_{i控} \qquad P_{i控} = E$$

$$-v_{i,\ i+1} = [A_{i下} \quad -A_{i+1上}]\begin{bmatrix} a_i \\ a_{i+1} \end{bmatrix} - l_{i,\ i+1} \qquad P_{i,\ i+1} = \frac{1}{2}E$$

得误差方程式：

$$\begin{matrix}(3)\\(9)\\(2)\\(7)\\(2)\\(9)\\(3)\end{matrix}\begin{bmatrix} V_{1控} \\ V_{1.2} \\ V_{2控} \\ V_{2.3} \\ V_{3控} \\ V_{3.4} \\ V_{4控} \end{bmatrix} = \begin{bmatrix} A_{1控} & 0 & 0 & 0 \\ A_{1下} & -A_{2上} & 0 & 0 \\ 0 & A_{2控} & 0 & 0 \\ 0 & A_{2下} & -A_{3上} & 0 \\ 0 & 0 & A_{3控} & 0 \\ 0 & 0 & A_{3下} & -A_{4上} \\ 0 & 0 & 0 & A_{4控} \end{bmatrix}\begin{bmatrix} a_1 \\ a_2 \\ a_3 \\ a_4 \end{bmatrix} - \begin{bmatrix} L_{1控} \\ L_{1.2} \\ L_{2控} \\ L_{2.3} \\ L_{3控} \\ L_{3.4} \\ L_{4控} \end{bmatrix} \tag{Ⅱ-1-6}$$

上式中左边带括号的数字表示解求 a 时的点数。

相应的权矩阵为：

$$
P=\begin{bmatrix}1&0&0&0&0&0&0\\0&\frac{1}{2}&0&0&0&0&0\\0&0&1&0&0&0&0\\0&0&0&\frac{1}{2}&0&0&0\\0&0&0&0&1&0&0\\0&0&0&0&0&\frac{1}{2}&0\\0&0&0&0&0&0&1\end{bmatrix}\qquad(\text{Ⅱ-1-7})
$$

五、法方程组成与求解

$$
A^{\mathrm{T}}PA=\begin{bmatrix}A_{1_{控}}^{\mathrm{T}}&A_{1_{下}}^{\mathrm{T}}&0&0&0&0&0\\0&-A_{2_{上}}^{\mathrm{T}}&A_{2_{控}}^{\mathrm{T}}&A_{2_{下}}^{\mathrm{T}}&0&0&0\\0&0&0&-A_{3_{上}}^{\mathrm{T}}&A_{3_{控}}^{\mathrm{T}}&A_{3_{下}}^{\mathrm{T}}&0\\0&0&0&0&0&-A_{4_{上}}^{\mathrm{T}}&A_{4_{控}}^{\mathrm{T}}\end{bmatrix}\begin{bmatrix}1&0&0&0&0&0&0\\0&\frac{1}{2}&0&0&0&0&0\\0&0&1&0&0&0&0\\0&0&0&\frac{1}{2}&0&0&0\\0&0&0&0&1&0&0\\0&0&0&0&0&\frac{1}{2}&0\\0&0&0&0&0&0&1\end{bmatrix}
$$

$$
\begin{bmatrix}A_{1_{控}}&0&0&0\\A_{1_{下}}&-A_{2_{上}}&0&0\\0&A_{2_{控}}&0&0\\0&A_{2_{下}}&-A_{3_{上}}&0\\0&0&A_{3_{控}}&0\\0&0&A_{3_{下}}&-A_{4_{上}}\\0&0&0&A_{4_{控}}\end{bmatrix}
$$

$$
=\begin{bmatrix}A_{1_{控}}^{\mathrm{T}}A_{1_{控}}+\frac{1}{2}A_{1_{下}}^{\mathrm{T}}A_{1_{下}}&-\frac{1}{2}A_{1_{下}}^{\mathrm{T}}-A_{2_{上}}&0&0\\-\frac{1}{2}A_{2_{上}}^{\mathrm{T}}A_{1_{下}}&A_{2_{控}}^{\mathrm{T}}A_{2_{控}}+\frac{1}{2}A_{2_{上}}^{\mathrm{T}}A_{2_{上}}+\frac{1}{2}A_{2_{下}}^{\mathrm{T}}A_{2_{下}}&-\frac{1}{2}A_{2_{下}}^{\mathrm{T}}A_{3_{上}}&0\\0&-\frac{1}{2}A_{3_{上}}^{\mathrm{T}}A_{2_{下}}&A_{3_{控}}^{\mathrm{T}}A_{3_{控}}+\frac{1}{2}A_{3_{上}}^{\mathrm{T}}A_{3_{上}}+\frac{1}{2}A_{3_{下}}^{\mathrm{T}}A_{3_{下}}&-\frac{1}{2}A_{3_{下}}^{\mathrm{T}}A_{4_{上}}\\0&0&-\frac{1}{2}A_{4_{上}}^{\mathrm{T}}A_{3_{下}}&A_{4_{控}}^{\mathrm{T}}A_{4_{控}}+\frac{1}{2}A_{4_{上}}^{\mathrm{T}}A_{4_{上}}\end{bmatrix}
$$

$$
= \begin{bmatrix} N_{11} & N_{12} & 0 & 0 \\ N_{12}^{T} & N_{22} & N_{23} & 0 \\ 0 & N_{23}^{T} & N_{33} & N_{34} \\ 0 & 0 & N_{34}^{T} & N_{44} \end{bmatrix} \tag{Ⅱ-1-8}
$$

其中：

$$
N_{11} = A_{1_{控}}^{T} A_{1_{控}} + \frac{1}{2} A_{1_{下}}^{T} A_{1_{下}}
$$

$$
N_{12} = -\frac{1}{2} A_{1_{下}}^{T} A_{2_{上}}
$$

$$
N_{22} = A_{2_{控}}^{T} A_{2_{控}} + \frac{1}{2} A_{2_{上}}^{T} A_{2_{上}} + \frac{1}{2} A_{2_{下}}^{T} A_{2_{下}}
$$

$$
N_{23} = -\frac{1}{2} A_{2_{下}}^{T} A_{3_{上}}
$$

$$
N_{33} = A_{3_{控}}^{T} A_{3_{控}} + \frac{1}{2} A_{3_{上}}^{T} A_{3_{上}} + \frac{1}{2} A_{3_{下}}^{T} A_{3_{下}}
$$

$$
N_{34} = -\frac{1}{2} A_{3_{下}}^{T} A_{4_{上}}
$$

$$
N_{44} = A_{4_{控}}^{T} A_{4_{控}} + \frac{1}{2} A_{4_{上}}^{T} A_{4_{上}}
$$

$$
A^{T}PL = \begin{bmatrix} A_{1_{控}}^{T} & A_{1_{下}}^{T} & 0 & 0 & 0 & 0 & 0 \\ 0 & -A_{2_{上}}^{T} & A_{2_{控}}^{T} & A_{2_{下}}^{T} & 0 & 0 & 0 \\ 0 & 0 & 0 & -A_{3_{上}}^{T} & A_{3_{控}}^{T} & A_{3_{下}}^{T} & 0 \\ 0 & 0 & 0 & 0 & 0 & -A_{4_{上}}^{T} & A_{4_{控}}^{T} \end{bmatrix} \begin{bmatrix} 1 & 0 & 0 & 0 & 0 & 0 & 0 \\ 0 & \frac{1}{2} & 0 & 0 & 0 & 0 & 0 \\ 0 & 0 & 1 & 0 & 0 & 0 & 0 \\ 0 & 0 & 0 & \frac{1}{2} & 0 & 0 & 0 \\ 0 & 0 & 0 & 0 & 1 & 0 & 0 \\ 0 & 0 & 0 & 0 & 0 & \frac{1}{2} & 0 \\ 0 & 0 & 0 & 0 & 0 & 0 & 1 \end{bmatrix} \begin{bmatrix} L_{1_{控}} \\ L_{1.2} \\ L_{2_{控}} \\ L_{2.3} \\ L_{3_{控}} \\ L_{3.4} \\ L_{4_{控}} \end{bmatrix}
$$

$$
= \begin{bmatrix} A_{1_{控}}^{T} L_{1_{控}} + \frac{1}{2} A_{1_{下}}^{T} L_{1.2} \\ A_{2_{控}}^{T} L_{2_{控}} - \frac{1}{2} A_{2_{上}}^{T} L_{1.2} + \frac{1}{2} A_{2_{下}}^{T} L_{2.3} \\ A_{3_{控}}^{T} L_{3_{控}} - \frac{1}{2} A_{3_{上}}^{T} L_{2.3} + \frac{1}{2} A_{3_{下}}^{T} L_{3.4} \\ A_{4_{控}}^{T} L_{4_{控}} - \frac{1}{2} A_{4_{上}}^{T} L_{3.4} \end{bmatrix} = \begin{bmatrix} L_1 \\ L_2 \\ L_3 \\ L_4 \end{bmatrix} \tag{Ⅱ-1-9}
$$

法方程式为：

$$\begin{bmatrix} N_{11} & N_{12} & 0 & 0 \\ N_{12}^{T} & N_{22} & N_{23} & 0 \\ 0 & N_{23}^{T} & N_{33} & N_{34} \\ 0 & 0 & N_{34}^{T} & N_{44} \end{bmatrix} \begin{bmatrix} a_1 \\ a_2 \\ a_3 \\ a_4 \end{bmatrix} - \begin{bmatrix} L_1 \\ L_2 \\ L_3 \\ L_4 \end{bmatrix} = 0 \tag{Ⅱ-1-10}$$

约化法求解(法方程未知数约化过程):

①第一行元素保持不变, $N_{11} \quad N_{12} \quad 0 \quad 0 \quad L_1$,

②第二行变为: $0 \quad N_{22} - N_{12}^{T}N_{11}^{-1}N_{12} \quad N_{23} \quad 0 \quad L_2 - N_{12}^{T}N_{11}^{-1}L_1$

即: $0 \quad N'_{22} \quad N_{23} \quad 0 \quad L'_2$

③第三行变为: $0 \quad 0 \quad N_{33} - N_{23}^{T}N_{22}^{'-1}N_{23} \quad N_{34} \quad L_3 - N_{23}^{T}N_{22}^{'-1}L'_2$

即: $0 \quad 0 \quad N'_{33} \quad N_{34} \quad L'_3$

④第四行变为: $0 \quad 0 \quad 0 \quad N_{44} - N_{34}^{T}N_{33}^{'-1}N_{34} \quad L_4 - N_{34}^{T}N_{33}^{'-1}L'_3$

即: $0 \quad 0 \quad 0 \quad N'_{44} \quad L'_4$

$$\begin{bmatrix} N'_{11} & N_{12} & 0 & 0 \\ 0 & N'_{22} & N_{23} & 0 \\ 0 & 0 & N'_{33} & N_{34} \\ 0 & 0 & 0 & N'_{44} \end{bmatrix} \begin{bmatrix} a_1 \\ a_2 \\ a_3 \\ a_4 \end{bmatrix} = \begin{bmatrix} L_1 \\ L'_2 \\ L'_3 \\ L'_4 \end{bmatrix}$$

$$\left.\begin{aligned} N'_{11} &= N_{11} \\ N'_{22} &= N_{22} - N_{12}^{T}N_{11}^{'-1}N_{12} \\ N'_{33} &= N_{33} - N_{23}^{T}N_{22}^{'-1}N_{23} \\ N'_{44} &= N_{44} - N_{34}^{T}N_{33}^{'-1}N_{34} \end{aligned}\right\} \tag{Ⅱ-1-11}$$

$$\left.\begin{aligned} L'_1 &= L_1 \\ L'_2 &= L_2 - N_{12}^{T}N_{11}^{-1}L_1 \\ L'_3 &= L_3 - N_{23}^{T}N_{22}^{'-1}L'_2 \\ L'_4 &= L_4 - N_{34}^{T}N_{33}^{'-1}L'_3 \end{aligned}\right\} \tag{Ⅱ-1-12}$$

$$\left.\begin{aligned} a_4 &= N_{44}^{'-1}L'_4 \\ a_3 &= N_{33}^{'-1}(L'_3 - N_{34}a_4) \\ a_2 &= N_{22}^{'-1}(L'_2 - N_{23}a_3) \\ a_1 &= N_{11}^{'-1}(L_1 - N_{12}a_2) \end{aligned}\right\} \tag{Ⅱ-1-13}$$

所以,约化通式为:

$$\left.\begin{aligned} & N'_{i,\ i} = N_{i,\ i} - N_{i-1,\ i}^{T}N_{i-1,\ i-1}^{'-1}N_{i-1,\ i}, \quad N'_{11} = N_{11} \\ & L'_i = L_i - N_{i-1,\ i}^{T}N_{i-1,\ i-1}^{'-1}L'_{i-1}, \quad L'_1 = L_1 \\ & i = 2, 3, 4, \cdots, n \end{aligned}\right\} \tag{Ⅱ-1-14}$$

回代通式:

$$\left.\begin{aligned} & a_n = N_{nn}^{'-1}L'_n \\ & a_i = N_{i,\ i}^{'-1}(L_i^{-1} - N_{i,\ i+1}a_{i+1}) \\ & i = (n-1), \cdots, 3, 2, 1 \end{aligned}\right\} \tag{Ⅱ-1-15}$$

式中：i 表示系数矩阵中行的编号，第二个脚符为列的编号；L 表示常数项系数；N 表示全区航带的总条数，或系数矩阵的阶数。

六、法方程系数项与常数项规律

1. 法方程式系数项

①法方程系数项为 $n\times n$ 阶矩阵中的带状矩阵，n 为全区航线总条数，式中按航线编号顺序排列成 n 行与 n 列，航线相关项的内容，即为带状矩阵的子块内容，不相关的项全为零。

②带状矩阵中主对角线子块的内容，即为该航线内所有参加平差点的自身法化内容的总和，若行的航线编号为 $i(i=1,2,\cdots,n)$，列的航线编号为 $j(j=1,2,\cdots,n)$。则主对角线上 $i=j$ 的子块内容为

$$A_{i_{控}}^{\mathrm{T}}A_{j_{控}}+\frac{1}{2}A_{i_{上}}^{\mathrm{T}}A_{j_{上}}+\frac{1}{2}A_{i_{下}}^{\mathrm{T}}A_{j_{下}}\qquad (单点不参加平差)$$

③带状矩阵中，非主对角线上子块的内容，为相关航线所有参加平差点的相互法化内容的总和，当 $i>j$ 时，子块内容为 $-\frac{1}{2}A_{i_{上}}^{\mathrm{T}}A_{j_{下}}$，当 $i<j$ 时，子块内容为 $-\frac{1}{2}A_{i_{下}}^{\mathrm{T}}A_{j_{上}}$，$A_{i_{下}}^{\mathrm{T}}A_{j_{上}}=(A_{i_{上}}^{\mathrm{T}}A_{j_{下}})^{\mathrm{T}}$，即互为转置。

2. 法方程式常数项

①法方程式常数项为 $n\times 1$ 阶矩阵，n 为全区航线总条数，可按航线编号顺序排列成 n 行。若航线编号为 $i(i=1,2,\cdots,n)$。

②每行元素为该航带中所有参加平差点的自身法化（对控制点）和相互法化（对连接点）内容总和，每行元素为：

$$A_{i_{控}}^{\mathrm{T}}L_{i_{控}}-\frac{1}{2}A_{i_{上}}^{\mathrm{T}}L_{i-1,\ i}+\frac{1}{2}A_{i_{下}}^{\mathrm{T}}L_{i,\ i+1}$$

当 $i=1$ 为第一行元素，此时 $\frac{1}{2}A_{1_{上}}^{\mathrm{T}}L_{0,\ 1}=0$，$i=2$ 为第二行元素，…，

当 $i=n$ 为第 n 行元素，此时 $\frac{1}{2}A_{n_{下}}^{\mathrm{T}}L_{n,\ n+1}=0$。

七、加密点地面摄测坐标计算

$$\begin{cases}X=X_g+\overline{X}+a_0+a_1\overline{X}+a_2\overline{Y}+a_3\overline{X}^2+a_4\overline{XY}\\ Y=Y_g+\overline{Y}+b_0+b_1\overline{X}+b_2\overline{Y}+b_3\overline{X}^2+b_4\overline{XY}\\ Z=Z_g+\overline{Z}+c_0+c_1\overline{X}+c_2\overline{Y}+c_3\overline{X}^2+c_4\overline{XY}\end{cases}$$

式中：X_g、Y_g、Z_g 为该航带重心的地面摄测坐标；$\overline{X}$、$\overline{Y}$、$\overline{Z}$ 为该航带任一点的重心化概略地面摄测坐标。

Ⅱ-2 独立模型法区域网平差

一、应用公式

$$\begin{bmatrix} X \\ Y \\ Z \end{bmatrix}_{i,j} = \lambda R \begin{bmatrix} \overline{U} \\ \overline{V} \\ \overline{W} \end{bmatrix}_{i,j} + \begin{bmatrix} X_g \\ Y_g \\ Z_g \end{bmatrix}_j$$

全区平差解求：

$$-\begin{bmatrix} V_u \\ V_v \\ V_W \end{bmatrix} = \begin{bmatrix} 1 & 0 & 0 & \overline{U} & \overline{W} & 0 & -\overline{V} \\ 0 & 1 & 0 & \overline{V} & 0 & -\overline{W} & \overline{U} \\ 0 & 0 & 1 & \overline{W} & -\overline{U} & \overline{V} & 0 \end{bmatrix} \begin{bmatrix} \mathrm{d}x_g \\ \mathrm{d}y_g \\ \mathrm{d}z_g \\ \mathrm{d}\lambda \\ \mathrm{d}\Phi \\ \mathrm{d}\Omega \\ \mathrm{d}K \end{bmatrix} - \begin{bmatrix} \Delta X \\ \Delta Y \\ \Delta Z \end{bmatrix} - \begin{bmatrix} L_u \\ L_v \\ L_W \end{bmatrix} \tag{Ⅱ-2-1}$$

其中：

$$\begin{bmatrix} L_u \\ L_v \\ L_w \end{bmatrix} = \begin{bmatrix} X_0 \\ Y_0 \\ Z_0 \end{bmatrix} - \lambda_0 R_0 \begin{bmatrix} \overline{U} \\ \overline{V} \\ \overline{W} \end{bmatrix} - \begin{bmatrix} X_{g0} \\ Y_{g0} \\ Z_{g0} \end{bmatrix} \tag{Ⅱ-2-2}$$

即：

$$-V = At + Bx - L = [A \quad B] \begin{bmatrix} t \\ x \end{bmatrix} - L \tag{Ⅱ-2-3}$$

对于控制点：

$$\Delta X = \Delta Y = \Delta Z = 0, \ X = B = 0, \ -V = Ar - L \tag{Ⅱ-2-4}$$

对于连接点：

$$B = -E' - V = At + Ex - L = [A \quad -E] \begin{bmatrix} t \\ x \end{bmatrix} - L \tag{Ⅱ-2-5}$$

式(Ⅱ-2-3)的法方程式为：

$$\begin{bmatrix} A^{\mathrm{T}}PA & A^{\mathrm{T}}PB \\ B^{\mathrm{T}}PA & B^{\mathrm{T}}PB \end{bmatrix} \begin{bmatrix} t \\ x \end{bmatrix} = \begin{bmatrix} A^{\mathrm{T}}PL \\ B^{\mathrm{T}}PL \end{bmatrix} \tag{Ⅱ-2-6}$$

或写成

$$\begin{bmatrix} N_{11} & N_{12} \\ N_{12}^{\mathrm{T}} & N_{22} \end{bmatrix} \begin{bmatrix} t \\ x \end{bmatrix} = \begin{bmatrix} n_1 \\ n_2 \end{bmatrix} \tag{Ⅱ-2-7}$$

其改化法方程式为：

$$\left.\begin{aligned} & (N_{11} - N_{12}N_{22}^{-1}N_{12}^{\mathrm{T}})t - (n_1 - N_{12}N_{22}^{-1}n_2) = 0 \\ & t = (N_{11} - N_{12}N_{22}^{-1}N_{12}^{\mathrm{T}})^{-1}(n_1 - N_{12}N_{22}^{-1}n_2) \\ & x = N_{22}^{-1}(n_2 - N_{12}^{\mathrm{T}}t) \end{aligned}\right\} \tag{Ⅱ-2-8}$$

二、独立模型法解算主要步骤

①求出各单元模型中模型点的坐标，包括摄站坐标。

②利用相邻模型之间的公共点和所在模型的控制点，对每个模型各自进行空间相似变换，列出误差方程式及法方程式。

③建立全区域的改化法方程式，并按循环分块法求得每个模型的 7 个参数。

④由经求得的每个模型 7 个参数计算每个模型中待定点平差后的坐标，相邻模型公共点取平均值作为最后结果。

三、具体应用举例

图Ⅱ-2 表示 6 个独立模型组成的区域网，①②……表示模型编号；×表示连接点，其旁的数字式给予的编号，至少为两个模型所共有；□表示投影中心，也作连接点用；▲表示控制点，其误差方程式未知数 $X=0$。为简单起见，图中只用了两个控制点，两个连接点，且位置分布并不合理，仅只为了寻求列方程式的规律。

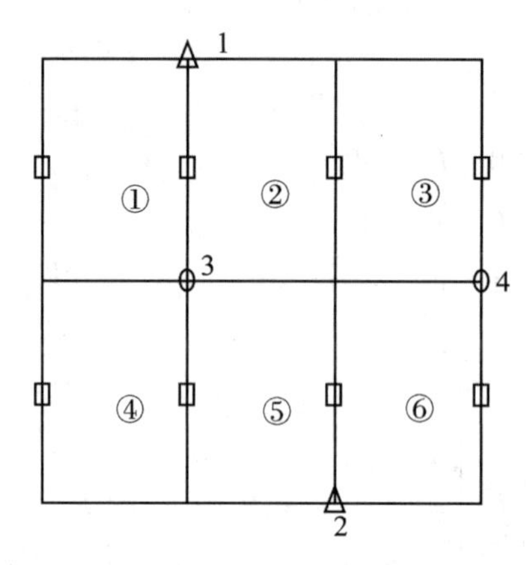

图Ⅱ-2　由两条航带组成的 6 个模型

当控制点坐标认为是没有误差时的误差方程式为(上标为 c 者为控制点，脚注第一个数为点号，第二个数为模型号)：

$$
-\begin{bmatrix} V_{11}^c \\ V_{31} \\ V_{12}^c \\ V_{32} \\ V_{43} \\ V_{34} \\ V_{35} \\ V_{25}^c \\ V_{26}^c \\ V_{46} \end{bmatrix}
=
\begin{array}{c}
\begin{matrix} ① & ② & ③ & ④ & ⑤ & ⑥ & 3 & 4 \end{matrix} \\
\begin{bmatrix}
A_{11} & & & & & & & \\
A_{31} & & & & & & -E & \\
 & A_{12}^{\ c} & & & & & & \\
 & A_{32} & & & & & -E & \\
 & & A_{43} & & & & & -E \\
 & & & A_{34} & & & -E & \\
 & & & & A_{35} & & -E & \\
 & & & & A_{25}^{\ c} & & & \\
 & & & & & A_{26}^{\ c} & & \\
 & & & & & A_{46} & & -E
\end{bmatrix}
\end{array}
\begin{bmatrix} t_1 \\ t_2 \\ t_3 \\ t_4 \\ t_5 \\ t_6 \\ x_3 \\ x_4 \end{bmatrix}
-
\begin{bmatrix} L_{11}^{\ c} \\ L_{31} \\ L_{12}^c \\ L_{32} \\ L_{43} \\ L_{34} \\ L_{35} \\ L_{25}^c \\ L_{26}^c \\ L_{46} \end{bmatrix}
\tag{Ⅱ-2-9}
$$

在式(Ⅱ-2-9)中，每个 V 都表示一个点的一组误差方程式即 V_u、V_v、V_w，相应的 L 也表示一组。A_{ij} 表示系数矩阵，①②……表示模型号，3，4 为加密点，t 为模型的七个变换参数，x 也表示一组坐标 X，Y，Z。

当不考虑权符号时(实际上控制点与连接点权是不相等的)，其法方程式为：

$$
\begin{bmatrix}
((A_{11}^{T}A_{11})^{t}+A_{31}^{T}A_{31}) & & & & & & -A_{31}^{T} & \\
 & ((A_{12}^{T}A_{12})^{c}+A_{32}^{T}A_{32}) & & & & & -A_{32}^{T} & \\
 & & A_{43}^{T}A_{43} & & & & & -A_{43}^{T} \\
 & \text{对} & & A_{34}^{T}A_{34} & & & -A_{34}^{T} & \\
 & & \text{称} & & ((A_{25}^{T}A_{25})^{c}+A_{35}^{T}A_{35}) & & -A_{35}^{T} & \\
 & & & \text{转} & & ((A_{26}^{T}A_{26})^{c}+A_{46}^{T}A_{46}) & & -A_{46}^{T} \\
 & & & & \text{置} & & +4E & \\
 & & & & & \text{项} & & +2E
\end{bmatrix}
\begin{bmatrix} t_1 \\ t_2 \\ t_3 \\ t_4 \\ t_5 \\ x_3 \\ x_4 \end{bmatrix}
=
\begin{bmatrix}
(A_{11}^{T}L_{11})^{c}+(A_{31}^{T}L_{31}) \\
(A_{12}^{T}L_{12})^{c}+(A_{33}^{T}L_{32}) \\
A_{43}^{T}L_{43} \\
A_{34}^{T}L_{34} \\
(A_{35}^{T}L_{35})+(A_{25}^{T}L_{25})^{c} \\
(A_{26}^{T}L_{26})^{c}+(A_{46}^{T}L_{46}) \\
-L_{31}-L_{33}-L_{34}-L_{35} \\
-L_{43}-L_{46}
\end{bmatrix}
\tag{Ⅱ-2-10}
$$

对于连接点：$L_i = 0$，因此上式等号右边常数项简化为：

$$\begin{bmatrix} (A_{11}^{\mathrm{T}}L_{11})^{C} \\ (A_{12}^{\mathrm{T}}L_{12})^{C} \\ 0 \\ 0 \\ (A_{25}^{\mathrm{T}}L_{25})^{C} \\ (A_{26}^{\mathrm{T}}L_{26})^{C} \\ 0 \\ 0 \end{bmatrix} = n_1 \tag{Ⅱ-2-11}$$

将式(Ⅱ-2-7)、式(Ⅱ-2-9)、式(Ⅱ-2-10)对照得：

$$N_{11} = \begin{bmatrix} ((A_{11}^{\mathrm{T}}A_{11})^{C} + A_{31}^{\mathrm{T}}A_{31}) & & & & & \\ & ((A_{12}^{\mathrm{T}}A_{12})^{C} + A_{32}^{\mathrm{T}}A_{32}) & & & & \\ & & A_{43}^{\mathrm{T}}A_{43} & & & \\ & & & A_{34}^{\mathrm{T}}A_{34} & & \\ & & & & ((A_{25}^{\mathrm{T}}A_{25})^{C} + A_{35}^{\mathrm{T}}A_{35}) & \\ & & & & & ((A_{26}^{\mathrm{T}}A_{26})^{C} + A_{46}^{\mathrm{T}}A_{46}) \end{bmatrix}$$

$$N_{12} = \begin{bmatrix} -A_{31}^{\mathrm{T}} & 0 \\ A_{-32}^{\mathrm{T}} & 0 \\ 0 & -A_{43}^{\mathrm{T}} \\ -A_{34}^{\mathrm{T}} & 0 \\ -A_{35}^{\mathrm{T}} & 0 \\ 0 & -A_{46}^{\mathrm{T}} \end{bmatrix}, \quad N_{22} = \begin{bmatrix} +4E & 0 \\ 0 & +2E \end{bmatrix}, \quad n_2 = 0$$

因为

$$N_{22}^{-1} = \frac{1}{8}\begin{bmatrix} 2 & 0 \\ 0 & 4 \end{bmatrix} = \begin{bmatrix} \frac{1}{4} & 0 \\ 0 & \frac{1}{2} \end{bmatrix}$$

所以

$$N_{12}N_{22}^{-1}N_{12}^{\mathrm{T}} = \begin{bmatrix} \frac{1}{4}A_{31}^{\mathrm{T}}A_{31} & \frac{1}{4}A_{31}^{\mathrm{T}}A_{32} & 0 & \frac{1}{4}A_{31}^{\mathrm{T}}A_{34} & \frac{1}{4}A_{31}^{\mathrm{T}}A_{35} & 0 \\ \frac{1}{4}A_{32}^{\mathrm{T}}A_{31} & \frac{1}{4}A_{32}^{\mathrm{T}}A_{32} & 0 & \frac{1}{4}A_{32}^{\mathrm{T}}A_{34} & \frac{1}{4}A_{32}^{\mathrm{T}}A_{35} & 0 \\ 0 & 0 & \frac{1}{2}A_{43}^{\mathrm{T}}A_{43} & 0 & 0 & \frac{1}{2}A_{43}^{\mathrm{T}}A_{46} \\ \frac{1}{4}A_{34}^{\mathrm{T}}A_{31} & \frac{1}{4}A_{34}^{\mathrm{T}}A_{32} & 0 & \frac{1}{4}A_{34}^{\mathrm{T}}A_{34} & \frac{1}{4}A_{34}^{\mathrm{T}}A_{35} & 0 \\ \frac{1}{4}A_{35}^{\mathrm{T}}A_{31} & \frac{1}{4}A_{35}^{\mathrm{T}}A_{32} & 0 & \frac{1}{4}A_{35}^{\mathrm{T}}A_{34} & \frac{1}{4}A_{35}^{\mathrm{T}}A_{35} & 0 \\ 0 & 0 & \frac{1}{2}A_{46}^{\mathrm{T}}A_{43} & 0 & 0 & \frac{1}{2}A_{46}^{\mathrm{T}}A_{46} \end{bmatrix}$$

根据改化法方程式 $[N_{11} - N_{12}N_{22}^{-1}N_{12}^{\mathrm{T}}]t = [n_1 - N_{12}N_{22}^{-1}n_2]$ 得：

$$
\begin{bmatrix}
(A_{11}{}^{\mathrm{T}}A_{11})^{C}+(A_{31}{}^{\mathrm{T}}A_{31})-\frac{1}{4}A_{31}{}^{\mathrm{T}}A_{31} & -\frac{1}{4}A_{31}{}^{\mathrm{T}}A_{32} & 0 & -\frac{1}{4}A_{31}{}^{\mathrm{T}}A_{34} & -\frac{1}{4}A_{31}{}^{\mathrm{T}}A_{35} & 0 \\
\text{对} & (A_{12}{}^{\mathrm{T}}A_{12})^{C}+(A_{32}{}^{\mathrm{T}}A_{32})-\frac{1}{4}A_{32}{}^{\mathrm{T}}A_{32} & 0 & -\frac{1}{4}A_{32}{}^{\mathrm{T}}A_{34} & -\frac{1}{4}A_{32}{}^{\mathrm{T}}A_{35} & 0 \\
 & \text{称} & A_{43}{}^{\mathrm{T}}A_{43}-\frac{1}{2}A_{43}{}^{\mathrm{T}}A_{43} & 0 & 0 & -\frac{1}{2}A_{43}{}^{\mathrm{T}}A_{46} \\
 & & \text{转} & A_{34}{}^{\mathrm{T}}A_{34}-\frac{1}{4}A_{34}{}^{\mathrm{T}}A_{34} & -\frac{1}{4}A_{34}{}^{\mathrm{T}}A_{35} & 0 \\
 & & & \text{置} & (A_{25}{}^{\mathrm{T}}A_{25})^{C}+A_{35}{}^{\mathrm{T}}A_{35}-\frac{1}{4}A_{35}{}^{\mathrm{T}}A_{35} & 0 \\
 & & & & \text{项} & (A_{26}{}^{\mathrm{T}}A_{26})^{C}+A_{46}{}^{\mathrm{T}}A_{46}-\frac{1}{4}A_{46}{}^{\mathrm{T}}A_{46}
\end{bmatrix}.
$$

$$
\begin{bmatrix} t_1 \\ t_2 \\ t_3 \\ t_4 \\ t_5 \\ t_6 \end{bmatrix}
=
\begin{bmatrix}
(A_{11}{}^{\mathrm{T}}l_{11})^{C}+(A_{31}{}^{\mathrm{T}}l_{31})-\frac{1}{4}A_{31}{}^{\mathrm{T}}(l_{31}+l_{32}+l_{34}+l_{35}) \\
(A_{12}{}^{\mathrm{T}}l_{12})^{C}+(A_{32}{}^{\mathrm{T}}l_{32})-\frac{1}{4}A_{32}{}^{\mathrm{T}}(l_{31}+l_{32}+l_{34}+l_{35}) \\
(A_{43}{}^{\mathrm{T}}l_{43})-\frac{1}{2}A_{43}{}^{\mathrm{T}}(l_{43}+l_{46}) \\
A_{34}{}^{\mathrm{T}}l_{34}-\frac{1}{4}A_{34}{}^{\mathrm{T}}(l_{31}+l_{32}+l_{34}+l_{35}) \\
(A_{25}{}^{\mathrm{T}}l_{25})^{C}+(A_{35}{}^{\mathrm{T}}l_{35})-\frac{1}{4}A_{35}{}^{\mathrm{T}}(l_{31}+l_{32}+l_{34}+l_{35}) \\
(A_{26}{}^{\mathrm{T}}l_{26})^{C}+(A_{46}{}^{\mathrm{T}}l_{46})-\frac{1}{4}A_{46}{}^{\mathrm{T}}(l_{43}+l_{46})
\end{bmatrix}
\qquad (\text{Ⅱ-2-12})
$$

对于连接点 $l_i=0$，$n_2=0$，故上式等号右边的常数项仍是式(Ⅱ-2-11)。

改化法方程为一带状矩阵，法方程式系数矩阵的对角线到任何一行非零元素的最大距离称为带宽。带宽的宽与窄和模型编号的顺序有关，因为在组成系数矩阵时，不相关的模型间为零元素，相关的模型间构成非零元素。计算带宽的公式为：

$$m=r+2 \tag{Ⅱ-2-13}$$

式中，m 为带宽，以模型数为单位，r 为按航向或旁向排列的模型个数，一般情况下按旁向的模型比航向的模型数少，故按旁向的顺序编号的排列较为有利。因带宽窄，需存储的容量单位数少。如图Ⅱ-3(a)所示，按航向编号，带宽 $m=5+2=7$，图Ⅱ-3(b)按旁向编号，带宽 $m=3+2=5$。所以此图形按旁向顺序编号较好。

1	2	3	4	5
6	7	8	9	10
11	12	13	14	15

图Ⅱ-3(a)

1	4	7	10	13
2	5	8	11	14
3	6	9	12	15

图Ⅱ-3(b)

三、改化法方程式系数项与常数项规律

因改化法方程式系数矩阵及常数项矩阵具有一定的规律，掌握这种规律，就可以由误差方程式直接列出改化法方程式。

1. 改化法方程式系数矩阵

① 按模型编号的顺序，改化法方程式的系数矩阵为 $n\times n$ 阶的带状矩阵，n 为全区模型个数，全区共有 $n\times n$ 个方块，每个方块代表一个模型的法化内容。

② 系数矩阵主对角线上每个块(即 $i=j$)块的内容是该模型内的所有参加平差点自身法化的带权总和，对于控制点自身法化其权 $P_i=1$，对于连接点自身法化，其权 $P_i=1-\frac{1}{m}$，m 为与该连接点有关的模型个数。

③ 非主对角线各块的内容，是本模型与相邻模型之间所有连接点(不包括控制点)相互法化带权总和，权系数为 $P_i=-\frac{1}{m}$，若本模型与相邻模型之间无公共连接点，则相互法化子块的内容为零阵。各子块以主对角线为对称轴，互为转置。

2. 改化法方程式常数项

① 改化法方程式常数项为 $n\times 1$ 阶矩阵，n 为全区模型个数，可按模型编号顺序排列成 n 行。

② 常数项中每个子块是模型公共点及控制点自身法化和相互法化常数总和，对控制点自身法化 $P_c=1$，公共点自身法化 $P_i=1-\frac{1}{m}$，公共点相互法化 $P_i=-\frac{1}{m}$。

Ⅱ-3 光束法区域网平差

一、应用公式

1. 误差方程式

$$A = [A \quad B] \begin{bmatrix} t \\ x \end{bmatrix} - L \qquad (Ⅱ\text{-}3\text{-}1)$$

式中：$V = [V_x V_y]^{\mathrm{T}}$ $A = \begin{bmatrix} a_{11} & a_{12} & a_{13} & a_{14} & a_{15} & a_{16} \\ a_{21} & a_{22} & a_{23} & a_{24} & a_{25} & a_{26} \end{bmatrix}$

$$B = \begin{bmatrix} -a_{11} & -a_{12} & -a_{13} \\ -a_{21} & -a_{22} & -a_{23} \end{bmatrix}$$

$$t = [\Delta X_S \quad \Delta Y_S \quad \Delta Z_S \quad \Delta\varphi \quad \Delta\overline{\omega} \quad \Delta\kappa]^{\mathrm{T}}$$

$$X = [\Delta X \quad \Delta Y \quad \Delta Z]^{\mathrm{T}}$$

$$L = [l_x \quad l_y]^{\mathrm{T}}$$

法方程式为：

$$\begin{bmatrix} A^{\mathrm{T}}A & A^{\mathrm{T}}B \\ B^{\mathrm{T}}A & B^{\mathrm{T}}B \end{bmatrix} \begin{bmatrix} t \\ x \end{bmatrix} = \begin{bmatrix} A^{\mathrm{T}}L \\ B^{\mathrm{T}}L \end{bmatrix} \qquad (Ⅱ\text{-}3\text{-}2)$$

或用新符号表示为：

$$\begin{bmatrix} N_{11} & N_{12} \\ N_{21} & N_{22} \end{bmatrix} \begin{bmatrix} t \\ x \end{bmatrix} = \begin{bmatrix} M_1 \\ M_2 \end{bmatrix} \qquad (Ⅱ\text{-}3\text{-}3)$$

消去 X 的改化法方程式为：

$$[N_{11} - N_{12}N_{22}^{-1}N_{12}^{\mathrm{T}}]\ t = M_1 - N_{12}N_{22}^{-1}M_2 \qquad (Ⅱ\text{-}3\text{-}4)$$

二、光束法区域网平差作业流程

①像片外方位元素和加密点坐标近似的确定。

从旧地图或利用航带网的加密成果获取各像片的外方位元素及待定坐标的近似值。

②误差方程式与法方程式的建立。

量测每张像片上的控制点及待定点的像点坐标按式(Ⅱ-3-1)建立误差方程式并进行法化，建立法方程式。

③按式(Ⅱ-3-4)建立改化法方程式。

④边法化边消元循环分块解求改化法方程式，通常先求出每张像片的6个外方位元素。

⑤按空间前方交会求待定点的地面坐标。

三、具体应用举例

1. 以图Ⅱ-4所示的两张像片组成的区域为例

误差方程式：

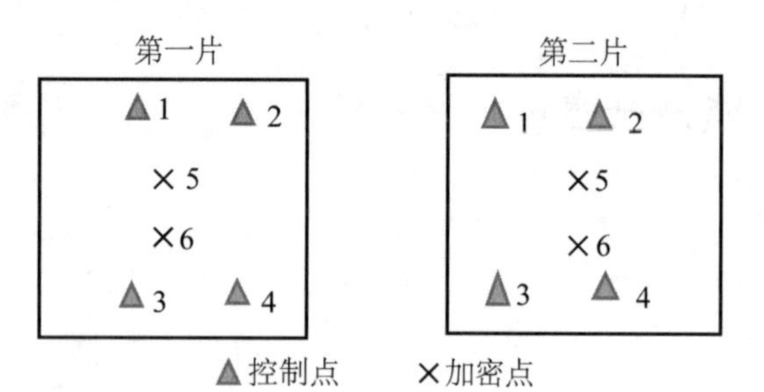

图Ⅱ-4　由两张像片组成的区域

$$
\begin{array}{c}
\\
\begin{bmatrix} V_{11} \\ V_{12} \\ V_{13} \\ V_{14} \\ V_{15} \\ V_{16} \\ V_{21} \\ V_{22} \\ V_{23} \\ V_{24} \\ V_{25} \\ V_{26} \end{bmatrix}
\end{array}
=
\begin{array}{c}
\begin{array}{cccc} ① & ② & \vdots & 5 \quad 6 \end{array} \\
\left[\begin{array}{cc:cc}
A_{11} & & & \\
A_{12} & & & \\
A_{13} & & & \\
A_{14} & & & \\
A_{15} & & B_{15} & \\
A_{16} & & & B_{16} \\
 & A_{21} & & \\
 & A_{22} & & \\
 & A_{23} & & \\
 & A_{24} & & \\
 & A_{25} & B_{25} & \\
 & A_{26} & & B_{26}
\end{array}\right]
\end{array}
\begin{bmatrix} t_1 \\ t_2 \\ X_5 \\ X_6 \end{bmatrix}
-
\begin{bmatrix} l_{11} \\ l_{12} \\ l_{13} \\ l_{14} \\ l_{15} \\ l_{16} \\ l_{21} \\ l_{22} \\ l_{23} \\ l_{24} \\ l_{25} \\ l_{26} \end{bmatrix}
\tag{Ⅱ-3-5}
$$

上式矩阵中①、②代表像片号，5、6 为加密点。脚注第一位为像片号，第二位为点号，每个 V 都表示一个点的一组误差方程式 V_x，V_y，t 代表像片的 6 个外方位元素，X 代表加密点的 3 个坐标改正数。

其法方程式为：

$$
\begin{bmatrix}
\begin{array}{l} A_{11}^{\mathrm{T}}A_{11}+A_{12}^{\mathrm{T}}A_{12}+A_{13}^{\mathrm{T}}A_{13}+ \\ A_{14}^{\mathrm{T}}A_{14}+A_{15}^{\mathrm{T}}A_{15}+A_{16}^{\mathrm{T}}A_{16} \end{array} & & B_{15}^{\mathrm{T}}B_{15} & A_{16}^{\mathrm{T}}B_{16} \\
\text{对}\quad\text{称} & \begin{array}{l} A_{21}^{\mathrm{T}}A_{21}+A_{22}^{\mathrm{T}}A_{22}+A_{23}^{\mathrm{T}}A_{23}+ \\ A_{24}^{\mathrm{T}}A_{24}+A_{25}^{\mathrm{T}}A_{25}+A_{26}^{\mathrm{T}}A_{26} \end{array} & A_{25}^{\mathrm{T}}B_{25} & A_{26}^{\mathrm{T}}B_{26} \\
 & \text{转}\quad\text{置} & B_{15}^{\mathrm{T}}B_{15}+B_{25}^{\mathrm{T}}B_{25} & \\
 & & \text{项} & B_{16}^{\mathrm{T}}B_{16}+B_{26}^{\mathrm{T}}B_{26}
\end{bmatrix}
\cdot
\begin{bmatrix} t_1 \\ t_2 \\ X_5 \\ X_6 \end{bmatrix}
=
\begin{bmatrix}
A_{11}^{\mathrm{T}}L_{11}+A_{12}^{\mathrm{T}}L_{12}+A_{13}^{\mathrm{T}}L_{13}+A_{14}^{\mathrm{T}}L_{14}+A_{15}^{\mathrm{T}}L_{15}+A_{16}^{\mathrm{T}}L_{16} \\
A_{21}^{\mathrm{T}}L_{21}+A_{22}^{\mathrm{T}}L_{22}+A_{23}^{\mathrm{T}}L_{23}+A_{24}^{\mathrm{T}}L_{24}+A_{25}^{\mathrm{T}}L_{25}+A_{26}^{\mathrm{T}}L_{26} \\
B_{15}^{\mathrm{T}}L_{15}+B_{25}^{\mathrm{T}}L_{25} \\
B_{16}^{\mathrm{T}}L_{16}+B_{26}^{\mathrm{T}}L_{26}
\end{bmatrix}
\tag{Ⅱ-3-6}
$$

由于误差方程式中，每张像片的方位元素未知数为 6 个，坐标未知数为 3 个，所以对

每张像片的 $A^{T}A$ 主对角线上应为 6×6 个单元，每一个地面点 $B^{T}B$ 主对角线上为 3×3 个单元，$A^{T}B$ 应为 3×6 个单元，$A^{T}B$ 与 $B^{T}A$ 互为转置。

若总的像片数为 $n \cdot N$(n 为航带内像片数，N 为航带数)，待定点的总数为 n'，则未知总数为：$6nN+3n'$个。本例中总的未知数为 6×2+3×2＝18 个。

2. 以图Ⅱ-5 所示的三条航带，每条航带由 5 张像片组成的区域为例

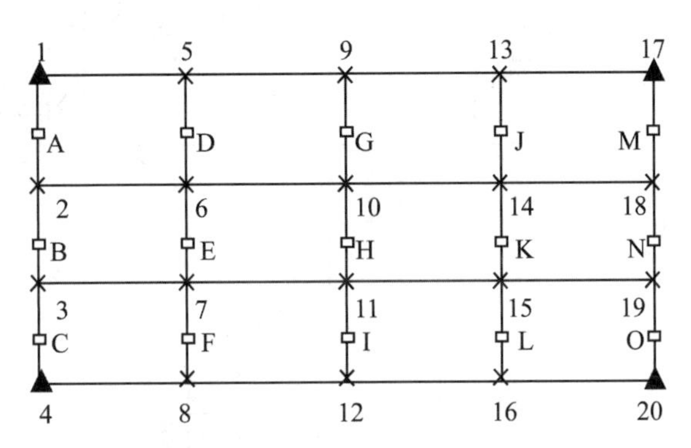

图Ⅱ-5　由三条航线 15 张像片组成的区域

图中，▲表示平高控制点，□表示摄站点，×表示加密点，A……为像片编号，其加密点与像片编号均与航线垂直方向编写。

①观测值个数

本例中，观测值的个数：(6×6+9×9)×2＝234 个

未知数个数：15×6+31×3＝183(有 16 个加密点，15 个摄站点)

多余观测数：234－183＝51

② 法方程式系数矩阵

法方程系数矩阵如图Ⅱ-6 所示，其主对角线上，对于加密点为 3×3 单元，每张像片为 6×6 单元。

③ 改化法方程式未知数系数矩阵

实际应用中都采用先消去一类未知数(消去坐标的未知数 X)的改化法方程式(Ⅱ-3-4)，即 $(N_{11}-N_{12}N_{22}^{-1}N_{12}^{T})t=M_{1}-N_{12}N_{22}^{-1}M_{2}$，改化法方程未知数(像片外方位元素)的系数矩阵是一个 $6nN \times 6nN$ 的方阵，且是带状矩阵，若按本例加密点及像片的编号方法，其带宽(法方程系数矩阵的对角线到任何一行非零元素的最大距离)m 为：

$$m=(2N+2)\times 6 \tag{Ⅱ-3-7}$$

式中，N 为航带数。

其改化法方程式的系数矩阵即像片外方位元素未知数系数矩阵如图Ⅱ-7 所示。与独立模型法相似，若像片及点的编号与航线方向平行，其带宽 m 为：

$$m=6(n+3) \tag{Ⅱ-3-8}$$

式中，n 为航带中的像片数，其系数矩阵如图Ⅱ-8 所示。

④ 带状法方程的循环分块解法

光束法的带状改化法方程矩阵仍是一个有大规模元素的带状矩阵，一般采用循环分块法进行解算。

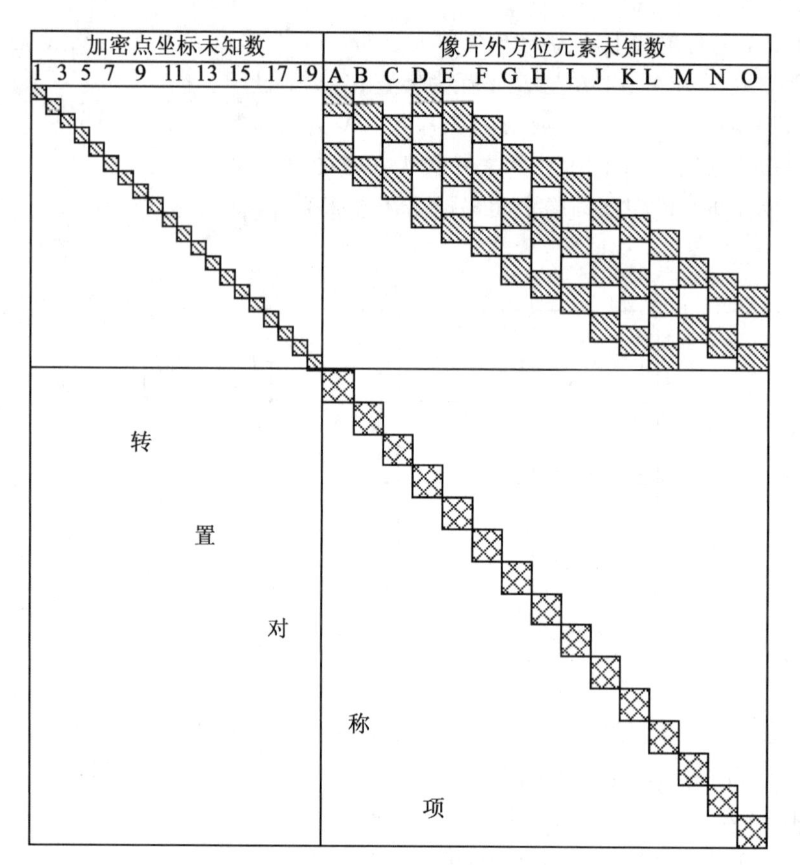

图Ⅱ-6　法方程式系数矩阵

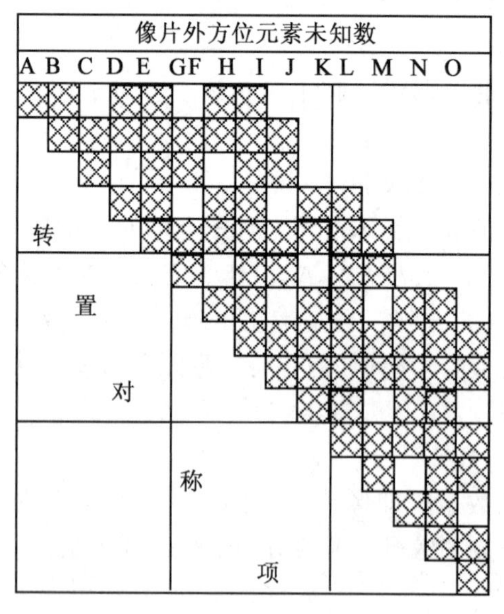

图Ⅱ-7　与航线垂直方向编写点号的改化法方程式系数矩阵

如图Ⅱ-9所示晕线表示的带状改化法方程的系数矩阵中非零元素的部分，其中 m 表示为带宽，设将此方程化为九个分块，每个分块用 N_{ij} 表示。其中 N_{11} 表示为9×9方阵，

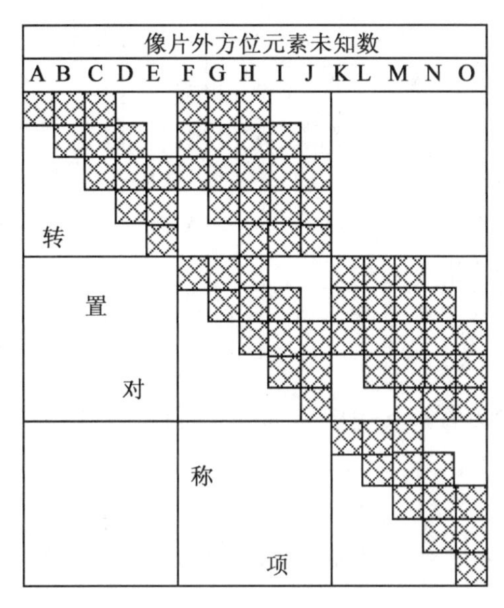

图Ⅱ-8　与航线平行方向编写点号的改化法方程式系数矩阵

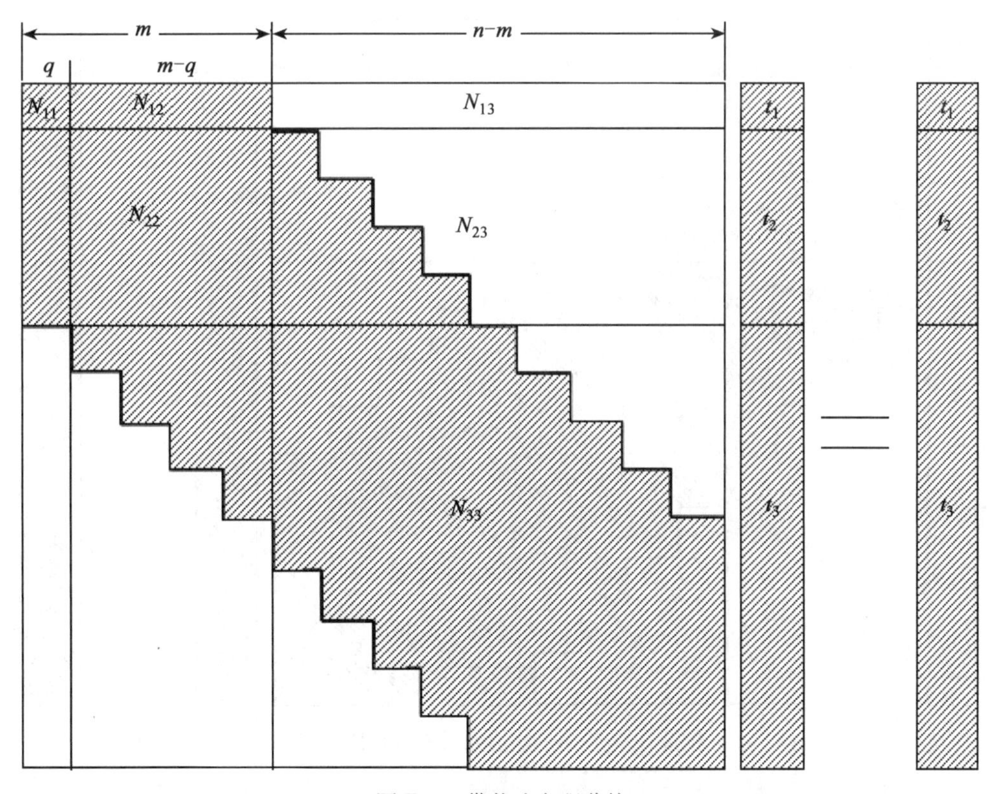

图Ⅱ-9　带状法方程分块

即一张像片的法方程系数矩阵，N_{22} 是 $m-9\times m-9$ 的方阵，余下的部分的宽度为 $n-m$，分块 N_{13} 与 N_{13}^{T} 为零元素，剩下的分块 N_{33} 在形式上与原矩阵完全相同，也是个带状矩阵，改化方程的未知数矩阵和常数项矩阵也作相应的分块，用算式可表示为：

$$\begin{bmatrix} N_{11} & N_{12} & 0 \\ N_{12}^{\mathrm{T}} & N_{22} & N_{23} \\ 0 & N_{23}^{\mathrm{T}} & N_{33} \end{bmatrix} \begin{bmatrix} t_1 \\ t_2 \\ t_3 \end{bmatrix} = \begin{bmatrix} L_1 \\ L_2 \\ L_3 \end{bmatrix} \tag{Ⅱ-3-9}$$

由第一式解得：

$$t_1 = N_{11}^{-1}(L_1 - N_{12}t_2) \tag{Ⅱ-3-10}$$

将式(Ⅱ-3-10)回代式(Ⅱ-3-9)得：

$$\begin{bmatrix} N_{22} - N_{12}^{\mathrm{T}}N_{11}^{-1}N_{12} & N_{23} \\ N_{23}^{\mathrm{T}} & N_{33} \end{bmatrix} \begin{bmatrix} t_2 \\ t_1 \end{bmatrix} = \begin{bmatrix} L_2 - N_{12}^{\mathrm{T}}N_{11}^{\mathrm{T}}L_1 \\ L_3 \end{bmatrix} \tag{Ⅱ-3-11}$$

上式中包含有 $n-9$ 个方程和 $n-9$ 个未知数，若将：

$$\begin{aligned} N_{22} - N_{12}^{\mathrm{T}}N_{11}^{-1}N_{12} &= N'_{22} \\ L_2 - N_{12}^{\mathrm{T}}N_{11}^{-1}L_1 &= L'_2 \end{aligned} \quad 即 \begin{bmatrix} N'_{22} & N_{23} \\ N_{23}^{\mathrm{T}} & N_{33} \end{bmatrix} \begin{bmatrix} t_2 \\ t_1 \end{bmatrix} = \begin{bmatrix} L'_2 \\ L_3 \end{bmatrix} \tag{Ⅱ-3-12}$$

则经第一次消元后的改化法方程如图Ⅱ-10 所示。

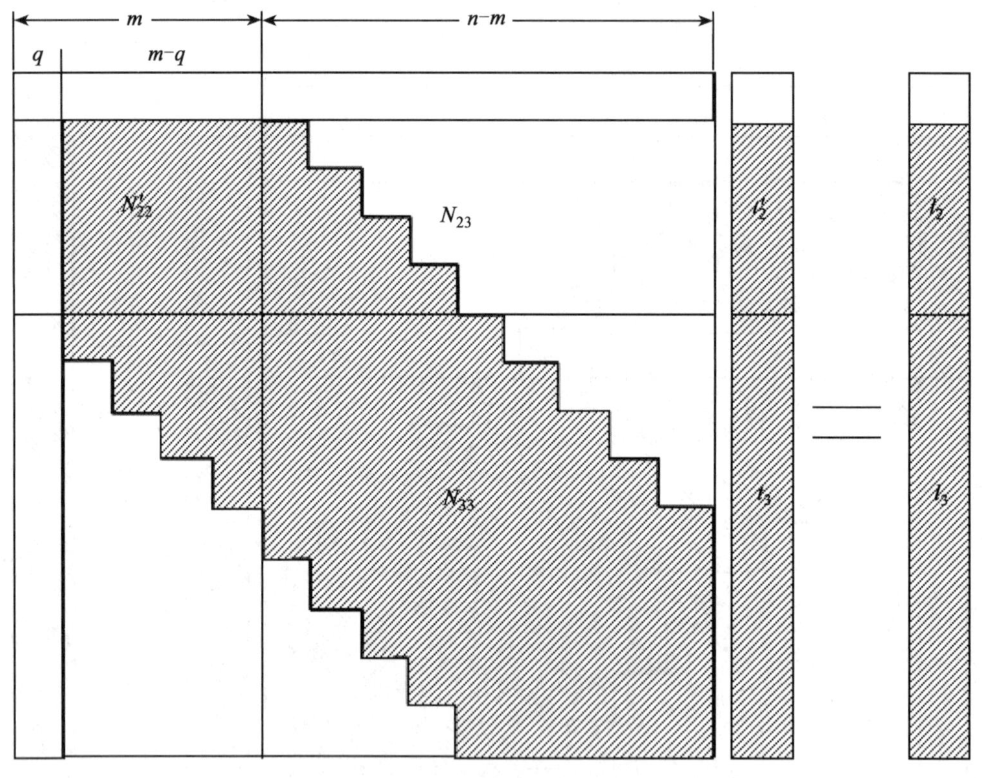

图Ⅱ-10　经第一次消元后的带状法方程

经过这样的分块和消元之后，剩余的法方程式和未消元之前的法方程式比较，未知数减少了 q 个，但形式完全相同。将剩余的法方程式上移后，按同样的方法再分块，如图Ⅱ-11 所示。

经第二次消元后，方程式数目减少为$(n-2q)$个，这样的消元和分块逐步地进行下去，

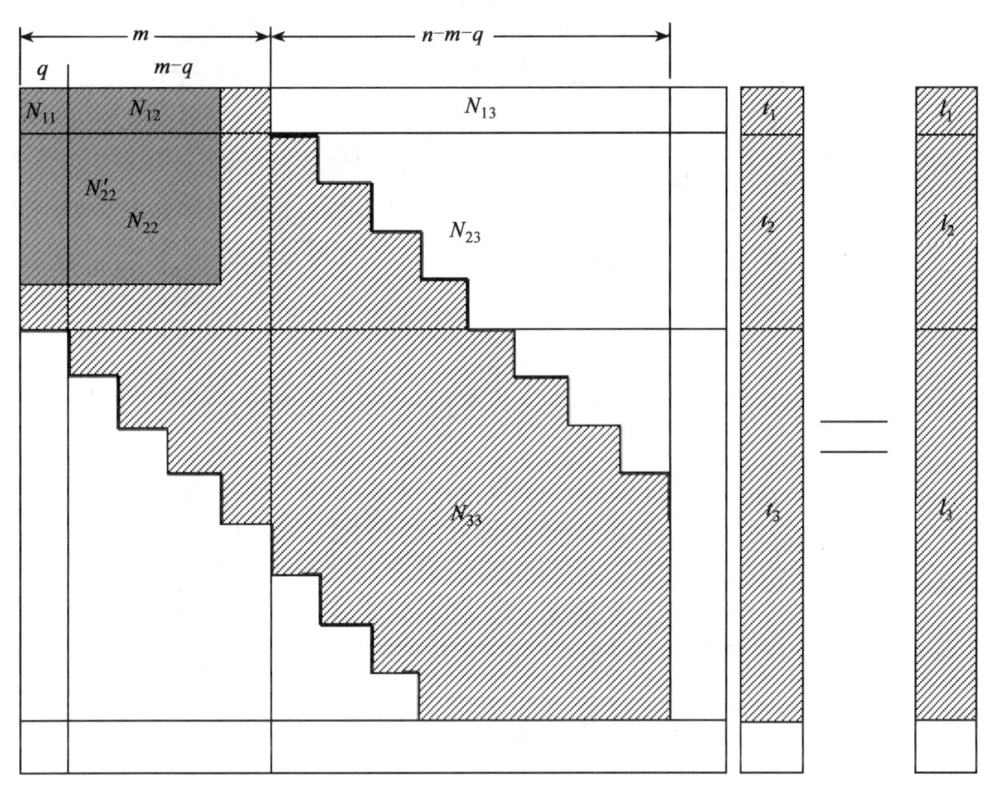

图Ⅱ-11　将第一次消元后的法方程上移后再分块

经若干次消元上移后，最后解出：

$$t_n = (N'_{nn})^{-1} L'_n \tag{Ⅱ-3-13}$$

N'_{nn}，L'_n 是经若干次消元后的 N_{nn} 阵及 L_n 阵。

通过回代求解得出：

$$t_i = (N'_{ii})^{-1}(L'_i - N_{i,\ i+1} t_{i+1}) \quad (i=n-1,\ \cdots,\ 2,\ 1) \tag{Ⅱ-3-14}$$

在每次的归算过程中消去 t_1(即消去 q 个未知数)和组成新的即剩余的法方程式，由式(Ⅱ-3-12)可知，并没用到子矩阵 N_{23}，N_{23}^{T} 及 N_{33} 和 L_3，所以归算过程中，就不需用取这些数据。只需考虑子矩阵 N_{11}，N_{12}，L_1 以及计算结果 $N_{12}^{\mathrm{T}} N_{11}^{-1} N_{12}$，在此时，也不需要全部完成 N_{22} 和 L_2。这就是说，按像片及点的顺序解后，列出一条误差方程式时就可以进行法化，同时也可以进行消元解算，这一特点为“边法化边消元”，使法方程和解算工作同时进行。

四、自检校光束法平差法方程系数示意图

自检校光束法平差法方程系数示意图如图Ⅱ-12 所示。

五、GPS 辅助空中三角测量法方程示意图

GPS 辅助空中三角测量法方程示意图如图Ⅱ-13 所示。

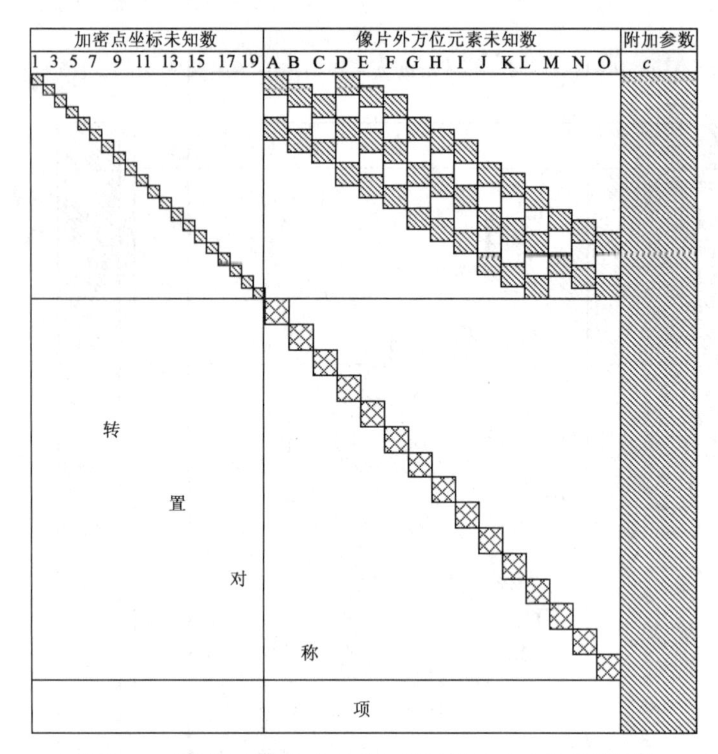

图Ⅱ-12　有附加参数的光束法区域网平差法方程系数矩阵

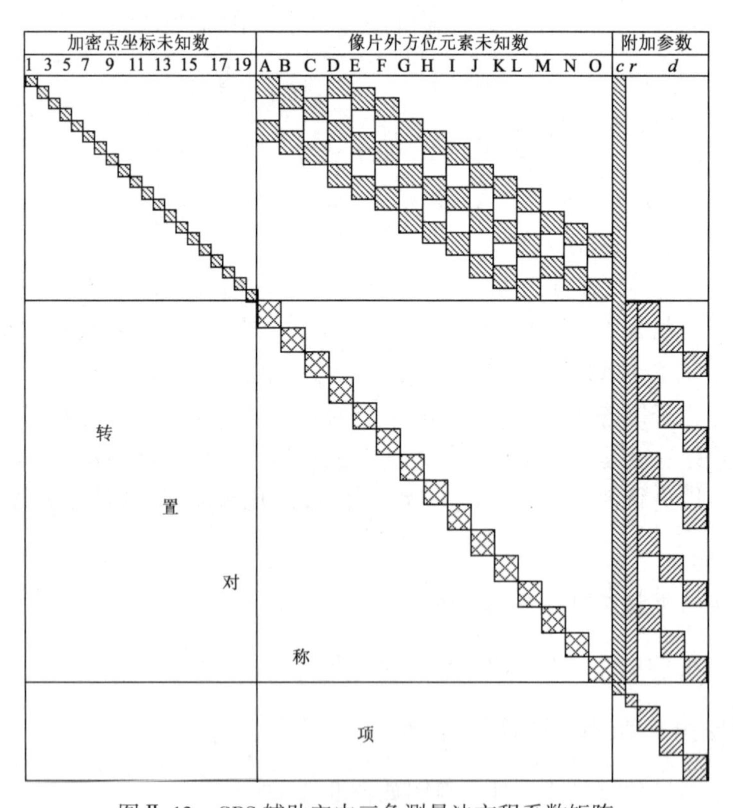

图Ⅱ-13　GPS 辅助空中三角测量法方程系数矩阵

参考文献

1 王之卓编著．摄影测量原理[M]．北京：测绘出版社，1976.

2 王之卓编著．摄影测量原理续编[M]．北京：测绘出版社，1986.

3 李德仁等编著．摄影测量与遥感概论[M]．北京：测绘出版社，2001.

4 张祖勋等编著．数字摄影测量学[M]．武汉：武汉测绘科技大学出版社，1996.

5 张剑清等编著．摄影测量学[M]．武汉：武汉大学出版社，2003.

6 黄世德编著．航空摄影测量学[M]．北京：测绘出版社，1987.

7 朱肇光等编．摄影测量学[M]．北京：测绘出版社，1995.

8 俞浩清等编．摄影与空中摄影学[M]．北京：测绘出版社，1985.

9 三矿院编．摄影测量[M]．北京：煤炭工业出版社，1980.

10 徐绍铨等编．GPS 测量原理及应用[M]．武汉：武汉大学出版社，2003.

11 马天驰等．用 GPS 定位技术确定像控点实践[J]．测绘工程，1999(1).

12 袁修孝．GPS 辅助空中三角测量及应用[M]．北京：测绘出版社，2001.

13 宁津生等编著．测绘学概论[M]．武汉：武汉大学出版社，2004.

14 Avid G. Lowe. Object Recognition from Local Scale-Invariant Features[J]. International Conference on Computer Vision, Corfu, 1999.

15 Avid G. Lowe. Distinctive image features from scale-invariant keypoints[J]. International Journal of Computer Vision, 2004, 2(60): 91-110.

16 吴俊霖，陈彦良．一个不同曝光时间影像序列之强健特征导向影像定位法[J]．资讯科学应用期刊，2007，3(1).

17 T. Lindeberg. Scale-space theory: A basic tool for analysing structures at different scales [J]. Journal of Applied Statistics, 1994, 21(2): 224-270.

18 K. Mikolajczyk, C. Schmid. An affine invariant interest point detector[J]. In European Conference on Computer Vision, 2002.

19 M. A. Fischler, R. C. Bolles. Random sample consensus: A paradigm for model fitting with application to image analysis and automated cartography. Communications of the ACM, 1981, 24(6): 381-395.

20 J. J. Koenderink. The structure of images[J]. Biological Cybernetics, 1984, 50(5): 363-396.

21 Witkin A. P. Scale-space filtering: Morgan Kaufmann Publishers Inc. US 4658372 A[P]. 1987, 42(3): 329-332.

22 http://www.digitalglobe.com/.

23 http://www.pcc.cn/.

24 http://www.dprs.net/.

25 http：//zgchnj. sbsm. gov. cn/.
26 http：//www. inpho. de/.
27 http：//www. supermap. com. cn/inpho/index. asp.
28 张祖勋．从数字摄影测量工作站(DPW)到数字摄影测量网格(DPGrid)[J]．武汉大学学报(信息科学版)，2007，32(7).
29 http：//www. landview. cn/product/lps_ module. htm.
30 Thissen. A H. Precipitation Averages for Large Areas[J]. Monthly Weather Review，1911(39)：1082-1084.
31 Delaunay B. Sur la Sphere Vide. Bulletin of the Academy of Sciences of the USSR[J]. Classe des Sciences Mathematiques et Naturelles，1934(8)：793-800.
32 Sibson R. Locally Equiangular Triangulations[J]. Computer Journal，1978，21(3)：243-245.
33 Shamos. M I. and Hoey D. Closest-point Problems，In：Proceedings of the 16th Annual Symposium on the Foundations of Computer Science，1975：151-162.
34 Green P J. and Sibson R. Computing Dirichlet Tesselations in the Plane[J]. The Computer Journal，1978，21(2)：168-173.
35 VirtuoZo NT 操作手册．
36 方子岩、唐健林等编著．摄影测量学[M]．武汉：长江出版社，2013.
37 郭学林主编．航空摄影测量外业[M]．郑州：黄河水利出版社，2011.
38 龚涛编著．摄影测量学[M]．成都：西南交通大学出版社，2014.
39 耿则勋、张保明、范大昭编著．数字摄影测量学[M]．北京：测绘出版社，2010.
40 王志勇、张继贤、黄国满编著．数字摄影测量新技术[M]．北京：测绘出版社，2012.